人工智能技术丛书 ■

实战机器学习

鲍亮　崔江涛　李倩　著

清華大學出版社
北京

内 容 简 介

随着互联网、物联网、云计算等技术的不断发展，许多领域都产生了大量的数据。利用机器学习技术分析海量数据，可以从数据中发现隐含的、有价值的规律和模式，进而用于预测并采取相应动作。在上述背景下，本书从理论、技术和应用三个层面入手，全面讲解如何利用机器学习技术解决实际问题。

本书共分 26 章，内容包括机器学习解决问题流程、问题分析与建模、数据探索与准备、特征工程、模型训练与评价、模型部署与应用、回归模型、支持向量机、决策树、集成学习、K 近邻算法、贝叶斯方法、聚类算法、关联规则学习、神经网络基础、正则化、深度学习中的优化、卷积神经网络、循环神经网络、自编码器、基于深度学习的语音分离方法、基于深度学习的图像去水印方法、基于 LSTM 的云环境工作负载预测方法、基于 QoS 的服务组合问题、基于强化学习的投资组合方法、基于 GAN 模型的大数据系统参数优化方法。

本书内容全面、示例丰富，适合机器学习初学者以及想要全面掌握机器学习技术的算法开发人员，也适合高等院校和培训机构人工智能相关专业的师生教学参考。

图书在版编目（CIP）数据

实战机器学习/鲍亮，崔江涛，李倩著.—北京：清华大学出版社，2021.9
（人工智能技术丛书）
ISBN 978-7-302-59121-4

Ⅰ．①实… Ⅱ．①鲍… ②崔… ③李… Ⅲ．①机器学习 Ⅳ．①TP181

中国版本图书馆 CIP 数据核字（2021）第 182168 号

责任编辑：夏毓彦
封面设计：王　翔
责任校对：闫秀华
责任印制：杨　艳

出版发行：清华大学出版社
　　　　　网　　　址：http://www.tup.com.cn，http://www.wqbook.com
　　　　　地　　　址：北京清华大学学研大厦 A 座　　　　　邮　　编：100084
　　　　　社　总　机：010-62770175　　　　　邮　　购：010-62786544
　　　　　投稿与读者服务：010-62776969，c-service@tup.tsinghua.edu.cn
　　　　　质量反馈：010-62772015，zhiliang@tup.tsinghua.edu.cn
印 装 者：三河市铭诚印务有限公司
经　　销：全国新华书店
开　　本：190mm×260mm　　　印　　张：24.75　　　字　　数：667 千字
版　　次：2021 年 10 月第 1 版　　　印　　次：2021 年 10 月第 1 次印刷
定　　价：99.00 元

产品编号：085114-01

前　言

近年来，随着云计算、大数据和人工智能等技术的飞速发展，机器学习逐渐成为学术界和产业界关注的热点方向。机器学习主要关注如何指导学习算法从已有的经验中进行学习，这与计算机科学领域经典的、确定性的算法设计思路完全不同，后者强调由人给出针对具体问题的、明确的计算规则。机器学习方法特别适合解决难以用规则描述其解决方案的复杂问题。随着云计算、大数据处理技术的不断完善，机器学习方法已经解决了许多的实际问题。

目前有很多介绍机器学习理论与方法的经典书籍，但调研表明，目前市场上介绍如何采用机器学习方法解决实际应用问题的书籍很少。本书创作团队核心成员自 2015 年起就一直从事机器学习方面的理论研究和工程实践，通过项目实战，我们遇到了很多问题，积累了大量解决问题的方法和经验，认为有必要将自己的经验和认识整理出来，以满足广大读者希望使用机器学习技术解决实际问题的需求，这也正是书名《实战机器学习》的由来。

本书读者

本书适合不同层次的读者阅读。建议读者根据自己的兴趣和目的有选择地阅读：

- 希望快速了解机器学习基本概念、分类和发展趋势的读者，可以重点阅读第 1、2 章和附录部分；
- 已经掌握机器学习基本概念，想系统学习各种方法和技术的读者，可以重点阅读第 3 章~第 20 章；
- 想利用机器学习技术解决各类实际计算问题的读者，可以重点阅读第 21 章~第 26 章。

源码下载与技术支持

本书配套的资源，请用微信扫描右边的二维码获取，可按扫描出来的页面提示把下载链接转到自己的邮箱中下载。如果学习本书过程中发现问题，请联系 booksaga@163.com，邮件主题为"实战机器学习"。

本书作者与致谢

感谢本书创作团队核心成员曹蓉、杨瑾、陈浚豪、黄宇、宋雨菲、张晶、王方正、张政同、王一杰、陈嘉瑞、任笑、宋金秋、魏守鑫、杨大为、崔少辉、程勇志、雷世伟等同学的辛勤努力。感谢西安电子科技大学计算机科学与技术学院各位领导和老师的宝贵意见。

机器学习方面的理论材料比较丰富,而关于如何采用机器学习解决实际问题的相关资料数量非常有限,加之作者水平有限,时间紧迫,书中难免存在不当之处,恳请读者批评指正。建议和意见请发电子邮箱 booksaga@163.com,邮件主题写"实战机器学习"。

作　者
2021 年 6 月

目　　录

第 1 章　机器学习解决问题流程

随着互联网、云计算、大数据技术的不断发展，生产生活中的许多领域都产生了大量的数据。如何让机器通过分析海量的数据从数据中学习有价值的规律和模式并进行预测，这已经成为一项重要的任务。

本章将首先对机器学习的基础知识进行阐述，包括机器学习的定义、机器学习的主要流派、机器学习的发展历史等；在此基础上，针对本书的主题，重点介绍采用机器学习方法解决实际问题的流程，包括问题分析与建模、数据探索与准备、模型训练与评价、模型部署与应用等4个主要步骤；最后，对现有工业界主流的智能应用开发平台进行简要介绍。

1.1　机器学习基础

本节将从经典的教科书和课程入手，对机器学习这一概念进行分析与比较，揭示其本质含义，然后归纳出机器学习的五大流派，并对机器学习的发展历史进行总结与分析。

1.1.1　机器学习定义

1. Arthur Samuel 的定义（1959）

作为机器学习领域的先驱，Arthur Samuel于1959年在 IBM Journal of Research and Development期刊上发表了一篇名为*Some Studies in Machine Learning Using the Game of Checkers*的论文。他在论文中将机器学习非正式地定义为：

"在不直接针对问题进行编程的情况下，赋予计算机学习能力的一个研究领域。"

Samuel曾经完成了一个西洋棋（checker）程序，让计算机跟自己下棋。当程序下了大量的棋局后，开始慢慢意识到怎样的局势能够导致胜利、怎样的局势能够导致失败。Samuel让程序反复学习"如果让竞争对手的棋子占据了这些地方，那么我输的概率可能更大"或者"如果我的棋子占据了这些地方，那么我赢的概率可能更大"。渐渐地，下棋程序掌握了哪些局面可能会输、哪些局面可能会赢的规律和模式，最终程序的棋艺甚至远远超过了Samuel自己。这个过程本身具有鲜明的机器学习特征：Samuel让他的程序比他自己更会下棋，但他并没有明确地教给程序具体应该怎么下，而是让它通过大量的棋局自学成材。

2. Tom Mitchell 的定义（1998）

Tom Mitchell在他的机器学习经典教材*Machine Learning*中给出的机器学习的定义如下：

"机器学习这门学科所关注的问题是：计算机程序如何随着经验积累自动提高性能。"

Mitchell在书中还给出了一个简短的形式化定义体系：

"对于某类任务T和性能度量P，如果一个计算机程序在T上以P衡量的性能随着经验E而自我完善，那么我们称这个计算机程序在从经验E学习。"

Mitchell的定义是机器学习领域最为经典的定义，在后来的教材和著作中被多次使用和引用。

3. Christopher Bishop 的定义（2006）

Christopher Bishop在其经典图书*Pattern Recognition and Machine Learning*中对模式识别和机器学习进行了介绍：

"模式识别起源于工程学，而机器学习产生于计算机科学。然而这些领域可以看成是同一领域的两个方面。"

从Bishop的论述可以看出，他更多的是从工程的角度看待机器学习：让机器自动从数据中学习规律、洞察（insight）和结果，从而解决实际问题，所有符合这个流程的方法都可以称为机器学习。

4. Trevor Hastie 等人的定义（2009）

Trevor Hastie等三位来自斯坦福的统计学家在其编写的经典统计学习图书*The Elements of Statistical Learning: Data Mining, Inference, and Prediction*中对机器学习的描述如下：

"许多领域都产生了大量的数据，统计学家的工作就是让所有这些数据变得有意义：提取重要的模式和趋势，理解'数据在说什么'。我们称之为从数据中学习。"

可以看出，从统计学家的角度看，机器学习是使用统计工具在数据上下文中解译数据，从使用多种统计方法做出的决策和结果中进行学习。

5. 李航的定义（2012）

李航教授在其经典的《统计学习方法》中对统计机器学习的定义如下：

"统计学习（statistical learning）是关于计算机基于数据构建概率统计模型并运用模型对数据进行预测和分析的一门学科。统计学习也称为统计机器学习（statistical machine learning）。"

李教授认为统计学习是处理海量数据的有效方法，是计算机智能化的有效手段。统计学习方法主要包含模型、策略和算法三个部分，在信息维度起着核心作用，是计算机科学发展的一个重要组成部分。

6. Stephen Marsland 的定义（2014）

Stephen Marsland在*Machine Learning: An Algorithmic Perspective*中沿用了Mitchell对于机器学习的定义，他在序言中对机器学习的特征进行了生动的阐述：

"机器学习最有趣的特征之一就是，它介于几个不同理论学科之间，主要是计算机科学、统计学、数学和工程学。机器学习经常被作为人工智能的一部分来进行研究，这把它牢牢地置于计算机科学中。理解为什么这些算法能够有效工作需要一定的统计学和数学头脑，这往往是计算机科学专业学生所缺少的能力。"

该定义首先强调了机器学习的多学科性质，来源于各种各样的信息科学。第二，他强调了过于坚持一个给定的角度的危险性。特别是，算法工程师避开一个方法的数学内部运作原理的情况。毫无疑问，相反的情况，统计学家避开实现和部署的实际问题也是同样受限的。

7. 周志华的定义（2016）

周志华教授在其《机器学习》教材中对机器学习的定义如下：

"机器学习正是这样一门学科，它致力于研究如何通过计算的手段，利用经验来改善系统自身的性能。在计算机系统中，'经验'通常以'数据'形式存在，因此，机器学习所研究的主要内容，是关于在计算机上从数据中产生'模型'（model）的算法，即'学习算法'（learning algorithm）。有了学习算法，我们只需把经验数据提供给它，它就能基于这些数据产生模型；在面对新的情况时，模型会给我们提供相应的判断。如果说计算机科学是研究关于'算法'的学问，那么类似地，可以说机器学习是研究关于'学习算法'的学问。"

8. 吴恩达（Andrew Ng）的定义（2020）

吴恩达教授在其斯坦福的机器学习课程（CS229）中引用了Arthur Samuel和Tom Mitchell的定义，并举例介绍了Tom Mitchell的形式化定义体系。吴教授在其课程主页上对机器学习的定义如下：

"机器学习是一门让计算机在没有明确编程的情况下运行的科学。"

通过对上述定义进行分析与比较，可以看出机器学习具有如下鲜明的特征：

（1）机器学习主要关注如何指导学习算法从已有的经验中进行学习，这与计算机科学领域经典的、确定性的算法设计思路完全不同，后者强调由人给出针对具体问题的、明确的计算规则。

（2）在计算机系统中，"经验"通常以数据的形式存在，更具体的是已有的、针对某个问题的解决方案（样本）。

（3）当学习算法通过样本学习到解决问题的模型后，在遇到新的情况时模型能够进行预测和判断，并能够通过新的数据对自身进行持续更新。

（4）机器学习方法特别适合难以用规则描述其解决方案的复杂问题。随着云计算、大数据处理技术的不断发展，机器学习方法已经解决了越来越多的实际问题。

1.1.2　机器学习流派

本节以华盛顿大学教授Pedro Domingos对机器学习领域流派的总结为基础，分别对机器学习的五大流派进行介绍与分析。

1. 符号主义（Symbolists）

符号主义又称为逻辑主义、心理学派或计算机学派，其原理主要为物理符号系统（符号操作系统）假设和有限合理性原理。

符号主义的核心是数理逻辑。数理逻辑在20世纪30年代开始用于描述智能行为。当计算机出现后又在计算机上实现了逻辑演绎系统，其代表性成果为1956年由Allen Newell和Herbert

Simon编写的启发式程序逻辑理论家（logic theorist），它证明了38条数学定理，表明了可以应用计算机研究人的思维过程、模拟人类智能活动。

符号主义学派的研究者在1956年首先采用"人工智能"这个术语，后来又发展了启发式算法、专家系统、知识工程理论与技术，并在20世纪80年代取得很大发展。符号主义曾长期一枝独秀，为人工智能的发展做出重要贡献，尤其是专家系统的成功开发与应用，为人工智能走向工程应用和实现理论联系实际具有重要的意义。在人工智能的其他学派出现之后，符号主义仍然是人工智能的主流派别。

符号学派的代表人物包括Allen Newell、Herbert Simon、Nilsson、Tom Mitchell、Steve Muggleton、Ross Quinlan等。

2. 连接主义（Connectionists）

连接主义学派又称为仿生学派或生理学派，其主要原理为神经网络及神经网络间的连接机制与学习算法。

连接主义学派认为人工智能源于仿生学，特别是对人脑模型的研究。它的代表性成果是1943年由生理学家McCulloch和数理逻辑学家Pitts创立的脑模型，即M-P模型。M-P模型定义了神经元结构的数学模型，奠定了连接主义学派的基础。

20世纪60~70年代，以感知机（perceptron）为代表的脑模型的研究出现过热潮，然而由于受到当时的理论模型、生物原型和技术条件的限制，脑模型研究在20世纪70年代后期至80年代初期落入低潮。直到Hopfield教授在1982年和1984年发表两篇重要论文，提出用硬件模拟神经网络以后，连接主义才又重新抬头。

1986年，Rumelhart、Hinton等人提出多层网络中的反向传播（back-propagation，BP）算法，结合了BP算法的神经网络称为BP神经网络。BP神经网络模型中采用反向传播算法所带来的问题是：基于局部梯度下降对权值进行调整容易出现梯度弥散（gradient diffusion）现象。梯度弥散的根源在于非凸目标代价函数导致求解陷入局部最优，而不是全局最优；而且，随着网络层数的增多，这种情况会越来越严重，这一问题的产生制约了神经网络的发展。与此同时，以SVM为代表的其他浅层机器学习算法被提出，并在分类、回归问题上均取得了很好的效果，其原理明显不同于神经网络模型，所以人工神经网络的发展再次进入了瓶颈期。

2006年，Geoffrey Hinton等人正式提出深度学习（deep learning，DL）的概念。他们在Science期刊发表的文章*Reducing the dimensionality of data with neural networks*中给出了梯度弥散问题的解决方案——通过无监督的学习方法逐层训练算法，再使用有监督的反向传播算法进行调优。在2012年的ImageNet图像识别大赛中，Hinton教授领导的小组采用深度学习模型AlexNet一举夺冠，AlexNet采用ReLU激活函数，从根本上解决了梯度消失问题，并采用GPU极大地提高了模型的运算速度。同年，由斯坦福大学的吴恩达教授和Google计算机系统专家Jeff Dean共同主导的深度神经网络（deep neural network，DNN）技术在图像识别领域取得了惊人的成绩，在ImageNet评测中成功地把错误率从26%降低到了15%。2015年，Yann LeCun、Yoshua Bengio和Geoffrey Hinton共同在Nature上发表论文*Deep Learning*，详细介绍了深度学习技术。由于在深度学习方面的成就，三人于2018年获得了ACM图灵奖。

自深度学习技术提出后，连接主义势头大振，从模型到算法，从理论分析到工程实现，目前已经成为人工智能最为流行的一个学派。

3. 进化主义（Evolutionaries）

进化主义学派认为智能要适应不断变化的环境，通过对进化的过程进行建模，产生智能行为。进化计算（evolutionary computing）是在计算机上模拟进化过程，基于"物竞天择，适者生存"的原则，不断迭代优化，直至找到最佳的结果。

在计算机科学领域，进化计算是人工智能，进一步说是智能计算（computational intelligence）中涉及组合优化问题的一个子域。其算法受生物进化过程中"优胜劣汰"的自然选择机制和遗传信息的传递规律的影响，通过程序迭代模拟这一过程，把要解决的问题看作环境，在一些可能的解组成的种群中通过自然演化寻求最优解。

运用进化理论解决问题的思想起源于20世纪50年代，从20世纪60年代至90年代，进化计算产生了4个主要分支：遗传算法（genetic algorithms，GA）、遗传编程（genetic programming，GP）、进化策略（evolution strategies，ES）、进化编程（evolutionary programming，EP）。下面将对这4个分支依次做简要的介绍。

（1）遗传算法。遗传算法是通过模拟生物界自然选择和自然遗传机制的随机化搜索算法，由美国John Henry Holand教授于1975年在专著*Adaptation in Natural and Artificial Systems*中首次提出。它使用某种编码技术作用于二进制数串之上（称之为染色体），其基本思想是模拟由这些串组成的种群的进化过程，通过一种有组织但随机的信息交换来重新组合那些适应性好的串。遗传算法对求解问题的本身一无所知，它仅对算法所产生的每个染色体进行评价，并根据适应性来选择染色体，使适应性好的染色体比适应性差的染色体有更多的繁殖机会。

（2）遗传编程。遗传编程由Stanford大学的John R.Koza在1992年撰写的专著*Genetic Programming*中提出。它采用遗传算法的基本思想，采用更为灵活的分层结构来表示解空间，这些分层结构的叶节点是问题的原始变量，中间节点则是组合这些原始变量的函数。在这种结构下，每一个分层结构对应问题的一个解，遗传编程的求解过程是使用遗传操作动态改变分层结构以获得解决方案的过程。

（3）进化策略。德国柏林工业大学的Ingo Rechenberg等人在求解流体动力学柔性弯曲管的形状优化问题时，用传统的方法很难优化设计中描述物体形状的参数，而利用生物变异的思想来随机地改变参数值获得了较好的结果。针对这一情况，他们对这一方法进行了深入的研究，形成了进化策略这一研究分支。进化策略与遗传算法的不同之处在于：进化策略直接在解空间上进行操作，强调进化过程中从父体到后代行为的自适应性和多样性，强调进化过程中搜索步长的自适应性调节，主要用于求解数值优化问题；而遗传算法是将原问题的解空间映射到位串空间之中，然后施行遗传操作，它强调个体基因结构的变化对其适应度的影响。

（4）进化编程。进化编程由美国Lawrence J.Fogel等人在20世纪60年代提出，它强调智能行为要具有能预测其所处环境的状态，并且具有按照给定的目标做出适当响应的能力。

进化计算是一种比较成熟、具有广泛适用性的全局优化方法，具有自组织、自适应、自学习的特性，能够有效地处理传统优化算法难以解决的复杂问题（例如NP难优化问题）。进化算法的优化要视具体情况进行算法选择，也可以与其他算法相结合，对其进行补充。对于动态数据，用进化算法求最优解可能会比较困难，种群可能会过早收敛。

4. 贝叶斯（Bayesians）

统计推断是通过样本推断总体的统计方法，是统计学的一个庞大分支。统计学有两大学派，频率学派和贝叶斯学派，在统计推断的方法上各有不同。

贝叶斯学派于20世纪30年代建立，快速发展于20世纪50年代。它的理论基础是17世纪的贝叶斯（Bayes）提出的贝叶斯公式，也称贝叶斯定理或贝叶斯法则。

在探讨"不确定性"这一概念时，贝叶斯学派不去试图解释"事件本身的随机性"，而是从观察事件的"观察者"角度出发，认为不确定性来源于观察者的知识不完备，在这种情况下，通过已经观察到的证据来描述最有可能的猜测过程。因此，在贝叶斯框架下，同一件事情对于知情者而言就是确定事件，对于不知情者而言就是随机事件，随机性并不源于事件本身是否发生，而只是描述观察者对该事件的知识状态。基于这一假设，贝叶斯学派认为参数本身存在一个概率分布，并没有唯一真实参数，参数空间里的每个值都可能是真实模型使用的参数，区别只是概率不同，所以就引入了先验分布（prior distribution）和后验分布（posterior distribution）来找出参数空间每个参数值的概率。

贝叶斯学派的机器学习方法有一些共同点，首先是都使用贝叶斯公式，其次它们的目的都是最大化后验函数，只是它们对后验函数的定义不相同。下面对主要的贝叶斯派机器学习方法进行介绍：

（1）朴素贝叶斯分类器。朴素贝叶斯分类器是假设影响分类的属性（每个维度）是独立的，每个属性对分类结果的影响也是独立的。也就是说需要独立计算每个属性的后验概率，并将它们相乘作为该样本的后验概率。

（2）最大似然估计（maximum likelihood estimation，MLE）。最大似然估计假设样本属性的联合概率分布（概率密度函数）呈现某一种概率分布，通常使用高斯分布（正态分布），需要计算每一类的后验概率，即利用已知的样本结果信息反推具有最大概率导致这些样本结果出现的模型参数值。

（3）最大后验估计（maximum a posteriori，MAP）。最大后验估计是在给定样本的情况下，最大化模型参数的后验概率。MAP根据已知样本来通过调整模型参数，使得模型能够产生该数据样本的概率最大，只不过对于模型参数有了一个先验假设，即模型参数可能满足某种分布，不再一味地依赖数据样例。

贝叶斯学派的主要代表学者包括David Heckerman、Judea Pearl和Michael Jordan。

5. 行为类比（Analogizers）

行为类比学派的基本观点为：我们所做的一切、所学习的一切都是通过类比法推理得出的。所谓的类比推理法，即观察我们需要做出决定的新情景和我们已经熟悉的情景之间的相似度。

Peter Hart是行为类比学派的先驱，他证实了有些事物是与最佳临近算法相关的，这种思想形成了最初的、基于相似度的算法。Vladimir Vapnik发明了支持向量机、内核机，成为当时运用最广、最成功的基于相似度学习机。

行为类比学派著名的研究成果包括最佳近邻算法和内核机（kernel machines），其最著名的应用场景为推荐系统（recommender system）。该学派的主要代表学者包括Peter Hart、Vladimir Vapnik和Douglas Hofstadter。

1.1.3　机器学习简史

总体而言，机器学习可以分为有监督学习（supervised learning）、无监督学习（unsupervised learning）和强化学习（reinforcement learning）三类，半监督学习可以认为是有监督学习和无监督学习的结合，不再专门讨论。下面分别对这三类学习方法的发展历史进行简单回顾。

1. 有监督学习

有监督学习通过训练样本学习得到一个模型，然后用这个模型进行推理与预测。如果只是预测一个类别值，则成为分类问题，如果需要预测一个实数值，则称之为回归问题。

1980年之前，有监督学习算法都是零碎化的，不成体系。比较著名的算法包括线性判别分析（linear discriminant analysis，LDA）方法（1936年）、贝叶斯分类器（1950年）、logistic回归（1958年）、感知机模型（1958年）、kNN算法（1967年）等。

1980年后，机器学习成为一个独立的方向。从1980年至1990年的重要成果是决策树，包括ID3、CART和C4.5。1986年诞生了反向传播算法，用于训练多层神经网络；1989年，LeCun设计出了第一个真正意义上的卷积神经网络，用于手写数字识别；1995年诞生了两种经典的算法SVM和Adaboost；1997年出现了LSTM（long short-term memory）算法；2001年出现了随机森林算法。

从1980年开始到2012年深度学习兴起之前，有监督学习得到了快速的发展，各种思想和方法层出不穷，百家争鸣。2012年，Alex网络的成功使得深度神经网络卷土重来。在这之后，卷积神经网络（convolutional neural networks，CNN）被广泛地应用于机器视觉的各类问题。循环神经网络（recurrent neural network，RNN）则被用于语音识别、自然语言处理等序列预测问题。整合了循环神经网络和编码器-解码器框架的seq2seq技术解决了大量的实际应用问题。生成式对抗网络（generative adversarial networks，GAN）作为深度生成模型的典型代表，可以生成以假乱真的图像，取得了不可思议的效果。

2. 无监督学习

无监督学习没有训练过程，其主要过程是给定一些样本数据，让机器学习算法直接对这些数据进行分析，得到数据的某些知识，典型代表是聚类。

与有监督学习相比，无监督学习的发展较为缓慢，至今仍未取得大的突破，下面我们从聚类和数据降维两个方面对无监督学习的算法进展做个介绍。

（1）聚类。聚类是无监督学习中历史悠久的一类问题，层次聚类方法出现于1963年，该方法非常符合人的直观思维过程，至今仍然广泛使用。经典的k均值算法（k-means）出现于1967年，此后出现了大量的改进算法，应用非常广泛。EM算法出现于1977年，不光用于聚类问题，还用于求解机器学习中带有缺失数据的各种极大似然估计问题。Mean shift算法、DBSCAN和OPTICS算法都是属于基于密度的聚类算法。谱聚类算法诞生于2000年，该类算法将聚类问题转化为图切割问题。

（2）数据降维。经典的PCA算法诞生于1901年。1930年出现了线性判别分析方法。此后近70年中，数据降维在机器学习领域一直没有重量级的成果，直到1998年，核PCA作为非线性降维算法出现。2000年开始，流形学习方法开始兴起，包括局部线性嵌入、拉普拉斯特征映射、局部保持投影、等距映射等算法相继提出。2008年出现了t-SNE（t-distributed stochastic neighbor embedding）算法，想法简单，效果很好。

3. 强化学习

强化学习算法要根据当前的环境状态确定一个动作来执行，然后进入下一个状态，如此反复，目标是让得到的收益最大化。常见的强化学习算法的应用场景是棋类游戏。

与有监督学习和无监督学习相比，强化学习方法的起步更晚。20世纪80～90年代出现了时序差分学习、Q学习和SARSA等算法，但由于状态和动作空间过于巨大，无法穷举，因此强化学习方法一直无法大规模使用。直到2010年后，将神经网络与强化学习相结合，即深度强化学习（deep reinforcement learning，DRL）才为强化学习带来了实用化的机会，代表性算法包括Double Q学习、DQN、DPG、DDPG、A3C和AlphaGo等。

1.2 机器学习解决实际问题的流程

采用机器学习方法解决实际问题通常需要包含多个步骤，具体如图1.1所示。

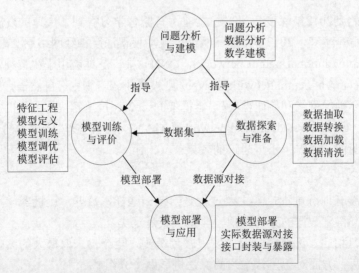

图 1.1　机器学习解决实际问题的流程

从图1.1中可以看出，采用机器学习方法解决实际问题时主要分为问题分析与建模、模型训练与评价、数据探索与准备、模型部署与应用4个阶段。

问题分析与建模是首先要进行的工作，其主要内容是对原始问题进行领域分析与理解，然后对数据进行初步分析与探索，最后采用数学建模的方法得到该问题的形式化定义，为后续的模型训练与评价和数据探索与准备工作提供精确指导。

数据探索与准备阶段主要包括数据抽取、数据转换、数据加载和数据清洗等4个部分，其中，数据抽取主要实现异构数据源的灵活接入与数据采集；数据转换主要根据数学模型的要求对数据进行必要的转换和处理；数据准备在前面工作的基础上将原始数据保存至统一的数据库或文件系统中；数据清洗主要对原始数据进行异常值剔除与修正等工作，保证数据的正确性和有效性，并为后续的模型训练和评估提供数据集支撑。

模型训练与评价阶段主要分为特征工程、模型定义、模型训练、模型调优和模型评估等5部分工作，其中特征工程部分的主要工作是最大限度地从原始数据中提取特征以供算法和模型使用；模型定义部分的工作是针对问题的特点和数学定义，选择、定制合适的机器学习模型，并给出优化目标；模型训练部分在模型定义的基础上，通过对训练数据集进行分析，并获得经过训练优化的模型；为了提高模型的性能和效果，需要对模型进行调优，主要涉及超参数优化、神经网络搜索等自动化机器学习技术；模型评估是根据优化目标对模型的质量进行评估。

模型部署与应用阶段主要分为模型部署、模型服务实例管理和资源管理等工作。模型部署工作主要将已经开发完成的机器学习模型打包为具有标准接口的服务，并部署在轻量级容器环境中；模型服务实例管理部分支持将每个服务部署多个服务实例，以提升服务可支持的并发请求，并自动将不同实例分布到不同机器上以更好地保障服务高可用性；资源管理工作主要包括弹性扩缩、蓝绿部署（Blue Green Deployment）等能力，支撑用户以最低的资源成本获取高并发、稳定的在线算法模型服务。

基于上述生命周期的定义，图1.2对每个阶段要完成的工作进行了较为详细的流程化描述。

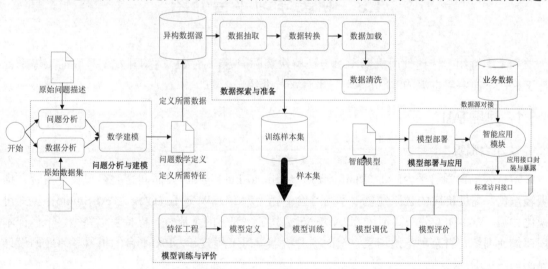

图 1.2　每个阶段要完成的工作

在问题分析与建模阶段主要包含问题分析、数据分析和数学建模等3项工作。

问题分析过程分为两步：首先是需要明确和理解问题，包括准确地描述问题、明确问题的构成要素、探究问题的本质、显性化问题隐含的假设等四个方面；其次是拆分和定位问题，其核心是将复杂的问题拆解为一个个元问题（最细小的、不可分解的待解决问题）。数据分析部分内容将在第2章进行详细介绍。

数据探索与准备阶段主要包含数据抽取、数据转换、数据加载和数据清洗等4项工作。其中，数据抽取、转化和加载部分主要对ETL（extract-transform-load）技术进行介绍，包括ETL概念、ETL工作方式、ETL实现模式，ETL发展历史和主流ETL工具等内容。数据清洗部分主要包括针对数据集中的空值和乱码数据异常问题等进行处理，对数据进行拆分和采样等步骤。本部分内容将在第3章进行详细介绍。

模型训练与评价阶段主要包含特征工程、模型定义、模型训练、模型调优和模型评价等5项工作。其中，特征工程的目的是最大限度地从原始数据中提取特征以供算法和模型使用，主要包含数据预处理、特征选择和数据降维等三个部分的内容，本部分内容将在第4章进行详细介绍。模型选择过程需要考虑问题的特性、数据规模大小和分布特征、消耗资源等因素；模型训练过程中需要考虑如何划分训练集和测试集，常见的方法包括交叉验证法、自助法等；模型调优过程主要采用超参数调优、元学习和神经网络架构搜索等方法与技术；针对不同的模型，其评价指标包括精确率与召回率、ROC和AUC、混淆矩阵、MSE、MAE等多种指标。本部分内容将在第5章进行详细介绍。

模型部署与应用阶段主要关注如何将模型部署为智能应用模块，对接实际的数据源，进行接口封装，形成标准访问接口，最终为用户提供智能服务，主要包括模型数据格式、模型部署、模型标准访问接口和模型更新等内容。本部分内容将在第6章进行详细介绍。

1.3　机器学习平台介绍

为了支持用户快速使用机器学习方法解决实际问题，各大厂商均开发了对应的支撑平台与工具，下面将对主流的9个机器学习平台进行介绍。

1.3.1　阿里PAI

1. 平台概况

阿里云机器学习平台PAI（Platform of Artificial Intelligence）面向企业客户及开发者，提供轻量化、高性价比的云原生机器学习平台，涵盖PAI-DSW交互式建模、PAI-Studio拖曳式可视化建模、PAI-DLC分布式训练到PAI-EAS模型在线部署的全流程，支持百亿特征、千亿样本规模加速训练，百余种落地场景，全面提升机器学习工程效率。PAI平台的机器学习应用设计界面如图1.3所示。

2. 平台特点

（1）良好的交互设计：使用Web UI界面，通过对底层的分布式算法封装，提供拖拉拽的可视化操作环境，同时也提供了命令行工具，可方便地将算法嵌入到自身的工程中。

（2）优质、丰富的机器学习算法：机器学习平台上的算法都是经过阿里大规模业务锤炼而成的，阿里云机器学习平台不仅提供了基础的聚类、回归类等机器学习算法，也提供了文本分析、特征处理等比较复杂的算法。

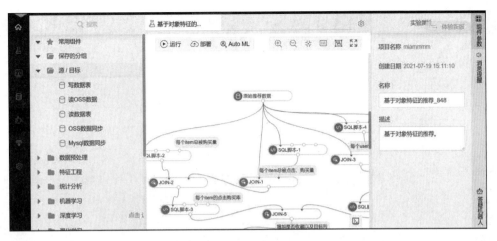

图 1.3　阿里 PAI 平台界面

（3）使用阿里云机器学习平台计算的模型直接存储在OSS或MaxCompute上，可以配合其他阿里云的产品组件加以利用。

（4）支持主流深度学习框架：阿里云机器学习平台已经包含了TensorFlow、Caffe、MXNet这三款主流的机器学习框架，还支持流式处理框架Flink、Spark、PySpark、MapReduce等业内主流框架。

（5）除了提供模型训练功能，还提供了在线预测以及离线调度功能，让机器学习训练结果和业务可以无缝衔接。

（6）基于阿里云的云计算平台，具有超大规模的数据处理能力和分布式的存储能力，同时整个模型支持超大规模的建模以及计算。

（7）对于每个输出型组件，都可以通过右键单击组件来查看可视化输出模型。可视化输出有多种表示方法，包括折线图、点图和柱形图等。

1.3.2　第四范式先知（Sage EE）

1. 平台概况

第四范式的先知平台（4Paradigm Sage EE）是一款大规模分布式人工智能应用开发的全流程平台。基于覆盖机器学习全流程闭环系统，从原始数据到模型训练，从模型训练到模型应用，再到模型自学习，包括模型调研平台、在线预估服务平台以及SDK三部分。该平台的界面如图1.4所示。

2. 平台特点

（1）低门槛：以"学习圈理论"指导AI应用过程，大幅降低AI认知门槛；模型调研过程拖拉拽，模型推理过程可解释，应用开发过程配置化，自学习过程免开发，全方位降低AI落地门槛。

（2）能力全：覆盖数据探索与特征提取、模型训练和自学习、应用开发与运维等AI应用全流程，支持从高维机器学习到深度学习、从自然语言处理到知识图谱等各类AI算法，为企业打造一站式、端到端AI体验。

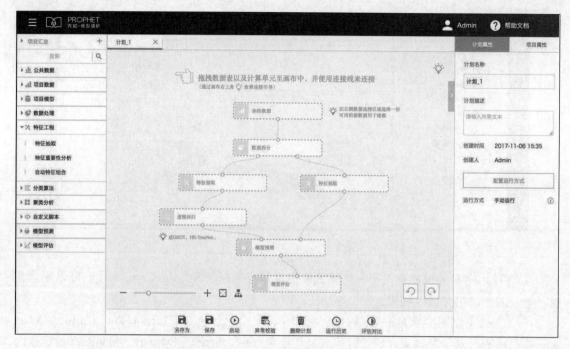

图 1.4　第四范式先知平台界面

（3）高性能：依赖强大的AI引擎，提供业界领先的分布式模型训练能力、高吞吐低延迟模型服务能力、海量结构/非结构化数据的高速处理能力以及AI应用全堆栈的实时监控运维能力，通过技术的力量，提升AI创新的速度、规模和效果。

（4）低成本：通过AI过程标准化和AI能力平台化，实现AI应用过程的可复制性和规模效应，帮助企业提升AI投资的整体回报。

（5）可扩展：广泛的系统兼容性，标准的API和SDK，提供从计算框架到算法包、从模型格式到应用组件等多维度的延展性，满足企业的定制化诉求。

（6）企业级：提供多租户、访问控制、资源管理、操作审计等企业级特性，保证跨部门协作过程中的资产安全和多项目并行时的资源优化配置，同时借助高可用设计、弹性架构和全流程监控能力，保证4个9的系统可用性，实现业务的平稳持续运行。

1.3.3　腾讯智能钛机器学习（TI-ML）

1. 平台概况

智能钛机器学习（TI Machine Learning，TI-ML）是基于腾讯云强大计算能力的一站式机器学习生态服务平台。它能够对各种数据源、组件、算法、模型和评估模块进行组合，使得算法工程师和数据科学家在其之上能够方便地进行模型训练、评估和预测。智能钛系列产品支持公有云访问、私有化部署以及专属云部署。该平台的界面如图1.5所示。

2. 平台特点

（1）一站式服务：与腾讯云的存储、计算能力无缝对接，一站式完成海量数据的存储和分析挖掘。

图 1.5　智能钛机器学习平台界面

（2）全流程管理：集数据处理、模型训练、预测、部署等功能于一体，并提供公共数据集和业界模型，快速释放数据价值。

（3）深度学习：支持 TensorFlow、Caffe、Torch 三大主流深度学习框架，并支持一机多卡、多机多卡模式的 GPU 分布式计算。

（4）性能优势：搭载万兆网卡的大量 CPU/GPU 实体机以及针对分布式机器学习的加速算法，为 TB 级数据的模型训练提供坚实基础。

（5）算法支持多：在支持自定义算法的同时，还提供数据处理、分类、聚类、深度学习等上百种主流算法。

（6）操作方便：命令行操作模式符合高阶客户使用习惯，灵活敏捷；可视化操作模式通过拖拉拽的方式拼接算法组件实现业务逻辑，界面友好易于使用。

1.3.4　中科院 EasyML

1. 平台概况

中科院 Easy Machine Learning（EasyML）平台是一个通用的、基于数据流的系统，用来简化应用机器学习算法解决实际问题的过程。该平台包括两大组件：分布式大数据分析函数与算法库 BDA Lib 和可视化任务构建与管理平台 BDA Studio。EasyML 的主界面如图 1.6 所示。

2. 平台特点

（1）提供可拖拽式的图形化操作界面，帮助用户快速构建和执行分析任务。

（2）大规模可扩展：内部算法基于 Spark 内存分布式计算框架，具有强大的大数据处理能力。

（3）具有丰富的机器学习算法，涵盖分类聚类、文本分析、个性化推荐等方向。

（4）支持 Map-Reduce、Spark 和单机程序并行混合执行，单机/分布式算法。

（5）支持数据、程序模块和分析任务的发布和共享，降低使用者的时间成本。

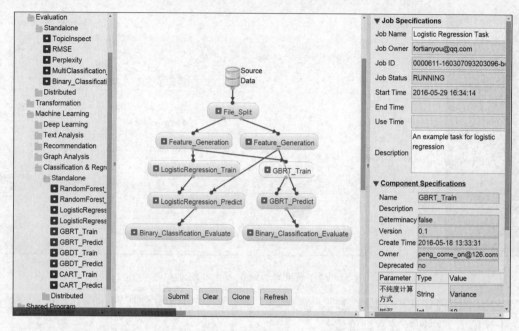

图 1.6　中科院机器学习平台 EasyML 界面

1.3.5　百度机器学习 BML

1. 平台概况

百度机器学习BML平台提供一站式人工智能模型建设功能服务集。面向企业同时提供机器学习和深度学习环境，实现从数据源管理、数据标注、数据集存储、数据预处理、模型训练生产到模型管理、预测推理服务管理、全服务监控等AI建设全工作周期的服务能力，其主界面如图1.7所示。

图 1.7　百度机器学习 BML 平台主界面

2．平台特点

（1）特征工程、模型训练、模型评估和预测服务全流程，支持拖拽式操作。

（2）算法经过多年持续优化，性能极致，分布式、全内存集群提供强大的计算能力。

（3）搭载分类、聚类、回归、主题模型、推荐等多种算法，同时支持前沿的深度学习、在线学习、贝叶斯推荐等算法。

（4）提供数字广告营销、推荐系统、设备故障预测等多个完善的解决方案，解决实际业务问题。

1.3.6　华为 AI 开发平台 ModelArts

1．平台概况

ModelArts是面向开发者的一站式AI开发平台，为机器学习与深度学习提供海量数据预处理及半自动化标注、大规模分布式Training、自动化模型生成，以及端-边-云模型按需部署能力，帮助用户快速创建和部署模型，管理全周期AI工作流。

2．平台特点

（1）提供预制算法。提供丰富的预置算法，支持用户通过AI市场订阅之后，可以基于自己的业务数据进行二次训练，涵盖图像分类、物体检测、文本分类等多类应用场景。

（2）自动学习。可根据用户标注数据全自动进行模型设计、参数调优、模型训练、模型压缩和模型部署全流程。无须任何代码编写和模型开发经验，即可利用ModelArts构建AI模型应用在实际业务中。

（3）全流程开发。涵盖图像、声音、文本、视频4大类数据格式9种标注工具，同时提供智能标注、团队标注，极大地提高标注效率；支持数据清洗、数据增强、数据检验等常见数据处理能力。

（4）可视化全流程管理。提供从数据、算法、训练、模型、服务全流程可视化管理，无须人工干预，自动生成溯源图。提供版本可视化比对功能，可帮助用户快速了解不同版本间的差异。模型训练完成后，在常规的评价指标展示外，还提供可视化的模型评估功能，可通过混淆矩阵和热力图形象地了解模型，进行评估模型或模型优化。

（5）使用本地IDE对接云上服务。除了在云上通过界面操作外，同时也提供了Python SDK功能，可通过SDK在任意本地IDE中使用Python访问ModelArts，包括创建、训练模型、部署服务等功能。

（6）构建开发者生态社区，提供AI模型共享功能。为高校科研机构、AI 应用开发商、解决方案集成商、企业及个人开发者等提供安全、开放的共享及交易环境，有效连接AI开发生态链各参与方，加速AI产品的开发与落地。

1.3.7　微软 Azure 机器学习服务

1．平台概况

Azure机器学习服务向开发人员和数据科学家提供丰富的高效工作体验，帮助他们更快地生成、训练和部署机器学习模型。借助行业领先的MLOps（用于机器学习的DevOps）缩短上市时间并促进团队协作。在受信任的安全平台（专为负责任的机器学习设计）上进行创新。平台的主界面如图1.8所示。

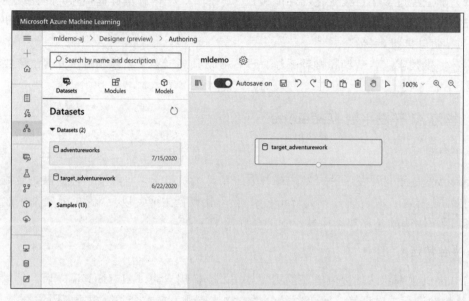

图1.8　微软 Azure 机器学习服务主界面

2. 平台特点

（1）协作式笔记本。使用 IntelliSense、轻松计算和内核切换以及脱机笔记本编辑功能，最大限度地提高工作效率。

（2）拖放式机器学习。使用机器学习工具（如设计器）和模块进行数据转换、模型训练和评估，或者轻松地创建和发布机器学习管道。

（3）MLOps。使用中心注册表来存储和跟踪数据、模型和元数据；支持自动捕获并调整数据；使用Git来跟踪工作和GitHub Actions以实现工作流；管理和监视运行，或比较多个运行以进行训练和试验。

（4）支持近100种方法来处理分类、异常检测、回归、推荐和文本分析。

（5）拥有Azure AI Gallery，它是由社区提供的机器学习解决方案集合，开发人员和数据科学家可以分享他们的分析解决方案。

（6）提供语音接口、图像分析接口、视频分析接口。

1.3.8　谷歌 Cloud AutoML 平台

1. 平台概况

谷歌Cloud AutoML平台只需极少的工作量和机器学习专业知识即可训练出高质量的自定义机器学习模型。平台可让机器学习知识有限的开发者根据其业务需求训练出高质量的模型（在几分钟内就构建出自定义机器学习模型）。AutoML包括AI Platform、Vision、Video Intelligence、Natural Language、Translation、Tables等产品。

2．平台特点

（1）Cloud AutoML Vision基于谷歌领先的图像识别方法，包括迁移学习和神经架构搜索技术。这意味着即使企业不具备足够的机器学习专业知识，也可以获得更准确的模型。

（2）使用Cloud AutoML可以在几分钟内创建一个简单的模型，用以调试想用AI支持的应用程序，可以在一天内构建能用于生产的完整模型。

（3）AutoML Vision提供了一个简单的图形用户界面，可让用户指定数据，然后将数据转换为一个针对特定需求的高质量模型。

（4）可以使用Google的人工标签服务来人工标注图片或清理标签，以确保在高质量数据的基础上训练模型。

（5）Cloud AutoML与其他Google Cloud服务全面集成，因此客户能够以统一的方式使用所有Google Cloud服务。可以在Cloud Storage中存储训练数据。如果要根据训练后的模型生成预测，只需在使用现有Vision API时添加一个参数来指定自定义模型，或使用Cloud ML Engine的在线预测服务。

（6）利用Google先进的AutoML和迁移学习技术来创建高质量的模型。

1.3.9　亚马逊 SageMaker

1．平台介绍

Amazon SageMaker是一项完全托管的服务，可以帮助开发人员和数据科学家大规模地快速构建、训练和部署机器学习模型。它消除了机器学习工作流程每个步骤的复杂性，使用户能够更轻松地部署机器学习使用案例。SageMaker包括Studio、Autopilot、Ground Truth和Neo等多款产品。

2．平台特点

（1）门槛低。预先训练的AI服务基于为Amazon自身业务提供支持的相同技术，为应用程序和工作流程提供现成的智能功能，以帮助改善业务成果。用户无须任何机器学习专业知识即可构建AI支持的应用程序。

（2）支持多种学习框架。支持TensorFlow、PyTorch、Apache MXNet 和其他常用机器学习框架，来试验并定制机器学习算法。用户可以在Amazon SageMaker中以托管体验的形式使用所选择的框架，也可以使用AWS Deep Learning AMI（Amazon 系统映像），该映像配备所有最新版本的、最常用的深度学习框架和工具。

（3）Amazon Machine Learning API和向导可以帮助所有开发人员轻松地利用Amazon Simple Storage Service (Amazon S3)中存储的数据、Amazon Redshift或Amazon Relational Database Service (Amazon RDS)中的MySQL数据库，创建并精细调整机器学习模型，并对这些模型进行查询以获得预测结果。该服务内置数据处理器、可扩展的机器学习算法、互动数据和模型可视化工具以及质量警告功能，可帮助用户快速构建并精细调整模型。

（4）可扩展的高性能预测结果生成服务。Amazon Machine Learning预测API可用于为应用程序生成数十亿条预测结果。使用批量预测API可以请求对大量数据记录一次性执行预测，还可以使用实时API来获得个别数据记录的预测结果，这两个功能可以在交互式Web、移动、桌面应用程序中使用。

（5）采用Amazon成熟的机器学习技术，具有极高的可扩展性。Amazon已经将这项技术广泛应用于许多关键领域，例如供应链管理、欺诈交易识别和目录编排等。

（6）提供交互式的图表，可以帮助用户以可视化的方式呈现输入的数据集并对其进行挖掘，以理解数据内容和分配情况，并发现遗漏或错误的数据属性。

（7）提供多种API用于建模和管理，可以帮助用户创建、检查、删除数据资源、模型和评估结果。用户可在新数据出现后自动完成新模型的创建，还可以使用API来检查之前的模型、数据源、评估结果和批量预测结果，以实现跟踪和重复性目标。

1.4 本 章 小 结

本章首先对机器学习的基础概念进行了系统的介绍，包括经典教材与课程对机器学习的定义、学术界对机器学习五大流派的分析与对比、机器学习的发展历史等。在此基础上，本章提出机器学习解决实际问题的核心流程和生命周期，定义了生命周期内各个阶段的主要工作，并与本书后续章节相对应。最后，本章对目前主流的、支持采用机器学习方法解决实际问题的9款开发工具进行简要介绍，并对各个工具的特点进行总结和梳理。

第 2 章 问题分析与建模

在实际场景下，情况往往是用户清楚自己的业务却又不了解计算机技术，而算法人员精通算法但不熟悉用户业务领域。因此，在设计具体算法解决实际业务问题之前，需要先对业务问题进行分析，并抽象成合理的数学模型，以此搭建起技术人员与用户之间的沟通桥梁。本章将介绍问题分析与建模的过程（见图2.1），首先描述如何对业务问题进行分析，再进行数据分析，最终建模成数学问题。

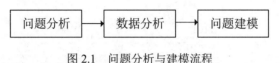

图 2.1　问题分析与建模流程

2.1　问 题 分 析

在遇到实际业务问题时，首先需要进行全面的问题分析，主要包含两个步骤：一是明确和理解问题；二是拆解和定位问题。运用合适的方法论去分析问题是解决实际业务问题的关键。

2.1.1　明确和理解问题

在接触到问题的时候，首先需要对问题建立起宏观的认识，具体可以采用下述四种方法来理解问题。

1. 准确地描述问题

在与用户沟通需求的过程中，人们容易下意识地忽略隐藏的内在要素。因此，准确地描述问题需要在日常语言沟通的基础上进行量化。例如，在解决预测问题的过程中，用户通常都会要求算法的预测准确度高，但是不同业务对"高"的需求也不尽相同，对于"高"的准确表达容易被忽视，从而影响后续解决问题的过程。因此，双方需要对问题的指标、数值等业务需求进行准确的量化。将用户的需求细化为：算法预测准确度要高，达到MSE在90%以上。准确地描述问题，才能让算法人员明白用户真正的需求。

2. 明确问题的构成要素

在与用户沟通业务问题的过程中，如果能一次性将所有问题确认清楚，则可以有效减少反复沟通的时间，提升工作效率。5W2H分析法又叫七问分析法，由二战中美国陆军兵器修理部首创，用五个以W开头的英语单词和两个以H开头的英语单词进行设问，为第一时间就能够明确问题的所有要素提供方法，有助于弥补考虑问题的疏漏。

5W2H分析法的主要内容如图2.2所示，具体含义如下：

- What——是什么？确定主要的内容目标。
- Why——为什么？确立业务问题的原因以及目的。
- Who——谁？安排参与解决问题的人员。
- When——何时？建立合理的时间规划。
- Where——何处？寻找合适的地点。
- How to do——怎么做？如何提高效率？指定执行的策略。
- How much——花费多少？预估解决问题所耗费的成本。

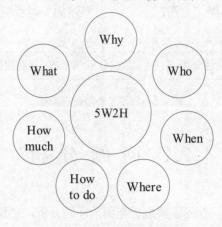

图 2.2　5W2H 分析法

利用5W2H分析法来明确问题的构成要素，可以帮助我们更深刻地理解问题，提高工作效率。

3. 探究问题的本质

"准确地描述问题"和"明确问题的构成要素"这两种问题分析方法直观，易于使用，而第三种方法是问题分析中最抽象也是最关键的——探究问题的本质。通常，真正的问题不会直观地呈现在我们面前，而是会以表象的、含有某些干扰信息的形式呈现。排除干扰，透析问题本质分为如下两步：

（1）区分问题表象与根本原因

由丰田佐吉所提出的5Why分析法，俗称"五问法"，从结果着手，沿着因果关系链条顺藤摸瓜，直至找出原有问题的根本原因。5Why分析法是对一个问题点连续问5个"为什么"来挖掘其根本原因。虽名为5Why，但也可能是N次询问以达到能探索到根本原因为止。由于算法业务问题与制造业问题不太相同，因此需要对原有5Why分析法的三个层面进行微调来贴合算法问题的业务场景：

- 第一个层面：问题是什么？从问题本身进行分解探究。
- 第二个层面：为什么会发生？从问题产生的角度探究。
- 第三个层面：如何解决问题？从"体系"或"流程"的角度探究。

每个层面通过连续5次或N次的询问得出最终结论。只有以上三个层面的问题都探寻出来才能发现根本问题。同时，5Why分析常常以图文的形式来阐述（见图2.3）。其中，OK表示要因确认后，发现不是引起问题的原因，因此不需要对此进一步分析；NG表示要因确认后，发现是引起问题的原因，需要对此进一步分析并且设立防止对策。

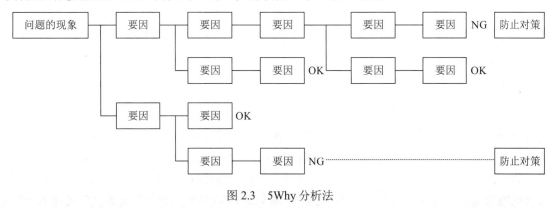

图 2.3　5Why 分析法

（2）区别问题的初步解决方案与问题本身

在遇到问题时，人们往往会有直观的感受或碎片式的想法，在脑海中产生问题初步解决方案，惯性地将初步解决方案当作问题本身来应对，但这些想法是片面的，很容易受到问题表象的迷惑。相应地，在与用户沟通的过程中，对于用户所提出的解决方案，我们不能一味迎合，而是将解决方案作为参考，通过分析问题来找到问题实质，然后再进一步制定问题的解决方案与决策。

4. 显性化问题隐含的假设

显性化问题隐含的假设是明确和理解问题的最后一个阶段，除了理想状态，实际中的所有问题都有一定程度的假设和应用边界。

举个生活中的例子："你是南方人，还是北方人？"来自福建的会说自己是南方人，而来自北京的则会说自己是北方人。这其中就蕴含着南北划分的基本假设，中国南北划分是以秦岭——淮河为界，界限以北为北方、以南为南方。因此，现实生活中的问题基本都存在假设，需要人们脱离常规的思维，以更为科学严谨的态度寻找到大脑认为理所当然的那些"隐含的假设"。

更进一步地，对于同一问题，随着所处问题的背景不同、假设不同、角度不同，所用于解决问题的方法就会不同，例如数理统计的两大学派——频率学派与贝叶斯学派在统计推断上的不同。对于一批样本而言，频率学派假设其分布是确定的、参数也是确定的，但是参数未知；相反，贝叶斯学派认为没有唯一的参数，而假设参数本身存在一个概率分布，参数空间里的每个值都可能是真实模型使用的参数，区别只是概率不同。两个学派所处的角度不同，对问题的假设不同，因此解决问题的方法也就不同。

2.1.2　拆解和定位问题

在对问题有一个宏观的认知之后，需要对问题进行拆解和定位，这是问题分析中最重要的一个环节。当问题被拆分得足够细、足够清晰的时候，方法也往往能够自然而然地浮出水面。

但是，现实的问题通常是特别宏大且复杂的，让人无从下手。因此，这些复杂问题可以通过拆解并定义到"元问题"来建立对问题的微观理解。

元问题指那些最本质、细小的问题。现实问题的复杂是因为掺杂了多个维度和变量，而在人们解决问题的过程中会把复杂问题拆解成一个个元问题，然后一一解决所有的元问题。因此，在问题分析的过程中，可以用公式思维拆解问题、构建问题的层次结构以及运用MECE法则（mutually exclusive collectively exhaustive，MECE）将复杂问题拆解成元问题，并在此基础之上进行定性和定量分析。

1. 用公式思维拆解问题

在机器学习领域中，研究人员经常会先将问题用公式化的形式展现出来。这里指的并非是完整的问题建模过程，而是在拆解问题阶段考虑清楚问题的影响因素，并利用简单的公式展现出问题目标，为后续建模过程做准备。例如，在广告业务领域，对于解决广告部门"如何提升广告收入"的业务目标进行分析。这是一个宏观的问题目标，如果不进行拆解，就难以阐述解决问题的具体步骤。通过公式思维的拆解，可以简单地得出一个业务公式：广告收入=活跃用户数×商业流量比例×人均广告展示数×广告点击率×单次点击广告价格。通过这个公式可以将宏观的问题拆解成细小的元问题，明确提高广告收入可以通过提高活跃用户数、提高商业流量比例、提高人均广告展示数、提高点击率以及提高单次点击价格等方式来解决。

所以，每个复杂问题的背后都有可拆分的若干个元问题。在实际业务当中，拆分的元问题也被称为关键绩效指标（key performance indicator，KPI）。

2. 构建问题的层次结构

层次结构也为树结构，可以表示从属关系、并列关系、问题的流程等，通过构建问题的层次结构可以将一个复杂问题拆分为若干个元问题，方便定位到元问题。例如，在广告领域使用漏斗分析模型（见图2.4）。

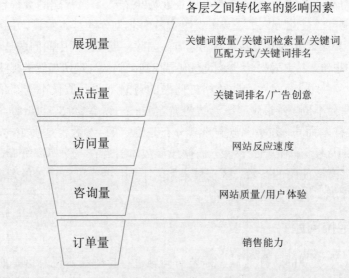

图 2.4　漏斗分析模型

漏斗分析模型以层次的结构展现了广告投放的整个流程，从广告的展示到用户的点击、访问，再到实质的咨询与下单，过程中每个环节都会产生用户的转化与用户流失，并逐层递减。将提升广告收入拆分成元问题之后，每个元问题都有可以提升的方面，例如可以通过调整关键词数量、检索量、匹配方式以及关键词排名来提升广告的展现量；通过改善关键词排名、广告创意来提升广告的点击量；通过提升网站的反应速度来提升广告的访问量；通过提升网站质量、改善用户体验来提升广告的咨询量，以及通过培训企业销售人员来提升广告的订单量。

可以发现，通过构建问题的层次结构，复杂问题变得更为直观，并且解决方案呈几何倍增多，领导者还可以将不同元问题变成任务，清晰地分配给其他团队成员，提升解决问题的效率。

3. MECE 法则

用公式思维拆解问题以及构建问题的层次结构是为了科学地拆解复杂问题，但仅是将问题拆解到底还不够，还需要使用麦肯锡的MECE法则，保证元问题不遗漏、不重叠。图2.5展示了麦肯锡对于问题的思考方式与MECE法则。

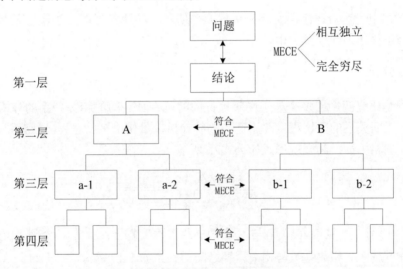

图 2.5　麦肯锡问题思考框架

从图2.5可以看出，麦肯锡对于问题的分析即为问题层次结构的构建，同时各层都需要符合MECE法则。更进一步来说，所谓MECE法则的不遗漏、不重叠是指在将问题的整体划分为不同的部分时，尽量保证划分后的各部分之间相互独立（Mutually Exclusive）、所有部分完全穷尽（Collectively Exhaustive）。

只有将问题的所有情况都考虑进去了，并且拆解成的各个元问题之间没有重叠关系才能更好、更高效地解决整个问题。

2.2　数 据 分 析

在问题分析完成之后，需要对数据进行分析来更进一步了解业务，为后续建模的工作做准备。分析数据集、观察数据分布和数据特性可以帮助我们从整体上把握数据、更有效地理解业务问题与特征之间的关系。常用的数据分析方法有多种,例如描述统计分析、特征之间的相关性分析、回归分析、分类分析以及聚类分析等。

2.2.1 描述统计分析

描述统计分析是指运用表格、图形结合统计数据来描述数据特征的各项活动,主要包括频数分析、集中趋势分析、离散程度分析以及分布分析等。

(1)频数分析:频数指各个值出现的次数,利用频数分析可以发现异常值。

(2)集中趋势分析:用来反映数据的一般水平,常用的指标有平均值、中位数和众数等。

(3)离散程度分析:用来反映数据之间的差异程度,常用的指标有方差和标准差。

(4)分布分析:用以描述特征数值的分布状态。在机器学习过程中,希望用训练集训练得到的模型可以合理用于测试集,因此通常假设数据独立同分布。

图表的形式来表达数据比用文字表达更简单明了,因此条形图、饼图以及折线图等统计图形往往结合于描述统计分析之中。

2.2.2 相关分析

相关分析是研究两个或多个处于同等地位的随机变量之间的相关关系的分析方法,是描述客观事物相互间关系的密切程度并用适当的统计指标量化出来的过程。通常用相关系数 r 来量化变量之间的相关性,其表现形式如公式2.1所示。

$$r = \frac{\sum (x_1 - \bar{x}_1)(x_2 - \bar{x}_2)}{\sqrt{\sum (x_1 - \bar{x}_1)^2 \sum (x_2 - \bar{x}_2)^2}}$$ （2.1）

其中,$r \in [0,1]$,r 越接近1,x_1 与 x_2 之间的相关程度越强;反之,r 越接近于0,x_1 与 x_2 之间的相关程度越弱。相关系数与相关程度之间的关系如表2.1所示。

表 2.1 相关系数与相关程度

$|r|$	相关程度
[0, 0.2)	极低相关
[0.2, 0.4)	低度相关
[0.4, 0.7)	中度相关
[0.7, 0.9)	高度相关
[0.9, 1]	极高相关

相关关系根据现象相关的影响因素可以分为单相关、复相关和偏相关。

(1)单相关:研究两个变量之间的相关关系。

(2)复相关:研究一个变量 x_0 与另一组变量 $(x_1, x_2, ..., x_n)$ 之间的相关关系。

(3)偏相关:研究多变量时,控制其他变量不变时其中两个变量之间的相关关系。

2.2.3　回归分析

回归分析研究的是因变量（目标）和自变量（特征）之间的关系，用于发现变量之间的因果关系。回归分析按照涉及变量的多少分为一元回归分析和多元回归分析；按照因变量的多少，可分为简单回归分析和多重回归分析；按照自变量和因变量之间的关系类型，可分为线性回归分析和非线性回归分析。其中，线性回归分析指的是自变量和因变量之间满足线性关系（见图2.6），其表现形式如公式2.2所示。

$$\hat{y} = \theta_0 + \theta_1 x_1 + \theta_2 x_2 + \cdots + \theta_n x_n \tag{2.2}$$

其中，$\hat{y}$ 是预测值，n 是特征的数量，x_i 是第 i 个特征，θ_j 是第 j 个模型参数（包括偏执项 θ_0 以及特征的权重 $\theta_1, \theta_2, ..., \theta_n$）。

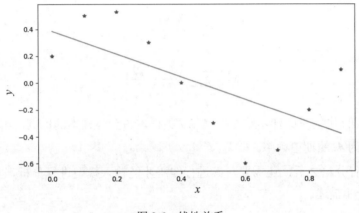

图 2.6　线性关系

现实生活中的数据往往更为复杂，难以用简单的线性模型拟合，因此衍生出更多非线性模型、多项式回归、逻辑回归等，具体的回归方法会在第7章中介绍。

回归分析与相关分析的相同之处在于研究变量之间的相关性；不同之处在于，相关分析中两组变量的地位是平等的，而回归分析中两组变量一个是因一个是果，位置一般不能互换。

2.2.4　分类分析

分类分析能够根据特征的特点将数据对象划分为不同的类型，再通过进一步分析挖掘到更深层次的事物本质。有时不仅是对离散变量采用分类分析，连续变量也可以通过分箱法进行分类分析。分箱法可以将连续变量离散化，从而发掘特征潜在规律，使模型更稳定，降低模型过拟合风险。常用的分箱方法包括有监督与无监督两种。

1. 无监督分箱法

无监督分箱法包括等距分箱与等频分箱。等距分箱是指每个区间的数值距离相等。从最小值到最大值的区间里，将数值 N 等分，则每个数值区间的长度为：$W = (\max - \min) / N$，区间边界值为 $\min + W, \min + 2W, ..., \min + (N-1)W$。每个区间里面的样本数量可能不等。等频分箱是指每个区间内包含的样本数量大致相同，区间的边界值需要经过计算得到。例如，$N = 10$，则每个区间内应该包含大约10%的样本数量。

2. 有监督分箱法

卡方分箱法是最经典的有监督分箱法，依赖于卡方检验，自底向上将具有最小卡方值的相邻区间合并在一起，将数据离散化。其基本思想是类的频率在一个区间内应当保持一致，卡方值则是数据分布之间的差异度量，卡方值低表明具有相似的类分布。因此，如果两个相邻的区间具有非常类似的类分布，则这两个区间可以合并；否则，它们应当保持分开。具体的流程如下：

（1）根据显著性水平和自由度得到的卡方值自由度比类别数量小1设定卡方阈值。

（2）根据待离散属性对实例进行初始化排序，每一个实例只属于一个区间。

（3）计算每一对相邻区间的卡方值，自底向上将卡方值最小的区间合并，计算步骤如公式2.3和公式2.4所示。

$$E_{ij} = \frac{N_i \times c_j}{N} \tag{2.3}$$

$$x^2 = \sum_{i=1}^{2} \sum_{j=1}^{2} \frac{(A_{ij} - E_{ij})^2}{E_{ij}} \tag{2.4}$$

其中，N_i 是第 i 区间里的样本数，c_j 是第 j 类样本占全体样本的比例，A_{ij} 为第 i 区间里第 j 类的数量，E_{ij} 为 A_{ij} 的期望频率。

在对数据进行分箱之后，还需要对其进行编码才能输入模型进行分析，具体的编码方法在第4章中有进一步描述。

2.2.5 聚类分析

聚类分析是指样本个体或指标变量按其共有的特性进行聚类来挖掘数据样本的潜在联系。下面简述一下聚类的分类。

1. 性质分类

Q型聚类分析：对样本进行分类处理，又称样本聚类分析，使用距离系数作为统计量衡量相似度，如欧式距离、极端距离、绝对距离等。

R型聚类分析：对指标进行分类处理，又称指标聚类分析，使用相似系数作为统计量衡量相似度，如相关系数、列联系数等。

2. 方法分类

按照方法分类可以分为三种类型：基于层次的聚类算法、基于分割的聚类算法和基于密度的聚类算法。

具体的聚类分析方法在第13章中有详细的介绍。除上述方法之外，还包括主成分分析、时序分析、判别分析等数据分析方法。在实际问题中，我们可以使用高效、简单的机器学习和统计学习的方法，对数据进行初步的分析来建立对数据的理解，从而辅助后续建模工作以及特征工程的开展。

2.3 问题建模

建模是指把具体问题抽象成为某一类问题并用数学模型表示，是应用于工程、科学等各方面的通用方法，是一种对现实世界的抽象总结。在对业务问题以及业务数据进行分析之后，研究人员需要将问题转换成形式化的数学定义，这也是根据实际的问题来建立数学模型的过程。

现实的业务问题往往是极为复杂的，需要根据实际的业务目的与特征提出基本假设来对问题进行必要、合理的简化。在前文中我们提及过显性化问题隐含的假设，不同问题的假设会导致解决问题的方法不同。在问题假设的基础上，利用适当的数学工具来刻画各变量常量之间的数学关系，将问题形式化定义，建立相应的数学模型。问题建模比公式化思维拆解问题更为严谨，是通过数学语言表示出来的，其具体建模流程如下：

（1）符号表示：将业务问题中的特征用数学符号、变量表示。

（2）变量关系：分析变量之间的关系，比如相互依存或独立、自变量与因变量等。

（3）问题归类：根据实际问题选用合适的数学框架，典型的有回归问题、分类问题、优化问题、搜索问题等。

（4）问题的形式化定义：将具体问题用数学符号表示出来。

建模过程是将业务问题的特性具体地描述与表示出来，其目的是为了正确理解并准确描述业务问题，将问题结构化，从而可以进行定量求解。问题的形式化还可以把一个不良结构问题转化为良性结构问题，使不良结构的复杂问题也能像结构化问题一样进行定量求解，实现对实际中复杂抽象问题的具象与数字化。

不同类型的问题有不同的形式化定义：有些问题的形式化定义可以通过数学表达式表示，例如回归类问题通常包括输入（自变量）、输出（因变量）、目标函数和约束条件；有些问题的形式化定义往往需要通过文字阐述，例如搜索问题，但是在文字阐述的过程中，也应该利用数学符号来标识变量或者特征，从而简化文字。

针对机器学习的问题模型通常需要实际的算法来解决。因此，在模型建立过程中还应在模型形式化定义的同时明确算法的输入和输出，让问题转化成可编程的。问题分析的过程其实就是获取问题目标（输出）的过程；数据分析的过程则是可以通过分析数据之间的相关性获取问题输入的过程。整个问题分析与建模过程环环相扣，缺一不可。

2.4 心脏病UCI数据集案例

本节通过对心脏病案例的分析来带领读者进一步理解问题分析与建模的流程，包括问题描述、问题分析、数据分析以及问题建模四个部分。

2.4.1 问题描述

心脏病是比较常见的循环系统疾病，能显著影响患者的劳动力与身体状况，严重的还可能造成患者死亡。因此，心脏病的防患意识十分重要，医院希望能通过对病人的体检报告进行分析、建立预测模型，从而找到某些潜在的趋势来准确预测病人是否患有心脏病，进而能够及时对心脏病病人进行治疗。

本案例使用的数据集来自Kaggle平台的心脏病UCI数据集，选用的是克利夫兰数据库包含14个属性的子集。样本总数为303，心脏病患者以整数形式表示（0是未患病，1是患病）。具体地，在本例中心脏病数据集中总共包含14个属性，如表2.2所示。

表 2.2　心脏病数据集特征总览

序　号	变　量　名	特征描述	类　　型
1	age	年龄	连续值
2	sex	性别（1 为男性，0 为女性）	布尔值
3	cp	胸痛类型（1 为典型心绞痛，2 为非典型心绞痛，3 为非心绞痛，4 为无症状）	离散值
4	trestbps	静息血压	连续值
5	chol	血清胆固醇	连续值
6	fbs	空腹血糖是否大于 120mg/dl	离散值
7	restecg	静息心电图测量（0 表示正常，1 表示患有 ST-T 波异常，2 表示根据 Estes 的标准显示可能或确定的左心室肥大）	离散值
8	thalach	最大心率	连续值
9	exang	运动引起的心绞痛（1 表示有过，0 表示没有）	布尔值
10	oldpeak	ST 抑制	连续值
11	slope	最高运动 ST 段的斜率（1 表示上坡，2 表示平坦，3 表示下坡）	离散值
12	ca	荧光显色的主要血管数目（0～4）	离散值
13	thal	地中海贫血的血液疾病（1 表示正常，2 表示固定缺陷，3 表示可逆缺陷）	离散值
14	target	心脏病（0 表示否，1 表示是）	布尔值

2.4.2 问题分析

1. 明确和理解问题

案例问题是需要我们通过对体检报告指标的分析建立预测模型，来准确预测病人是否患有心脏病。首先，可以从表2.2中的target发现该问题本质上是一个二分类问题，即判断病人是否患有心脏病。那么何为"准确"呢？这就需要明确其定义，例如与医院进一步沟通需求之后，打算以分类问题的常用指标AUC作为评价指标，并希望模型的AUC能达到0.8以上。

同时，心脏病问题里还包含了容易忽视的隐含假设，即普通人都存在患有心脏病的风险，并且可以通过分析体检报告来预知人们是否患有心脏病。

2. 拆解和定位问题

通过观察特征的分类，我们可以通过用户画像将体检报告分为三大类属性，包括基本属性、心脏属性以及血液属性（见图2.7），以此来构建影响患有心脏病因素的层次结构。

其中，基本属性包括病人的年龄和性别；心脏属性中包括胸痛类型、心电图、最大心率和运动心绞痛；血液属性包括空腹血糖、静息血压、血清胆固醇、ST抑制、ST斜率和血液疾病。通过用户画像，可以帮助我们更好地分析数据、构建模型，锁定患病人群。

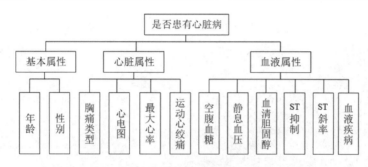

图 2.7   心脏病问题层次结构

2.4.3   数据分析

1. 数据分布分析

数据分布分析是常用的数据分析方法之一，方便找寻数据规律、探索数据结构。表示分布最常用的方法是直方图和饼图，用于展示各个值出现的频数或概率。频数是数据集中一个值出现的次数，概率则是频数除以样本数量。

从如图2.8、图2.9所示的饼图和柱状图中，未患病人数共138人，所占比例为45.54%；患病人数共165人，所占比例为54.46%。虽然总体患病人数男性较多，但是男性患病比例为44.9%，低于女性患病比例75%。因此，可以合理猜想性别对于患病可能性是有一定影响的，女性更易患心脏病。

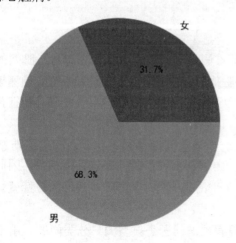

图 2.8   男女数据分布情况

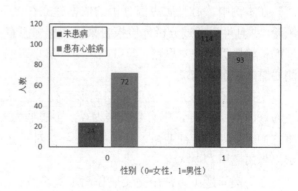

图 2.9   不同性别的患病情况

2. 相关分析

图2.10展示了各个特征之间的相关性,其中负数代表负相关、正数代表正相关;颜色越深、数值越接近1则代表特征之间相关性越强。最后一行(列)表示了各个特征属性与是否患病(目标值)的相关性,其中胸痛类型(cp)、最大心率(thalach)、ST斜率(slope)与是否患病相关性最高且呈正相关,血清胆固醇(chol)、空腹血糖(fbs)与是否患病相关性最低且呈负相关。

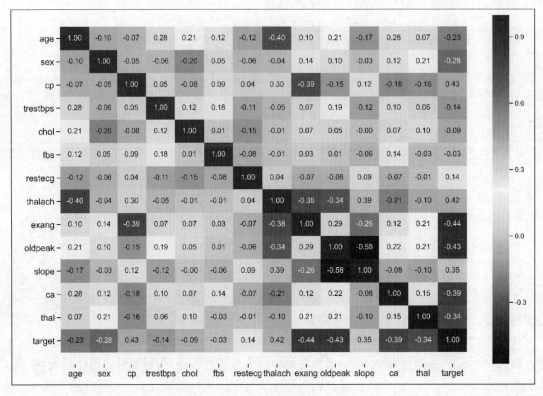

图 2.10 相关分析

2.4.4 问题建模

在本例中,心脏病患病分析的依据建立在以下基本假设上:普通人都存在患有心脏病的风险,并且可以通过分析体检报告来提前预知患有心脏病的可能性。以上假设为心脏病预测模型的构建提供了基本思路,即可以运用机器学习的方法根据病人胸痛、心电图、血压等特征预测心脏病的患病情况。

明确了需求之后,需要将问题形式化表达来进一步抽象问题本质:将是否患有心脏病(target)作为目标,患有心脏病为 c_1,不患病为 c_0。由于剩余13个属性都与目标相关,因此将它们表示为 x^i 特征变量,其中 $i \in [1,13]$。对于任意一个给定的样本数据 $\tilde{x}$,我们的目标就是求出患病概率 $P(c_1 | \tilde{x})$。

在分类问题中,常用交叉熵作为损失函数。心脏病预测问题是典型的二分类问题。由于本例中不考虑结构性风险,因此目标函数即为损失函数 L,表达式如公式2.5所示。

$$L = -[y \log \hat{y} + (1-y) \log(1-\hat{y})] \tag{2.5}$$

其中，y 和 $\hat{y}$ 分别代表真实值和预测值。

在后续的章节中，我们将采用一系列的传统分类方法来解决该问题。

2.5　本 章 小 结

本章介绍了问题分析与建模过程。在遇到实际业务问题时，首先，应先运用各类框架以及方法对问题进行宏观认知与微观分析；接着，通过对数据进行分析来更进一步地理解问题；最终，将问题利用数学符号进行形式化的定义，完成问题建模的全过程，将一个不良结构问题转化为良结构问题，从而利用机器学习模型进行后续的求解。

第3章 数据探索与准备

无论是在机器学习还是深度学习的场景中，数据都是非常重要的一环。好的数据集不仅可以提升模型的精度，还可以加速模型训练的过程，达到事半功倍的效果。本章将主要介绍数据的前期准备工作，包含数据抽取、数据转换、数据加载和数据清洗等4项工作。其中，数据抽取、转化和加载部分主要对ETL技术进行介绍，包括ETL概念、ETL工作方式、ETL实现模式、ETL发展历史和主流ETL工具等内容。数据清洗部分主要包括针对数据集中的空值和乱码数据异常问题等进行处理，对数据进行拆分和采样等步骤。

3.1 ETL技术

数据预处理的第一步是将来自不同来源的数据进行抽取、转化和加载，即ETL（extract-transform-load）技术。ETL是一个数据集成过程，它将分散、零乱、标准不统一的数据整合到一起，为决策提供分析依据，可以被加载到数据仓库或其他目标系统中。

ETL最早在20世纪70年代提出，是一种将数据集成并加载到大型机或超级计算机中以进行计算和分析的过程。从20世纪80年代后期到21世纪中期，ETL成为构建数据仓库的重要一环，用户从数据源抽取出所需的数据，经过数据清洗，最终按照预先定义好的数据仓库模型将数据加载到数据仓库中去。

ETL通常是一项耗时的批处理操作，因此目前主要用于创建小规模、更新频率不高的小型目标存储数据库，同时配合使用其他数据集成方法，如ELT（extract-load-transform）、变更数据捕获（change data capture，CDC）和数据虚拟化等处理变化频繁的数据或实时数据流。

3.1.1 ETL 工作方式

ETL基本流程包括数据抽取、数据转换和数据加载。随着ETL工具的不断发展，部分ETL工具也支持数据清洗、规则检查等功能。

1. 数据抽取

在数据抽取步骤中，将数据（几乎可以来自任何结构化或非结构化服务器、CRM系统、ERP系统、文本文件、电子邮件、网页等）从源位置复制或导出到内存区域或中间件中，简单来说就是从不同类型的数据源（包括数据库）读取数据。

2. 数据转换

数据转换将抽取的数据转换成特定的格式，包括使用系统中其他数据来丰富数据内容。

原始数据被转换为可用于分析并适合最终目标数据仓库的架构,该数据库通常由结构化在线分析处理或关系型数据库组成, 可能包含以下功能:

(1) 对源数据进行过滤、清理、去冗余、验证操作。

(2) 对源数据进行替换、计算。替换包括翻译、编辑文本字符串,转换货币或度量衡单位, 更改标题或行数据等方式。计算可以求和、排序、取平均值等计算方式。

(3) 删除、加密、隐藏或以其他方式保护受政府或行业法规约束的数据。

(4) 将数据格式化为表或连接表以匹配目标数据仓库的架构。

3. 数据加载

数据加载将数据写入目标数据库、数据仓库或者另一个系统中。通常, 这包括所有数据的初次全量加载,然后是周期性的增量数据加载,以及不经常的完全刷新以擦除和替换仓库中的数据。

传统ETL工具对增量数据加载支持较差,随着ETL工具的不断发展,增量加载过程趋于自动化,定义明确,连续并且是批处理驱动的,可以在源系统和数据仓库的流量最低时的非工作时间运行。

3.1.2 ETL 实现模式

日志查询、增量字段、触发器和全量抽取是ETL主要的四种实现模式。

1. 日志查询模式

日志查询方法是在数据库级别检索日志以检索更改数据,无须更改源业务系统数据库的关联表结构。数据同步相对有效,并且同步速度较快。最大的问题是上述不同数据库的数据库日志文件结构存在很大差异,对于实施和分析更加困难,同时需要访问源业务数据库的日志表文件的权限。日志查询方法存在一定的风险,因此该方法有很大的局限性。

日志查询方法中一种更成熟的技术是Oracle的CDC技术。它可以捕获上次提取后生成的相关更改数据。当CDC添加、更新和删除源业务表时,它可以在等待相关操作时捕获相关的已修改数据。与增量字段方法相比,CDC方法可以更好地捕获已删除的数据,将其写入相关的数据库日志表,然后使用视图等。该操作方法将捕获的更改同步到数据仓库。

同步效率较高,无侵入,可以实现数据的递增加载是日志查询的主要优势。作为ETL系统多种数据源的日志查询方式难以统一,实现过程相对复杂,而且需要投入时间深入研究才能收获成效。此种模式一般由大型商业公司开发使用。

2. 增量字段模式

增量字段用于捕获更改数据,原理是将增量字段添加到源系统的业务表数据表中。增量字段是时间字段或自增长字段（例如Oracle序列）。随着业务系统数据的添加或修改,增量字段将更改,时间戳字段将更改为相应的系统时间,并且自增量字段将增加。

每当ETL工具执行增量数据捕获时,就可以简单地比较最新数据抽取的增量字段值,以确定哪些是新数据、哪些是修改后的数据。这种数据抽取方法的优点是抽取性能较高,决策过程相对简单。最大的限制是，如果设计了某些数据库，则不会考虑增量字段，并且需要修改业务系统，由于其他数据库的原因可能会导致数据泄漏。

增量字段（主流采取的模式）具有性能高、规则简单、速度快等优点，但是该模式需要对业务表建立触发器，对业务系统具有极大的侵入性，特别是对于一些非主流的数据源，需要业务系统进行相关的适配工作。

3. 触发器模式

触发器模式是一种常用的增量提取机制，基于不同场景下的数据查询要求，该触发器模式为要提取的源表创建三个触发器：插入、修改和删除。只要源表中的数据发生更改，相应的触发器就会将更改后的数据写入增量表中。ETL增量提取是从增量表而不是直接从源表中提取数据。同时，应及时标记或删除增量表提取的数据。

为简单起见，增量表通常不存储增量数据的所有字段信息，而仅存储源表名称、更新的键值和更新操作类型（插入、更新或删除）。ETL增量提取过程是基于开始的。从源表中提取源表名称和更新的键值并提取相应的完整记录后，根据更新操作的类型处理目标表。

4. 全量抽取模式

全量抽取也称为全量表数据查询。顾名思义，该模式将在每次提取之前删除目标表数据，并在抽取过程中加载新数据。这种方法实际上将增量提取等同于完全提取。当数据量较小且完全提取的时间成本小于执行增量提取的算法和条件成本时，可以使用此方法。

这是最原始的ETL工作模式，在小数据量的情况下，该模式具有风险小、无错误、利于统一维护管理等优势。在传统ETL工具中，大量工具仍使用全量抽取模式。

3.1.3　ETL 发展历程

根据ETL的基础设施以及使用场景，ETL发展基本可以分为传统ETL、现代ETL和流式ETL三类。

1. 传统 ETL

在ETL概念刚刚提出之初，ETL没有工具和平台的概念，ETL工具和脚本都是随着不同业务场景进行定制开发的，其架构如图3.1所示。从中可以看出，可以通过不同服务与数据库之间的数据传输管道来实现不同业务场景的业务同步功能。

传统ETL架构非常难以管理，而且非常复杂，存在如下缺点：

（1）数据库、文件和数据仓库之间的处理以批次进行。

（2）目前，大多数公司都需要分析并操作实时数据。但是，传统的工具不适合分析日志、传感器数据、测量数据等。

（3）非常大的领域数据模型需要全局结构。

（4）传统ETL处理非常慢、非常耗时，而且需要大量资源。

（5）传统架构仅仅关注已有的技术。因此，每次引入新的技术，应用程序和工具都要重新编写。

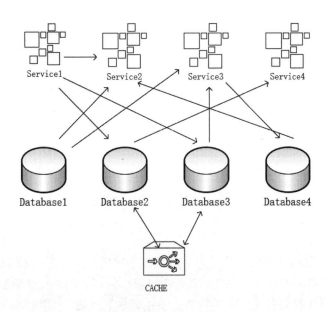

图 3.1　传统 ETL 架构

2. 现代 ETL

与十年前相比，当今世界的数据和处理状况已经发生了巨大的变化。使用传统ETL过程处理现代数据已经力不从心，部分原因如下：

（1）现代数据处理通常包括实时数据的处理，而且组织也需要对处理过程进行实时监控。

（2）系统需要在数据流上执行ETL，不能使用批处理，而且应该能够自动伸缩以处理更高的数据流量。

（3）一些单服务器的数据库已经被分布式数据平台（如Cassandra、MongoDB、Elasticsearch、SAAS应用程序等）、消息传递机制（Kafka、ActiveMQ等）和几种其他类型的端点代替。

（4）系统应该能够以可管理的方式加入额外的数据源或目的地。

（5）应当避免由于"现写现用"的架构导致的重复数据处理。

（6）改变数据捕获技术的方式，从要求传统ETL与之集成变成支持传统操作。

（7）数据源多样化，而且需要考虑新需求的可维护性。

（8）源和目标端点应该与业务逻辑解耦合。使用数据映射层，将新的源和端点无缝地衔接，而且不影响数据转换过程。

为满足现如今越来越灵活的ETL需求，现代ETL在传统ETL的过程中添加一个数据映射层，其架构如图3.2所示。

数据映射层的主要作用是数据的前期预处理以及数据处理后的特定格式转换，数据处理通常包含过滤、连接、聚合、序列等操作，以执行复杂的业务逻辑。

此种方式可以很好地满足多种数据源之间的灵活转换，但是还不能满足现如今对于数据处理实时性的需求。

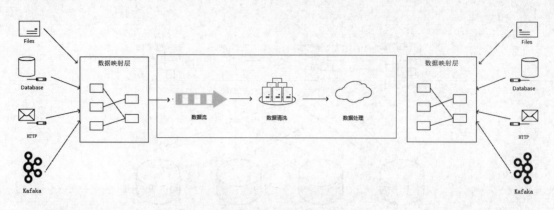

图 3.2　现代 ETL 架构

3. 流式 ETL

新的数据需求是驱动组织前进的动力。许多组织中的绝大多数传统系统依然能够运行，这些系统使用的都是数据库和文件系统。这些组织也在尝试新的系统和新技术。这些技术能够处理大数据增长和更快的数据速率（如每秒上万条记录）问题，如Kafka、ActiveMQ等。

使用流式ETL继承架构，组织不需要计划、设计并实现一个复杂的架构就能填补传统系统和现代系统之间的空白。流式ETL架构是可伸缩、可管理的，还能处理大容量、结构多样的实时数据。

将数据提取和加载从数据转换中解耦合就构成了源-目的地模型，该模型可以让系统与未来的新技术向前兼容。这个功能可以通过许多系统实现，如Apache Kafka（配合KSQL）、Talend、Hazelcast、Striim和WS02 Streaming Integrator（配合Siddhi IO）。流式ETL的架构如图3.3所示。

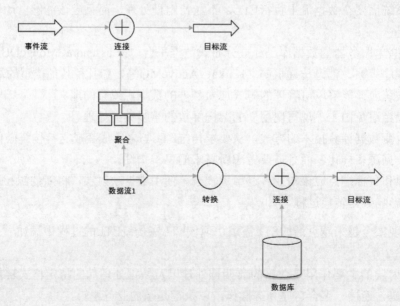

图 3.3　流式 ETL 架构

从图3.3中可以看出，事件流通过连接数据流1聚合处理后的流后产生一个目标流，数据流1通过转换等操作，再连接从数据库中读取出的事实数据得到又一个目标流。

流式ETL主要解决了数据处理实时性的需求，但是流处理的过程中对于数据的准确性没有一定的保证，所以实际生产过程中还会与批处理进行一定的结合。

流式ETL的特点如下：

（1）源（比如文件、CDC、HTTP）和目标端点（比如Kafka、Elasticsearch、Email）从处理过程中解耦合。

（2）目标、源和存储API连接到多个数据源。

（3）即使源和目标中的数据结构不同，数据映射（如data mapper）层和流SQL（如Query1）也会把从多个源接收到的事件转换成通用的源定义（如Stream1），以便以后进行处理。

（4）流平台架构可以连接传统类型的数据源（如文件和CDC）和广泛应用的现代数据源（如HTTP）。

（5）传统系统和现代系统生成的事件都用同一个工作流进行接收和分析。

（6）聚合（如Aggregation1）按照每分钟、每小时等频率针对需要的属性进行计算。

（7）数据随时按需进行汇总，不需要对整个数据集进行处理和汇总。应用程序和可视化、监视工具可以通过提供的API访问汇总后的数据。

（8）可以无缝地添加并改变一个或多个业务逻辑（如BusinessRule1）。

（9）可以添加任何逻辑，而无须改变已有组件。例如，在上例中，根据BusinessRule1，当紧急程度升高时就会触发一条Email消息。

3.1.4　主流 ETL 工具

1. DataPipeline

DataPipeline是Data Pipline公司开发的ETL工具，支持Oracle、MySQL、MS SQL Server及PostgreSQL的实时增量数据捕获，基于异构语义映射实现异构数据实时融合，可以提升数据流转时效性，降低异构数据融合成本。在支持传统关系型数据库的基础上，对大数据平台、国产数据库、云原生数据库、API及对象存储也提供支持。

DataPipeline的主要特性如下：

（1）批流一体任务：通过基本配置选择数据链路、资源分组和任务执行方式。

（2）映射融合链路：以业务目标为导向，通过基本配置选择数据链路的相关数据源与数据目的地。

（3）多元异构节点：通过基本配置注册实时数据融合相关的各类数据节点。

（4）动态均衡资源：通过基本配置，注册、发现系统资源，建立资源分组。

（5）可视化运维与监控：实时监控上下游数据变化与异常情况。

2. Kettle

Kettle是一款开源的ETL工具，纯Java编写，可以在Window、Linux、UNIX上运行，数据抽取高效稳定，允许管理来自不同数据库的数据。Kettle中有两种脚本文件：transformation，完成针对数据的基础转换；job，完成整个工作流的控制。Kettle作为Pentaho的一个重要组成部分，Kettle现在在国内项目应用上逐渐增多。

Kettle家族目前包括以下4个产品：

- Spoon：允许通过图形界面来设计 ETL 转换过程（Transformation）。
- Pan：允许批量运行由 Spoon 设计的 ETL 转换（例如使用一个时间调度器）。Pan 是一个后台执行的程序，没有图形界面。
- Chef：允许创建任务（Job）。任务允许每个转换、任务、脚本等，更有利于自动化更新数据仓库的复杂工作。任务将会被检查，看看是否正确地运行了。
- Kitchen：允许批量使用由 Chef 设计的任务（例如使用一个时间调度器）。Kitchen 也是一个后台运行的程序。

3. Talend

BI工具Talend Open Studio（简称Talend）功能强大，可以同步多种数据库，可以清洗、筛选、Java代码处理数据、数据导入导出、内联查询多种数据库。Talend是Talend（拓蓝）公司开发的一个数据集成的数据ETL软件，可以简化数据处理流程，降低入门门槛，不需要掌握专业的ETL知识，仅仅通过Web界面和简单的组件拖曳就可实现数据处理。可以协助企业利用更多数据，不断提高其数据的可用性、可靠性以及有用性。

概括来说，Talend主要有以下特点：

（1）数据源：各种常用数据库（MySQL、Oracle、Hive）、文件等。
（2）速度：需要手工调整，对特定数据源有优化。
（3）部署：创建Java或Perl文件，并通过操作系统调度工具来运行。
（4）易用性：有 GUI 图形界面，但是以 Eclipse 的插件方式提供。

4. Informatica

Informatica PowerCenter是Informatica公司开发的数据集成工具。Informatica使用户能够方便地从异构的已有系统和数据源中抽取数据，用来建立、部署、管理企业的数据仓库，从而帮助企业做出快速、正确的决策。Informatica可以提供对广泛的应用和数据源的支持，包括对ERP系统的支持（Oracle、PeopleSoft、SAP）、对CRM系统的支持（Siebel）、对电子商务数据的支持（XML、MQ Series）、对遗留系统及主机数据的支持。

Informatica包括4个不同版本，即标准版、实时版、高级版、云计算版。同时，它还提供了多个可选的组件，以扩展Informatica的核心数据集成功能，这些组件包括数据清洗和匹配、数据屏蔽、数据验证、Teradata双负载、企业网格、元数据交换、下推优化（Pushdown Optimization）、团队开发和非结构化数据等。

5. DataX

DataX是阿里开源的一个异构数据源离线同步工具，致力于实现包括关系型数据库（MySQL、Oracle等）、HDFS、Hive、ODPS、HBase、FTP等各种异构数据源之间稳定高效的数据同步功能。

DataX本身作为数据同步框架，将不同数据源的同步抽象为从源头数据源读取数据的Reader插件，以及向目标端写入数据的Writer插件，理论上DataX框架可以支持任意数据源类型的数据同步工作。同时，DataX插件体系作为一套生态系统，接入的新数据源都可实现和现有的数据源互通。

DataX本身作为离线数据同步框架，采用Framework + Plugin架构构建。将数据源读取和写入抽象成为Reader/Writer插件，纳入整个同步框架中。

（1）Reader：数据采集模块，负责采集数据源的数据，将数据发送给Framework。

（2）Writer：数据写入模块，负责不断向Framework取数据，并将数据写入目的端。

（3）Framework：用于连接Reader和Writer，作为两者的数据传输通道，并处理缓冲、流控、并发、数据转换等核心技术问题。

6. Oracle GoldenGate

GoldenGate是一种基于日志的结构化数据复制软件，能够实现大量交易数据的实时捕捉、变换和投递，实现源数据库与目标数据库的数据同步，达到秒级的数据延迟。

GoldenGate有源端和目标端。源端捕获日志发送到目标端应用，这个过程分为以下步骤：

（1）捕获：实时捕获交易日志（已提交数据），包含DML和DDL，并可根据规则进行过滤。

（2）队列：把捕获的日志数据加载入队列（写入trail文件），目的是提高安全性、预防网络丢包。这是可选项，也可以不入队列，直接从redo buffer传递给目标端。

（3）数据泵：将trail文件广播到不同的目标端。

（4）网络：从源网络压缩加密后传送到目的网络。

（5）接收队列：接收从源端传过来的trail文件。

（6）交付：把trail文件内容转换成SQL语句在目标库执行。

（7）源端通过抽取进程提取redo log或archive log日志内容，通过pump进程（TCP/IP协议）发送到目标端，最后目标端的rep进程接收日志、解析并应用到目标端，进而完成数据同步。

在对各种ETL工具介绍完成后，从适用场景、CDC机制等11个维度来横向对比6个主流ETL工具（见表3.1）。

表 3.1　6 个主流 ETL 工具对比

	DataPipeline	Kettle	Oracle GoldenGate	Informatica	Talend	DataX
适用场景	主要用于各类数据融合、数据交换场景，一种可扩展的数据交换平台	面向数据仓库建模传统 ETL 工具	主要用于数据备份、容灾	面向数据仓库建模传统 ETL 工具	面向数据仓库建模传统 ETL 工具	面向数据仓库建模传统 ETL 工具
CDC 机制	基于日志、基于时间戳和自增序列等多种方式可选	基于时间戳、触发器等	主要是基于日志	基于日志、基于时间戳和自增序列等多种方式可选	基于触发器、基于时间戳和自增序列等多种方式可选	离线批处理

（续表）

	DataPipeline	Kettle	Oracle GoldenGate	Informatica	Talend	DataX
对数据库的影响	基于日志的采集方式，对数据库无侵入性	对数据库表结构有要求，存在一定侵入性	源端数据库需要预留额外的缓存空间	基于日志的采集方式，对数据库无侵入性	有侵入性	通过SQL select采集数据，对数据源没有侵入性
自动断点续传	支持	不支持	支持	不支持	不支持	不支持
数据清洗	围绕数据质量做轻量清洗	围绕数据仓库的数据需求进行建模计算	轻量清洗	支持复杂逻辑的清洗和转化	支持复杂逻辑的清洗和转化	需要根据自身清晰规则编写清洗脚本，进行调用
数据转换	自动化的schema mapping	手动配置schema mapping	手动配置异构数据间的映射	手动配置schema mapping	手动配置schema mapping	通过编写JSON脚本进行schema mapping映射
数据实时性	实时	非实时	实时	实时	实时	定时
应用难度	低	高	中	高	中	高
易用性	高	高	中	低	低	低
稳定性	高	低	高	中	中	中
实施及售后服务	原厂实施和售后服务	开源软件，需客户自行实施、维护	原厂和第三方的实施和售后服务	主要为第三方的实施和售后服务	企业版可提供相应服务	开源软件，需客户自动实施、维护

3.2 数据清洗

对于机器学习来说，数据是非常重要的一部分。当我们通过ETL等方式收集到所需要的数据后，这些数据往往存在数据缺失、数据不完整和数据量纲不一等问题，导致数据不能够直接用来训练机器学习的模型。如果使用存在问题的数据进行模型训练，就可能导致模型训练异常或者模型精度不高等问题。所以，我们在收集到所需要的数据后，往往需要对这些数据进行清洗操作。数据清洗主要是指对已经获得的数据进行重新审查和校验工作，包括针对数据集中的空值和乱码数据异常问题等进行处理、对数据进行拆分和采样等步骤。数据清洗阶段的主要目标就是减少量纲和噪声数据对训练数据集的影响。

3.2.1 数据缺失处理

在采集数据的过程中，由于机器故障等原因，在采集、录入、存储等过程中，某些数据可能会存在一些无效值或者缺失值。缺失值一般不能直接放入训练集或者测试集中，需要给予适当的处理。常见的缺失值处理方法有以下三种。

1. 删除整条数据

如果该条数据存在缺失值，就可以直接放弃这条数据，将该条数据从数据集里删除。该方法的优点是比较省时省力，但是这个方法也容易造成数据集的不完备，造成资源浪费，最后训练出的模型精度可能会有所下降。该方法适用于数据质量较好、缺失值占比较少的场景下。

2. 删除缺失属性

如果在整个数据集中某个属性的缺失值特别多，或者存在缺失值的属性对整个数据集的影响很小，这种情况下可以考虑将整个数据集的某个属性全部删除。如果存在多个属性缺失的情况，这个方法同样也会降低模型的精度。

3. 缺失值补全

不想放弃存在缺失值的数据时，可以考虑使用特殊值对缺失值进行补全。一般使用该条属性的均值、中位数、众数或者0作为特殊值补全缺失值。

3.2.2　异常值处理

异常值简单来说就是超出样本整体规模的、在样本中存在不合理的点。例如，一份数据集中螺丝钉长度的均值大概在8～10cm，如果这时有两个样本，它们的螺丝钉长度分别为1cm和100cm，明显不同于其他样本，此时这两个样本的螺丝钉长度属性就会被视为异常值。引起异常值的原因很多，比如测量误差、数据输入错误、采样错误等。如果不对异常值进行处理，那么在模型训练的过程中容易增大误差、降低模型的精度、影响模型收敛速度。

对于异常值的检测，通常有三种方法，分别是统计分析法、3σ原则法和可视化法。

1. 统计分析法

统计分析法是最直观、最简单的方法。对于需要检测的属性，如果该属性有明确的属性范围，则不在属性范围内的值便是异常值。例如，前面举的例子中，螺丝钉的长度范围为[8,10]，长度为1cm和100cm的数据明显不在属性的范围内，可以认定为是异常值。

2. 3σ 原则法

如果数据服从正态分布（$X(\mu, \sigma)$，μ表示均值，σ表示方差），则当某个数据与平均值μ的距离超过3σ时该数据可以认定为是异常值，如图3.4所示。根据正态分布的定义，数据距离均值μ超过3σ的概率为$P(|x-\mu| > 3\sigma) \leqslant 0.003$，属于极小概率事件。所以当出现当某个数据与平均值$\mu$的距离超过3σ时，可以将该数据标注为异常值。

3. 可视化法

将数据通过统计后，使用散点图或者箱型图使其可视化。异常值在可视化的数据集中表现为偏离样本整体，容易被发现。

通过上述方法，我们便可以对数据集中的数据进行异常检测。当我们检测到存在异常值后，也需要对异常值进行处理。异常值的处理方法有以下四种：

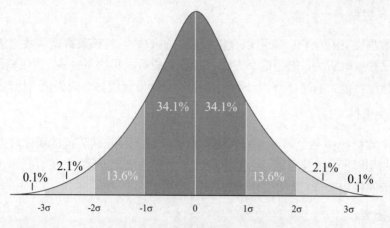

图 3.4　正态分布数据落在不同区间的可能性

（1）删除含有异常值的记录。

（2）将异常值视为缺失值，并使用处理缺失值的方法进行处理。

（3）修正异常值，通常使用数据的平均值来代替异常值。

（4）不处理。

在实际的异常值处理中，推荐使用第1个和第2个方法进行异常值处理。

3.3　采　　样

采样是生活和机器学习算法中经常会用到的技术，一般来说采样的目的是评估一个函数在某个分布上的期望值。在实战项目中所涉及的数据往往是十分庞大的，我们无法对所有的数据直接进行建模，这样的效果往往也是很不理想的。因此，我们一般会从总体样本中抽取出一个子集来近似样本的总体分布。

数据采样是对随机现象的模拟，根据给定的概率分布从而模拟一个随机事件。为什么要从一个概率分布中抽样？假设X服从概率分布$D(x)$，$D(x)$形式已知，而且比较复杂，那么如何研究它的各种性质（比如期望、方差等）呢？正常来说直接积分运算就可以得到结果。当过于复杂的积分无法求出时，就只能进行多次重采样来估计概率分布的期望、偏差等。

因此，如何从$D(x)$中准确地抽出$X_i\,(i=1,2,\ldots,n)$至关重要。采样的一个重要作用就是近似期望（方差其实也可以理解成一种期望）。

3.3.1　拒绝采样

拒绝采样（Reject Sampling）实际采用的是一种反向的策略。假设一个概率分布$P(x)$十分复杂，在计算机程序中没有办法计算得到，我们可以引入一个可抽样的分布$q(x)$进行拒绝采样。对分布$P(x)$的拒绝采样步骤如下：

（1）引入一个可抽样的分布 $q(x)$，如高斯分布、均匀分布等，引入常数 k，使得对于所有的 x 都有 $k \cdot q(x) \geqslant \tilde{P}(x)$，如图3.5所示。其中，$k \cdot q(x)$ 曲线分布完全覆盖了 $P(x)$ 曲线的分布。

（2）在每次采样中，首先在 x 轴上从 $q(x)$ 采样一个数值 x_0，然后在轴上从区间 $[0, k \cdot q(x_0)]$ 进行均匀采样，得到 u_0。

（3）如果 $u_0 > P(x_0)$，即采样的值 u_0 落在图中阴影区域，则舍弃该采样值。反之，如果 $u_0 \leqslant P(x_0)$，则保留该采样值。

（4）重复步骤2和步骤3，直到保留足够多的采样点，则这些采样点的合集就可以近似看成 $P(x)$ 的分布。

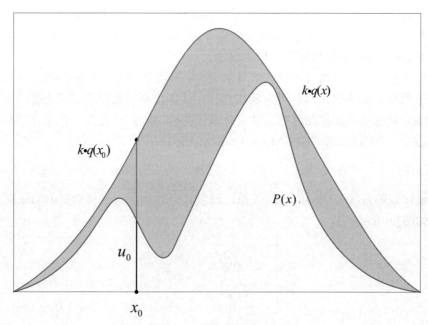

图 3.5　对分布 $\tilde{P}(x)$ 的拒绝采样过程

拒绝采样接受的概率如公式3.1所示。

$$P(\text{accept}) = \frac{P(x_0)}{k \cdot q(x_0)} \tag{3.1}$$

3.3.2　重要性采样

如果我们对采样的最终目的不是为了获得样本，只是想要求函数的期望，这时就可以对样本进行重要性采样（Importance Sampling）。重要性采样的作用是求 $f(x)$ 在目标分布 $P(x)$ 上的期望，需要引入一个比较容易采样的参考分布 $q(x)$，则期望可以转化为公式3.2。

$$E(f) = \int f(x) P(x) \mathrm{d}x = \int f(x) \frac{P(x)}{q(x)} q(x) \mathrm{d}x = \int f(x) w(x) q(x) \mathrm{d}x \tag{3.2}$$

其中，$w(x) = \dfrac{P(x)}{q(x)}$ 是样本 x 的重要性权重。

3.3.3 马尔可夫链蒙特卡洛采样

拒绝采样和重要性采样的思想较为相似，都是先从一个形式较为简单的媒介分布函数 $q(x)$ 中抽样，然后进行一定的调整，使得所抽样本符合真正的分布 $P(x)$。在这两个算法的实施过程中，$q(x)$ 的选择至关重要。由于我们没有什么先验知识，因此只能不断尝试。如果所选 $q(x)$ 造成 $\max\limits_{x}(P(x)/q(x))$ 非常大，那么拒绝采样会一直拒绝抽到的样本，而重要性采样抽出的样本会有很大的方差。此外，在拒绝采样和重要性采样中，每次抽样都是独立的。此时每一次抽样都无法利用上一次抽样的信息，造成效率低下。马尔可夫链蒙特卡洛采样（markov chain monte carlo，MCMC）方法很好地解决了以上问题。

MCMC算法的基本思想是通过构建一个马尔可夫链使得该马尔科夫链的稳定分布是我们所要采样的分布 $P(x)$。如果这个马尔可夫链达到稳定状态，那么来自马尔可夫链的每个样本都是 $P(x)$ 的样本，从而实现抽样的目的。在了解具体的MCMC方法之前，首先介绍马尔可夫链（Markov Chain）和蒙特卡洛方法（Monte Carlo Method）。

1. 马尔可夫链

马尔科夫链体现的是状态空间的转换关系，假设某一时刻状态转移的概率只依赖于它的前一个状态，如图3.6所示。

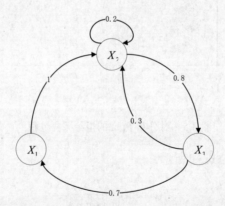

图3.6 X_1、X_2 和 X_3 的状态转换图

该状态图的转换关系可以用转换公式3.3来表示。

$$T = \begin{pmatrix} 0 & 1 & 0 \\ 0 & 0.2 & 0.8 \\ 0.7 & 0.3 & 0 \end{pmatrix} \tag{3.3}$$

举一个例子，如果当前状态为 $u(x) = (0.5, 0.2, 0.3)$，那么下一个矩阵的状态就是 $u(x) \cdot T = (0.21, 0.63, 0.16)$，依照这个转换矩阵一直转换下去，最后的系统就趋近于一个稳定状态。事实证明，无论从哪个点出发，经过很长的马尔可夫链之后都会汇集到这一点。

2. 蒙特卡洛方法

蒙特卡洛方法是一种计算方法，原理是通过大量随机样本去了解一个系统。蒙特卡洛采样计算随机变量的期望如下：

x 表示随机变量，服从概率分布 $P(x)$，那么要计算 $f(x)$ 的期望，只需要不停地从 $P(x)$ 中抽样，当抽样次数足够的时候就非常接近真实值了，如公式3.4所示。

$$\lim_{n \to \infty} E(f) = \sum f(x)P(x) \tag{3.4}$$

假设我们想评估图3.7中的圆圈面积。由于圆在边长为10cm的正方形之内，所以通过简单计算可知其面积为78.5cm^2。如果我们随机地在正方形之内放置20个点，接着计算点落在圆内的比例并乘以正方形的面积，那么所得结果非常近似于圆圈面积，如图3.8所示。

由于15个点落在了圆内，因此圆的面积可以近似地为75cm^2，对于只有20个随机点的蒙特卡洛模拟来说，结果并不差。当随机放置的点越多时，其结果会越趋近于圆的实际面积。

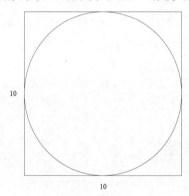

图 3.7　边长为 10cm 的正方形

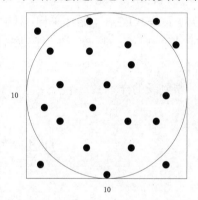

图 3.8　随机落 20 个点的正方形

简而言之，蒙特卡洛方法就是用多次随机求平均的方法来逼近一个值，马尔可夫链方法就是用X的转移概率逼近平稳概率。构建一系列的X，后一个取值通过前一个取值以及状态转移概率获得。蒙特卡洛方法采样的每一个值是独立的，而MCMC采样的值是前后关联的。

MCMC采样法的核心是构造合适的马尔可夫链，不同的马尔可夫链对应不同的采样方法，这里介绍常见的Metropolis-Hasting采样法和Gibbs采样法。

1. Metropolis-Hasting 采样法

假设要采样的概率分布是 $P(x)$，MCMC采样法的关键是要构建出一个容易采样的概率分布 $q(y|x)$，使得 $P(x)q(y|x) = P(y)q(x|y)$ 成立。现在假设有一个容易采样的分布 $q(y|x)$，对于目前的样本x，它能够通过 $q(y|x)$ 得到下一个建议样本y，这个建议样本y按照一定的概率被接受或者不被接受，称为比率 $A(x,y) = \min\left(1, \dfrac{q(x|y)P(y)}{q(y|x)P(x)}\right)$。如果知道样本 $x^{(i)}$，如何知道下一个样本 $x^{(i+1)}$ 是什么呢？通过 $q(y|x^{(i)})$ 得到一个建议样本y，然后根据 $A(x^{(i)}, y)$ 决定 $x^{(i+1)} = t$ 还是 $x^{(i+1)} = x^{(i)}$。具体流程如下：

（1）初始化时间 $t = 1$ 。

（2）选择初始样本 $x^{(0)}$ 。

（3）重复以下过程：

　　① 令 $t = t + 1$ 。

　　② 从已知分布 $q(y|x^{(t-1)})$ 抽取一个样本 y 。

　　③ 从均匀分布 $\text{Uniform}(0,1)$ 生成随机数 u 。

　　④ 若 $u < A(x^{(t-1)}, y)$ ，则接受新生成的值 $x^{(t)} = y$ ；否则 $x^{(t)} = x^{(t-1)}$ 。

2. Gibbs 采样法

Gibbs采样是Metropolis-Hasting采样法的一个特例。其思想是提前限定好一个状态下一时刻所能到达的可能状态数（比如高维空间状态的转移，每次转移只允许在某一个维度上变化）。对于目标分布 $P(x)$ ，其中 $x = (x_1, x_2, \ldots, x_d)$ 是多维向量，则Gibbs采样过程如下：

（1）随机初始化状态 $x^{(0)} = (x_1^{(0)}, x_2^{(0)}, \ldots, x_d^{(0)})$ 。

（2）对于 $t = 0, 1, 2, \ldots$ ，循环采样：对于上一步采样获得的样本 $x^{(t-1)} = (x_1^{(t-1)}, x_2^{(t-1)}, \ldots, x_d^{(t-1)})$ ，依次对每一个维度进行采样更新，即 $x_1^{(t)} \sim P(x_1 | x_2^{(t-1)}, x_3^{(t-1)}, \ldots, x_d^{(t-1)})$ ，$x_2^{(t)} \sim P(x_2 | x_1^{(t-1)}, x_3^{(t-1)}, \ldots, x_d^{(t-1)})$ ，$\ldots$ ，$x_d^{(t)} \sim P(x_d | x_1^{(t-1)}, x_2^{(t-1)}, \ldots, x_{d-1}^{(t-1)})$ 。

（3）得到新的样本 $x^{(t)} = (x_1^{(t)}, x_2^{(t)}, \ldots, x_d^{(t)})$ 。

3.4　本 章 小 结

本章主要介绍了数据探索与准备阶段的主要任务，包括数据抽取、数据转换、数据加载和数据清洗4项工作。目前业界常用的数据抽取、转化和加载技术主要是通过ETL的方式来实现。在获得数据后，还需要对数据进行清洗工作，包括针对数据集中的空值和乱码数据异常问题等。本章最后介绍了在数据量过大的情况下使用采样技术对原数据集进行采样，通过抽取一个与原数据集分布相似的子集来减少后续特征工程和模型训练的工作量。

第4章 特 征 工 程

特征工程是利用数据领域的相关知识来创建能够使机器学习算法达到最佳性能的特征的过程。简而言之，特征工程是从原始数据中提取特征的过程，这些特征可以很好地表征原始数据，并且可以利用它们建立的模型在未知数据上的表现性能达到最优。本章内容将从数据预处理、特征选择和降维三个部分展开。

4.1 数据预处理

在工程实践中，原始数据经过数据清洗后在使用之前还需要进行数据预处理。数据预处理没有标准的流程，通常情况下对于不同的任务和数据集属性会有所不同。本节主要从特征缩放和特征编码两方面进行叙述。

4.1.1 特征缩放

如果输入数值的属性比例差距大，就容易导致机器学习算法表现不佳。例如，一条数据存在两个特征，分别为特征 A 和特征 B。特征 A 的分布范围为 $[0,1]$，特征 B 的分布范围为 $[0,10000]$，特征 A 和特征 B 的分布范围相差非常大。如果我们对这样的数据不进行任何处理，直接用于模型训练中，则可能导致模型在训练时一直朝着特征 B 下降的方向收敛，而在特征 A 的方向变化不大，导致模型训练精度不高，收敛速度也很慢。所以我们要调整样本数据每个维度的量纲，让数据每个维度量纲接近或者相同。常用的方法有归一化和标准化。

（1）归一化：通过对原始数据的变化把数据映射到 $[0,1]$。常用最大最小函数作为变换函数，变换公式如公式4.1所示。

$$X' = \frac{x - \min x}{\max x - \min x} \tag{4.1}$$

（2）标准化：对于多维数据，将原始数据的每一维变换到均值为0、方差为1的范围内。变换公式如公式4.2所示。

$$X' = \frac{x - \bar{x}}{\sigma} \tag{4.2}$$

其中，$\bar{x}$ 为平均值，σ 为标准差。

归一化和标准化虽然都是在保持数据分布不变的情况下对数据的量纲进行调整，但是对比公式4.1和公式4.2可以看出，归一化的处理只和最大值、最小值相关，标准化和数据的分布相关，并且标准化可以避免归一化中异常值的影响。所以，大部分情况下可以优先考虑使用标准化方法。

归一化和标准化的好处有以下两点：

（1）提升模型精度

对数据进行归一化或者标准化之后，能够有效提高模型精度，特别是在涉及一些距离计算的算法时，效果更为显著。举一个简单的例子，在 K 近邻算法中，我们需要计算待分类点与所有实例点的距离。假设每个实例点由 n 个特征构成，如果我们选用的距离度量为欧式距离，数据没有预先经过归一化，那么在使用欧氏距离计算时，那些数值绝对值大的特征会起到决定性的作用，而数值绝对值小的特征作用影响就会很小，这样容易造成模型不准确。

（2）提升模型收敛速度

图4.1所示是两个量纲不同的数据 θ_1 和 θ_2 在没有经过标准化处理时进行梯度下降的过程，图4.2所示是数据经过标准化处理后梯度下降的过程。对比图4.1和4.2，可以明显看出，在梯度下降的过程中没有经过标准化处理的数据，走的路径更加曲折，并且不容易收敛到最优值，而标准化后的数据在下降过程中的路径更加平缓、收敛速度更快、更加容易使模型收敛到最优值。

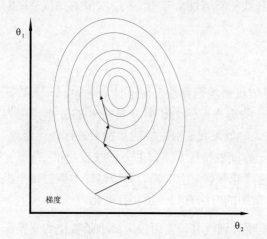

图 4.1　未标准化的梯度下降示意图　　　　图 4.2　标准化后的梯度下降示意图

4.1.2　特征编码

1. 类别特征

在数据处理中，类别特征总是需要进行一些处理，仅仅通过离散的数字来表示类别特征会对机器学习的过程造成很大的困难。当类别特征的基数很大时，数据就会变得十分稀疏。相对于数字特征，类别特征的缺失值更难以进行插补。本节使用Adult Data Set这一公开数据集中的部分数据说明各个编码方法是如何应用的。这里取出的五条数据标签为[State-gov, Self-emp-not-inc,Private,Private,State-gov]。

（1）One-Hot 编码

One-Hot（One-of-K）编码是在长为 K 的数组上进行编码。One-Hot编码的基础思想被广泛应用于大多数线性算法。One-Hot编码将对应类别的样本特征映射到 K 维数组中，其中表示该类别的维度值为1，其余维度的值为0。在One-Hot算法中，需要将第一行去除，以避免特征间的线性互相关性。One-Hot编码是一种简洁直观的编码方式，缺点在于大多数情况下不能很好地处理缺失值和因变量，因此表示能力较差。One-Hot编码对上述标签的编码结果为：

$$\begin{pmatrix} 0 & 1 & 0 & 0 & 0 \\ 0 & 0 & 1 & 1 & 0 \end{pmatrix} \tag{4.3}$$

编码中State-gov这一变量代表的行被忽略，矩阵的第一行代表Self-emp-not-inc这一变量，若为1则代表该样本标签为Self-emp-not-inc。

（2）哈希编码

哈希编码使用定长的数组进行One-Hot编码，首先将类别编码映射为一个哈希值，然后对哈希值进行One-Hot编码。哈希编码避免了对特别稀疏的数据进行One-Hot编码可能导致的稀疏性。这种编码方式可能发生冲突，通常会降低结果的表达能力，但是也有可能会使结果变得更好。对于新的变量来说，哈希编码的处理方式具有更强的鲁棒性。

对于本文中的例子，假设Hash（Self-emp-not-inc）=2、Hash（Private）=0、Hash（State-gov）=1，则上述数据集的哈希编码为：

$$\begin{pmatrix} 1 & 0 & 0 & 0 & 1 \\ 0 & 1 & 0 & 0 & 0 \end{pmatrix} \tag{4.4}$$

（3）标签编码

标签编码给每个类别变量一个独特的数字 ID，这一处理方式在实践中最为常见。对于基于树的算法来说，这种编码不会增加维度。在实践中，可以对数字 ID 的分配进行随机化处理来避免碰撞。对于本节中的例子，将 Private 编码为 0、Self-emp-not-inc 编码为 1、State-gov 编码为 2，则该数据集的标签编码为[2,1,0,0,2]。

（4）计数编码

计数编码用训练集中类别变量出现的次数来代替变量本身，这一方法适用于线性和非线性算法，但是对于异常数据十分敏感。在实践中，可以对出现次数进行对数转换，同时用 1 替代未出现的变量。计数编码可能会引入许多的冲突，比如相似的编码可能代表了不同的变量。对于本节的例子，该数据集的计数编码为[2,1,2,2,2]。

（5）标签计数编码

标签计数编码根据类别变量在训练集中出现的次数进行排序，例如出现次数最少的类别用 1 表示、出现次数排在第 N 的用 N 来表示等。标签计数编码对线性和非线性算法同样有效，并且对异常值不敏感。相比计数编码，标签计数编码对于不同的类别变量总有不同的编码。对于本节的例子，该数据集的标签计数编码为[2,1,3,3,2]。

（6）目标编码

目标编码是将列中的每个值替换为该类别的均值目标值。这一目标可以为二元分类或回归变量。目标编码的方法通过避免将变量的编码值设定成 0 值来使其变得光滑，同时添加了随机噪声来对抗过拟合。如果被正确使用，目标编码可能是线性或非线性编码的最好方式。对于本节中的例子，假设目标值为[1,1,1,1,0]，则目标编码结果为[0.5,1,1,1,0.5]。

（7）类别嵌入

类别嵌入使用神经网络的方法将类别变量嵌入为一个稠密的向量。类别嵌入通过函数逼近的方式将类别变量嵌入欧式空间中。类别嵌入可以带来更快的模型训练和更少的存储开销。相比One-Hot编码，可以带来更好的准确率。对于本节中的例子，类别嵌入到三维平面的结果如下：

$$\begin{pmatrix} 0.05 & 0.60 & 0.05 & 0.05 & 0.05 \\ 0.10 & 0.20 & 0.95 & 0.95 & 0.10 \\ 0.95 & 0.20 & 0.20 & 0.20 & 0.95 \end{pmatrix} \tag{4.5}$$

（8）多项式编码

无交互的线性算法无法解决异或问题，但是多项式核可以。多项式编码对于类别变量的交互进行编码。多项式编码可以通过FS、哈希和VW等技术来扩大特征空间。假设本文数据集中另一列的类别特征为[White, White, White, Black, Asian-Pac-Islander]，若第一列特征为Private或第二列特征为White的情况下编码为1、其余情况下编码为0，则生成的多项式编码为[1,1,1,1,0]。

（9）扩展编码

扩展编码从一个变量来创建多个类别变量。基数较大的特征可能会具有远多于其本身的信息。对于本节中的例子，根据是否为Private和是否为State-gov生成的两个扩展编码为[0,0,1,1,0]和[1,0,0,0,1]。

（10）统一编码

统一编码将不同的类别变量映射到相同的变量。真实的数据可能是混乱的，例如文本中可能会有不同的拼写错误、缩写和全称，不同的表达具有相同的意义，这些情况均可以进行统一编码。

（11）NaN 编码

考虑到数据中出现的NaN值可能会具有信息，NaN编码赋予NaN值一个显式的编码。在使用NaN编码时，要求NaN值在训练集和测试集中出现的原因是相同的，或者通过数据集的局部验证确认NaN代表同一种信息。

2. 数字特征

相对于类别特征，数字特征更容易应用到算法中，同时数字特征中的缺失值也更容易被填补。数字特征可能包括浮点数、计数数字和其他数字。下面使用数据[0.2,1.6,1.1,2.5,2.1]举例说明以下编码方法的流程。

（1）取整

取整一般是指对含有小数的数字变量进行向上取整或者向下取整。取整可以理解为对信息的压缩，鉴于有时过度的精确会导致噪声，这一过程会保留数据中最重要的部分。取整会将变量从可能的连续值变为离散值，因此这些变量可以当作类别变量进行处理。取整前，可以应用对数变换。例如，取整将上述五条数据处理为[0,2,1,3,2]。

（2）桶化

桶化指的是将数字变量置入一个桶中，然后用桶的编号进行编码。桶化的规则可以依据一定的程序进行设定,依据数量的大小或者使用一定的模型来找到最优的桶。桶化的优势在于,对训练集范围之外的变量依然能够进行良好的表示。设桶化过程中的所有桶为[0,1]、[1,2]、[2,3]。桶化将上述五条数据处理为[1,2,2,3,3]。

（3）缩放变换

缩放变换指的是将数字化变量缩放到一个指定的范围，包括标准变换、最小最大变换、根号变换和对数变换。

（4）缺失值填补

缺失值填补可以和硬编码相结合，有三种办法：用均值填补，是一种非常基础的方法；用中位数填补，相对于异常值具有更强的鲁棒性；使用外部模型填补，这种方法可能会引入算法的误差。

（5）交互（加减乘除）

交互尤其是用于在数字变量之间编码，可以尝试的方法有加减乘除。在过程中，我们可以参考的工具包括根据统计测试的特征选择或者特征重要性。在实践中，人类的直觉不一定会起作用，有时看起来奇怪的交互反而会带来显著的效果。

（6）线性算法的非线性编码

对非线性的特征进行编码，可以提高线性算法的性能，常见的方法有使用多项式核、使用随机森林方法、遗传算法、局部线性嵌入、光谱嵌入、t-SNE等。

3. 时间型变量

时间型变量（如日期），需要有一个更好的局部验证范式（如后退测试）。在时间型变量的处理中很容易犯下错误，因此在这个领域有很多挑战。

（1）投影到一个圆上

在实践中，我们可以将一个特征（如一周中的一天）映射到一个圆上的两个共轭点。投影时,需要确保最大值到最小值的距离与最小值加一相同。投影的方法可以用于一周中的一天、一月中一天、一天中的小时等。

（2）趋势线

与其使用总消费进行描述，我们还可以用过去一周内的消费、过去一个月内的消费和过去一年内的消费等统计量进行描述。这一方法给算法提供了一个可参考的趋势，两个消费相同的顾客可能会具有完全不同的行为，一个顾客可能在开始时消费较多，另一个可能在开始时消费。

（3）趋近主要活动

实践中，我们可以将时间编码为类别特征，例如用放假前的天数来描述一个日期。我们可以使用的主要活动包括全国假期、主要体育活动、周末、每个月的第一个周六。这些因素可能会对一些行为造成影响。

4. 空间变量

空间变量指描述空间中一个地点的变量,比如GPS坐标、城市、国家、地址等。

(1)用地点分类

使用一个类别变量可以将部分地点转化为同一个变量,比如插值、K-means聚类、转化成经度纬度、在街道名称上添加邮政编码等。

(2)趋近中心

部分地点变量可能会有一个中心点。我们可以描述一个地点和中心点的近似程度。例如,一些小的城镇可能继承一些近邻大城市的文化,通信的地点可以被关联到近邻的商业中心。

5. 文本特征

自然语言通常可以使用和类别变量同样的处理方法。深度学习的发展促进了自动化特征工程,并逐渐占据主导地位。但是使用精心处理后的特征进行传统机器学习训练的方法仍然很有竞争力。自然语言处理的主要挑战是数据中的高稀疏性,这会导致维度灾难。

(1)清理
首先,我们需要对自然语言进行一定的处理,大概有以下几个固定的流程:

① 小写化:将标识符从大写字母转化成小写字母。
② 通用编码:将方言或其他语言转化成它们的ASCII表示方法。
③ 移除非数字字母:移除语言文本中的标点符号,仅仅保留其中的大小写字母和数字。
④ 重新匹配:修复匹配问题或标识内的空格。

(2)标记化
标记化用不同的方法对自然语言进行标记,主要方法如下:

① 词标记:将句子切分成单词标记。
② N-Grams:将连续的标记编码在一起。比如,"Knowledge begins with practice."可以被标记化为[Knowledge begins, begins with, with practice]。
③ Skip-grams:将连续的标记编码在一起,但是跳过其中的一小部分。比如,"Knowledge begins with practice."可以被标记为[Knowledge with, begins practice]。
④ Char-grams:和N-grams方法类似,但是在字符级别进行编码。比如,"Knowledge."可以被标记为[Kno, now, owl, wle, led, edg, dge]。
⑤ Affixes:和Char-grams方法相同,但是仅对后缀和前缀进行处理。

(3)移除
需要移除的主要包括以下三种单词:

① 停止词:移除出现在停止词清单的单词或标记。

② 稀有词：移除训练集中出现很少次数的单词。

③ 常见词：移除过于常见的词。

（4）词根

词根编码主要包括下列几种方法：

① 拼写纠正：将标识转化为它的正确拼写。

② 截断：仅截取单词的前N个字符。

③ 词干：将单词或标识符转化为它的词根形式。

④ 异体归类：找到词语的语法词根。

（5）补充信息

补充文本中的信息有以下几种方法：

① 文档特征：对空格、制表符、新行、字母等标识进行计数。

② 实体插入：在文本中加入更通用的标识。

③ 解析树：使用逻辑模式和语法成分对句子进行解析。

④ 阅读水平：计算文档的阅读水平。

（6）相似性

衡量文本相似性的方法有以下几种：

① 标识相似性：计算两段文本中出现的标识数量。

② 压缩举例：查看一段文本是否可以使用另一段文本进行压缩。

③ 距离度量：通过计算一段文本如何通过一系列操作转化为另一段文本计算文本之间的相似性。

④ Word2Vec：检查两个向量之间的余弦相似度。

⑤ TF-IDF：用于识别文档中最重要的标识符，移除不重要的标识，或作为一个降维前的预处理。

4.2 特 征 选 择

在实际项目中经常会遇到维数灾难问题，这是由于特征过多导致的。若是能从中选择出对于该问题重要的特征，使得后续的学习模型仅使用这部分特征进行学习，则会大大缓解维数灾难问题。

常见的特征选择方法包括三类：过滤式、包裹式和嵌入式，本节将逐一对这三类方法进行介绍。

4.2.1 过滤式选择 Filter

过滤式选择方法先对数据集进行特征选择，然后训练学习器。其特征选择过程与后续学习器无关。过滤式选择是按照发散性或者相关性对各个特征进行评分,设定阈值或者待选择特征的数量进行特征选择。根据评分方法的不同,过滤式选择方法又可以分为很多种方法,比如方差选择法、相关系数选择法、卡方检验选择法、互信息选择法、Relief等。

1. 单变量选择法

优点:速度快、可扩展、跟机器学习模型独立。

缺点:忽略特征之间的关系、忽略模型和特征之间的关系。

(1)*覆盖率*

计算每个特征的覆盖率(特征在训练集中出现的比例),若特征的覆盖率很小,比如有10000个样本,某特征只出现了5次,则此特征对模型的预测作用不大,覆盖率很小的特征可以剔除。

(2)*方差选择法*

首先计算各个特征的方差,然后根据阈值或者待选择特征的个数选择满足要求的特征,一般来说,阈值或者待选择特征个数设置合适,方差接近于0的特征基本都会过滤掉,方差接近0可说明该特征在不同样本上取值不变,对于学习任务没有帮助,在实际项目中可根据实际情况进行参数设置。方差计算公式如公式4.6所示。

$$S^2 = \frac{\sum\limits_{i=1}^{n}(x_i - \mu)^2}{n} \tag{4.6}$$

其中μ为第i个特征的均值,n为样本数量。

(3)Fisher 得分

对于分类问题,好的特征应该是在同一个类别中的取值比较相似、在不同类别之间的取值差异较大。因此,特征的重要性可以用Fisher得分来表示,计算公式如公式4.7所示。

$$S_i = \frac{\sum\limits_{j=1}^{K} n_j (\mu_{ij} - \mu_i)^2}{\sum\limits_{j=1}^{K} n_j \rho_{ij}^2} \tag{4.7}$$

其中,μ_{ij}和ρ_{ij}分别是特征在类别中的均值和方差,μ_i为特征i的均值,n_j为类别j中的样本数。Fisher得分越高,特征在不同类别之间的差异性越大;在同一类别中的差异性越小,则特征越重要。

(4)*Relief 选择法*

Relief(relevant features)算法是著名的过滤式特征选择方法,最初版本主要针对二分类问题,由Kira和Rendell在1992年首次提出。Relief算法是一种特征权重算法,通过设计一个"相关统计量"来度量某个特征对于学习任务的重要性,该统计量是一个向量,每个分量分别对应一个初始特征,需要指定一个阈值,选择比大的相关统计量分量对应的初始特征即可,也可以指定需要的特征数量k,然后选择相关统计量分量最大的k个特征。

下面介绍如何设计相关统计量。给定数据集 $S = \{(x_1, y_1), (x_2, y_2), \ldots, (x_m, y_m)\}$，对于每个样本 x_i，Relief 先在 x_i 的同类样本中寻找它的最近邻 $x_{i,nh}$，再从 x_i 的异类样本中寻找其最近邻 $x_{i,nm}$，然后计算相关统计量对应于初始特征 j 的分量 $\delta^j = \sum_i - \text{diff}(x_i^j, x_{i,nh}^j)^2 + \text{diff}(x_i^j, x_{i,nm}^j)^2$。其中，$x_p^j$ 表示样本 x_p 在初始特征 j 上的取值，$\text{diff}(x_p^j, x_q^j)$ 取决于特征 j 的类型：若特征 j 为离散型，则 $x_p^j = x_q^j$ 时，$\text{diff}(x_p^j, x_q^j) = 0$，否则为 1；若特征 j 为连续型，则 $\text{diff}(x_p^j, x_q^j) = |x_p^j - x_q^j|$，其中 x_p^j 已规范化到 $[0,1]$ 区间。

从相关统计量的计算公式可以看出，当 x_i 与 $x_{i,nh}$ 在特征 j 上的距离小于 x_i 与 $x_{i,nm}$ 在特征 j 上的距离时，说明特征 j 对于区分样本是有好处的，则增大特征 j 所对应的统计量分量；反之，则说明特征 j 对于区分样本是有负面作用的，于是减少特征 j 所对应的统计量分量。最终，对区分样本有益的分量值会比对区分样本有负面作用的分量值大，即分量值越大该分量对应的特征分类能力越强。

对于多分类问题，Relief 也演变出了一系列变体，其中最著名的是 Relief-F 算法，是 Kononeill 于 1994 在 Relief 的基础上提出的，主要是对相关统计量的计算做了部分改变，在考虑异类样本时，要考虑所有异类类别，相关统计量对应特征 j 的分量为 $\delta^j = \sum_i - \text{diff}(x_i^j, x_{i,nh}^j)^2 + \sum_{l \neq k}(p_l \times \text{diff}(x_i^j, x_{i,l,nm}^j)^2))$，其中 $x_{i,l,nm}$ 为第 l 类中距离样本 x_i 最近的样本，p_l 为第 l 类样本在数据集 S 中所占的比例。

（5）卡方检验选择法

在统计学中，卡方检验用来评价两个事件是否独立，即 $P(AB) = P(A) * P(B)$。卡方检验是以卡方分布为基础的一种假设检验方法，主要用于分类变量。其基本思想是根据样本数据推断总体的分布与期望分布是否有显著性差异，或者推断两个分类变量是否独立或者相关。

首先假设两个变量是独立的（此为原假设），然后观察实际值和理论值之间的偏差程度，若偏差足够小，则认为偏差是很自然的样本误差，接受原假设，即两个变量独立；若偏差大到一定程度，则否定原假设，接受备选假设，即两者不独立。

卡方检验的公式为如公式 4.8 所示。

$$\text{CHI}(x,y) = \mathcal{X}^2(x,y) = \sum \frac{(A-T)^2}{T} \tag{4.8}$$

其中，A 为实际值，T 为理论值。

CHI 值越大，说明两个变量越不可能是独立不相关的。也就是说，CHI 值越大，两个变量之间的相关性越高，就可以用于特征选择、计算每一个特征与标签之间的 CHI 值，然后按照大小进行排序，最后选择满足阈值要求或者根据待选特征个数进行特征选择。同样，也可以利用 F 检验和 t 检验等假设检验方法进行特征选择。

（6）相关系数选择法

① Pearson 相关系数

Pearson 相关系数是一种最简单的能够帮助理解特征和响应变量之间关系的方法，该方法衡量的是变量之间的线性相关性，结果的取值区间为 $[-1,1]$，-1 表示完全负相关，1 表示完全正相关,0表示没有线性相关,即相关系数的绝对值越大、相关性越强,相关系数的值越接近0,相关性越弱。

Pearson相关也称为积差相关,是英国统计学家Pearson于20世纪提出的一种计算直线相关的方法。假设有两个变量X和Y,那么两个变量之间的Pearson相关系数可通过公式4.9进行计算。

$$\rho_{X,Y} = \frac{\mathrm{cov}(X,Y)}{\sigma_X \sigma_Y} = \frac{E(XY) - E(X)E(Y)}{\sqrt{E(X^2) - E^2(X)}\sqrt{E(Y^2)E^2(Y)}} \tag{4.9}$$

用于特征选择时,Pearson相关系数易于计算,通常在拿到数据(经过清洗和特征提取之后的)之后的第一时间执行。Pearson相关系数的一个明显缺陷是,作为特征排序机制,只对线性关系敏感,如果关系是非线性的,即使两个变量具有一一对应的关系,Pearson相关系数也可能会接近0。

② 距离相关系数

距离相关系数就是为了克服Pearson相关系数的弱点,在一些情况下,即便Pearson相关系数是0,我们也不能断言这两个变量是独立的,因为Pearson相关系数只对线性相关敏感,如果距离相关系数是0,就可以说这两个变量是独立的。例如,x与x^2之间的Pearson系数为0,但是距离相关系数不为0。类似于Pearson相关系数,距离相关系数被定义为距离协方差,由距离标准差来归一化。

距离相关系数定义:利用Distance Correlation研究两个变量u和v的独立性,记为dcorr(u,v)。当 dcorr$(u,v) = 0$ 时,说明u和v相互独立;dcorr(u,v) 越大,说明u和v的相关性越强。设$\{(u_i, v_i), i = 1, 2, \ldots, n\}$是总体$(u,v)$的随机样本,定义两随机变量$u$和$v$的DC样本估计值如公式4.10所示。

$$\hat{\mathrm{dcorr}}(u,v) = \frac{\hat{\mathrm{dcov}}(u,v)}{\sqrt{\hat{\mathrm{dcov}}(u,u)\hat{\mathrm{dcov}}(v,v)}} \tag{4.10}$$

其中,$\hat{\mathrm{dcov}}^2(u,v) = S_1 + S_2 - 2S_3$,$S_1$、$S_2$、$S_3$ 如公式4.11所示。

$$
\begin{aligned}
S_1 &= \frac{1}{n^2} \sum_{i=1}^{n} \sum_{j=1}^{n} \| u_i - u_j \|_{d_u} \| v_i - v_j \|_{d_v} \\
S_2 &= \frac{1}{n^2} \sum_{i=1}^{n} \sum_{j=1}^{n} \| u_i - u_j \|_{d_u} \frac{1}{n^2} \sum_{i=1}^{j} \sum_{j=1}^{n} \| v_i - v_j \|_{d_v} \\
S_3 &= \frac{1}{n^3} \sum_{i=1}^{n} \sum_{j=1}^{b} \sum_{l=1}^{n} \| u_i - u_l \|_{d_u} \| v_j - v_l \|_{d_v}
\end{aligned}
\tag{4.11}
$$

同理,可计算$\hat{\mathrm{dcov}}(u,u)$和$\hat{\mathrm{dcov}}(v,v)$。

距离相关性不是根据它们与各自平均值的距离来估计两个变量如何共同变化,而是根据与其他点的距离来估计它们是如何共同变化的,从而能更好地捕捉变量之间的非线性关系。

用于特征选择时,我们可根据上述公式计算各个特征与标签数据的距离相关系数,根据阈值或者待选择特征的个数进行特征选择。

（7）互信息选择法

经典的互信息（mutual information）也是评价两个变量之间相关性的，其用于特征选择，可以从两个角度进行解释：基于KL散度；基于信息增益。对于离散型随机变量X、Y，互信息的计算公式如公式4.12所示。

$$I(X;Y) = \sum_{y \in \mathcal{Y}} \sum_{x \in \mathcal{X}} p(x,y) \log \frac{p(x,y)}{p(x)p(y)} \tag{4.12}$$

对于连续型随机变量，互信息的计算公式如公式4.13所示。

$$I(X;Y) = \int_y \int_\mathcal{X} p(x,y) \log(\frac{p(x,y)}{p(x)p(y)}) \mathrm{d}x\mathrm{d}y \tag{4.13}$$

可以看到，连续型随机变量互信息的计算需要进行积分运算，比较麻烦，通常先要进行离散化，所以这里主要讨论离散型随机变量的情况。

互信息可以方便地转换为KL散度的形式，如公式4.14所示。

$$I(X;Y) = \sum_{y \in \mathcal{Y}} \sum_{x \in \mathcal{X}} p(x,y) \log \frac{p(x,y)}{p(x)p(y)} = D_{KL}(p(x,y) \| p(x)p(y)) \tag{4.14}$$

KL散度可以用来衡量两个概率分布之间的差异，如果x和y是相互独立的随机变量，则$p(x,y) = p(x)p(y)$，互信息值为0。因此，$I(X;Y)$越大，表示两个变量的相关性越大。

从信息增益的角度来看，互信息表示由于X的引入而使Y的不确定性减少的量，信息增益越大，意味着特征X包含的有助于将Y分类的信息越多，即Y的不确定性越小。

$$\begin{aligned}
I(X;Y) = I(Y;X) &= \sum_{y \in \mathcal{Y}} \sum_{x \in \mathcal{X}} p(x,y) \log \frac{p(x,y)}{p(x)p(y)} \\
&= -\sum_y \sum_x p(x,y) \log p(y) + \sum_x \sum_y p(x,y) \log(\frac{p(x,y)}{p(x)}) \\
&= -\sum_y p(y) \log p(y) + \sum_x \sum_y p(x)p(y|x) \log p(y|x) \\
&= -\sum_y p(y) \log p(y) + \sum_x p(x) \sum_y p(y|x) \log p(y|x) \\
&= H(Y) - \sum_x p(x) H(Y|X=x) \\
&= H(Y) - H(Y|X)
\end{aligned} \tag{4.15}$$

其中，$H(Y)$为熵，表示随机变量Y的不确定性，$H(Y|X)$为条件熵，表示在随机变量X已知的情况下Y的不确定性，二者的差为由于X的引入导致的Y的不确定性减少的量，即为信息增益。

用于特征选择时，我们希望特征X使得Y的不确定性减少得越多越好，可根据互信息的公式计算出各个特征与标签之间的相关性，根据阈值或者待选择特征个数进行特征选择。

根据经典的互信息公式直接进行特征选择其实不是很方便：一是它不属于度量方式，也没有办法归一化，在不同的数据集上的结果无法比较；二是对于连续变量的计算不是很方便，

X 和 Y 都是集合，x 和 y 都是离散的取值，通常变量需要先离散化，而互信息的结果对离散化的方式很敏感。

（8）最大信息系数选择法

最大信息系数（maximal information coefficient，MIC）克服了互信息选择法的两个缺点，用于衡量两个变量 X 和 Y 的线性或非线性的强度。首先寻找一种最优的离散化方式，然后把互信息取值转换成一种度量方式，取值在[0,1]之间。

MIC基本原理会利用到互信息的概念，首先将两个随机变量画成散点图，然后对 X 和 Y 进行划分，分成一个个小格子，然后计算每个格子里面的落入概率。从某种意义上可以估计出联合分布，这样就解决了互信息中联合概率分布难求的问题，在数据量无穷的情况下就等于联合分布，即数据量越大，MIC效果越好。

$$\text{MIC}[x;y] = \max_{|X\|Y|<B} \frac{I[X;Y]}{\log_2(\min(|X|,|Y|))} \tag{4.16}$$

其中，取数据总量的0.6或者0.55次方，是一个经验值。

MIC具有普适性和公平性。普适性即在样本量足够大的情况下能够均衡覆盖所有的函数关系，而不仅限于特定的函数类型，甚至能发现非函数关系。公平性即在样本量足够大的情况下能够为不同类型的噪声程度相似的相关关系给出相近的分数，即噪声对MIC造成的影响与变量之间的函数关系无关，所以MIC不仅可以用来纵向比较同一相关关系的强度，也可以横向比较不同关系的强度。

用于特征选择时，首先计算不同特征之间的MIC值，MIC值越大，说明这两个特征越相关。寻找那些与其他特征MIC值较小的特征，根据给定阈值或者待选择特征的个数选定特征子集。

2. 多变量选择法

（1）最小冗余最大相关性

最小冗余最大相关性（minimum redundancy maximum relevance，mRMR）方法在进行特征选择时考虑了特征之间的冗余性，具体做法是对已选择特征中相关性较高的冗余特征进行惩罚。mRMR方法可以使用多种相关性的度量指标，例如互信息、相关系数以及其他距离或者相似度分数。假如选择互信息作为特征变量和目标变量之间相关性的度量指标，特征集合 S 和目标变量 c 之间的相关性可以定义为特征集合中所有单个特征变量 f 和目标变量 c 的互信息值的平均值，计算方式如公式4.17所示。

$$D(S,c) = \frac{1}{|S|} \sum_{f_i \in S} I(f_i;c) \tag{4.17}$$

S 中所有特征的冗余性可定义为所有特征变量之间的互信息 $I(f_i;f_j)$ 的平均值，计算方式如公式4.18所示。

$$R(S) = \frac{1}{|S|^2} \sum_{f_i,f_j \in S} I(f_i;f_j) \tag{4.18}$$

mRMR准则定义如公式4.19所示。

$$mRMR = \max_S[D(S,c) - R(S)] \tag{4.19}$$

通过求解上述优化问题就可以得到特征子集。在一些特定情形下，mRMR算法可能对特征的重要性估计不足，它没有考虑到特征之间的组合可能与目标变量的比较相关。如果单个特征的分类能力都比较弱，但是进行组合之后的分类能力很强，那么mRMR方法效果一般比较差（例如目标变量由特征变量进行异或运算得到）。mRMR是一种典型的进行特征选择的增量贪心策略：某个特征一旦被选择了，在后续的步骤就不会删除。mRMR可以改写为全局的二次规划的优化问题（特征集合为特征全集的情况）：

$$QPFS = \min_x[\alpha \boldsymbol{x}^T H \boldsymbol{x} - \boldsymbol{x}^T \boldsymbol{F}]s.t.\sum_{i=1}^n x_i = 1, x_i \geqslant 0 \tag{4.20}$$

其中，$\boldsymbol{F}$为特征变量和目标变量相关性向量，$\boldsymbol{H}$为度量特征变量之间的冗余性的矩阵。QPFS可以通过二次规划求解。QPFS偏向于选择熵比较小的特征，这是因为特征自身的冗余性$I(f_i;f_j)$。另外一种全局的基于互信息的方法是基于条件相关性的：

$$SPEC_{CMI} = \max_x[\boldsymbol{x}^T Q \boldsymbol{x}]s.t.\| \boldsymbol{x}\| = 1, x_i \geqslant 0 \tag{4.21}$$

其中，$Q_{ii} = I(f_i;c), Q_{ij} = I(f_i;c \mid f_j), i \neq j$。$SPEC_{CMI}$方法的优点是可以通过求解矩阵的主特征向量来求解，而且可以处理二阶的特征组合。

（2）相关特征选择

相关特征选择（correlation feature selection，CFS）基于以下一个假设来评估特征集合的重要性：好的特征集合包含与目标变量非常相关的特征，但是这些特征之间彼此不相关。对于包含k个特征的集合，CFS准则定义如公式4.22所示。

$$CFS = \max_{S_k}\left[\frac{r_{cf_1} + r_{cf_2} + \cdots + r_{cf_k}}{\sqrt{k + 2(r_{f_1f_2} + \cdots + r_{f_if_j} + \cdots + r_{f_kf_1})}}\right] \tag{4.22}$$

其中，r_{cf_i}和$r_{f_if_j}$是特征变量和目标变量之间的相关性以及特征变量之间的相关性，这里的相关性不一定是皮尔森相关系数或斯皮尔曼相关系数。

4.2.2 包裹式选择 Wrapper

包裹式特征选择法的特征选择过程与学习器相关，使用学习器的性能作为特征选择的评价准则，选择最有利于学习器性能的特征子集。

一般来说，由于包裹式选择直接对学习器性能进行优化，因此从最终的性能来看包裹式选择比过滤式选择更好，但是选择过程需要多次训练学习器，因此包裹式选择的计算开销通常要比过滤式选择大得多。

包裹式特征选择可使用不同的搜索方式进行候选子集的搜索，包括确定性搜索、随机搜索等方法。

1. 确定性算法

确定性搜索包括前向搜索、后向搜索和双向搜索。前向搜索即是从空集开始逐个添加对学习算法性能有益的特征，直到达到特征选择个数的阈值或者学习算法性能开始下降；后向搜索即是从初始的特征集逐个剔除对学习算法无益的特征，直到达到特征选择个数的阈值或者学习算法性能开始下降；双向搜索即将前向搜索与后向搜索结合起来，每一轮逐渐增加选定相关特征（这些特征在后续轮中将确定不会被剔除）、同时减少无关特征。显然，无论是前向搜索、后向搜索还是双向搜索策略都是贪心的，因为这三个策略仅仅考虑在本轮选择中使学习算法性能最优。

2. 随机算法

随机搜索即每次产生随机的特征子集，使用学习算法的性能对该特征子集进行评估，若优于以前的特征子集，则保留，否则重新进行随机搜索。随机算法中包含众多启发式算法，例如模拟退火、随机爬山和遗传算法等，在此不再赘述，这里主要介绍在拉斯维加斯方法框架下的LVW（las vegas wrapper）算法。

LVW是一种典型的包裹式特征选择方法，在拉斯维加斯方法框架下使用随机策略来进行子集搜索，并以最终分类器的误差为特征子集评价准则。

由算法4.1可知，由于LVW算法每次评价子集 A' 时都需要重新训练学习器，计算开销很大，因此设置了参数 T 来控制停止条件。当特征数很多（ $|A|$ 很大）并且 T 设置得很大时，可能算法运行很长时间都不能停止。若运行时间有限制，则给出满足要求的解或者不给出解。

算法 4.1：LVW 算法

输入：训练集 D ，特征集 A ，学习算法 $\mathcal{L}$ ，停止条件控制参数 T

过程：

1: $E = \infty$;
2: $d = |A|$;
3: $A^* = A$;
4: $t = 0$;
5: while $t < T$ do
6:     随机产生特征子集 A' ;
7:     $d' = |A'|$;
8:     $E' = \text{CrossValidation}(\mathcal{L}(D^{A'}))$;
9:     if $(E' < E) \vee ((E' = E) \wedge (d' < d))$ then
10:       $t = 0$;
11:       $E = E'$;
12:       $d = d'$;
13:       $A^* = A'$;
14:     else
15:       $t = t + 1$;
16:     end if
17: end while

输出：特征子集 A^*

---

3. 递归特征消除（recursive feature elimination，RFE）

（1）RFE

递归特征消除的主要思想是反复地构建模型（如SVM或者回归模型），然后选出最好的（或者最差的）的特征（可以根据系数来选），把选出来的特征放到一边，然后在剩余的特征上重复这个过程，直到所有特征都遍历了。这个过程中特征被消除的次序就是特征的排序。因此，这是一种寻找最优特征子集的贪心算法。

下面以经典的SVM-RFE算法来讨论这个特征选择的思路。这个算法以支持向量机来做RFE的机器学习模型选择特征。它在第一轮训练的时候会选择所有的特征来训练，得到了分类的超平面 $wx+b=0$ 后，如果有 n 个特征，那么RFE-SVM会选择出 w 中分量的平方值 w_i^2 最小的那个序号 i 对应的特征，将其排除，在第二类的时候，特征数就剩下 $n-1$ 个了，我们继续用这 $n-1$ 个特征和输出值来训练SVM；同样地，去掉 w_i^2 最小的那个序号 i 对应的特征。以此类推，直到剩下的特征数满足我们的需求为止。

RFE的稳定性很大程度上取决于在迭代的时候底层用哪种模型。例如，如果RFE采用普通的回归方法，没有经过正则化的回归是不稳定的，那么RFE就是不稳定的；如果RFE采用的是Ridge（即L2），而用Ridge正则化的回归是稳定的，那么RFE就是稳定的。sklearn在feature_selection模块中封装了RFE，感兴趣的读者可以参考sklearn相关文档进行进一步学习。

（2）RFECV

RFE设定参数n_features_to_select时存在一定的盲目性，可能使得模型性能变差。比如，n_features_to_select过小时，相关特征可能被移除特征集，信息丢失；n_features_to_select过大时，无关特征没有被移除特征集，信息冗余。在工程实践中，RFECV通过cross validation（交叉验证）寻找最优的n_features_to_select，以此来选择最佳数量的特征，它所有的子集的个数是2的d次方减1（包含空集）。指定一个外部的学习算法，比如SVM之类的。通过该算法计算所有子集的validation error。选择error最小的那个子集作为所挑选的特征。sklearn封装了结合CV的RFE，即RFECV。在RFECV中，如果减少特征会造成性能损失，那么将不会去除任何特征。

4. 稳定性选择

稳定性选择是一种基于二次抽样和选择算法相结合的较新的方法，选择算法可以是回归、SVM或其他类似的方法。它的主要思想是在不同的数据子集和特征子集上运行特征选择算法，不断地重复，最终汇总特征选择结果，比如可以统计某个特征被认为是重要特征的频率（被选为重要特征的次数除以它所在的子集被测试的次数）。理想情况下，重要特征的得分会接近100%。稍微弱一点的特征得分会是非0的数，而最无用的特征得分将会接近于0。

在sklearn的官方文档中，该方法叫作随机稀疏模型。sklearn在随机lasso和随机逻辑回归中有对稳定性选择的实现。

4.2.3　嵌入式选择 Embedded

嵌入式特征选择是将特征选择过程与学习器训练过程融为一体，两者在同一个优化过程中完成，并不是所有的机器学习方法都可以作为嵌入法的基学习器，一般来说，可以得到特征系数或者可以得到特征重要度（feature importances）的算法才可以作为嵌入法的基学习器。

1. 基于正则项

正则化惩罚项越大，模型的系数就会越小。当正则化惩罚项大到一定程度时，部分特征系数会变成0；当正则化惩罚项继续增大到一定程度时，所有的特征系数都会趋于0。其中一部分特征系数会更容易先变成0，这部分系数就是可以筛掉的，即选择特征系数较大的特征。

2. 基于树模型

（1）随机森林

随机森林具有准确率高、鲁棒性好、易于使用等优点，这使得它成为目前最流行的机器学习算法之一。随机森林提供了两种特征选择的方法：平均不纯度减少和平均精确率减少。

① 平均不纯度减少（mean decrease impurity）

随机森林由多个决策树构成，决策树中的每一个节点都是关于某个特征的条件，为的是将数据集按照不同的响应变量一分为二。利用不纯度可以确定节点：对于分类问题，通常采用基尼系数或者信息增益；对于回归问题，通常采用的是方差或者最小二乘拟合。当训练决策树的时候，可以计算出每个特征减少了多少树的不纯度。对于一个决策树森林来说，可以计算出每个特征平均减少了多少不纯度，并把平均减少的不纯度作为特征选择的值。

② 平均精确率减少（mean decrease accuracy）

另一种常用的特征选择方法就是直接度量每个特征对模型精确率的影响，主要思路是打乱每个特征的特征值顺序，并且度量顺序变动对模型的精确率影响。很明显，对于不重要的变量来说，打乱顺序对模型的精确率影响不会太大，但是对于重要的变量来说，打乱顺序就会降低模型的精确率。

sklearn.ensemble 中 的 RandomForestClassifier 和 RandomForestRegressor 中 均 有 方法 feature_importances_，该值越大，说明特征越重要，可根据此返回值中各个特征的值判断特征的重要性，进而进行特征的选择。

（2）基于GBDT

GBDT选择特征的细节其实就是CART生成的过程。这里有一个前提，GBDT的弱分类器默认选择的是CART。其实也可以选择其他弱分类器的，选择的前提是低方差和高偏差。框架服从boosting 框架即可。CART生成的过程其实就是一个选择特征的过程。在CART生成的过程中被选中的特征即为GBDT选择的特征。

同 随 机 森 林 一 样 ， sklearn.ensemble 中 的 GradientBoostingClassifier 和 GradientBoostingRegressor中均有方法feature_importances_，该值越大，说明特征越重要，可根据此返回值中各个特征的值判断特征的重要性，进而进行特征的选择。

（3）基于XGBoost

XGBoost和GBDT同理，在XGBoost中采用三种方法来评判模型中特征的重要程度：weight，在所有树中被用作分割样本的特征的总次数；gain，在出现过的所有树中产生的平均增益；cover，在出现过的所有树中的平均覆盖范围（注意：覆盖范围指的是一个特征用作分割点后其影响的样本数量,即有多少样本经过该特征分割到两个子节点)。详细内容可参考XGBoost官方文档。

4.3 降 维

当特征选择完成后,可以直接训练模型,但是可能由于特征矩阵过大导致计算量大、训练时间长的问题,因此降低特征矩阵维度也是必不可少的。常见的降维方法有主成分分析法(PCA)和线性判别分析(LDA)。

4.3.1 主成分分析 PCA

1. PCA 算法分析

主成分分析(principal component analysis,PCA)作为最经典的降维方法,属于一种线性、非监督、全局的降维算法。它基于投影思想,先识别出最接近数据的超平面,然后将数据集投影到上面,使得投影后的数据方差最大,旨在找到数据中的主成分,并利用这些主成分表示原始数据,从而达到降维的目的。

假设数据集 $X = \{x_1, x_2, ..., x_n\}$,其中 x_i 为列向量,$i \in \{1, 2, ..., n\}$。向量内积在几何上表示为第一个向量投影到第二个向量上的长度,因此向量 x_i 在 ω(单位向量)上的投影可以表示为 $x_i^T \omega$。PCA算法的目标是找到一个投影方向 ω,使得数据集 X 在 ω 上的投影方差尽可能大。

当数据集 $X = \{x_1, x_2, ..., x_n\}$ 表示的是中心化后的数据时,即 $\frac{1}{n}\sum_{i=1}^{n} x_i = 0$。投影后均值表示为 $\mu = \frac{1}{n}\sum_{i=1}^{n} x_i^T \omega = (\frac{1}{n}\sum_{i=1}^{n} x_i^T)\omega = 0$。投影后的方差表示如公式4.23所示。

$$D(x) = \frac{1}{n}\sum_{i=1}^{n} (x_i^T \omega)^2 = \frac{1}{n}\sum_{i=1}^{n} (x_i^T \omega)^T (x_i^T \omega)$$
$$= \frac{1}{n}\sum_{i=1}^{n} \omega^T x_i x_i^T \omega = \omega^T (\frac{1}{n}\sum_{i=1}^{n} x_i x_i^T)\omega \tag{4.23}$$

$\frac{1}{n}\sum_{i=1}^{n} x_i x_i^T$ 就是样本协方差矩阵,所以就转化成求解一个最大化问题:

$$\begin{cases} \max\{\omega^T \sum \omega\} \\ s.t.\ \omega^T \omega = 1 \end{cases} \tag{4.24}$$

引入拉格朗日乘子:

$$L = -\omega^T \sum \omega + \lambda(\omega^T \omega - 1) \tag{4.25}$$

对 ω 求导并令导数等于0,可得 $\sum \omega = \lambda \omega$,则 $D(x) = \omega^T \sum \omega = \lambda \omega^T \omega = \lambda$。至此,可以分析出数据集 X 投影后的方差就是数据集 X 的协方差矩阵的特征值。因此,PCA算法要找的最大方差也就是协方差矩阵最大的特征值,最佳投影方向就是最大特征值所对应的特征向量。次佳投影方向位于最佳投影方向的正交空间中,是第二大特征值对应的特征向量,以此类推。

PCA求解方法可以归纳为如下步骤:

（1）中心化处理，即每一位特征减去各自的平均值。

（2）计算协方差矩阵。

（3）计算协方差矩阵的特征值与特征向量。

（4）将特征值从大到小排序，保留前 k 个特征值对应的特征向量。

（5）将原始数据集转换到由这前 k 个特征向量构建的新空间中。

2. 如何选择正确的维数

PCA算法的主要思想是，先识别出最接近数据的超平面，然后将数据集投影到上面，使得投影后的数据方差最大。这里的"数据方差"可以作为一个很有用的信息来寻找正确数量的维度。通常一种比较简单的办法是将靠前的主成分轴对整体数据集方差的贡献比率依次相加，直至足够大比例的方差值（例如95%），这时的维度数量是最好的选择。

那么希望保留的方差比设置成多少比较合适呢？我们可以将方差比绘制成关于维度数量的曲线图（见图4.3），曲线通常都会有一个拐点，说明方差停止快速增长，则可以把这个拐点对应的维度数量设置为最终需要降至的维度数量。

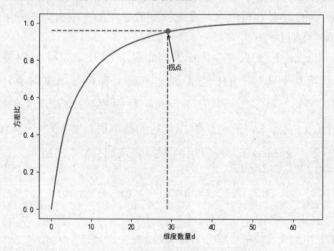

图 4.3　方差比和维度数量曲线图

3. PCA 算法改进

每次运行PCA算法时，都需要将整个训练集全部输入内存中才能计算协方差矩阵的特征值和特征向量，计算复杂耗时。因此，提出增量PCA，可以将训练集分成小批量的数据集，然后分批次输入到内存中进行计算。这个方法可以应用于大型数据集，减少计算时间，也可以应用于在线PCA，每当新实例产生时PCA算法才开始运行。

进一步优化，随机PCA可以快速找到前d个主成分的近似值，降低时间复杂度。如果将核技巧应用于PCA中，则可以解决复杂的非线性投影降维问题，即核主成分分析（KPCA）算法。

PCA算法已经被广泛地应用于高维数据集的探索与可视化，还可以用于数据压缩、数据预处理等领域。在机器学习当中应用很广，比如图像、语音、通信的分析处理。PCA算法最主要的用途在于"降维"，去除数据的一些冗余信息和噪声，使数据变得更加简单高效，提高其他机器学习任务的计算效率。

4.3.2 线性判别分析

线性判别分析（linear discriminant analysis，LDA）是一种有监督算法，可以用于数据降维。它是Ronald Fisher在1936年发明的，所以又称为Fisher LDA。与PCA相同的是，它也是基于投影思想实现的，将带上标签的数据点，通过投影变换的方法投影到更低维的空间。在这个低维空间中，同类样本尽可能接近，异类样本尽可能远离。与PCA不同的是，LDA更关心的是分类而不是方差。

1. LDA 算法分析

从简单的二分类问题出发分析LDA算法，假设有C_1、C_2两个类别的样本，两类的均值分别为$\mu_1 = \frac{1}{N_1}\sum_{x \in C_1} x$、$\mu_2 = \frac{1}{N_2}\sum_{x \in C_2} x$。假设投影方向为$\omega$，我们需要最大化投影后的类间距离，如公式4.26所示。

$$\begin{cases} \max_{\omega} \left\| \omega^{\mathrm{T}}(\mu_1 - \mu_2) \right\|_2^2 \\ s.t.\ \omega^{\mathrm{T}}\omega = 1 \end{cases} \tag{4.26}$$

进一步优化目标，如公式4.27所示。

$$J(\omega) = \frac{\omega^{\mathrm{T}}(\mu_1 - \mu_2)(\mu_1 - \mu_2)^{\mathrm{T}}\omega}{\sum_{x \in C_i} \omega^{\mathrm{T}}(x - \mu_i)(x - \mu_i)^{\mathrm{T}}\omega} \tag{4.27}$$

接下来定义类内散度，如公式4.28所示。

$$S_\omega = \sum_{x \in C_i}(x - \mu_i)(x - \mu_i)^{\mathrm{T}} \tag{4.28}$$

定义类间散度，如公式4.29所示。

$$S_B = (\mu_1 - \mu_2)(\mu_1 - \mu_2)^{\mathrm{T}} \tag{4.29}$$

故目标由公式4.27变成公式4.30所示。

$$\max_{\omega} = \frac{\omega^{\mathrm{T}}S_B\omega}{\omega^{\mathrm{T}}S_\omega\omega} \tag{4.30}$$

对ω求导，令其为0，得：

$$(\omega^{\mathrm{T}}S_\omega\omega)S_B\omega = (\omega^{\mathrm{T}}S_B\omega)S_\omega\omega \tag{4.31}$$

令$\lambda = J(\omega) = \frac{\omega^{\mathrm{T}}S_B\omega}{\omega^{\mathrm{T}}S_\omega\omega}$，所以$S_B\omega = \lambda S_\omega\omega$，$S_\omega^{-1}S_B\omega = \lambda\omega$，又成为求矩阵特征值与特征向量的问题，最大化$J(\omega)$，即求$S_\omega^{-1}S_B$的最大特征值，投影向量即为该特征值对应的特征向量。

LDA求解方法可以归纳为如下步骤：

（1）计算类内矩阵S_ω。

（2）计算类间矩阵 S_B。

（3）计算矩阵 $S_{\omega}^{-1}S_B$。

（4）计算 $S_{\omega}^{-1}S_B$ 最大 d 个特征值和特征向量，按列组成投影矩阵 ω。

（5）对样本集中的每一个样本 x_i 计算投影后的坐标，$Z_i = W^{\mathrm{T}}x_i$。

2. 对比 LDA 和 PCA

LDA与PCA作为两种经典的线性降维方法经常会被放在一起进行分析研究（见图4.4）。接下来，我们主要分析两者的区别与联系。

两者的联系：

（1）两者都是基于投影方式进行降维的，并且都是线性降维方法。

（2）两者的求解过程极为相似，都使用了特征分解的思想。

（3）两者都假设数据符合高斯分布，不适合对非高斯分布的数据进行降维。

两者的区别：

（1）LDA是有监督的学习方法，可以用于分类，也可以用于降维。PCA是无监督的学习方法，只能用于降维。

（2）LDA在降维过程中可以使用类别的先验知识，而PCA不行。

（3）从目标出发，PCA选择使得投影后数据方差最大的投影方向，没有考虑数据内部的分类信息，虽然降低了数据维度并能最大限度地保持原有信息，但是投影后的数据有可能完全混合在一起，难以进行区分。所以，在使用PCA算法进行降维后再进行分类的效果会比较差。而LDA选择的是投影后类内方差小、类间距离远的方向。考虑了类别标签信息，使得在降维后数据更容易区分，减少了运算量。

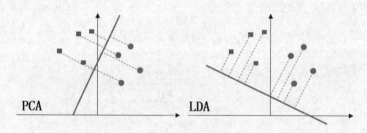

图 4.4　PCA 和 LDA 降维对比

4.4　本 章 小 结

本章从数据预处理，特征选择和降维三个方面介绍了如何有效地进行特征工程。首先，数据预处理主要针对原始特征进行缩放和编码，使得特征可用并提高机器学习算法性能。然后，特征选择则是从原始特征中筛选出重要特征，缓解维数灾难问题。最后，使用降维方法降低特征矩阵维度，能够减少计算量和缩短模型训练时间。

第 5 章　模型训练与评价

在明确了具体的问题并进行建模后，开始选择模型并对选择好的模型进行评价，从而判断该模型是不是所有模型中效果最好的一个。

5.1　模 型 选 择

模型选择（model selection）主要指的是一系列让开发人员能够找到最佳复杂度模型的方法。它的主要思想是通过训练数据来估计期望的测试误差，从而让使用者在不同复杂度、不同计算资源消耗的模型中进行选择。模型选择具体包括了直接方法和间接方法：直接方法主要指一系列重抽样方法（resampling methods），其中包括交叉验证（cross-validation）或者留出法等；间接方法指根据一些分析准则来进行模型选择。一般来说，直接方法在实际开发训练中更加常用。

模型的选择取决于多方面的因素，常考虑的因素有以下几个方面：

（1）建模后问题的特性。

（2）所获得的数据规模大小、分布特征。

（3）其他因素，如可以利用的计算资源、预计该项目可以花费的时间等。

5.1.1　基础知识

在进行模型的选择之前需要了解一些基本知识，即监督学习、无监督学习、强化学习等基本概念，具体内容在本书其他章节均有详细的阐述，本节在这里简单地概括一下。

1　监督学习

基于一组样本进行预测。例如，它可以使用历史房价来估计未来房价。在监督学习里，输入变量包含带标签的训练数据和希望得到的某个输出变量。通过监督学习算法分析训练数据，就是学习一个将输入映射到输出的函数的过程。这个推断函数对数据进行泛化，即可预测未知情况下的结果，将新的未知输入映射到输出。根据不同的目的，监督学习也可以分为以下几个方面：

- 分类：当数据用于预测分类变量时，监督学习也称为分类。
- 回归：当预测连续值时就是一个回归问题。
- 预测：根据过去和现在的数据对未来进行预测的过程，最常用来分析趋势。

2. 无监督学习

进行无监督学习时，模型得到的是完全未标记的数据。这一算法常用于发现数据的内在模式，如聚类结构或稀疏树/图。根据不同的目的，监督学习也可以分为以下几个方面：

- 聚类：对一组数据样本做分组，根据某些标准将相似的样本归入一个类别，通常用于将整个数据集分成几类，以便在每个类中进行分析。
- 降维：减少需要考虑的变量数量。在许多应用中，原始数据具有非常高的维度特征，并且一些特征是冗余的或与任务无关的。降低维度有助于找到数据之间潜在的关系。

3. 强化学习

强化学习基于环境的反馈，达到分析和优化代理（agent）行为的目的。算法尝试不同的场景来发现哪些行为产生最大的回报，而不是被动接受行动指令。强化学习与其他模型的区别在于随机试错和延迟奖励。

5.1.2 模型选择的要素

接下来要对当前面对的问题进行分类。可以分为两个步骤：

（1）通过输入分类：如果得到的数据是有标签的，那么这个问题就是监督学习问题；如果当前没有标签数据并且想要发现数据间的结构，那么这个问题是无监督学习问题；如果想要通过与环境交互来进行目标的优化，则是强化学习问题。

（2）通过输出分类：如果这个模型的输出是预测出来的数字，就是一个回归问题。如果模型的输出是一个类或几个类别，就是一个分类问题。

通过上述的问题分析流程就可以先大致筛选出适合该问题的模型，继而根据使用者想要达到的效果进一步更细致地进行选择，让使用者决定首先尝试的模型，更有可能是自己最熟悉或者最简单的模型，这样的做法是正确的。

当确定了可选的几个模型之后，选择其中最熟悉或者最简单的模型，快速制作出一个demo。在这个过程中，首先关心的并不是算法结果的好坏，而是整个算法在数据上面运行的流程。这样的工作节奏是非常好的，一旦获得了一些结果并且熟悉了数据，就会进一步使用更加复杂的算法对数据进行建模，从而获得更好的结果。

即使到了这个阶段，最好的算法也可能并不是获得最高准确率的算法，因为只有对一个算法仔细调整参数并进行长时间训练才有可能达到一个算法模型的最佳性能。

5.2 模型训练

选择模型后，需要对模型进行训练，一般流程是：首先将数据集划分成训练数据集和测试集（test set），其中的训练数据集进一步划分成训练集（training set）和验证集（validation set）；然后利用训练集训练模型，利用验证集调整模型参数，监控模型是否过拟合；最后使用测试集来测试模型的实际效果，如图5.1所示。一般地，把模型的输出值与样本的真实输出值之间的差异称为"误差"（error）。

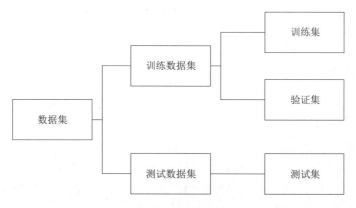

图 5.1　数据集划分

　　显然，模型在不同数据集上的误差不同，在训练集上的误差称为"训练误差"（training error），在验证集上的误差称为"验证误差"（validation error），在测试集上的误差称为"测试误差"（testing error）。训练模型的目标是希望模型能够在未知样本上的误差越小越好，这个误差被称作"泛化误差"（generalization error）。因为无法获取所有的样本，所以测试集被用来测试模型对未知样本的判别能力，然后用测试误差来近似泛化误差。

　　针对一个包含m个样本的数据集 $D = \{(x_1, y_1), (x_2, y_2), \ldots, (x_m, y_m)\}$ 使用不同的划分方法，会得到不同的训练数据集S和测试数据集T，致使模型的训练误差和测试误差出现差别。为了能够更真实、准确地反映构建的模型在所选数据集上的训练效果，可划分训练数据集和测试数据集。下面介绍常见的几种。

5.2.1　留出法

　　"留出法"（hold-out）会将数据集D划分为两个互斥的集合，其中一个集合作为训练数据集S，另一个作为测试数据集T，即 $D = S \cup T$，$S \cap T = \varnothing$。训练数据集S具体划分为训练集和验证集，训练集用于构建模型，验证集用于对模型进行参数调优。测试集T用于测试最优模型的泛化能力。通常，训练集、验证集和测试集的比例为6:2:2。

　　不同的机器学习任务对数据集的划分不同。在分类任务中，划分训练数据集和测试数据集时，需要尽量保持数据分布的一致性，避免因样本划分过程引入额外的偏差而对模型训练结果产生影响，所以一般采用分层抽样（stratified sampling）方法。假设有一个二分类问题，数据集一共有5000个正样本、5000个负样本，划分60%的样本为训练集、20%的样本为验证集、20%的样本为测试集，即从5000个正样本中随机抽取3000个样本，从5000个负样本中随机抽取3000个样本，组成6000个样本作为训练集。用同样的方法划分2000个样本为验证集，然后将剩下的2000个样本作为测试集。然而在时间序列预测任务中，想要根据过去预测未来，那么训练数据集的所有样本必须早于测试集，否则会出现时间泄露问题，导致模型出现过拟合。

　　还有一个需要注意的问题，如果训练数据集和测试数据集是随机采样得到的，那么不同次数的采样会得到不同的训练数据集和测试数据集，模型的训练和测试也会出现差别。因此，在使用留出法划分数据集时一般不会单次使用，而是采用若干次随机划分、重复进行实验后取平均值作为模型训练的最终结果。例如，进行10次随机划分，每产生一组训练/测试数据集，得到一个模型的测试误差，10次就得到10个测试误差，然后取这10个测试误差的平均值作为模型训练的最终结果。

5.2.2 交叉验证法

交叉验证法（cross validation）会将数据集 D 随机划分成大小相近的 k 个互斥的子集 $D_1, D_2, \ldots, D_k$。模型会训练和测试 k 次，每次使用 $k-1$ 个子集作为训练集，余下的1个子集作为测试集。然后用 k 次得到的测试结果取平均值作为最终结果。一般地，把交叉验证法称为"k 折交叉验证法"（k-fold cross validation）。显然，k 值的选取会影响交叉验证法的结果，据实验统计，当 k 值较小时，交叉验证的结果有偏；较优的 k 值为10或20，此时交叉验证的结果近似无偏。10折交叉验证如图5.2所示。

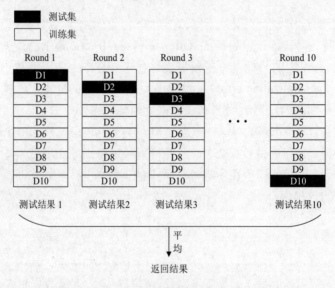

图 5.2　10 折交叉验证示意图

假定一个数据集里有 n 个样本，有一种特殊情况，即当 $k=n$ 时，可以称之为"留一法"（leave-one-out）。留一法会将数据集划分成 n 个子集，每个子集只包含一个样本，所以每次模型会使用 $n-1$ 个样本作为训练集，剩下的一个样本作为测试集。这使得用留一法训练的模型与用整个样本集 D 训练的模型是很相近的，结果也更加准确。留一法的缺点就是计算的开销非常大。考虑一个包含1000个样本的中等规模的样本集，假如需要一分钟来训练分类器，那么对于10折交叉验证来说将花费10分钟用于训练，而用留一法训练模型则需要16个小时，这让人难以接受。

与留出法相似，交叉验证法也可以使用分层抽样，即"分层交叉验证"（stratified cross-validation）。分层交叉验证划分 k 个子集，每个子集的样本中不同类别的比例与数据集 D 大致相同。相比于交叉验证和留一法，使用分层交叉验证可以稍微减少方差，所以在训练模型时一般推荐使用分层10折交叉验证。

5.2.3　自助法

与留出法和交叉验证法不同，自助法（bootstraping）划分得到的训练数据集中会有重复样本。自助法的具体做法是：假定一个数据集里有 n 个样本，每次随机挑选一个样本作为训练样本，再将该样本放回数据集中，这样有放回地抽样 n 次，生成一个与数据集样本个数相同的训练数据集。这会导致有些样本在训练数据集中出现多次，而有些则从未出现。一个样本在一次抽样中没有被抽中的概率是 $\left(1-\dfrac{1}{n}\right)$，抽取 n 次都没有被抽中的概率为 $\left(1-\dfrac{1}{n}\right)^{n}$，$n$ 趋于无穷大时，概率为 $\lim\limits_{n\to\infty}\left(1-\dfrac{1}{n}\right)^{n}=\dfrac{1}{e}\approx0.368$，所以当样本数很大时大约有 36.8% 的样本从来没有被抽中，可以作为测试集来对泛化性能进行"包外估计"。

自助法通过重复抽样避免了交叉验证和留出法造成的样本减少的问题。这在数据集样本较少时有助于划分训练数据集和测试数据集。因为训练数据集中有重复数据，会导致训练数据集的数据分布和数据集不一致，从而引入额外的估计偏差。因此，在数据量充足的情况下，还是优先使用交叉验证法和留出法。

5.3　模型调优

在熟悉机器学习模型和模型训练过程的基础上，如果在解决问题的过程中模型并没有取得理想的预测效果，或者任务需求对模型性能提出更高的要求，就需要对机器学习模型进行调优。模型调优是机器学习实现中最困难的任务之一。

超参数调优（hyper-parameter optimization，HPO）是基础的模型调优方法。由于模型的性能表现与超参数的选择具有较强的依赖关系，针对需要解决的问题选择合适的超参数，能够有效提升模型的性能表现。神经架构搜索（neural architecture search，NAS）针对深度学习场景，可以视为一个算法选择与超参数优化问题，旨在解决深度学习模型的调参问题。

元学习（meta-learning）旨在使模型具有"学会学习"的能力，通过对许多任务进行学习，使其在已有知识的基础上快速学习新任务，从而在另一个层面进行模型调优。

5.3.1　超参数调优

随着科技的不断发展，数据存储与处理技术都获得了长足的发展，这些推动了大数据时代的到来。在此背景下，如何对大量数据进行智能化的处理并进一步提取出有效信息是工业界和学术界都非常关注的问题。目前，许多学者提出了大量的算法来实现上述智能化的数据处理。其中，机器学习方法由于具有高效获取海量数据中有效信息的能力而被广泛采用。机器学习通过对大量数据使用计算机和数学方法进行学习，从而获取潜在知识并实现预测功能，近年来机器学习的发展催生了许多智能化的应用。

机器学习算法的参数包括两种，分别是模型参数（model parameter）和模型的超参数（model

hyper-parameter）。模型参数是机器学习模型内部的参数变量，例如线性回归中的系数和神经网络中的权重等。模型参数一般不需要使用者手动设置，而是模型使用训练数据自动进行学习，并作为模型的一部分进行保存。与模型内部参数相对，模型的超参数是一些无法从训练数据中学习到的外部参数，通常由使用者设定，例如神经网络中的学习速率、K近邻算法中的参数K等。模型的超参数通常应用于模型内部参数的学习过程中，因此超参数的选择对机器学习模型的计算复杂度和性能效果都具有极大的影响。目前，功能强大的机器学习模型都具有十几个甚至几十个超参数，传统的手动进行超参数调优方法所需的成本较高，且往往不能获得较好的结果，已不能满足需求。模型的性能表现与超参数的选择具有较强的依赖关系，因此针对特定问题对超参数进行调优至关重要，关于超参数优化问题的研究也成为机器学习领域目前关注的热点之一。

超参数优化的目的是为机器学习模型寻找一组最优的超参数配置，从而优化算法模型的性能表现，并提升其泛化能力。超参数优化问题可以被建模为一个待优化的数学模型，并通过某种优化方法对该数学模型进行求解。由于对一组超参数的优劣进行评价需要较高的计算和时间成本，超参数优化实质上是一个评估代价高昂的全局黑盒优化问题。一组较好的超参数设置在模型处理问题的过程中往往能获得较优的结果，并且具有较小的泛化误差。超参数优化是一个全局优化的黑盒问题，优化方法的目标就是寻找一个具有最小损失函数的算法模型及其超参数设置。

若机器学习模型 A 中有n个需要调优的超参数，构成了一个n维的超参数向量 λ（ $\lambda \in \mathbf{R}^n$ ），向量 λ 中的各个元素分别代表模型中某一超参数的取值，则 A_λ 表示超参数向量 λ 确定的机器学习模型。以一个三层神经网络为例，其中需要调优的超参数有5个，分别是正则项系数d、学习速率η、神经元激活函数类型a、隐藏层神经元数量m、学习率的更新方式s，构成了一个五维的超参数向量 $\lambda = [m, \eta, a, s, d]$ 。模型的超参数向量即可确定该机器学习模型。对模型进行训练，通过最小化泛化误差 $\mathrm{Err} \,|\, \mathrm{Loss}(x; A_\lambda(x_{\mathrm{train}}))|$ 来确定模型最终的超参数配置。所以，超参数优化问题可以建模为公式5.1所示的数学模型。

$$\lambda^{(*)} = \underset{\lambda \in \Lambda}{\arg\min} \, \mathrm{Err} \,|\, \mathrm{Loss}(x; A_\lambda(x_{\mathrm{train}}))| \tag{5.1}$$

在上述公式5.1中， $\lambda^{(*)}$ 是使得模型获得最小泛化误差的超参数向量， Λ 表示超参数空间，$\mathrm{Loss}(\cdot)$ 为模型损失函数， $\mathrm{Err}(\cdot)$ 为模型误差函数。

针对传统的浅层机器学习方法，通常采用的超参数优化方法是手动调参。浅层机器学习方法的超参数数量较少，使用者根据对问题的理解和算法的特点，通过手动调整模型的超参数来满足任务需求。这种方法对专家知识的需求较高，使用者需要对算法具有深入的理解，或者通过对不同超参数设置进行反复试验和评估获取所需的经验。即使已经具有一定的经验，仍需要进行反复试验来调整超参数。在算法模型的超参数数量较少的情况下，手动调参所需的时间和人力成本还在容忍范围内，随着大规模机器学习模型的出现与发展，超参数的数量随之上升，对算法进行深入理解变得非常困难，因此通过手工方法对大量超参数进行调优是不可行的。

如前文所述，超参数优化可以建模为一个函数优化问题。在超参数优化的概念兴起之前，常用的优化方法为数值优化方法，包括单纯形法、梯度下降法、牛顿法、拟牛顿法、共轭梯度法和内外点法等。然而，这些数值优化方法限制条件较多，通常适用于目标函数可以求导的问题，而且初始值的选择、目标函数类型等因素都会对算法的效果产生较大的影响，当求解的问题有多个决策变量时，这些方法的效率较低。

最早期的超参数优化方法是网格搜索方法（grid search，GS）。网格搜索是一种穷举的参数优化方法，主要思想是将每个待优化的超参数在其取值范围内进行网格等分，然后为网格中所有的超参数组合构建模型，并对不同模型性能进行评估，最后选择产生最优性能结果的超参数组合作为模型最终的超参数设置。网格搜索是一种全局优化方法，需要不断缩小网格划分的间隔来扩大搜索范围，从而尽可能搜索得到最优的超参数取值。然而，这会造成计算数量呈指数增长，可能会出现"指数爆炸"问题。另外，网格搜索并不能保证搜索得到的结果是最优解。

虽然网格搜索在一定程度上解决了超参数调优问题，但是在大规模机器学习算法中这种优化方法效率较低。为了提升搜索效率，Bergstra于2012年提出了随机搜索（random search，RS）方法来解决超参数优化问题。随机搜索也是在超参数空间中进行搜索的，与网格搜索方法不同，随机搜索是在超参数网格的基础上，随机选择固定数量的超参数组合来进行模型构建。虽然多次随机搜索得到的结果相互之间差异较大，但是Bergstra从理论和实验两个方面证明了随机搜索确实能够取得比网格搜索方法更好的结果。除此之外，Bergstra还利用一种具有树形结构且基于模型的全局优化方法来进行超参数的搜索。

上述两种方法中每个模型的训练评估都是独立的，这使得后续超参数的选择不能参考前面模型的结果。贝叶斯优化（bayesian optimization，BO）方法可以通过已有的模型评估结果来指导后续的超参数选择，从而加速最优超参数组合的搜索。这种参数优化方法使用高斯过程回归模型作为代理模型，通过观测数据来更新代理模型并生成新的观测点，经过多次迭代来获取较优的超参数设置。通过贝叶斯优化方法能够高效探索超参数空间，通过采集函数对参数优化过程中的"探索"与"开发"进行平衡，从而降低参数优化所需的时间。

此外，随着其他优化方法的提出，许多学者尝试了机器学习模型与各种群智能方法结合的优化方法。例如，用遗传算法来优化人工神经网络模型的超参数，用量子遗传算法优化神经网络，用遗传算法优化卷积神经网络，用粒子群算法和模拟退火法来优化SVM中的超参数。实验研究证明，群智能方法与机器学习模型的结合，在超参数优化问题上获得了较好的结果。

5.3.2　神经架构搜索

深度学习是机器学习和人工智能研究的最新趋势之一。它也是当今最流行的科学研究趋势之一。深度学习方法为计算机视觉、语音识别、自然语言处理等领域的发展带来了革命性的进步。

深度学习问题可以表达为一个HPO问题。给定一种网络结构（算法结构）以及它对应的超参数空间，可将深度学习问题定义为公式5.2所示。

$$\lambda^* = \arg\min_{\lambda \in \Lambda} \mathcal{L}(A_\lambda, D_{\text{train}}, D_{\text{vaild}}) \tag{5.2}$$

其中 $\mathcal{L}$ 为损失函数，A_λ 为超参数为 λ 的网络结构（算法结构），D_{train} 为训练数据集，D_{vaild} 验证数据集。

这些成功需要大量的领域知识及大量的时间。随着对网络结构复杂度的需求与日俱增，

NAS应运而生。它是自动化产生网络结构的过程，也是机器学习自动化的下一步发展方向。目前为止，很多领域中NAS已经超越了人工。

NAS可以表达为一个算法选择与超参数优化（CASH）问题。给定一种网络结构（算法结构）空间 $A \in A = \{A^{(1)}, ..., A^{(k)}\}$ 以及它们对应的超参数空间 $\Lambda^{(1)}, ..., \Lambda^{(k)}$，可将问题定义为如公式5.3所示。

$$A^*_{\lambda^*} = \underset{A^{(i)} \in A, \lambda^{(i)} \in \Lambda}{\arg \min} \mathcal{L}(A^{(i)}_{\lambda^{(i)}}, D_{train}, D_{vaild}) \tag{5.3}$$

NAS旨在解决深度学习模型的调参问题，是结合了优化和机器学习的交叉研究。在深度学习之前，传统的机器学习模型也会遇到模型的调参问题，因为浅层模型结构相对简单，因此多数研究都将模型的结构统一为超参数来进行搜索，比如三层神经网络中隐层神经元的个数。优化这些超参数的方法主要是黑箱优化方法，比如分别为进化优化（evolutionary algorithms，EA）、贝叶斯优化（bayesian optimization，BO）和强化学习（reinforcement learning，RL）等。

在模型规模扩大之后，超参数增多，这给优化问题带来了新的挑战。传统的求解方法遇到了新的挑战，主要包括：

（1）复杂多变的网络结构搜索空间无法通过建立规范的结构编码体系进行表述。

（2）通过传统编码方式所建立的编码空间体量过大，使得传统求解算法不易收敛。

（3）训练时间过长导致通过黑箱优化方法求解深度学习模型的计算效率降低等。

总而言之，尽管此类问题和研究思路早在20世纪90年代已经被很多学者提出和研究过，但是随着问题复杂度和规模的提升，这个求解思路面临新的挑战，也就需要研究一些新的方法来解决。

为了解决这些新的问题，2017年的ICML上，NAS首次被提出，并基于强化学习的思路巧妙地解决了这个新挑战。这里对NAS做一个简单的介绍，首先从回顾经典的超参算法说起。神经网络结构的超参数调整一直是神经网络建立所面临的问题。对于传统的单层前馈神经网络，其隐藏层神经元的数目就是其关键的结构超参数，而此前确定该超参数的方法往往是通过研究人员的经验或试探法。

神经网络的结构不只有单隐层的前馈神经网络一种，理论上任何链接结构都可以建立神经网络，比如跳跃链接和循环链接，经典的模型有循环神经网络（RNN）等。因此，神经网络的结构是一种灵活且复杂的超参数。

如果将结构超参数考虑进来，会涉及如何将神经网络的结构映射到搜索空间编码的问题。编码方式主要分为：直接编码，即用相同维度的搜索代表网络结构，没有维度的压缩，映射关系简单；间接编码，即用较低纬度的搜索空间间接代表更多维度的结构信息，映射关系较为复杂；生成编码，即按照一定的规则通过较少的参数生成网络结构等。

对于传统网络结构优化问题，2002年提出的NEAT是较为经典的算法，它通过生长的变长基因编码的方式来编码网络结构。基因主要分为两个基因型，一个代表神经元的链接，一个代表了它们之间的权重，属于直接编码。最终，文章用进化算法进行求解，定义了对应的交叉和变异操作。

当神经元个数超过50时，NEAT的优化就比较吃力了。由此，在NEAT的基础上，

HyperNEAT通过引入CPPN来实现间接编码，从而能够对更大规模的网络进行编码，进一步扩大搜索空间的规模。

深度学习的结构搜索是近几年来重新被人们注意起来的方向。自从2017年一篇著名的使用强化学习来优化网络结构的文章发表之后，就开始了NAS研究的热潮。

NAS的主要研究问题可以总体上分为3个部分：搜索空间、优化算法以及模型评估。

1. 搜索空间

NAS的搜索空间被认为是一个神经网络搜索空间带有约束的子空间。NAS的搜索空间复杂度直接影响优化的难度，研究重点之一就在于如何构造一个高效的搜索空间。由于深度学习网络的结构往往比较复杂，因此较为广泛使用的是层次化的结构，并且通过实践已经证实其十分有效，一开始的搜索空间的构造仍然以链式结构为主。链式搜索空间（chain-structured search space）也被称为全局搜索空间（global search space），其主要思想是将不同的操作单元组合在一起。全局搜索空间限制了神经网络的整体架构模式和链接方式，NAS需要调整的只有每一层操作单元对应的参数。每一层的操作单元有不同的选择，例如卷积、池化、线性变换等。全局搜索空间相对比较灵活，可以允许神经网络变换出各种结构（只要设计搜索空间时包含跳跃连接或是层间连接），但是问题也很明显，就是搜索空间的规模会随着操作单元的数量呈指数级增长，巨大的搜索空间使得很多传统优化算法无法高效解决它。全局搜索空间的求解将付出十分昂贵的计算代价。

为了尽量减少计算消耗，不得不想办法减小搜索空间。后来主流的研究方法集中在模块化网络结构并进行组合（cell-based search space），这个思想主要来源于很多人工设计的结构具有很好的效果，同时诸多人工设计的复杂网络的网络结构存在重复使用的模块，这样就可以模块化地将网络结构进行组合，每一块具备一项功能，由NAS来决定每一块的位置和参数，这样一来搜索空间就降低了很多。这些cell都是一个小型的有向无环图，用来提取和传递特征。

基于cell的方法虽然可以有效地缩减搜索空间，但是人们还是想到了一种容易实现的方法来解决这个问题。如果cell作为一个层次，那么组合cell的结构也可以被看作一个层次，因此有研究人员就此提出了基于分层（hierarchical）的思想。

虽然有了上述方法来减少搜索空间，但是迭代一次网络都需要从头开始训练，这样在训练每个模块参数上又会花费很多时间。因此，有研究人员想到可以借助模型迁移的思想来减少每次迭代开始时的训练次数。在每次训练开始后，只用少量样本训练网络，因此被称为one-short learning。比较出名的策略就是权重共享（weight sharing），这里每一个待评估的结构都会被当作一个超网络的子网络，因此这些子网络中的权重可以通过超网络来实现共享，只需要对超网络的权重进行预训练就可以了。

2. 优化算法

NAS的优化对象是神经网络结构，通用的方法就是黑盒优化，它不需要具体的表达式，只需要知道优化目标和约束就可以了。黑盒优化中的base-line就是网格搜索（grid search）和随机搜索（random search）。对于计算量需求巨大的NAS来说，需要更高效的方法来减少搜索带来的算力消耗。

最早被用于NAS的搜索方法是强化学习。强化学习将每一代的网络结构作为一个action，这个action的reward用这个模型的评估结果来表示。NAS中不同的强化学习算法表示的差别是如何设计agent的搜索策略，比较常用的方法有REINFORCE、Q-Learning以及Monte Carlo Tree Search。

进化算法是另一大类用于NAS的优化算法。不同于强化学习算法，进化算法是一种群体优化算法，算法的每一次迭代需要产生一定数量的子代个体，然后从这些个体中选出好的个体来产生一次迭代的个体。进化算法的操作算子主要包括交叉与变异。这些算子与搜索空间共同决定了算法的效率。

贝叶斯优化是比较经典的超参优化方法，通过建立一个超参的评估模型来预测最优值，在下一次迭代后评估最优值并更新预测模型。常用的预测模型有高斯过程（gaussian process）、随机森林（random forest）等。

基于梯度（gradient-based）的方法是机器学习领域最经典、最推崇的方法。相比于黑盒优化方法，基于梯度的方法搜索速度更快，因此近期的NAS发展方向又重新回到了梯度法的怀抱。最经典的算法是2018年提出的DARTS，算法基于cell构建搜索空间，并将其网络结构放松进行连续化，这样就可以结合weight等超参数共同进行优化。优化的方法初次采用了双层优化的思路，将结构优化和weight的优化分离开来。

3. 模型评估

本过程定义了评估架构性能优劣的原则及具体方法。其中，网络性能的优劣由架构在目标数据集上的预测性能所表述。最简单的策略便是利用架构进行训练及预测，但这个过程将耗费大量的算力。因此，很多研究工作希望能减小这个过程中所耗费的成本。模型评估占用了NAS大部分的时间消耗，因此一些方法被用来优化这部分过程。首先被使用的方法是lower fidelity。这类方法包括缩短训练时间、用数据集的子集来训练，或用低像素的数据等低保真策略。这类方法的问题是对于结构的排序差异会随着数据的差异而扩大。

还有一种方法是使用代理模型（surrogate）。由于原模型的评估比较耗时，因此可以建立一个模型对个体进行估计，从而降低评估消耗。贝叶斯优化中的模型评估是一种代理模型，而且代理模型同样可以用在强化学习或者进化算法中。代理模型的一个问题就是模型管理。模型越精确，就会越耗时；模型不精确则无法准确地估计子代的好坏，这是一个trade-off问题。另外，模型不是越精确越好，需要在精度和效果之间权衡，只要代理模型可以跟踪原模型的趋势，就可以准确地对个体进行排序，从而选择出好的个体。

5.3.3 元学习

元学习是一门系统地观察不同的机器学习方法是如何在广泛的学习任务上执行的科学，然后从这种经验或元数据中学习，以更快地学习新任务。这不仅极大地加快和改善了机器学习pipelines或神经架构的设计，还允许以数据驱动的方式学习新方法来取代手工设计的算法。本节将对这一不断发展的领域进行简介。

当人们学习新技能时，几乎很少从零开始，通常会以早期在相关任务中学习的技能为基础，重用以前工作良好的方法，并关注通过经验判断有可能值得尝试的内容。随着每一项技能的学习，新技能的学习变得更容易，需要更少的示例和试错。简而言之，就是学会了如何跨任务学习。同样地，当为一个特定的任务构建机器学习模型时，人们通常基于相关任务的经验或者使用对机器学习技术表现的理解（通常是隐含的）来帮助做出正确的选择。

元学习的挑战在于以一种系统的、数据驱动的方式从以前的经验中学习。首先，需要收集元数据来描述之前的学习任务和已学习的模型。这些元数据由用于训练模型的精确算法配置构成，包括超参数设置、pipelines组成和/或网络架构，由此产生的模型评估（如精度和训练时间）、学到的模型参数（如训练得到的神经网络权重）以及任务本身的测量指标也称为元特征（meta-features）。

元学习这个术语涵盖了任何基于其他任务先前经验的学习。这些先前的任务越相似，可以利用的元数据类型就越多，而定义任务相似度是一个关键的总体挑战。当一个新任务表现出完全不相关的现象或随机噪声时，利用之前的经验将是无效的。实际上，在现实世界的任务中，有很多可以从以前的经验中进行学习的机会。

本节将根据所利用的元数据类型对元学习技术进行分类。

- 如何纯粹从模型评估中学习。这些技术可用于推荐普遍有用的配置和配置搜索空间，以及传输来自经验上类似任务的知识。
- 如何描述任务以更明确地表达任务相似性，以及如何建立元模型来学习数据特征和学习性能之间的关系。
- 如何在本质上相似的任务之间迁移训练过的模型参数，例如共享相同的输入特征，使得迁移学习和小样本学习成为可能。

1. 从模型评估中学习

假设可以访问之前的任务 $t_j \in T$，所有已知任务的集合，以及一组完全由配置 $\theta_i \in \Theta$ 所定义的学习算法，这里 Θ 表示一个离散的、连续的或混合的配置空间，它可以涵盖超参数设置、pipeline组件和/或网络架构组件。P 是在任务 t_j 上的配置 θ_i 的所有先验标量评估 $P_{i,j} = P(\theta_i, t_j)$。$P_{new}$ 是一组对新任务 t_{new} 的一组已知评价 $P_{i,new}$。如果想要训练元学习器 L 为一个新任务 t_{new} 预测推荐的配置 Θ^*_{new}，那么该元学习器 L 主要基于元数据 $P \cup P_{new}$ 进行训练。P 通常预先收集，或从元数据存储库中提取。P_{new} 通过元学习技术以迭代方式完成学习，有时通过由其他方法生成的初始 P'_{new} 热启动。

2. 从任务属性中学习

元数据的一个丰富来源是手头任务的特征（元特性）。每个任务 $t_j \in T$ 用 K 个已知元特征 $m_{j,k} \in M$ 的向量 $m(t_j) = (m_{j,1}, \dots, m_{j,K})$ 描述。这可以用来定义一个基于 $m(t_i)$ 和 $m(t_j)$ 的欧式距离的任务相似度度量，这样就可以将最相似的任务信息传递给新的任务 t_{new}。此外，结合先前的评估 P，可以训练元学习器 L 来预测在新任务 t_{new} 上配置 θ_i 的性能 $P_{i,new}$。

3. 从先前的模型中学习

可以进行学习的最后一类元数据是先验机器学习模型自身，即它们的结构和学习到的模型参数，即想训练一个元学习器 L 来学习如何为一个新任务 t_{new} 训练一个（基）学习器 l_{new}，给定相似任务 $t_j \in T$ 和相应的优化模型 $l_j \in \mathcal{L}$，其中 $\mathcal{L}$ 为所有可能模型的空间。学习器 l_j 的典型定义为其模型参数 $W = \{w_k\}, k = 1, \dots, K$ 和/或它的配置 $\theta_i \in \Theta$。

元学习提供了很多不同的方式，可以使用各种各样的学习技术。每次尝试学习一项任务，无论成功与否，都能获得有用的经验，并可以利用这些经验来学习新的任务。所以应该系统地收集"学习经验"，并从中学习，以建立自动机器学习系统，随着时间的推移不断改进，帮助更有效地解决新的学习问题。遇到的新任务越多越相似，就越能够利用之前的经验。

5.4　模　型　评　价

在机器学习领域，衡量一个模型的优劣同样是一件非常重要的事情。在工业领域，好的评价能够创造更高的价值；在学术领域，可以推动机器学习的进一步发展。下面将介绍一下常用的机器学习评价指标（是笔者结合资料和自身经验总结而成的）。

5.4.1　分类问题

1. 精确率与召回率

精确率（precision）和召回率（recall）是分类指标，可以说是用于二分类问题的经典指标。精确率是指被判断为正的样本中有多少实际为正的样本；召回率是指实际的正样本中有多少被判断为正样本。设算法判断结果中的正样本集合为 A，而实际样本中的正样本集合为 B，则有精确率和召回率如公式5.4和公式5.5所示。

$$\text{Precision}(A, B) = \frac{|A \cap B|}{|A|} \tag{5.4}$$

$$\text{Recall}(A, B) = \frac{|A \cap B|}{|B|} \tag{5.5}$$

有些情况需要权衡精确率和召回率，有两种方法：一种是画出精确率-召回率曲线（precision-recall curve），这条曲线下的面积被称为AP分数（average precision score）；另一种是计算 F_β 分数，如公式5.6所示。

$$F_\beta = (1 + \beta^2) \cdot \frac{\text{precision} \cdot \text{recall}}{\beta^2 \cdot \text{precision} + \text{recall}} \tag{5.6}$$

当 $\beta = 1$ 时，公式5.6被称为F1分数，是分类与信息检索中最常见的指标之一。

2. ROC 和 AUC

设算法判断的正样本结果集合为 A，实际中的正样本集合为 B，所有样本集合为 C，则称

$\dfrac{|A \cap B|}{|B|}$ 为真正率（true-positive rate）、$\dfrac{|A-B|}{|C-B|}$ 为假正率（false-positive rate）。ROC（receiver operating characteristic curve）曲线适用于二分类问题，是以假正率为横坐标、真正率为纵坐标的曲线图。AUC（area under curve）分数由ROC曲线下的面积表示，面积越大意味着分类器效果越好。

3. 混淆矩阵

混淆矩阵（confusion matrix）又被称为错误矩阵，这种方法可以帮助使用者较为直接地观测到某种模型的结果。混淆矩阵的列代表样本的预测分类，每一行代表样本的真实分类（反过来也可以），反映了分类结果的混淆程度。混淆矩阵 i 行 j 列的原始是原本是类别 i 却被分为类别 j 的样本个数，计算完之后还可以对之进行可视化，其结果如表5.1所示。

表 5.1　混淆矩阵的结果

	预测类别 1	预测类别 2	预测类别 3
实际类别 1	43	2	0
实际类别 2	…	…	…
实际类别 3	…	…	…

每一行之和表示该类别的真实样本数量，每一列之和表示被预测为该类别的样本数量。第一行说明有43个属于第一类的样本被正确预测为第一类，有2个属于第一类的样本被错误预测为第二类。

4. 对数损失

对数损失（log loss）亦被称为逻辑回归损失（logistic regression loss）或交叉熵损失（cross-entropy loss）。

对于二分类问题，设 $y \in \{0,1\}$ 且 $p = P_r(y=1)$，则对每个样本的对数损失如公式5.7。

$$L_{\log}(y,p) = -\log P_r(y \mid p) = -(y \log p + (1-y)\log(1-p)) \tag{5.7}$$

对于多分类问题，可以将公式5.7进行改变，设 $\boldsymbol{Y}$ 为指示矩阵，即当样本 i 的分类为 k 时 $y_{i,k}=1$；设 $\boldsymbol{P}$ 为估计的概率矩阵，即 $p_{i,k} = \boldsymbol{P}_r(t_{i,k}=1)$，则对每个样本的损失函数如公式5.8所示。

$$L_{\log}(\boldsymbol{Y}_i, \boldsymbol{P}_i) = -\log P_r(\boldsymbol{Y}_i, \boldsymbol{P}_i) = \sum_{k=1}^{K} y_{i,k} \log p_{i,k} \tag{5.8}$$

5. 铰链损失

铰链损失（hinge loss）一般用来使边缘最大化（maximal margin）。

铰链损失最开始出现在二分类问题中，假设正样本被标记为1、负样本被标记为-1，y 是真实值、w 是预测值，则铰链损失定义如公式5.9所示。

$$L_{\text{Hinge}}(w,y) = \max\{1-wy, 0\} = |1-wy|_+ \tag{5.9}$$

对于多分类问题，假设yw是对真实分类的预测值，yi是对非真实分类预测中的最大值，则铰链损失定义如公式5.10所示。

$$L_{\text{Hinge}}(y_w, y_t) = \max\{1 + y_t - y_w, 0\} \tag{5.10}$$

可以发现，二分类情况下的定义并不是多分类情况下定义的特例，这一点不同于上边的对数损失。

6. kappa 系数

kappa系数（Cohen's kappa）用来衡量两种标注结果的吻合程度，标注指的是把 N 个样本标注为 C 个互斥类别。计算公式如公式5.11所示。

$$\mathcal{K} = \frac{p_o - p_e}{1 - p_e} = 1 - \frac{1 - p_o}{1 - p_e} \tag{5.11}$$

其中，p_o表示观察到的符合比例，p_e是随机产生的符合比例。当两种标注结果完全相同时，$\mathcal{K}=1$，越不相符则值越小，甚至会出现负数，如表5.2所示。

表 5.2　kappa 系数的预测值与真实值

	真实 1 值	真实 0 值
预测 1 值	20	5
预测 0 值	10	15

在表5.2中，预测值与真实值相符的共有15+20=35个，即观察到的符合比例为p_o=35/50=0.7。后边p_e的计算比较复杂，预测为1的比例为0.5，实际中的比例为0.6。从完全随机的角度来看，预测和实际中均为1的概率为0.5×0.6=0.3，预测和实际中均为1的概率为0.2，则预测和实际中由于随机性产生的符合比例为0.2+0.3=0.5，即p_e=0.5，最后可以求得$\mathcal{K} = \frac{p_o - p_e}{1 - p_e} = \frac{0.7 - 0.5}{1 - 0.5} = 0.4$。

7. 准确率

准确率（accuracy）衡量的是分类正确的比例。设$\hat{y}_i$是第i个样本预测类别，y_i是真实类别，在n_{sample}个测试样本上的准确率如公式5.12所示。

$$\text{accurary} = \frac{1}{n_{\text{sample}}} \sum_{i=1}^{n_{\text{sample}}} 1(\hat{y}_i = y) \tag{5.12}$$

其中，$1(x)$是indicator function，当预测结果与真实情况完全相符时准确率为1，两者越不相符准确率越低。

尽管准确率有着较为广泛的适用范围，可用于多分类以及多标签等问题上，但是在多标签问题上很严格，在有些情况下区分度较差。

8. 海明距离

海明距离（hamming distance）用于样本的多个标签都需要进行分类的场景。对于给定的

样本 i，$\hat{y}_{ij}$ 是对第 j 个标签的预测结果，y_{ij} 是第 j 个标签的真实结果，L 是标签数量，则 $\hat{y}_i$ 与 y_i 间的海明距离如公式5.13所示。

$$D_{\mathrm{Hamming}}(\hat{y}_i, y_i) = \frac{1}{L}\sum_{j=1}^{L} 1(\hat{y}_i \neq y_i) \tag{5.13}$$

其中，$1(x)$ 是 indicator function。当预测结果与实际情况完全相符时，距离为0；当预测结果与实际情况完全不符时，距离为1；当预测结果是实际情况的真子集或真超集时，距离介于0到1之间。

一般情况下，可以通过对所有样本的预测情况求平均，得到算法在测试集上的总体表现情况，当标签数量 L 为1时，它等于1-Accuracy，当标签数 $L>1$ 时也有较好的区分度，不像准确率那么严格。

9. 杰卡德相似系数

杰卡德相似系数（jaccard similarity coefficients）用于需要对样本多个标签进行分类的场景。对于给定的样本 i，$\hat{y}_i$ 是预测结果，y_i 是真实结果，L 是标签数量，则第 i 个样本的杰卡德相似系数如公式5.14所示。

$$J(\hat{y}_i, y_i) = \frac{|\hat{y}_i \cap y_i|}{|\hat{y}_i \cup y_i|} \tag{5.14}$$

它与海明距离的不同之处在于分母。当预测结果与实际情况完全相符时，系数为1；当预测结果与实际情况完全不符时，系数为0；当预测结果是实际情况的真子集或真超集时，距离介于0到1之间。

一般来说，可以通过对所有样本的预测情况求平均得到算法在测试集上的总体表现情况，当标签数量 L 为1时，它等于accuracy。

5.4.2　回归问题

1. 均方误差 MSE

平均平方误差（mean squared error，MSE）又被称为L2范数损失（L2-norm loss），计算公式如公式5.15所示。

$$\mathrm{MSE}(y, \hat{y}) = \frac{1}{n_{\mathrm{samples}}}\sum_{i=1}^{n_{\mathrm{samples}}} (y_i - \hat{y}_i)^2 \tag{5.15}$$

2. 平均绝对误差 MAE

平均绝对误差（mean absolute error，MAE）又被称为L1范数损失（L1-norm loss），计算公式如公式5.16所示。

$$\mathrm{MAE}(y, \hat{y}) = \frac{1}{n_{\mathrm{samples}}}\sum_{i=1}^{n_{\mathrm{samples}}} |y_i - \hat{y}_i| \tag{5.16}$$

3. 解释变异

解释变异（explained variance）是根据误差的方差计算得到的，计算公式如公式5.17所示。

$$\text{explainedvariance}(y, \hat{y}) = 1 - \frac{\text{Var}\{y - \hat{y}\}}{\text{Var}y} \tag{5.17}$$

4. 决定系数

决定系数（coefficient of determination）又被称为R2分数，计算公式如公式5.18所示。

$$R^2(y, \hat{y}) = 1 - \frac{\dfrac{1}{n_{\text{samples}}} \displaystyle\sum_{i=1}^{n_{\text{samples}}} (y_i - \hat{y}_i)^2}{\dfrac{1}{n_{\text{samples}}} \displaystyle\sum_{i=1}^{n_{\text{samples}}} (y_i - \overline{y}_i)^2} \tag{5.18}$$

其中 $\overline{y} = \dfrac{1}{n_{\text{samples}}} \displaystyle\sum_{i=1}^{n_{\text{samples}}} y_i$ 。

5.4.3 聚类问题

1. 兰德指数

兰德指数（rand index，RI）需要给定实际类别信息 C ，假设 K 是聚类结果，a 表示在 C 与 K 中都是同类别的元素对数，b 表示在 C 与 K 中都是不同类别的元素对数，则兰德指数如公式5.19所示。

$$\text{RI} = \frac{a + b}{C_2^{n_{\text{samples}}}} \tag{5.19}$$

其中，$C_2^{n_{\text{samples}}}$ 表示数据集中可以组成的总元素对数，RI取值范围为[0，，值越大意味着聚类结果与真实情况越吻合。

对于随机结果，RI并不能保证分数接近零。为了实现"在聚类结果随机产生的情况下，指标应该接近零"，调整兰德系数（adjusted rand index，ARI）被提出，它具有更高的区分度，如公式5.20所示。

$$\text{ARI} = \frac{\text{RI} - E[\text{RI}]}{\max(\text{RI}) - E[\text{RI}]} \tag{5.20}$$

具体计算方式参见相关参考文献。

ARI取值范围为[-1，，值越大意味着聚类结果与真实情况越吻合。从广义的角度来讲，ARI衡量的是两个数据分布的吻合程度。

2. 互信息

互信息（mutual information）用来衡量两个数据分布的吻合程度。假设 U 与 V 是对 N 个样本标签的分配情况，则两种分布的熵（熵表示的是不确定程度）的表达式如公式5.21所示。

$$H(U) = \sum_{i=1}^{|U|} P(i) \log(P(i)), H(V) = \sum_{j=1}^{|V|} P'(j) \log(P'(i)) \tag{5.21}$$

其中，$P(i) = |U_i| / N, P(j) = |U_j| / N$，$U$ 与 V 之间的互信息（MI）定义如公式5.22所示。

$$\text{MI}(U,V) = \sum_{i=1}^{|U|} \sum_{j=1}^{|V|} P(i,j) \log \frac{P(i,j)}{P(i)P'(j)} \tag{5.22}$$

其中，$P(i,j) = |U_i \cap V_j| / N$ 为标准化后的互信息（normalized mutual information）如公式5.23所示。

$$\text{NMI}(U,V) = \frac{\text{MI}(U,V)}{\sqrt{(H(U)H(V))}} \tag{5.23}$$

与ARI类似，调整互信息（adjusted mutual information）定义如公式5.24所示。

$$\text{AMI} = \frac{\text{MI} - E|\text{MI}|}{\max(H(U), H(V)) - E|\text{MI}|} \tag{5.24}$$

利用基于互信息的方法来衡量聚类效果需要实际类别信息，MI与NMI取值范围为[0,，AMI取值范围为[-1,，它们的值越大意味着聚类结果与真实情况越吻合。

3. 轮廓指数

轮廓系数（silhouette coefficient）适用于实际类别信息未知的情况。对于单个样本，设 a 是与它同类别中其他样本的平均距离，b 是与它距离最近不同类别中样本的平均距离，轮廓系数如公式5.25所示。

$$s = \frac{b-a}{\max(a,b)} \tag{5.25}$$

对于一个样本集合，它的轮廓系数是所有样本轮廓系数的平均值。

轮廓系数取值范围是[-1,，同类别样本距离越近且不同类别样本距离越远，分数越高。

5.5　本章小结

本章主要介绍了模型的训练与评价，其中主要包括模型的选择与训练、模型的参数调优以及模型的评价4项工作。其中在进行模型的选择时，需要明确自己需要的模型的类型与具体的输入和输出。在模型的训练过程中，主要包括了留出法、交叉验证法与自助法。在选择与训练模型之后，可以采用超参数调优、神经架构搜索或元学习的方法进行模型调优，最后对模型进行整体的评价。

第6章 模型部署与应用

在得到了训练好的机器学习模型的前提下，本章将主要关注如何将模型部署为智能应用模块，对接实际的数据源，进行接口封装，形成标准访问接口，最终为用户提供智能服务。

6.1 机器学习模型格式

不同的框架支持不同的模型保存格式，本节针对scikit-learn、TensorFlow和PyTorch等主流的机器学习框架，分别分析这些框架支持的模型格式，对这些模型格式的结构和特点进行阐述和对比。

6.1.1 scikit-learn

scikit-learn一般通过使用Python内置的pickle模块来保存模型。在特定情况下，最好使用joblib替换pickle，这在内部装有大型numpy数组的对象上效率更高。为了保证可重复性和质量控制，需要考虑到不同的体系结构和环境。如果希望将模型用于与训练模型不同的环境中进行预测，以开放神经网络交换（open neural network exchange，ONNX）格式或预测模型标记语言（predictive model markup language，PMML）格式导出模型会比pickle单独使用更好。

ONNX是模型的二进制序列化，旨在促进数据模型在不同机器学习框架之间的转换，并提高它们在不同计算体系结构上的可移植性。可以使用特定工具sklearn-onnx将是scikit-learn模型转换为ONNX。

PMML是XML文档标准的实现，该XML文档标准定义为表示数据模型以及用于生成数据模型的数据。PMML具有人机可读性，是在不同平台上进行模型验证和长期归档的不错选择。另外，作为XML，当性能至关重要时，它的冗长性对生产并没有帮助，可以使用sklearn2pmml将Scikit-learn模型转换为PMML。scikit-learn支持的模型格式的优势和不足对比如表6.1所示。

表 6.1　scikit-learn 支持的模型格式对比

存储方式	优　　势	不　　足
.pkl/.joblib	不涉及可移植性问题时, pkl 和 joblib 是比较优先的选择, joblib 在特定情况下效率更高	（1）在可维护性和安全方面有问题 （2）可移植性较差，保存的模型在其他版本加载时可能会产生意外的结果
ONNX	可移植性较强，与环境和平台无关，可用于与训练模型不同的环境中进行预测	二进制序列化文件，可读性较差

（续表）

存 储 方 式	优　　势	不　　足
PMML	可移植性较强，与环境和平台无关，可用于与训练模型不同的环境中进行预测	（1）PMML 为了满足跨平台，牺牲了很多平台独有的优化 （2）PMML 加载得到的模型和算法库自己独有的模型相比，预测会有一点偏差 （3）对于超大模型，使用 PMML 文件加载预测速度会非常慢

6.1.2　TensorFlow

TensorFlow中大多数模型是由层组成的。层是具有已知数学结构的函数，可以重复使用，并且具有可训练的变量。大多数层和模型的高层实现都建立在tf.Module这个基础类上。

抽象地来说，模型由两部分内容组成，其中包括一个在张量上计算的函数和一些可以根据训练进行更新的变量。在TensorFlow中，模型可以保存为checkpoint、graph和SavedModel三种格式。这三种格式分别保存的模型内容如图6.1所示。

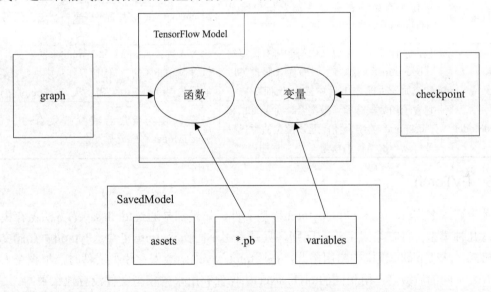

图 6.1　TensorFlow 模型概念图

checkpoint格式只保存了权重，权重即模块及其子模块内部的变量集的值。checkpoint由两种文件组成：数据本身和元数据的索引文件。索引文件跟踪实际保存的内容和检查点的编号，而检查点数据包含变量值及其属性查找路径。checkpoint只保存模型的参数，不保存模型的计算过程，因此一般用于在有模型源代码的时候恢复之前训练好的模型参数的场景。

```
$ ls my_checkpoint*
my_checkpoint.data-00000-of-00001 my_checkpoint.index
```

graph格式包含实现该函数的操作。TensorFlow可以运行没有原始Python对象的模型。在没有原始代码的情况下，TensorFlow需要知道如何执行Python中描述的计算，可以通过创建一个

graph来解决。@tf.function注解定义graph，以指示此代码应作为图运行。为浏览方便，可以借助TensorBoard直接以图形化的方式查看graph文件。

SavedModel包含函数集合和参数集合。SavedModel格式的模型包含三个文件：assets指模型依赖的外部文件；saved_model.pb是一个描述graph的协议缓冲区，指模型的网络结构，可以接受tensor输入，计算完后输出tensor；variables指模型的参数。当模型导出为SavedModel文件时，无须模型的源代码即可再次运行模型，这使得SavedModel尤其适用于模型的分享和部署。

```
$ ls {mobilenet_save_path}
assets  saved_model.pb  variables
$ ls {mobilenet_save_path}/variables
variables.data-00000-of-00001  variables.index
```

TensorFlow支持的模型格式的优势和不足的对比如表6.2所示。

表 6.2　TensorFlow 支持的模型格式对比

存 储 方 式	优　　势	不　　足
checkpoint	保存了模型的参数值，需要使用时从 checkpoint 文件 restore 即可	只保存了参数值，没有保存模型结构。所以只给 checkpoint 模型而不提供模型定义代码是无法重新构建计算图的
graph	包含了计算图，可以从中得到所有运算符（operators）的细节。没有源代码也可以知道如何执行 Python 中描述的计算	包含张量（tensors）和 Variables 的定义，但不包含 Variable 的值，因此只能从中恢复计算图，但一些训练的权值仍需要从 checkpoint 中恢复
SavedModel	包含了函数集合和参数集合，是 graph 和 checkpoint 的结合体，无须模型的源代码就可以再次运行该模型	只需保存函数集合或参数集合时，使用 SavedModel 格式略显冗余

6.1.3　PyTorch

关于后缀名为pt、pth和pkl的pytorch模型文件，如果都是通过torch.save()方法保存模型，那么这几种模型文件在格式上没有区别，只是后缀不同而已。pth文件是Python中存储文件的常用格式，pkl是pickle模块的常用格式。在用torch.save()函数保存模型文件时，根据个人喜好会保存为不同的后缀名，用相同的torch.save()语句保存出来的模型文件没有什么不同。

除了模型文件后缀名的区别之外，torch.save()方法提供了两种保存模型的方式：一种是只保存模型权重参数，不保存模型结构；另一种是保存整个模型的状态。这两种方式通过torch.save()方法的传参不同来区分，与文件后缀没有关系。

PyTorch还提出了一种独有的模型格式TorchScript。TorchScript是PyTorch模型（的子类nn.Module）的中间表示，可以在高性能环境（例如C++）中运行。TorchScript可以通过Python语言使用和导出，也可以将PyTorch模型转化为TorchScript进行保存，保存后的模型能在C++等高性能环境中运行。将模型加载到C++中之后，其实现不依赖Python的执行。

PyTorch支持的模型格式的优势和不足的对比如表6.3所示。

表 6.3　PyTorch 支持的模型格式对比

存 储 方 式	优　　势	不　　足
.pt/.pth/.pkl	不涉及移植性问题时，是不错的选择	可移植性较差
TorchScript	可以在高性能环境中运行，其实现不依赖 Python 的执行	（1）torch.jit 不能转换第三方 Python 库中的函数，尽量所有代码都使用 PyTorch 实现 （2）不支持 with 语句 （3）不支持某些特殊赋值方式

6.2　机器学习模型部署

将模型简单理解为函数时，确定模型指的是分析数据特征，判断其符合哪个函数；训练模型指利用已有的数据，通过一定的方法确定函数的参数，参数确定后的函数就是训练的结果；应用模型指的是把新的参数代入函数求值。

应用模型通常分为三种情况：第一种是在平台内应用，直接应用训练产生的模型文件，将在6.2.1节进行介绍；第二种是使用将模型打包为脚本的方式来实现模型部署，将在6.2.2节进行介绍；第三种是基于容器和微服务来对外提供服务，将在6.2.3节进行介绍。

6.2.1　模型在平台内应用

模型在平台内应用时，需要将训练产生的模型以文件的方式持久化，使用该模型时再加载模型。在这种情况下，模型部署就是模型持久化，模型应用就是加载模型。在本节中，首先介绍此情景下的模型部署原理，然后以scikit-learn为例介绍在平台内应用时的模型部署和模型应用实现过程。

1. 原理

模型在平台内使用时，不会出现不同的体系结构和环境所导致的问题。通常在这种情况下，模型部署就是将模型以文件的方式持久化到服务器，应用该模型时再加载模型文件。简单来说，模型的部署和应用就是对模型文件的保存和使用，如图6.2所示。将模型文件加载到本地之后，携带预测的数据集调用该模型即可实现模型的预测功能。

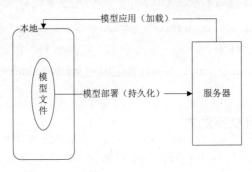

图 6.2　平台内应用时的模型部署和应用

2. scikit-learn 的部署方式

在scikit-learn中，可以通过使用Python的内置pickle模块来保存模型。pickle模块实现了用于序列化和反序列化Python对象结构的二进制协议。pickling是将Python对象层次结构转换为字节流的过程；unpickling是反向操作，从而将字节流（来自二进制文件或类似字节的对象）转换回对象层次结构。使用pickle模块来部署和应用模型的过程举例如下代码所示。

```
>>> from sklearn import svm
>>> from sklearn import datasets
>>> clf = svm.SVC()
>>> X, y= datasets.load_iris(return_X_y=True)
>>> clf.fit(X, y)
SVC()
>>> import pickle
>>> s = pickle.dumps(clf)
>>> clf2 = pickle.loads(s)
>>> clf2.predict(X[0:)
array([)
>>> y[
0
```

pickle.dumps(obj, protocol=None, *, fix_imports=True, buffer_callback=None)方法将obj对象作为字节对象返回，而不是将obj对象写入文件。

pickle.loads(data, /, *, fix_imports=True, encoding="ASCII", errors="strict", buffers=None)返回数据的重构对象，数据必须是类似字节的对象，例如pickle.dumps(obj)方法返回的字节对象。

在scikit-learn特定情况下，最好使用joblib替换pickle，这在内部装有大型numpy数组的对象上效率更高，更适用于拟合的scikit-learn估计量。

joblib是一组用于在Python中提供轻量级流水线的工具，可以将模型保存到磁盘并可在必要时重新运行。joblib.dump()和joblib.load()替代了pickle模块，使其可以在包含大型数据（尤其是大型numpy数组）的任意Python对象上高效工作。使用joblib模块来部署和应用模型的过程举例如下代码所示。

```
>>> from joblib import dump, load
>>> dump(clf, 'filename.joblib')
>>> clf = load('filename.joblib')
```

joblib.dump(value, filename, compress=0, protocol=None, cache_size=None)方法的作用是将任意Python对象持久化到文件中。

joblib.load(filename, mmap_mode=None)的作用是从joblib.dump持久化的文件中重构这个Python对象。

6.2.2　将模型封装成可执行脚本

一些业务具有特殊性，往往需要隔离网络单机运行，这时便可以生成脚本，该文件包含所有应用程序代码以及环境解释器，方便用户直接使用。

以这种方式进行分发的优点是，即使用户尚未安装所需版本的Python（或其他编译器），应用程序也将"正常运行"。因为在Windows甚至许多Linux发行版上都不会安装正确版本的Python（或其他编译器）。这里主要以Python举例。

此外，最终用户软件应始终为可执行格式。以.py结尾的文件供软件工程师和系统管理员使用。

1. 原理

打包后的exe文件是包含了所有环境配置的，接收到文件的客户端无须下载环境依赖，直接运行即可。

2. Linux 环境下的实现过程

对于pip2，使用以下命令：

```
$ pip2 install bbfreeze
```

对于easy_install，使用以下命令：

```
$ easy_install bbfreeze
```

安装了bbFreeze之后，进入下一步。假设此时有一个脚本，如"hello.py"和一个名为"module.py"的模块，并且其中包含一个正在脚本中使用的函数，只需要将脚本的主入口点使用bbfreeze操作：

```
$ bbfreeze script.py
```

这样它将创建一个名为dist/的文件夹，该文件夹包含脚本的可执行文件以及与Python脚本内使用的库链接所需的.so（共享对象）文件。或者，可以创建一个脚本来保存状态，例如：

```
from bbfreeze import Freezer
freezer = Freezer(distdir='dist')freezer.addScript('script.py',
gui_only=True)
```

6.2.3　基于容器和微服务的模型部署方式

1. 容器化和微服务

随着容器化和微服务技术的逐渐成熟，许多传统的应用开始转型，基于容器的微服务架构已经成为未来Web应用开发的趋势。对于机器学习模型，同样可以使用容器化和微服务来进行部署。通过容器化能够屏蔽不同模型的环境和依赖问题，基于容器化的微服务应用能够实现应用的快速部署、扩容、重启等。因此，本节主要介绍基于容器和微服务的模型部署方式。

Docker是一种开源的容器化技术，允许开发人员将应用程序和相关依赖一块打包，可以将训练完成的机器学习模型和环境打包成镜像。Kubernetes简称k8s，是一个开源的集群管理平台，可以实现容器集群的快速部署、扩缩容、编排等。本节主要使用上述技术来实现机器学习模型的部署。

在k8s中，主要有以下几种资源：

（1）Pod

Pod是k8s中最小的可被调度的单位，其中包括一个或者多个容器，容器之间共享存储、网络等资源。机器学习模型镜像最终会以容器的方式运行在Pod中。

（2）Deployment

对于一个Pod而言，Deployment（部署）不单单只是将其运行起来就算结束，还需要考虑更新策略、副本数量、回滚、重启等步骤。在k8s中主要是通过Deployment来实现上述功能。

（3）Service

Service在k8s中提供服务发现和负载均衡的功能，定义了一组Pod的逻辑集合和访问它们的策略，有时被称为微服务。创建完成的Pod无法直接对外提供服务，Service定义了一个服务的访问入口地址，通过Service可以将用户请求转发到相应的Pod上。

Pod、Deployment、Service三者的关系如图6.3所示。

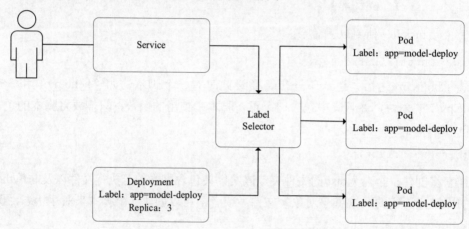

图 6.3　Pod、Deployment、Service 关系图

首先由Deployment来定义要创建的Pod数量和服务名，每个Pod即为一个微服务，比如创建3个副本，在服务运行的过程中无论是毁坏重建还是滚动更新，k8s集群都会一直保持服务的数量为3个。用户发送请求到Service，Service会将请求转发到相应的Pod上，由Pod来执行相应的业务逻辑。

2. 在 Kubernetes 上部署机器学习模型

随着云计算的不断发展，k8s正在迅速成为云计算的标准，如果将机器学习模型部署到k8s集群上，就意味着该模型可以在任何云环境上部署，因为k8s可以运行在公有云、私有云、混合云等环境中。

当在k8s上部署机器学习模型的时候，就意味着已经得到了训练好的模型以及一段预测代码。该代码可以接收样本数据集，将模型和样本进行匹配，得到预测结果。下面将通过部署手写数字集模型来介绍一下如何部署机器学习模型。首先需要将预测代码发布成RESTful的形式供用户调用。以下代码基于Flask框架编写标准的HTTP模型预测接口，定义了Flask监听的路由，一旦收到客户端请求，就执行预测函数，函数返回值将通过HTTP响应返回给客户端。

```
from flask import Flask, jsonify, request
import predict
app = Flask(__name__)

@app.route('/predict', methods=['POST'])

def run():
    data = request.get_json(force=True)
    input_params = data['params']
    result = predict.predict(input_params)
    return jsonify({'prediction': result})


if __name__ == '__main__':
    app.run(host='0.0.0.0', port=8080)
```

如果要将预测代码发布到k8s集群上，需要将代码和环境打包成镜像，使用Docker打包镜像主要是通过编写Dockerfile文件来实现的。本例中的Dockerfile文件如下。

```
From pytorch/pytorch:latest
RUN apt-get update && \
    apt-get upgrade -y &&\
    apt-get install -y curl&&\
    apt-get install -y libgl1-mesa-glx&& \
    apt-get install -y libglib2.0-dev
ADD . .
RUN pip install -i https://pypi.douban.com/simple/ -r requirements.txt
RUN pip install -i https://pypi.douban.com/simple/ opencv-python
CMD python main_server.py
```

其中定义了基础的镜像，安装了相关的环境依赖和依赖包，然后将代码文件和依赖文件复制到镜像中，最终定义了容器启动的运行命令。编写完Dockerfile文件，只需执行docker build命令即可构建镜像。

接下来需要使用k8s来创建资源。在k8s集群中，创建资源的方式是通过编写Yaml文件来实现的，在本例中需要创建Deployment和Service。下述代码为Deployment的Yaml文件，其中定义了Pod的副本数量、名称、镜像名和版本、容器暴露的端口等。

```
apiVersion: apps/v1
kind: Deployment
metadata:
  name: model-deploy
spec:
  selector:
    matchLabels:
      app: model-deploy
  replicas: 3
  template:
    metadata:
      labels:
```

```
      app: model-deploy
      version: v1
  spec:
    containers:
      - name: model-deploy
       image: model-deploy:v1
       imagePullPolicy: IfNotPresent
       ports:
         - containerPort: 8080
          protocol: TCP
          name: rest
```

创建Deployment即可创建三个Pod，每个Pod都可提供预测功能。接下来需要创建Service，Service的Yaml文件定义Service的名称、端口、类型等。

```
apiVersion: v1
kind: Service
metadata:
  labels:
    run: model-service
  name: model-service
spec:
  ports:
    - port: 8080
     targetPort: 8080
     name: rest
  selector:
    app: model-deploy
  type: LoadBalancer
```

创建该Service，到这里一个完整的机器学习部署流程就完成了。接下来通过HTTP方式发送请求即可进行测试，其中请求的参数为单幅图片的地址，最后一行为预测结果。

```
curl http://localhost:8080/predict \
-H 'Content-Type: application/json' \
-d '{"params": "/data/1.jpg"}'

{"predictions": [1]}
```

6.2.4　模型部署方式对比

上面介绍的几种应用场景下的模型部署方式如表6.4所示。

表 6.4　各种应用场景下的模型部署方式对比

	可移植性	是否隔离网络	是否支持分布式	部署成本	更新成本	性　　能
平台内应用	不可移植	是	否	较低	高	中
封装为可执行文件	可移植	是	否	低	高	低
容器和微服务	可移植	否	是	高	低	高

6.3　模型对外访问接口

对外发布服务接口主要包括 webservice、RESTful、RPC、gRPC、SOAP 等，经过之前的模型部署环境，已经将模型打包发布成对外服务，接下来对不同接口设计进行介绍。

6.3.1　REST 架构

现在主流的 Web 服务中的 REST（表述性状态转移）占有一席之地。其中，表述的是资源，任何事物只要有被引用到的必要就是一个资源。资源可以是实体（例如一块电池），也可以是一个抽象概念（例如云计算资源）。一个资源可以被识别需要有一个唯一标识，在 Web 中这个唯一标识就是 URI（uniform resource identifier）。URI 可以看成是资源的访问名片。URI 的设计应该遵循可寻址性原则，具有自描述性，需要在形式上给人以直觉上的关联，例如 https://github.com/git。

REST 用来规范应用如何在 HTTP 层与 API 提供方进行数据交互。REST 描述了 HTTP 层里客户端和服务器端的数据交互规则，客户端通过向服务器端发送 HTTP（HTTPS）请求、接收服务器的响应完成一次 HTTP 交互。

RESTful 设计原则是这种架构风格的具体实现，被 Roy Felding 提出，核心是将 API 拆分为逻辑上的资源。下面将简要介绍其原理及特点。

作为一种架构，其提出了一系列架构及约束。这些约束有：

- 使用客户/服务器模型。将用户接口问题与数据存储问题分开，通过简化服务器组件来提高跨多个平台的用户接口的可移植性并提高可伸缩性。
- 无状态。从客户端到服务器的每个请求都必须包含理解请求所需的所有信息，并且不能利用服务器上任何存储的上下文。因此，会话状态完全保留在客户端上。
- 分层系统。分层系统风格允许通过约束组件行为来使体系结构由分层组成，这样每个组件都不能"看到"超出与它们交互的直接层。
- 可缓存。缓存约束要求将对请求的响应中的数据隐式或显式标记为可缓存或不可缓存。如果响应是可缓存的，则客户端缓存有权重用该响应数据以用于以后的等效请求。
- 统一的接口。通过将通用性的软件工程原理应用于组件接口，简化了整个系统架构，提高了交互的可见性。为了获得统一接口，需要多个架构约束来指导组件的行为。REST 由四个接口约束定义：资源识别；通过陈述来处理资源；自我描述性的信息；超媒体作为应用程序状态的引擎。

如果一个系统满足了上面所列出的五条约束，那么该系统就被称为是 RESTful 的。其中，第二条约束"无状态"在其他类型的 Web 服务中并不常见，是设计实现该接口时经常讨论的话题。

在具体实现中，将模型发布成这种接口时，结果如下：

```
1 HTTP/1.1 200 OK
2 Content-Type: application/json
3 Content-Length: xxx
4
5 {
6    "version": "1.0",
7    "url" : "/api/model/getResult",          #图片判断猫狗
8    "label" : "1",                           # 1 狗 0 猫
9    "result_url" : "/api/picture?dog=75",  #结果狗展示 url
10 }
```

这个例子中展示了RESTful风格的结果，流程是发送一张图片，让机器学习模型去判断是猫还是狗，最终服务方得出结果，并将结果图片url、版本号、标签返回。

6.3.2　RPC 架构

RPC（remote procedure call，远程过程调用）允许一台计算机调用另一台计算机上的程序以得到结果，而代码中不需要做额外的编程，就像在本地调用一样。RPC的主要功能目标是让构建分布式计算（应用）更容易，在提供强大的远程调用能力时，不损失本地调用的语义简洁性。为实现该目标，RPC框架需提供一种透明调用机制，让使用者不必显式地区分本地调用和远程调用。

RPC的原理如图6.4所示。

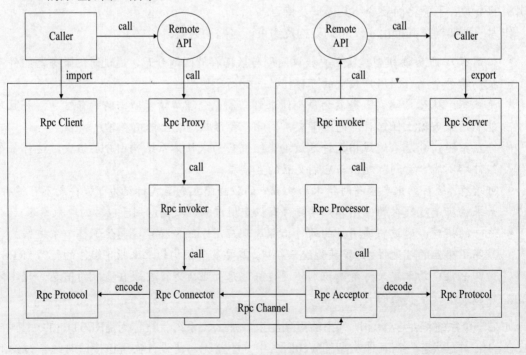

图6.4　RPC 原理架构图

RPC服务方通过RpcServer去导出（export）远程接口方法，客户方通过RpcClient去引入

（import）远程接口方法。客户方像调用本地方法一样去调用远程接口方法，RPC框架提供接口的代理实现，实际的调用将委托给代理RpcProxy。代理封装调用信息并将调用转交给RpcInvoker去实际执行。在客户端的RpcInvoker通过连接器RpcConnector去维持与服务端的通道RpcChannel，同时使用RpcProtocol执行协议编码（encode），并将编码后的请求消息通过通道发送给服务方。

RPC服务端接收器RpcAcceptor接收客户端的调用请求，同样使用RpcProtocol执行协议解码（decode）。解码后的调用信息传递给RpcProcessor去控制处理调用过程，最后委托调用给RpcInvoker去实际执行并返回调用结果。

PRC的特点如下：

- RPC 是协议：协议就是一套规范，当前很多工具都遵循这套规范来实现。目前典型的RPC 实现包括 Dubbo、Thrift、GRPC、Hetty 等。按照目前技术的发展趋势，实现了RPC 协议的应用工具往往都会附加其他重要功能。
- 网络协议和网络 IO 模型对其透明：RPC 的客户端将自己调用的对象视为本地对象，因此传输层使用的是 TCP/UDP 还是 HTTP 等对上层来说并不重要。同样地，使用哪一种网络 IO 模型调用者也不需要关心。
- 信息格式对其透明：在本地应用程序中，对于某个对象的调用需要传递一些参数，并且会返回一个调用结果。至于被调用的对象内部是如何使用这些参数并计算出处理结果的，调用方是不需要关心的。对于远程调用来说，这些参数会以某种信息格式传递给网络上的另外一台计算机，这个信息格式是怎样构成的调用方不需要关心。
- 应该有跨语言能力：调用方实际上也不清楚远程服务器的应用程序是使用什么语言运行的。对于调用方来说，无论服务器方使用的是什么语言，本次调用都应该成功，并且返回值也应该按照调用方的程序语言所能理解的形式进行描述。

6.3.3　gRPC 架构

gRPC是一个高性能、开源和通用的RPC框架，面向服务端和移动端，基于HTTP/2设计，带来诸如双向流、流控、头部压缩、单TCP连接上的多复用请求等特点。gRPC是一个RPC框架，但是它的功能已经强于RPC，因为普通RPC定义是一应一答的单向通信模式，而gRPC支持双向通信。一个简单的gRPC调用如图6.5所示。

gRPC的特点如下：

（1）兼容性好，支持多种语言。

（2）基于IDL文件定义服务，通过proto3工具生成指定语言的数据结构、服务端接口以及客户端Stub。

（3）通信协议基于标准的HTTP/2设计，支持双向流、消息头压缩、单TCP的多路复用、服务端推送等特性，这些特性使得gRPC在移动端设备上更加省电和节省网络流量。

（4）序列化支持PB（Protocol Buffer）和JSON。PB是一种语言无关的高性能序列化框架，基于4.HTTP/2＋PB，保障了RPC调用的高性能。

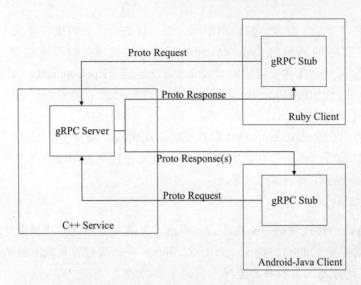

图 6.5　gRPC 调用样例

gRPC主要有4种请求／响应模式，分别是：

- 简单模式（Simple RPC）：标准 RPC 通信，一次请求返回一个所需对象。
- 服务端流模式（Server-side streaming RPC）：客户端发起一次请求，服务端返回一段连续的数据流。
- 客户端流模式（Client-side streaming RPC）：与服务端流模式相反，是客户端不断地向服务端发送数据，而在发送结束后由服务端返回结果响应。
- 双向流模式（Bidirectional streaming RPC）：服务端和客户端数据可以互相传输，可以实现实时交互，比如聊天应用。

由此可以看到，根据业务提供不同的能力很重要。机器学习常用于量化交易中，在股票实时数据导入后能给出一个明确的入场/出场信号，这种场景就适合第三种模式。

6.3.4　模型对外接口对比

上面介绍的模型对外接口的对比如表6.5所示。

表 6.5　各种应用场景下的模型部署方式的对比

接口形式	兼　容　性	通信状态	通信方向	底层协议	性　　能
RESTful	中	无状态	单向	HTTP	中
RPC	中	有状态	单向	TCP	高
gRPC	高	有状态	双向	TCP	高

6.4　模　型　更　新

前几节描述了模型的部署和应用，在实际的应用中，机器学习的模型不会是一成不变的，可能最开始部署的模型效果很好，但是随着时间的推移，问题的各项因素都可能发生变化，从而导致模型的性能下降、预测结果不精确等问题。因此，维护模型的实时性是非常重要的。准确高效的模型需要高质量的训练数据。在大数据时代，数据的体量和增长速度都在不断地发生变化，即使将模型部署到实际的生产环境中也需要不断利用新的训练数据进行迭代，更新或重新生成新的模型来替换原先的模型，以得到更准确高效的模型。

6.4.1 如何更新模型

更新模型一般有两种方式：手动重新训练和持续训练。手动重新训练实际上是使用原有的训练方式，应用新的训练数据来进行训练，当发现模型的准确性下降时，则需要对更新的新数据进行重新训练，得到新的模型来替换之前的模型。这种训练的优势在于控制权在用户手里，可以选择如何训练并且何时进行训练。这种方式通常应用于实时性不高的场景中，应用现有的数据集训练出的模型，通过将其部署成脚本或者部署成RESTful的形式供用户使用。随着时间推移，原本的模型将不再精确，这时就要关掉之前的服务，需要利用新的训练数据进行训练，生成新的模型，从而重新提供服务。

持续训练适用于生产环境中实时性要求比较高的场景，例如，日常生活中使用云音乐平台，它使用了协同过滤的方式，根据具有相似爱好的用户的偏好向当前用户进行推荐，当用户使用该平台时，会将有关的数据反馈到平台的预测算法中，进而反馈符合用户偏好的内容，并且可以进行个性化的定制，为用户制定个性化的音乐清单。这种场景下，每个用户都在产生实时性的数据，数据模型具有潮汐性且变化多端，这就需要定期对新的真实数据进行重新训练，实现精准的个性化推荐。

Andrew Ng 在 *Deep Learning Specialization* 中的 *Structuring Machine learning* 中说过："不要一开始就试图设计和构建完美的系统"。相反，应该快速建立和训练一个基本的系统——也许只需要几天时间。即使基本的系统远远不是你能建立的"最好"的系统，检查基本的系统是有价值的：你会很快找到一些线索，告诉你在哪些方面最值得投入时间。完成比完美更好。从这段话可以看出，在生产环境中测试模型，得到更多关于出错的信息，然后使用持续集成来改进模型是至关重要的。

6.4.2 如何进行持续更新

本节将介绍一种常用的机器学习模型持续更新的方法，其主要流程如图6.6所示。

该流程采用DevOps的思想，利用Flask、Docker、Jenkins、Kubernetes等技术来实现。Flask是Python开发的一个Web框架，主要提供RESTful服务；Docker用来将服务打包成镜像，便于扩展和迁移；Jenkins是一个开源的、提供友好操作界面的持续集成（CI）工具，主要用来实现自动化构建镜像，推送镜像到镜像仓库，最终通过Kubernetes管理容器来实现服务的发布、扩缩容和滚动更新。具体涉及以下几个步骤：

1．部署模型

和6.2.3节一样需要将模型和预测代码封装成RESTful服务，然后将整个环境打包成镜像，发布在k8s集群上。

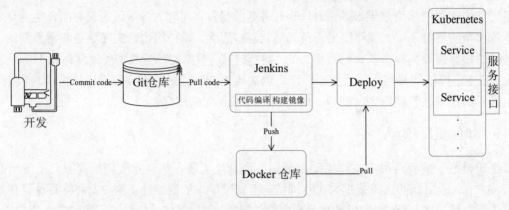

图 6.6　模型持续更新流程

2. 配置 Jenkins

Jenkins是一个功能齐全的自动化构建工具，本例中主要用来实现代码的自动构建和打包。一般构建镜像需要手动打包上传，通过Jenkins可以实现当外部环境驱动代码变动或是模型更新时流程自动化。其基本原理是监听代码仓库的变化，每当代码仓库发生变化时，向指定的url发送一个Post请求，这个机制被称为Webhooks。通过自定义触发脚本，每当收到Post请求时，Jenkins都会自动执行脚本，实现用户自定义的功能。

具体的步骤是，创建Jenkins项目，填写代码仓库的地址，配置源码管理的工具，如本例中使用的Git，如图6.7所示。

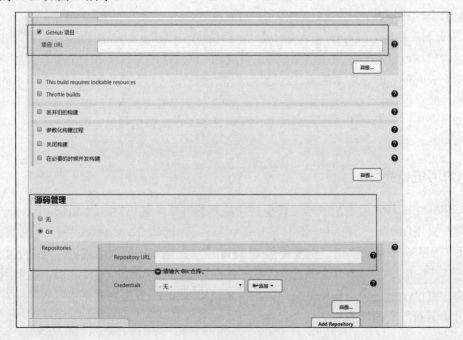

图 6.7　配置仓库地址

配置自动化脚本，可以配置多种方式，如通过其他工程构建、定时构建、通过GitHub的Webhook构建等，本例中使用GitHub Webhook进行构建，如图6.8所示。

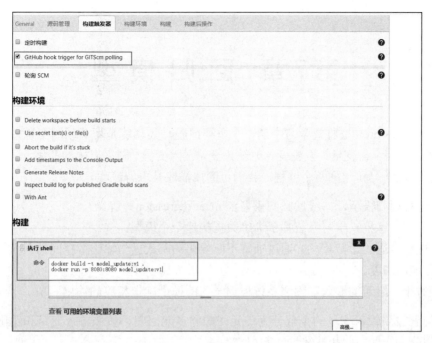

图 6.8　配置执行脚本

配置完成后，即可进行项目的构建，Jenkins会自动下载代码并进行构建。每当代码仓库更新的时候，Jenkins收到Post请求即可开始执行构建脚本，如本例中会自动打包镜像并启动容器。

3. Kubernetes 实现服务的滚动更新

当模型更新、镜像版本升级时，既要保证服务可用又要保证在线更新，可以通过k8s来实现滚动更新。首先增加一个新的Pod，镜像版本为新版本，Pod可用之后，删除一个旧的版本，如此往复，直到老版本的Pod全部删除，新版本的全部可用。在更新的过程中通过 kubectl get rs 命令可以看到副本控制器的变化来确认是否在升级。在升级完成之后，旧的版本也不会被删除，这些信息都会存到服务器端，以方便回滚。

到这里，一个完整的更新流程就结束了。随着云原生技术的逐渐成熟，采用DevOps实现项目的自动更新越来越流行，自动化将成为未来企业项目开发的重点。

6.5　本 章 小 结

本章对机器学习项目中模型格式、应用、对外接口规范及模型持续更新进行了详细介绍。在模型格式中，介绍了scikit-learn、TensorFlow和PyTorch框架产出的模型，在模型部署中，介绍了平台内应用、封装可执行脚本、基于容器和微服务的部署方式并将这三种方式进行了不同层次的对比，在REST、RPC、gRPC三种模型对外发布接口中，详细介绍了各自的原理与特点，并进行了比较。最后在模型的持续更新中，结合Jenkins、Docker、Kubernetes等工具实现了持续更新机器学习模型服务的流程。

第7章 回归模型

回归（regression）是监督学习中的一个重要问题，其功能是用于预测变量之间的关系，特别是当输入变量（自变量）发生变化时输出变量（因变量）随之发生的变化。面对一个回归问题，往往分成学习和预测两个过程，我们可简要描述其求解流程。

（1）选择回归模型，如线性回归模型（linear regression）等。

（2）导入训练集，学习系统基于训练数据构建一个模型。

（3）选择合适的学习算法，通过训练不断优化输入数据与输出数据间的关联性，从而提升模型的预测准确度。

（4）对于一组新的输入，预测系统根据学习的模型确定相应的输出。

回归问题按照输入变量的个数分为一元回归和多元回归，按照输入变量和输出变量之间的关系类型分为线性回归和非线性回归。

本章将从最简单的线性回归模型开始介绍，再到多项式回归，一个更为复杂的模型更适合非线性的数据集。随着参数的增多和模型的复杂，更容易导致过拟合现象的发生。因此，本章还将介绍几种正则化技巧来降低过拟合的风险。

最后，我们将学习一种经常用于分类任务的广义线性模型：逻辑回归。

7.1 线 性 回 归

线性回归是回归问题中的一种，线性回归假设目标值与特征之间线性相关，即满足多元一次方程。通过构建损失函数来求解损失函数最小时的参数。

人们常常会在建立复杂模型之前先利用线性回归来研究变量之间的关系。线性回归在实际问题中应用广泛，在流行病学、金融等领域中常用来观测数据的因果关系，是最简单且实用的回归模型。

在线性回归中，数据使用线性预测函数来建模，通过数据估计函数参数，通常使用最小二乘法来估计参数，找到模型最小化均方误差（MSE）时的参数值，建立起变量之间的回归关系。

7.1.1 线性回归原理

1. 线性回归模型

$$\hat{y} = \theta_0 + \theta_1 x_1 + \theta_2 x_2 + \ldots + \theta_n x_n \tag{7.1}$$

其中，$\hat{y}$ 是预测值，n 是特征的数量，x_i 是第 i 个特征，θ_j 是第 j 个模型参数（包括偏执项 θ_0 以及特征的权重 $\theta_1, \theta_2, \ldots, \theta_n$）。

通常情况下人们会用更简单的向量化形式表达，如公式7.2所示。

$$\hat{y} = h_\theta(X) = \boldsymbol{\theta}^\mathrm{T} \cdot \boldsymbol{X} \tag{7.2}$$

其中，$\hat{y}$ 是预测值，h_θ 是假设函数，$\boldsymbol{\theta}^\mathrm{T}$ 是模型参数向量的转置，$\boldsymbol{X}$ 是实例的特征向量。

2. 线性回归模型的成本函数

衡量回归模型的常用性能指标是均方根误差（RMSE）和均方误差（MSE）。由于最小化MSE比RMSE方便计算，并且两者效果相同，因此在模型训练过程中需要找到最小化MSE对应的参数 θ 值。

$$\mathrm{MSE}(\boldsymbol{X}, h_\theta) = \frac{1}{m} \sum_{i=1}^{m} (\boldsymbol{\theta}^\mathrm{T} \cdot \boldsymbol{X}^{(i)} - y^{(i)})^2 \tag{7.3}$$

3. 最小二乘法

最小二乘法是线性回归常用的求解方法，利用最小二乘法可以直接求得参数 θ，如公式7.4所示。

$$\hat{\boldsymbol{\theta}} = (\boldsymbol{X}^\mathrm{T} \cdot \boldsymbol{X})^{-1} \cdot \boldsymbol{X}^\mathrm{T} \cdot \boldsymbol{y} \tag{7.4}$$

其中，$\hat{\boldsymbol{\theta}}$ 是使成本函数最小的 $\boldsymbol{\theta}$ 值，$\boldsymbol{y}$ 是目标值向量。

7.1.2 多项式回归

现实生活中的数据往往更为复杂，难以用简单的线性模型拟合。一个简单的方法就是将每个特征的幂次方作为一个新特征加入模型中，即能拟合出非线性关系，这种方法被称为多项式回归（polynomial regression）。

设 d 维多项式为：

$$f_d(x, \theta) = \theta_0 + \theta_1 x + \theta_2 x^2 + \ldots + \theta_d x^d = \sum_{j=0}^{d} \theta_j x^j \tag{7.5}$$

其中，x 是单变量输入，$\theta_0, \theta_1, \ldots, \theta_d$ 是 $d+1$ 个参数。

多项式回归其实是线性回归的拓展，能更好地拟合变量间的非线性关系，可拓展性更强，d 维的多项式特征可以将 k 个特征转换为 $\dfrac{k+d}{k!d!}$ 个特征，但是也面临特征组合数爆炸，容易产生过拟合的问题。

7.1.3 线性回归案例

假设给定一个训练数据集：

$$T = \{(x_1, y_1), (x_2, y_2), \ldots, (x_N, y_N)\} \tag{7.6}$$

其中，x_i 是输入的观测值，y_i 是输出的观测值。

　　回归的任务可以简单地理解为选择一个最优的函数来拟合已知数据，并对未知的数据也能有很好的预测能力。

　　假设给定如图7.1所示的若干个数据点，我们分别用1~9阶多项式函数对数据进行拟合（一阶即为线性回归）。

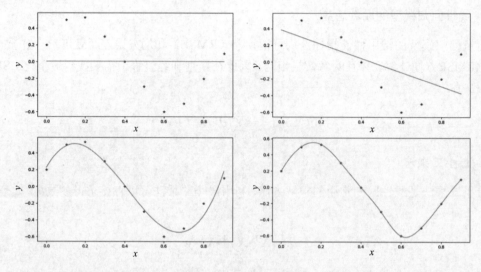

图 7.1　多项式拟合情况

　　图7.1给出了$M=0$、$M=1$、$M=3$、$M=9$阶时的拟合情况。当$M=0$时，多项式曲线即为常数，拟合效果很差。当$M=1$时，多项式曲线退化为线性，拟合效果很差。上述两种模型无法准确学习到数据规律，发生欠拟合现象，往往需要增大训练数据、增加特征或者改善模型来缓解。相反，当$M=9$时，多项式曲线通过每个数据点，训练误差为0。从对给定训练数据集的角度来说，拟合效果最好。但是，回归分析不仅仅只是对训练集数据的拟合，还需要考虑对未知数据的预测能力。训练数据本身存在着噪声，过于复杂的多项式曲线往往容易将噪声也学习进模型，从而导致对未知数据的预测能力减弱，在测试集上预测远远不如训练集，发生过拟合现象。

　　图7.2描述了训练误差和测试误差与模型复杂度之间的关系。当模型复杂度增大时，训练误差会逐渐减小，而测试误差会先减小后增大。因此，模型过于简单会导致欠拟合现象的发生，模型过于复杂会导致过拟合现象的发生。在模型学习的过程中，要防止两种现象的发生，进行最优的模型选择。下一节将介绍缓解过拟合的常用方法之一：正则化。

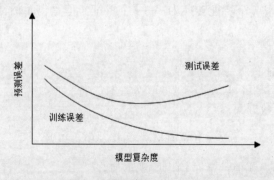

图 7.2　模型复杂度与误差

7.2　正则线性模型

正则化是减少模型过拟合的方法之一，即对模型的参数进行一定程度的限制，模型拥有的自由度越低，就越不容易产生过拟合。本章将介绍常用的套索回归（lasso regression）、岭回归（ridge regression）和弹性网络（elastic net）三种不同的正则化方法。

套索回归俗称L1正则化，常用来产生稀疏解；岭回归俗称L2正则化，常用来产生小值的参数；弹性网络则是L1与L2正则化的混合。这三个正则化方式都是通过在损失函数后面添加一个额外项（也可以看作是损失函数的惩罚项）来对损失函数中的参数做一些限制。

7.2.1　正则线性模型原理

L0正则化是参数中非零的个数。从直观上看，非零参数的个数可以很好地进行特征选择，实现特征稀疏的效果。因为L0正则化难以求解，是一个NP难问题，L1正则化是L0正则化的最优凸近似，因此一般采用L1正则化来实现特征选择。

L1正则化是参数的绝对值之和，公式7.7中最后一项 $\alpha \sum_{i=1}^{n} |\theta_i|$ 即为L1正则化项。

$$J(\theta) = \mathrm{MSE}(\theta) + \alpha \sum_{i=1}^{n} |\theta_i| \tag{7.7}$$

L2正则化是参数的平方之和，公式7.8中最后一项 $\frac{1}{2}\alpha \sum_{i=1}^{n} \theta_i^2$ 即为L2正则化项。

$$J(\theta) = \mathrm{MSE}(\theta) + \frac{1}{2}\alpha \sum_{i=1}^{n} \theta_i^2 \tag{7.8}$$

弹性网络是套索回归与岭回归的中间地带，其正则项是L1正则化和L2正则化的结合，结合比例通过 r 来控制。当 $r=0$ 时，弹性网络就等同于岭回归；当 $r=1$ 时，弹性网络就等同于套索回归。

$$J(\theta) = \mathrm{MSE}(\theta) + r\alpha \sum_{i=1}^{n} |\theta_i| + \frac{1-r}{2}\alpha \sum_{i=1}^{n} \theta_i^2 \tag{7.9}$$

当需要特征筛选时，常常使用L1正则或者弹性网络，因为它们会将无用的特征权重降为0。一般而言，弹性网络会优于L1正则，因为当特征数量超过训练实例数量又或者是几个特征强相关时，L1正则的表现可能会不稳定。

7.2.2　L1、L2 正则化对比

L1、L2正则化都是很好的防止模型过拟合的方法。在实际应用中，机器学习模型的输入特征动辄成百上千维，复杂的模型不但训练困难，也容易导致过拟合现象。因此，稀疏性尤为重要，L1正则可以产生稀疏性，用于特征选择。L2正则可以使得参数的绝对值较小，从而降

低模型的复杂度，提升模型的泛化能力。为什么L1正则能产生稀疏解、L2正则能产生小值参数呢？下文将从不同的角度进行解释。

1. 解空间形状

在二维情况下，黑色的几何图形是带有L1和L2正则约束的如图7.3所示，这里的等高线是凸优化问题中目标函数的等高线。

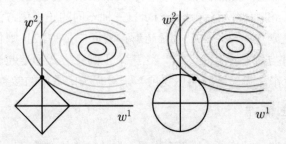

图 7.3 解空间形状

当加入L1正则项的时候，画出 $|\omega_1|+|\omega_2|=F$ 的图像。由图可知，L1正则的解空间是菱形，最优解不仅使原曲线算得值要小（越来越接近中心的紫色圈圈），还要让这个菱形更小（F越小越好）。显然，菱形的解空间更容易在尖角处（坐标轴上）与等高线相交。而在坐标轴上，解的某些维度即为0，因此L1正则化更容易得到稀疏解。

当加入L2正则项的时候，我们画出 $|\omega_1|^2+|\omega_2|^2=F$ 的图像。由图可知，L1正则的解空间是圆形，同样还是求原曲线和圆形的交点作为最终解。当然与L1正则相比，L2正则从图上来看不容易与原曲线相交在坐标轴上，但是仍然比较靠近坐标轴。因此，L2正则能让解比较小（靠近0）但不等于0。

上述只是一个感性的认知，难以说服读者。如果认真深究，其实可以通过KKT条件给出一种解释。

正则项即等价于给解赋予约束条件，在这里以L2正则为例，为优化问题加上一个约束，即为参数 ω 的L2范数的平方不能大于 m：

$$\begin{cases} \min \sum_{i=1}^{N}(y_i - \omega^{\mathrm{T}} x_i)^2 \\ s.t. \|\omega\|_2^2 \leqslant m \end{cases} \tag{7.10}$$

将带约束的凸优化问题转化成不带约束的拉格朗日函数：

$$\sum_{i=1}^{N}(y_i - \omega^{\mathrm{T}} x_i)^2 + \lambda(\|\omega\|_2^2 - m) \tag{7.11}$$

若 ω^* 和 λ^* 分别是原问题和对偶问题的最优解，则根据KKT条件应满足公式7.12：

$$\begin{cases} 0 = \nabla_\omega (\sum_{i=1}^{N}(y_i - \omega^{*T} x_i)^2 + \lambda^*(\|\omega^*\|_2^2 - m)) \\ 0 \leqslant \lambda^* \end{cases} \tag{7.12}$$

第一个式子为 ω^* 带 L2 正则的优化问题的最优解条件，λ^* 就是 L2 正则前面的正则参数。这正是前文所说的 L2 正则相当于为参数定义了圆形的解空间，而 L1 正则相当于为参数定义了菱形解空间。如果原问题目标函数的最优解不是恰好落在解空间内，那么约束条件下的最优解一定是在解空间的边界上。因此，L1 的菱形解空间更容易与目标函数等值线相交在角点，产生稀疏解；L2 的圆形解空间更容易与等值线相交在靠近坐标轴处，产生小值解。

2. 贝叶斯先验

从贝叶斯的角度来理解正则化，L1 正则化相当于对模型参数 ω 引入了拉普拉斯先验，L2 正则化相当于对模型参数 ω 引入了高斯先验，如图 7.4 所示。

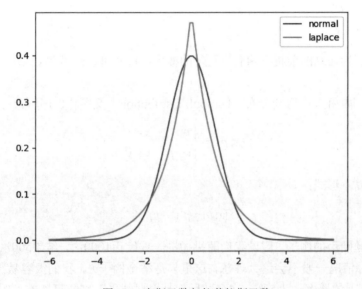

图 7.4　高斯函数与拉普拉斯函数

将两者的函数图像绘制出来可以发现：在两侧 $P_G(\omega) < P_L(\omega)$，说明高斯分布中参数的值较小；在中间部分高斯分布极值点（0 点）附近平滑，值很小的参数 ω 和值为 0 的参数概率接近，因此 L2 正则容易产生小值解。在拉普拉斯分布中，在极值点处是一个尖峰，取到值很小的参数的概率小于取到值为 0 的参数，因此 L1 正则容易产生稀疏解。

7.3　逻 辑 回 归

逻辑回归（logistic regressive，LR）是一种广义的线性模型，虽名为回归，但用于解决分类问题而并非是回归问题。逻辑回归的应用广泛，常用于数据挖掘、疾病诊断、经济预测等领域。本章将先介绍预备知识极大似然，接着通过线性回归的缺陷引出逻辑回归的介绍。

逻辑回归通过对数概率函数将线性函数的结果进行映射，将目标函数的取值空间从 $(-\infty, +\infty)$ 映射到 $(0,1)$，从而可以处理分类问题。逻辑回归虽有"回归"二字，但也是统计学习中经典的分类方法。

7.3.1 逻辑回归原理

1. 最大似然估计

最大似然意味着什么？让我们回到概率和似然的定义：概率描述的是在一定条件下某个事件发生的可能性，概率越大说明这件事情越可能发生；似然描述的是结果已知的情况下该事件在不同条件下发生的可能性，似然函数的值越大说明该事件在对应的条件下发生的可能性越大。

结果与参数相对应时，似然和概率在数值上是相等的，两者从不同的角度描述一件事情。如果以 θ 表示环境对应的参数、x 表示结果，则：

- 概率：$P(x \mid \theta)$
- 似然：$\mathcal{L}(\theta \mid x)$

概率可以理解为在 θ 的前提下事件 x 发生的概率；似然可以理解为已知结果 x，参数为 θ 的概率。

在举例之前，先引入伯努利分布（bernouli distribution，又叫作0-1分布）：

$$f(x; p) = \begin{cases} p & x = 1 \\ 1 - p & x = 0 \end{cases} \tag{7.13}$$

也可以写成以下形式：

$$f(x; p) = p^x (1 - p)^{1-x} \tag{7.14}$$

下面举一个抛硬币的例子，假设我们随机抛掷一枚硬币1000次，结果500次图案朝上、500次数字朝上（实际情况一般不会这么理想，这里只是举个例子），我们很容易判断这是一枚标准的硬币，两面朝上的概率均为50%，这个过程就是根据结果来判断事情本身的性质（参数），也就是似然。

$$\mathcal{L}(p \mid x = 0.5) = p^{0.5}(1 - p)^{0.5} \tag{7.15}$$

上面的 p（硬币的性质）就是我们说的事件发生的条件，$\mathcal{L}$ 描述的是性质不同的硬币任意一面向上概率为50% 的可能性有多大。

在很多实际问题中，比如机器学习领域，我们更关注的是似然函数的最大值，需要根据已知事件来找出产生这种结果最有可能的条件，目的是根据这个最有可能的条件去推测未知事件的概率。在这个抛硬币的事件中，p 可以取 $(0,1)$ 内的所有值，这是由硬币的性质决定的。显而易见，当 $p = 0.5$ 时，这种硬币最有可能产生我们观测到的结果。对于分类问题，可以理解为选用什么参数能使得模型准确分类的可能性更大。

2. 线性回归解决分类问题的缺陷

线性回归模型在实数域上对异常点的敏感性是一致的，因此不适合处理分类问题。举个例子，我们希望能通过肿瘤大小来预测是否是恶性肿瘤，而预测肿瘤大小是一个回归问题，我们可以通过设定阈值将回归问题转化为分类问题。设 X 为肿瘤的大小，Y 表示是否为恶性肿瘤。

构建线性回归模型，如图7.5所示，假设 $h(\theta) \geqslant 0.5$ 为恶性、$h(\theta) < 0.5$ 为良性，即可以根据肿瘤大小预测是否为恶性肿瘤。

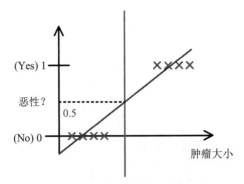

图 7.5　肿瘤分类问题

在图7.5中（图中颜色可参见下载资源中相关文件，下文同），红色的x轴为肿瘤大小，粉色的线为回归出的函数图像，绿色的线为阈值，图中分类结果正确，但是这样的结果依赖于所有的肿瘤大小都不会特别离谱。如果有一个超大的肿瘤在我们的例子中，阈值就很难设定，会出现图7.6所示的情况。

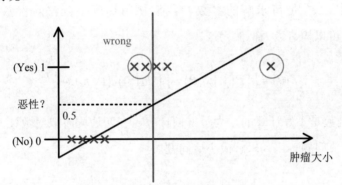

图 7.6　加入异常点的肿瘤分类问题

在图7.6中，由于异常点的加入，使得回归直线斜率变小，判断是否恶性肿瘤对应的肿瘤大小的阈值变大，因此使得分类出现了错误，有两个本应是恶性肿瘤的样本被分类成良性。

3. 逻辑回归原理

从上边的例子可以看出，使用线性的函数来拟合规律后取阈值的办法是行不通的，因为线性回归在实数域内敏感度一致，而分类问题需要在(0,1)。因此，我们希望能将线性回归模型产生的预测值映射到(0,1)来解决分类问题。

最理想的映射函数是单位阶跃函数，即预测值大于零就判为正例，预测值小于零就判为负例，预测值为临界值则可任意判别。虽然单位阶跃函数看似可以解决这个问题，但是单位阶跃函数不连续并且不充分光滑，因而无法进行求解。

我们用图7.7的对数概率函数 $y = \dfrac{1}{1 + \mathrm{e}^{-\theta^{\mathrm{T}}x}}$ 来代替单位阶跃函数，得到逻辑回归表达式。

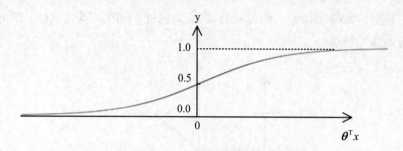

图 7.7 对数概率函数

二项逻辑回归模型有如下条件概率分布：

$$P(Y = 1 \mid x) = \frac{1}{1 + e^{-\theta^{\mathrm{T}}x}}$$

$$P(Y = 0 \mid x) = 1 - \frac{1}{1 + e^{-\theta^{\mathrm{T}}x}}$$

(7.16)

其中，$x \in R^n$ 是输入，$Y \in (0,1)$ 是输出，θ^{T} 是参数。对于给定输入 x 而言，可以求得 $P(Y = 1 \mid x)$ 和 $P(Y = 0 \mid x)$，并将 x 分到概率值大的那一类。

在公式7.16中，θ^{T} 是待求解的参数，我们使用梯度下降法对参数进行求解。如果 $h(\theta) = \dfrac{1}{1 + e^{-\theta^{\mathrm{T}}x}}$，可以构造最大似然为：

$$\mathcal{L}(\theta) = \prod_{i=1}^{m} P(y_i \mid x_i; \theta) = \prod_{i=1}^{m} \left(h_\theta(x)\right)^y \left(1 - h_\theta(x)\right)^{1-y}$$

(7.17)

一个连乘的函数是不好计算的，为了方便计算，在两边同时取对数让其变成连加，再乘以 $-\dfrac{1}{m}$ 便可将最大值问题转化为求解最小值问题。

$$\mathcal{L}(\theta) = -\frac{1}{m}\sum_{i=1}^{m}[y_i \log h_\theta(x_i) + (1 - y_i)\log(1 - h_\theta(x_i))]$$

(7.18)

这个函数就是逻辑回归的损失函数，称之为交叉熵损失函数。利用梯度下降求解公式。

$$\theta_{j+1} = \theta_j - \frac{\partial \mathcal{L}(\theta)}{\partial(\theta)} = \theta_j - \alpha\frac{1}{m}\sum_{i=1}^{m}x_i[h_\theta(x_i) - y_i]$$

(7.19)

4. 逻辑回归算法框架

下面我们给出基于梯度下降的逻辑回归算法框架。

输入：训练数据集 $T = \{(x_1, y_1),(x_2, y_2),\ldots,(x_N, y_N)\}$，$x_1 \in X \subseteq R^n$，$y_1 \in Y \subseteq R^n$；损失函数 $\mathrm{Cost}(y, f(x))$。

输出：逻辑回归模型 $\hat{f}(x)$。

（1）随机初始化参数 θ。

（2）对样本 $i = 1, 2, \ldots, N$，计算 $\boldsymbol{\theta}_{j+1} = \boldsymbol{\theta}_j - \alpha \dfrac{1}{m} \sum_{i=1}^{m} x_i [h_\theta(x_i) - y_i]$。

（3）迭代得到逻辑回归模型。

7.3.2　逻辑回归案例

使用逻辑回归进行心脏病的预测，结果如表7.1和图7.8所示。

表 7.1　逻辑回归分类结果评估表

准　确　率	AUC	精　确　率	召　回　率	F1 值
0.828947	0.818182	0.886364	0.829787	0.857143

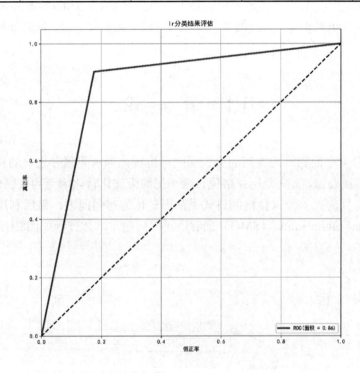

图 7.8　LR 分类结果 ROC 展示图

7.4　本 章 小 结

本章对线性模型做一个总结，从最简单的模型开始，先介绍了线性回归模型，然后介绍了能引入非线性关系的、更适合非线性数据集的多项式回归模型。接着，考虑到随着参数的增多和模型的复杂，容易导致过拟合现象的发生，因此引出了L0、L1和L2正则化，并从解空间形状和贝叶斯先验这两个不同的角度阐述它们在正则化中的作用。最后，我们介绍了一种经常用于分类任务的广义线性模型——逻辑回归，并将逻辑回归作用于心脏病数据集上，得到了较好的分类结果。

第8章 支持向量机

支持向量机（support vector machine，SVM）诞生的时间虽然不长，但是自从它被提出便凭借良好的分类性能席卷了机器学习领域，并牢牢压制了神经网络领域好多年。如果不考虑集成学习的算法、不考虑特定的训练数据集，那么SVM在分类算法中的表现是非常出色的。

SVM是一类按监督学习方式对数据进行二元分类的广义线性分类器（generalized linear classifier），其决策边界是对学习样本求解的最大边距超平面（maximum-margin hyperplane），线性分类和非线性分类都支持。经过演进，现在也可以支持多元分类，同时经过扩展也能应用于回归问题。

8.1 绪　　论

SVM是从求分类平面到求两类间的最大间隔，再转化为求间隔分之一的优化问题。然后就是优化问题的解决办法，首先是用拉格拉日乘子把约束优化转化为无约束优化，对各个变量求导令其为零，得到的式子带入拉格朗日式子从而转化为对偶问题，最后利用序列最小优化（sequential minimal optimization，SMO）来解决对偶问题，具体过程如图8.1所示。

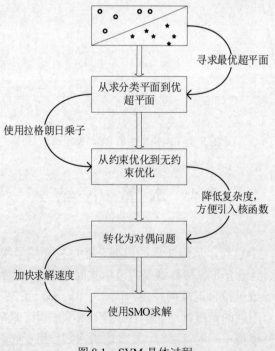

图 8.1　SVM 具体过程

8.2 支持向量机原理

支持向量机的思路也是从寻找分类平面开始的，和线性回归一样，区别在于它试图寻找最佳分类平面，尽量把每个点分类成功或者对所有点到分类平面的距离使用一个值来衡量。通过这种方式来确定分类平面便找到了支持向量机的方法。下面就从分类的间隔开始介绍。

8.2.1 函数间隔

在感知机模型中，可以找到多个可以分类的超平面将数据分开，并且优化时希望所有的点都被准确分类。实际上离超平面很远的点已经被正确分类，它对超平面的位置没有影响。为了解决这个问题，最需要关心是那些离超平面很近的点，这些点很容易被误分类。如果可以让离超平面比较近的点尽可能远离超平面，最大化几何间隔，那么分类效果会更好一些。SVM的思想起源正起于此。

在图8.2中，分离超平面为 $w^T x + b = 0$，如果所有的样本不光可以被超平面分开，还和超平面保持一定的函数距离（图8.2中为1），那么这样的分类超平面是比感知机的分类超平面更优的。可以证明，这样的超平面只有一个。将和超平面平行的、保持一定的函数距离的这两个超平面对应的向量定义为支持向量，如图8.2虚线上的点所示。

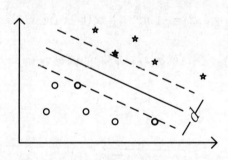

图 8.2 支持向量的表示

支持向量到超平面的距离为 $1/\|w\|_2$，两个支持向量之间的距离为 $d = 2/\|w\|_2$。在分离超平面固定为 $w^T x + b = 0$ 的时候，$|w^T x + b|$ 表示点x到超平面的相对距离。通过观察 $w^T x + b$ 和 y 是否同号，判断分类是否正确，这些知识在感知机模型里都有讲到。这里引入函数间隔的概念，定义函数间隔 γ' 为公式8.1：

$$\gamma' = y(w^T x + b) \tag{8.1}$$

可以看到，它就是感知机模型里面的误分类点到超平面距离的分子。训练集中m个样本点对应的m个函数间隔的最小值就是整个训练集的函数间隔。

函数间隔并不能正常反映点到超平面的距离。在感知机模型里提到，当分子成比例的增长时，分母也是成倍增长的。为了统一度量，需要对法向量w加上约束条件，这样就得到了几何间隔，定义为公式8.2。

$$\gamma = \frac{y(\boldsymbol{w}^{\mathrm{T}}x + b)}{\|\boldsymbol{w}\|_2} = \frac{\gamma'}{\|\boldsymbol{w}\|_2} \tag{8.2}$$

几何间隔才是点到超平面的真正距离，感知机模型里用到的距离是几何距离。

综上所述，要想找到具有"最大间隔"（maximum margin）的划分超平面，就是要找到能满足图中约束的参数$\boldsymbol{w}$和b，使得γ最大化为数学表达式，如公式8.3所示。

$$\max_{w,b} \frac{2}{\|\boldsymbol{w}\|}$$
$$s.t.\, y_i(\boldsymbol{w}^{\mathrm{T}}x_i + b) \geqslant 1, i = 1,2,...,N \tag{8.3}$$

8.2.2 对偶问题

现在希望求解公式8.3得到大间隔划分超平面所对应的模型，具体如公式8.4所示。

$$f(x) = \boldsymbol{w}^{\mathrm{T}}\boldsymbol{x} + b \tag{8.4}$$

其中，$\boldsymbol{w}$和b是模型参数。待优化式子本身是一个凸二次规划（convex quadratic programming）问题，可以直接用现成的优化计算包求解，不过还有更高效的办法。

使用拉格朗日乘子法可得到其"对偶问题"（dual problem）。具体来说，对每条约束添加拉格朗日乘子$\alpha_i \geqslant 0$，则该问题的拉格朗日函数可写为公式8.5。

$$L(\boldsymbol{w},b,\boldsymbol{\alpha}) = \frac{1}{2}\|\boldsymbol{w}\|^2 + \sum_{i=1}^{m}\alpha_i(1 - y_i(\boldsymbol{w}^{\mathrm{T}}\boldsymbol{x}_i + b)) \tag{8.5}$$

其中，$\boldsymbol{\alpha} = (\alpha_1;\alpha_2;...;\alpha_m)$，令$L(\boldsymbol{w},b,\boldsymbol{\alpha})$对$\boldsymbol{w}$和$b$的偏导为0，可得公式8.6和公式8.7。

$$\boldsymbol{w} = \sum_{i=1}^{m}\alpha_i y_i \boldsymbol{x}_i \tag{8.6}$$

$$0 = \sum_{i=1}^{m}\alpha_i y_i \tag{8.7}$$

连立公式8.5、公式8.6和公式8.7就可以得到待优化的对偶问题，如公式8.8所示。

$$\max_{\boldsymbol{\alpha}}\sum_{i=1}^{m}\alpha_i - \frac{1}{2}\sum_{i=1}^{m}\sum_{j=1}^{m}\alpha_i\alpha_j y_i y_j \boldsymbol{x}_i^{\mathrm{T}}\boldsymbol{x}_j$$
$$s.t.\quad \sum_{i=1}^{m}\alpha_i y_i = 0,$$
$$\alpha_i \geqslant 0, \quad i = 1,2,...,m \tag{8.8}$$

使用SMO算法求得最优解$\boldsymbol{\alpha}^* = (\alpha_1^*,\alpha_2^*,...,\alpha_N^*)^{\mathrm{T}}$，根据定理，原问题与对偶问题的解对应的充要条件为KKT条件成立，在本问题中如公式8.9所示。

$$\frac{\partial}{\partial w} L(\boldsymbol{w}, b, \boldsymbol{\alpha}) = \boldsymbol{w} - \sum_{i=1}^{N} \alpha_i y_i \boldsymbol{x}_i = 0$$

$$\frac{\partial}{\partial b} L(\boldsymbol{w}, b, \boldsymbol{\alpha}) = -\sum_{i=1}^{N} \alpha_i y_i = 0$$

$$\alpha_i^*(y_i(\boldsymbol{w}^* \cdot \boldsymbol{x}_i + b^*) - 1) = 0 \tag{8.9}$$

$$y_i(\boldsymbol{w}^* \cdot \boldsymbol{x}_i + b^*) - 1 \geqslant 0$$

$$\alpha_i^* \geqslant 0$$

故 $\boldsymbol{w}^* = \sum_{i=1}^{N} \alpha_i^* y_i \boldsymbol{x}_i$（SVM的模型只与支持向量相关，因为非支持向量对应的 $\boldsymbol{\alpha}^* = 0$）。在此时选择一个分量 $\alpha_j^* > 0$（一定存在，即支持向量对应的 $\boldsymbol{\alpha}$），$y_j(\boldsymbol{w}^* \cdot \boldsymbol{x}_j + b^*) - 1 = 0$，计算得公式8.10。

$$b^* = y_j - \sum_{i=1}^{N} \alpha_i^* y_i (\boldsymbol{x}_i^{\mathrm{T}} \cdot \boldsymbol{x}_j) \tag{8.10}$$

最后可以求得分类决策函数为公式8.11。

$$f(x) = \text{sign}(\boldsymbol{w}^* \cdot \boldsymbol{x} + b^*) = \text{sign}(\sum_{i=1}^{N} \alpha_i^* y_i (\boldsymbol{x}^{\mathrm{T}} \cdot \boldsymbol{x}_i) + b^*) \tag{8.11}$$

之所以这样处理，是因为以下几点：

（1）对偶问题将原始问题中的约束转为了对偶问题中的等式约束。

（2）方便核函数的引入。

（3）改变了问题的复杂度。由求特征向量 $\boldsymbol{w}$ 转化为求比例系数，在原始问题下求解的复杂度与样本的维度有关，即 $\boldsymbol{w}$ 的维度。在对偶问题下，只与样本数量有关。

（4）求解更高效，因为只用求解比例系数 $\boldsymbol{\alpha}$，而比例系数 $\boldsymbol{\alpha}$ 只有支持向量才为非0，其他全为0。

8.2.3 软间隔 SVM

当数据线性不可分时，硬间隔SVM不满足，此时某些样本点满足不了硬间隔SVM的约束条件，函数间隔大于等于1，可以给每个样本引入松弛变量 ξ_i，将约束条件变为 $y_i(\boldsymbol{w} \cdot \boldsymbol{x}_i + b) \geqslant 1 - \xi_i$，对于松弛变量需要给一定的惩罚，否则松弛变量越大越能满足约束条件，此时决策函数不起作用。因此目标函数变为公式8.12。

$$\min \frac{1}{2} \|\boldsymbol{w}\|^2 + C \sum_{i=1}^{N} \xi_i$$

$$s.t. y_i(\boldsymbol{w}^{\mathrm{T}} \cdot \boldsymbol{x}_i + b) \geqslant 1 - \xi_i, i = 1, 2, \dots, N \tag{8.12}$$

$$\xi_i \geqslant 0, i = 1, 2, \dots, N$$

求解过程与硬间隔SVM类似。

注意，软间隔对偶问题中的限制条件 $0 \leqslant \alpha_i \leqslant C$，$C$ 理解为调节优化方向中两个指标（间隔大小、分类准确度）偏好的权重。

软间隔SVM针对硬间隔SVM容易出现的过度拟合问题适当放宽了间隔的大小，容忍一些分类错误（violation），把这些样本当作噪声处理，本质上是间隔大小和噪声容忍度的一种博弈。而参数C决定了具体博弈内容，即对哪个指标要求更高。C 越大，意味着 ξ 需要越小，则间隔越严格，就可能造成过拟合，因此在SVM中的过拟合也可以通过减小 C 来进行正则化。

（1）当C趋于无穷大时，也就是不允许出现分类误差的样本存在，是一个硬间隔SVM问题（过拟合）。

（2）当C趋于0时，不再关注分类是否正确，只要求间隔越大越好，那么将无法得到有意义的解并且算法不会收敛（欠拟合）。

8.2.4　KKT 条件

设目标函数为 $f(x)$、不等式约束为 $g(x)$，并且 $f(x)$ 和 $g(x)$ 均为凸函数。有时还会添加上等式约束条件 $h(x)$。此时的约束优化问题描述如公式8.13所示。

$$
\begin{aligned}
&\min f(X) \\
&s.t.\, h_j(X) = 0 \qquad j = 1,2,...,p \\
&\quad\quad g_k(X) \leqslant 0 \qquad k = 1,2,...,q
\end{aligned}
\tag{8.13}
$$

则定义不等式约束下的拉格朗日函数 L，其表达式如公式8.14所示。

$$
L(X,\lambda,\mu) = f(X) + \sum_{j=1}^{p} \lambda_j h_j(X) + \sum_{k=1}^{q} \mu_k g_k(X)
\tag{8.14}
$$

其中，$f(x)$ 是原目标函数，$h_j(x)$ 是第 j 个等式约束条件，λ_j 是对应的约束系数，g_k 是不等式约束，u_k 是对应的约束系数。

此时若要求解上述优化问题，则必须满足公式8.15表述的条件（也是需要求解的条件）。

$$
\begin{aligned}
&\nabla_x L(X,\lambda_j,\mu_k) = 0 \\
&\lambda_j \neq 0 \\
&\mu_k \geqslant 0 \\
&\mu_k g_k(X^*) = 0 \\
&h_j(X^*) = 0 \qquad j = 1,2,...,p \\
&g_k(X^*) \leqslant 0 \qquad j = 1,2,...,q
\end{aligned}
\tag{8.15}
$$

这些求解条件就是KKT（Karush-Kuhn-Tucker）条件：

- 第一行是对拉格朗日函数取极值时带来的一个必要条件。
- 第二行是拉格朗日系数约束（同等式情况）。
- 第三行是不等式约束情况。
- 第四行是互补松弛条件。

- 第五、六行表示原约束条件。

对于一般的问题而言，KKT条件是使一组解成为最优解的必要条件；当原问题是凸问题的时候，KKT条件也是充分条件。

8.2.5 支持向量

在支持向量机中，距离超平面最近且满足一定条件的几个训练样本点被称为支持向量（support vectors）。

图8.2中有圆点和星点两类样本点。黑色的实线就是最大间隔超平面。在这个例子中，只有和两条虚线相切的两个标粗点到该超平面的距离相等。

注意，这些点非常特别，因为超平面的参数完全由这两个点确定。该超平面和任何其他点无关，只和支持向量有关。改变其他点的位置时，只要其他点不落入虚线上或者虚线内，那么超平面的参数就不会改变。这两个相切的点被称为支持向量。

8.2.6 核函数

对于任意两个样本点，如果其在维度扩张后空间的内积等于这两个样本在原来空间经过一个函数后的输出，则定义这个函数为核函数。

由前述SVM的对偶形式可以看出，目标函数和分类决策函数都只涉及输入实例与实例之间的内积。使用核函数可将低维输入空间映射到高维特征空间，原本线性不可分的样本在高维空间大概率线性可分（因为在高维空间样本会变稀疏）。$K(x,z) = <\phi(x) \cdot \phi(z)>$，其中$\phi(x)$为映射，可将SVM中输入实例与实例之间的内积用核函数替换，而不用求映射关系，这便是核技巧。

对偶问题的目标函数可以转变为公式8.16。

$$\min_\alpha \frac{1}{2} \sum_{i=1}^{N} \sum_{j=1}^{N} \alpha_i^T \alpha_j y_i^T y_j K(x_i, x_j) - \sum_{i=1}^{N} \alpha_i \tag{8.16}$$

分类决策函数如公式8.17所示。

$$f(x) = \text{sign}(\sum_{i=1}^{N} \alpha_i y_i K(x_i, x) + b^*) \tag{8.17}$$

当样本在原始空间线性不可分时，可将样本从原始空间映射到一个更高维的特征空间，使得样本在这个特征空间内线性可分。引入这样的映射后，在对偶问题的求解中无须求解真正的映射函数，只需要知道其核函数即可。

通俗一点来说就是，不论是硬间隔还是软间隔，在SVM计算过程中都有X转置点积X，X的维度低一点时还好算，当想把X从低维映射到高维时（让数据变得线性可分），这一步计算很困难。等于说在计算时需要先计算把X映射到高维的$\phi(x)$，再计算$\phi(x_1)$和$\phi(x_2)$的点积。这一步计算起来开销很大，难度也很大。此时引入核函数，这两步的计算便成了一步计算，即只需把两个x带入核函数，计算核函数。例如，已知一个映射如公式8.18所示。

$$\phi : x := \exp(-x^2) \begin{bmatrix} 1 \\ \sqrt{\dfrac{2}{1}}x \\ \sqrt{\dfrac{2^2}{2!}}x \\ \dots \end{bmatrix} \tag{8.18}$$

对应于核函数如公式8.19所示。

$$\mathcal{K}(x_i, x_j) = \exp(-(x_i - x_j)^2) \tag{8.19}$$

证明如公式8.20所示。

$$\begin{aligned}
\mathcal{K}(x_i, x_j) &= \exp(-(x_i - x_j)^2) \\
&= \exp(-x_i^2)\exp(-x_j^2)\exp(2x_i x_j) \\
&= \exp(-x_i^2)\exp(-x_j^2)\sum_{k=0}^{\infty}\frac{(2x_i x_j)^k}{k!} \\
&= \sum_{k=0}^{\infty}(\exp(-x_i^2)\sqrt{\frac{2^k}{k!}}x_i^k)(\exp(-x_j^2)\sqrt{\frac{2^k}{k!}}x_j^k) \\
&= \phi(x_i)^{\mathrm{T}}\phi(x_j)
\end{aligned} \tag{8.20}$$

常见的核函数包括以下几种：

- 线性核（Linear Kernel）函数：$K(\boldsymbol{x}, \boldsymbol{z}) = \boldsymbol{x}^{\mathrm{T}}\boldsymbol{z}$。

- 多项式核（Polynomial Kernel）函数：$K(\boldsymbol{x}, \boldsymbol{z}) = (\boldsymbol{x} \cdot \boldsymbol{z} + 1)^p$。

- 高斯（RBF Kernel）核函数：$K(\boldsymbol{x}, \boldsymbol{z}) = \exp\left(-\dfrac{\|\boldsymbol{x} - \boldsymbol{z}\|^2}{2\sigma^2}\right)$，可将数据映射到无穷多维。

- Laplace 核函数：$K(\boldsymbol{x}, \boldsymbol{z}) = \exp\left(-\dfrac{\|\boldsymbol{x} - \boldsymbol{z}\|}{\sigma}\right)$。

- Sigmoid 核函数：$K(\boldsymbol{x}, \boldsymbol{z}) = \tanh(\beta \boldsymbol{x}^{\mathrm{T}}\boldsymbol{z} + \theta), \beta > 0, \theta < 0$。

对于核函数的选择，从数据是否线性可分的角度来看，可按照如下经验使用：

- Linear 核：主要用于线性可分的情形。参数少，速度快，对于一般数据，分类效果已经很理想了。

- RBF 核：主要用于线性不可分的情形。参数多，分类结果非常依赖于参数。有很多人是通过训练数据的交叉验证来寻找合适的参数，不过这个过程比较耗时。使用 libsvm 的默认参数时，RBF 核比 Linear 核效果稍差。通过进行大量参数的尝试，一般能找到比 Linear 核更好的效果。

对于核函数的选择，从样本数目 m 和特征数目 n 的大小关系角度来看，可按照如下经验使用：

- Linear 核：样本 n 和特征 m 很大且特征 $m>>n$ 时，高斯核函数的映射后空间维数更高、更复杂、容易过拟合，此时使用高斯核函数的弊大于利，选择使用线性核会更好；样本 n 很大，特征 m 较小时，同样难以避免计算复杂的问题，因此会更多考虑。
- RBF 核：样本 n 一般大小特征 m 较小时，进行高斯核函数映射后不仅能够实现将原训练数据在高维空间中线性划分，而且计算方面不会有很大的消耗，利大于弊。

8.2.7　SMO

SMO的基本思路是先固定 α_i 之外的所有参数，然后求 α_i 上的极值。由于存在约束 $\sum_{i=1}^{N}\alpha_i y_i = 0$，若固定 α_i 之外的其他变量，则 α_i 可由其他变量导出，所以每次选择两个变量 α_i,α_j，并固定其他参数，这样在参数初始化之后，SMO不断执行以下两个步骤直至收敛：

（1）选取一对需要更新的变量 α_i、α_j。

（2）固定 α_i,α_j 以外的参数，求解 $\min_{\alpha} \frac{1}{2}\sum_{i=1}^{N}\alpha_i^{\mathrm{T}}\alpha_j y_i^{\mathrm{T}} y_j (x_i^{\mathrm{T}}\cdot x_j) - \sum_{i=1}^{N}\alpha_i$ 获得更新后的 α_i,α_j。

8.2.8　合页损失函数

合页损失函数（hinge loss function）形式如公式8.21所示。

$$L(y\cdot(\boldsymbol{\omega}^{\mathrm{T}}\cdot\boldsymbol{x}+b)) = [1 - y(\boldsymbol{\omega}^{\mathrm{T}}\cdot\boldsymbol{x}+b)]_{+} \tag{8.21}$$

其中，下标"+"表示以下取正值的函数，现在用z表示中括号中的部分，即公式8.22。

$$[z]_{+} = \begin{cases} z & z>0 \\ 0 & z\leqslant 0 \end{cases} \tag{8.22}$$

SVM的损失函数就是合页损失函数加上正则化项，如公式8.23所示。

$$\sum_{i}^{N}[1 - y_i(\boldsymbol{w}^{\mathrm{T}}\cdot\boldsymbol{x}_i+b)]_{+} + \lambda\|\boldsymbol{w}\|^2 \tag{8.23}$$

相比之下，合页损失函数不仅要求正确分类，而且确信度足够高时损失才是0。也就是说，合页损失函数对机器学习有更高的要求。

8.3　SVR回归方法

SVM属于比较经典的分类模型，当用于分类时就是support vector classify（SVC）；当用于回归时就是support vector regression（SVR），可以用来在预测、温度、天气、股票领域做拟合和回归。上文介绍的SVM就是SVC，其用于分类，下面简单介绍一下SVR。

从直观上讲，SVR区别于SVC就像图8.3区别于图8.2，分类是找一个平面，使得边界上的点到平面的距离最远，回归是让每个点到回归线的距离最小。

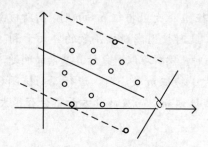

图 8.3　SVR 示意图

对于每一组样本，传统的回归方式通常使用的是预测值与真实值之间的某种误差来计算损失，当且仅当预测值与真实值相等时，损失函数之才会变为0。与这种思路不同的是，SVR能够容忍真实值和预测值之间有ϵ的偏差，当且仅当真实值和预测值之间的差别绝对值大于ϵ时才计算损失。相当于关于超平面为中心构建一个宽度为2ϵ的间隔带，若样本落入此区间，则认为回归正确。

在图8.3中，样本点中间的实线为$f(\boldsymbol{x}) = \boldsymbol{\omega}^{\mathrm{T}}\boldsymbol{x} + b$，上下虚线为$f(\boldsymbol{x}) \pm \epsilon$。其中，$d = 2/\parallel \boldsymbol{w} \parallel_2$。于是SVR的问题可以表示为公式8.24。

$$\min_{w,b} \frac{1}{2} \parallel \boldsymbol{\omega} \parallel_2^2 + C\sum_{i=1}^{m} \ell_\epsilon(f(x_i) - y_i) \tag{8.24}$$

其中，C表示正则化常数，ℓ_ϵ表示不敏感损失（insensitive loss）函数，如公式8.25所示。

$$\ell_\epsilon(z) = \begin{cases} 0, & |z| \leqslant \epsilon \\ |z| - \epsilon, & 其他 \end{cases} \tag{8.25}$$

同样，有了上述带求解的表达式之后，可以引入拉格朗日乘子得到SVR的对偶问题，如公式8.26所示。

$$\max_{\hat{\alpha},\alpha} \sum_{i=1}^{m} y_i(\alpha_i - \alpha_i) - \epsilon(\alpha_i + \alpha_i)$$
$$-\frac{1}{2}\sum_{i=1}^{m}\sum_{j=1}^{m}(\alpha_i - \alpha_i)(\alpha_i + \alpha_i)x_i^{\mathrm{T}}x_j \tag{8.26}$$
$$s.t.\sum_{j=1}^{m}(\alpha_i - \alpha_i) = 0$$
$$0 \leqslant \alpha_i, \alpha_i \leqslant C$$

再根据KKT条件得到最终的决策函数，如公式8.27所示。

$$f(x) = \sum_{i=1}^{n}(\alpha_i - \alpha_i)\mathcal{K}(x_i, x_j) + b \tag{8.27}$$

其中，$\mathcal{K}(x_i, x_j) = \phi(x_i)^{\mathrm{T}}\phi(x_j)$为核函数。

8.4　SVM预测示例

SVM的经典实现包括Joachims的SVM Light，以及Chang和Lin实现的LIBSVM软件包。

使用SVM进行心脏病的预测，结果如表8.1所示。在进行具体的预测过程时，首先对数据进行预处理，包括对七种数值型变量进行标准化处理，处理成与均值的差除以方差，即标准正态分布；还有对三列枚举值进行独热编码处理；对一个二进制数据处理成0和1。

然后将数据按照4:1的比例分为训练集和测试集，使用不同核函数的SVM进行学习和预测。不同核函数的参数简表见表8.1，其中各项参数皆为经过调试之后并且结果较好的选择。分类结果的各项指标见表8.2。

表 8.1　不同核函数的 SVM 超参数简表

kernel	gamma（内核系数）	degree（多项式核函数的次数）
线性核		
高斯核	0.01	
多项式核	0.01	3
Sigmoid 核	0.01	

表 8.2　SVM 分类结果评估表

kernel	ACC	AUC	召回率	精确率	F1
线性核	0.855263	0.843838	0.952381	0.816327	0.879121
高斯核	0.828947	0.811625	0.97619	0.773585	0.863158
多项式核	0.552632	0.5	1	0.552632	0.711864
Sigmoid 核	0.842105	0.823529	1	0.777778	0.875

从表8.2可以看出，整体上使用SVM对心脏病数据进行预测，只要核函数使用正确就能够达到一个较高标椎，在各个衡量指标上都是如此；并且召回率都接近于1，说明正确判定为患病的占实际患病的比例较高，这对疾病预测还是很重要的。精确率表示被判定为患病的个体中真正患病的比例。

在疾病领域最主要的还是看AUC曲线，如图8.4所示，再对照表8.2。可以看出，以高斯核和sigmoid核作为核函数的SVM方法还是对心脏病做出了较为精准的预测；同时，线性核函数也取得了不错的效果。不过多项式核SVM的结果就不尽如人意了，说明整体心脏病数据集并不具备高维度且具有高次幂的特点，具有一些稍微简单一点的特征。不过，这个小例子还是能够说明SVM的优秀性能的。

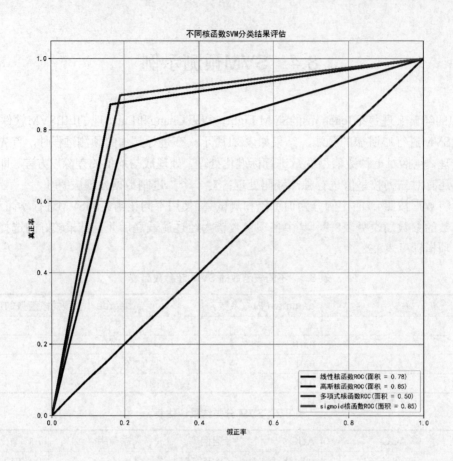

图 8.4　SVM 分类结果 ROC 展示图

8.5　本 章 小 结

　　本章对SVM做一个总结。SVM求解最优超平面，使用拉格朗日乘子转化为对偶问题，引入核函数，最后利用SMO来求解对偶问题。本章根据此逻辑进行讲解，其中关于函数间隔、软间隔、对偶问题、支持向量、KKT条件等做出了较为详细的说明。最后介绍了SVM思想解决回归问题的方法，并举例说明了不同核函数对相同问题的不同分类结果。

第9章 决 策 树

在机器学习中，决策树是一个常用的多功能模型，可以实现分类与回归任务。决策树代表的是对象属性与对象值之间的一种映射关系。决策树中每个内部节点表示某个特征和属性，每个分叉路径表示某个可能的属性值，而每个叶节点则对应从根节点到该叶节点经历的路径所表示的具体的类别。

9.1 绪 论

顾名思义，决策树就是一个树形的决策模型。一棵决策树包含了一个根节点、若干内部节点和若干叶节点，其中每一个叶节点对应一个决策结果；其他的节点（包括根节点和内部节点）对应了一个属性选择，经过该节点的数据集合根据属性选择的结果划分到子节点中。由此，就可以将整个数据集合进行划分，在每个叶节点上得到最终的属性分类输出。

9.2 决策树基本概念

使用决策树进行分类就是从根节点开始，对实例的某一个特征进行测试，根据其值选择相应的分支，直到到达叶节点，将叶节点存放的类别作为决策结果。决策树仅有单一输出，如果想要输出多个结果，则可以分别建立独立的决策树以处理不同输出。

决策树相关的重要概念有：

（1）根节点（Root Node）：表示整个样本集合，并且该节点可以进一步划分成两个或多个子集。

（2）拆分（Splitting）：表示将一个数据集拆分成多个子集的过程。

（3）决策节点（Decision Node）：当一个子节点进一步被拆分成多个子节点时，这个子节点就叫做决策节点。

（4）叶/终节点（Leaf/Terminal Node）：无法再拆分的节点。

（5）剪枝（Pruning）：移除决策树中子节点的过程，和拆分过程相反。

（6）分支/子树（Branch/Sub-Tree）：一棵决策树的一部分。

（7）父节点和子节点（Parent and Child Node）：一个节点被拆分成多个子节点，这个节点就叫作父节点，其拆分后的节点叫作子节点。

从中可以看出，决策树算法的目的是产生一棵泛化能力强、分类准确的决策树，其生成就是一个递归过程，主要分为3步，分别是特征选择、决策树生成和决策树剪枝。

特征选择表示从众多的特征中选择一个特征作为当前节点分裂的标准。特征选择有不同的量化评估方法，从而衍生出不同的决策树，如ID3（通过信息增益选择特征）、C4.5（通过信息增益比选择特征）、CART（通过Gini指数选择特征）等。最终目的是在用选定的特征划分数据集后，各数据子集的纯度要比未划分之前的数据集高。

决策树生成根据选择的特征评估标准，从上至下递归地生成子节点，直到数据集不可分则停止决策树的生长。这个过程实际上就是，使用满足划分准则的特征不断地将数据集划分成纯度更高的子集的过程。对于当前数据集的每一次划分，都希望根据某个特征划分之后的各个子集的纯度更高。

决策树剪枝是为了防止决策树的过拟合。

9.2.1　特征选择

假设给定数据集 $D=\{(\boldsymbol{x}_1,y_1),(\boldsymbol{x}_2,y_2),...,(\boldsymbol{x}_n,y_n)\}$，其中 $\boldsymbol{x}_i=(x_i^{(1)},x_i^{(2)},...,x_i^{(n)})^{\mathrm{T}}$ 为输入的特征向量，n 为特征个数，$y_i\in\{1,2,...,K\}$ 为输入的种类，N 为样本容量。决策树的学习目标是根据给定的训练数据集构建一个决策树模型，对实例进行正确的分类。

在构造决策树时，需要解决的第一个问题就是选取哪个特征作为当前数据分类的节点。为了找到这样的特征，需要对每个特征进行评估，并选取能够使划分后的数据子集的纯度更高的特征。

9.2.2　信息增益

ID3算法最早是由罗斯昆（J. Ross Quinlan）于1975年在悉尼大学提出的一种分类预测算法，算法的核心是信息熵。在信息论与概率统计中，熵是表示随机变量不确定性的度量。ID3算法通过计算每个属性的信息增益，认为信息增益高的是好属性，每次划分选取信息增益最高的属性为划分标准，重复这个过程，直至生成一个能完美分类训练样例的决策树。

"信息熵"是度量样本集合纯度最常用的一种指标，常被用来作为一个系统的信息含量的量化指标。设 X 是一个有限长度的离散随机变量，其概率分布如公式9.1所示。

$$P(X=x_i)=p_i,\ i=1,2,...,n \tag{9.1}$$

其信息量如公式9.2所示。

$$i(X=x_i)=-\log p_i \tag{9.2}$$

信息量越大，随机变量 X 取值为 x_i 的概率越小。随机变量 X 的信息熵就是所有可能取值的信息量的总和，定义见公式9.3。

$$H(X)=-\sum_{i=1}^{n}p_i\log p_i \tag{9.3}$$

规定 $0\log(0)=0$。$H(X)$ 的值越小，表示数据集 X 的纯度越高，其包含的信息也就越多。当随机变量 X 的取值只有两个值0、1时，X 的熵如公式9.4所示。

$$H(p) = -p\log_2 p - (1-p)\log_2 p \tag{9.4}$$

当 $p = 0$ 或 $p = 1$ 时，$H(p)=0$，随机变量 X 完全没有随机性。当 $p = 0.5$ 时，$H(p)=1$，取值最大，随机变量不确定性最大。

信息论之父克劳德·香浓给出了信息熵的三个性质：一是单调性，即发生概率越高的事件携带的信息量越低；二是非负性，即信息熵不能为负；三是累加性，即多随机事件同时发生存在的总不确定性的量度可以表示为各事件不确定性的量度之和，可以用公式表示为 $H(A,B) = H(A) + H(B)$，其中 A 和 B 为两个相互独立的事件。

设有随机变量 (X,Y)，其联合概率分布如公式9.5所示。

$$P(X = x_i, Y = y_i) = P_{ij} \tag{9.5}$$

条件熵 $H(Y|X)$ 表示在已知随机变量 X 的条件下随机变量 Y 的不确定性。给定随机变量 X，则随机变量 Y 的条件熵可表示为 $H(Y|X)$，定义为 X 给定条件下 Y 的条件概率分布的熵对 X 的数学期望，见公式9.6。

$$\begin{aligned}H(Y|X) &= \sum_{x \in X} p(x) H(Y|X=x) \\ &= -\sum_{x \in X} p(x) \sum_{y \in Y} p(y|x)\log p(y|x)\end{aligned} \tag{9.6}$$

$H(Y|X)$ 先对特征 A 分成的每个小数据集求经验熵，再利用经验概率对熵求均值，其概率是由极大似然估计得到的，也被称为经验条件熵。

特征 A 对数据集 D 的信息增益 $g(D,A)$ 表示得知特征 A 的信息后，使数据集 D 的信息不确定性减少的程度，定义为集合 D 的经验熵 $H(D)$ 与给定特征 A 的条件下的经验条件熵 $H(D|A)$ 之差，如公式9.7所示。

$$g(D,A) = H(D) - H(D|A) \tag{9.7}$$

一般来说，熵 $H(D)$ 与条件熵 $H(D|A)$ 之间的差值称为互信息。信息增益越大，意味着使用特征 A 对数据集 D 进行划分所获得的纯度提升越大。决策树学习应用信息增益准则选择特征给定数据集 D 和特征 A，经验熵 $H(D)$ 表示对数据集 D 进行分类的不确定性，而经验条件熵 $H(D|A)$ 表示在特征 A 给定的条件下，对数据集分类的不确定性减少的程度，信息增益大的特征具有更强的分类能力。ID3算法就利用了信息增益的特性进行决策树的划分属性选择。

9.2.3　信息增益率

信息增益的大小是相对于训练数据集而言的。在训练数据集的经验熵比较大时，信息增益会偏大；当训练数据集的经验熵比较小时，信息增益会偏小。信息增益对可取值较多对的特征有更强的倾向性，容易发生过拟合。为了消除这种影响，C4.5算法不直接使用信息增益，而是使用信息增益率进行特征的选取。信息增益率是特征 A 对训练数据集 D 的信息增益 $g(D|A)$ 与训练数据集 D 的经验熵 $H(D)$ 的比值，如公式9.8所示。

$$g_R(D,A) = \frac{g(D,A)}{H(D)} \tag{9.8}$$

采用信息增益率可以解决ID3算法中存在的问题，这种采用信息增益率作为判定划分属性好坏的方法被称为C4.5。需要注意的是，增益率准则对属性取值较少的时候会有偏好，为了解决这个问题，C4.5并不是直接选择增益率最大的属性作为划分属性，而是通过一遍筛选，先把信息增益低于平均水平的属性剔除掉，之后从剩下的属性中选择信息增益率最高的，这样做相当于两方面都得到了兼顾。

9.2.4 基尼系数

与ID3和C4.5通过信息熵来确定分裂特征不同，CART通过基尼系数来选取特征。CART决策树又称分类回归树，当数据集的因变量为连续性数值时，该树算法就是一个回归树，可以用叶节点计算得到的均值作为预测值；当数据集的因变量为离散型数值时，该树算法就是一个分类树，可以很好地解决分类问题。对于回归树，使用的是平方误差最小准则；对于分类树，使用的是基尼指数最小化准则。

假设数据集 D 中有 K 个个体， D 的纯度可用基尼值表示为公式9.9。

$$\text{Gini}(D) = \sum_{k=1}^{K} p_k(1-p_k)$$
$$= 1 - \sum_{k=1}^{K} p_k^2 \tag{9.9}$$

直观来说， $\text{Gini}(D)$ 反映了从数据集 D 中随机抽取两个样本时其类别概率不一致的概率。因此， $\text{Gini}(D)$ 越小，则数据集 D 的纯度越高。按照特征 A 将数据集 D 划分为 K 个集合之后，其基尼系数见公式9.10。

$$\text{Gini}(D,A) = \sum_{k=1}^{K} \frac{|D^k|}{|D|} \text{Gini}(D) \tag{9.10}$$

相当于对根据特征 A 划分的各集合分别求基尼指数，然后根据经验概率取期望得到特征 A 下 D 的基尼指数。基尼指数表示集合 D 的不确定性，而基尼指数 $\text{Gini}(D,A)$ 表示经特征 A 分割后集合的不确定性。基尼指数越大，集合不确定性就越大，这与熵的概念类似。

9.3 ID3算法

本节将介绍决策树算法中的ID3经典算法。1976~1986年，J.R.Quinlan给出ID3算法原型并进行了总结，确定了决策树学习的理论。这可以看作是决策树算法的起点。

ID3算法生成决策树的核心思想是，在决策树由上而下构造时使用信息增益作为选择特征的标准，递归地构建决策树。具体来说，就是从根节点开始，对当前需要决定分类特征的节点，计算分别按所有的特征分类后的信息增益，选择信息增益最大的特征作为节点的特征，由该特征的不同取值建立不同的分支；再对每个分支递归地调用以上方法构建决策树，直到所有特征已经选择完毕或者信息增益已经达到阈值为止。

算法 9.1：ID3 算法流程

输入：训练数据集 D，特征集合 A，阈值 ε

输出：决策树 T

1：创建节点 N。

2：若 D 中的所有实例均属于同一类 C_k，则 T 为单节点树，将类 C_k 作为节点 N 的属性，返回 T。

3：若 A 为空，则 T 为单节点树，将 D 中实例数最大的类 C_k 作为节点 N 的属性，返回 T。

4：计算集合 A 中各个特征对 D 的信息增益，选择信息增益最大的特征 A_m。

5：若 A_m 对 D 的信息增益小于阈值 ε，则 T 为单节点树，将 D 中实例数最大的类 C_k 作为节点 N 的属性，返回 T。

6：若 A_m 对 D 的信息增益小于阈值 ε，则将类 A_m 作为节点 N 的属性，对 A_m 的各取值 a_i，按照 $A_m = a_i$ 将 D 划分为各子集 D_i，将 D_i 中实例数最大的类作为子节点的属性，构建子节点，由节点 N 及其子节点构成 T，返回 T。

7：对第 i 个子节点，以 D_i 为训练集，以 $A - A_m$ 作为特征集，递归调用步骤 1～步骤 6，得到子树 T_i，返回 T_i。

ID3算法具有一定的局限性，没有考虑到具有连续特征的数据集的特征选择，只能应用于离散特征，不能对缺失值进行补全；在采用信息增益作为特征选择的依据时，决策树会更加倾向于选择取值较多的特征，有失精确。

9.4　C4.5算法

C4.5算法在生成决策树上的核心思想与ID3算法类似，但是在节点的特征选择上进行了改进。

9.4.1　决策树生成

C4.5算法采用信息增益比而不是信息增益来进行特征的选择。对于离散类型的特征，C4.5算法的过程如算法9.2所示。

算法 9.2：C4.5 算法流程

输入：训练数据集 D，特征集合 A，阈值 ε

输出：决策树 T

1：创建节点 N。

2：若 D 中的所有实例均属于同一类 C_k，则 T 为单节点树，将类 C_k 作为节点 N 的属性，返回 T。

3：若 A 为空，则 T 为单节点树，将 D 中实例数最大的类 C_k 作为节点 N 的属性，返回 T。

4：计算集合 A 中各个特征对 D 的信息增益比，选择信息增益比最大的特征 A_m。

5：若 A_m 对 D 的信息增益比小于阈值 ε，则 T 为单节点树，将 D 中实例数最大的类 C_k 作为节点 N 的属性，返回 T。

6：若 ε 对 D 的信息增益比小于阈值 ε，则将类 A_m 作为节点 N 的属性，对 A_m 的各取值 a_i，按照 $A_m = a_i$ 将 D 划分为各子集 D_i，将 D_i 中实例数最大的类作为子节点的属性，构建子节点，由节点 N 及其子节点构成 T，返回 T。

算法 9.2：C4.5 算法流程（续）
7：对第 i 个子节点，以 D_i 为训练集，以 $A-A_m$ 作为特征集，递归调用步骤 1～步骤 6，得到子树 T_i，返回 T_i。

对于连续型特征 A_c，假设在某个节点上的数据集的实例数量为 M，C4.5将进行如下处理：

（1）将该节点上的所有实例在连续型特征 A_c 上的具体取值从大到小排序，得到特征 A_c 的取值序列 $\{A_{c1}, A_{c2},...,A_{cM}\}$。

（2）在取值序列生成 $M-1$ 个分割点，第 i 个分割点取值为 $V_i = \left(A_{ci} + A_{c(i+1)}\right)/2$，$V_i$ 可以将该节点上的数据集划分为两个子集。

（3）从 $M-1$ 个分割点中选择最佳分割点。对于每一个分割点计算其信息增益比，从中选出信息增益比最大的分割点来划分该节点上的数据集。

9.4.2 决策树剪枝

决策树生成算法递归地产生决策树，直到不能继续下去为止。这样产生的决策树往往会出现过拟合现象。为了解决这个问题，需要对构建好的决策树进行简化，该操作被称为剪枝（pruning），具体就是从决策树上裁掉一些子树或叶节点，从而简化决策树。

决策树的剪枝策略最基本的有两种：预剪枝（pre-pruning）和后剪枝（post-pruning）。预剪枝就是在构造决策树的过程中先对每个节点在划分前进行估计，如果当前节点的划分不能带来决策树模型泛化性能的提升，则不对当前节点进行划分，并且将当前节点标记为叶节点。后剪枝就是先把整棵决策树构造完毕，然后自底向上地对非叶节点进行考察，若将该节点对应的子树换为叶节点能够带来泛化性能的提升，则把该子树替换为叶节点。

预剪枝的基本过程如下：

（1）基于信息增益准则，选取特征 A_d 作为决策树 T 的当前节点 N 的特征。

（2）在使用特征 A_d 对节点 N 的数据进行划分后，得到 K 个子节点。将每个子节点中实例数最大的类 C_k 作为该子节点的特征，并计算 K 个子节点中分类正确的实例数之和与节点 N 上所有的实例数 $|M|$ 的比值，作为未剪枝的验证集精确度 a_K。

（3）获取节点 N 中实例数最大的类 C，并计算节点 N 中分类正确的实例数与节点 N 上所有的实例数 $|M|$ 的比值，作为剪枝后的验证集精确度 a。

（4）若 $a_K > a$，则确定特征 A_d 作为节点 N 的特征，不采取剪枝操作；若 $a_K < a$，则确定节点 N 中实例数最大的类 C 作为节点 N 的特征，采取剪枝操作。

后剪枝操作通过极小化决策树整体的损失函数或代价函数来实现。后剪枝的损失函数的计算过程如下：

设决策树 T 的叶节点个数为 $|T|$，t 是树 T 的叶节点，该叶节点有 N_k 个样本点，其中 k 类的样本点有 N_{tk} 个，$k=1,2,...,K$。$H_t(T)$ 为叶节点 t 上的经验熵，$\alpha \geq 0$ 为参数，则决策树学习的损失函数可定义为公式9.11。

$$C_{\alpha}(T) = \sum_{t=1}^{T} N_t \cdot H_t(T) + \alpha |T| \tag{9.11}$$

其中，$H_t(T)$ 为经验熵，见公式9.12。

$$H_t(T) = -\sum_{k} \frac{N_{tk}}{N_t} \log \frac{N_{tk}}{N_t} \tag{9.12}$$

公式9.12左边第一项可记作公式9.13。

$$C(T) = \sum_{t=1}^{|T|} N_t H_t(T) = -\sum_{t=1}^{|T|} \sum_{k=1}^{K} \frac{N_{tk}}{N_t} \log \frac{N_{tk}}{N_t} \tag{9.13}$$

这时有公式9.14。

$$C_{\alpha}(T) = C(T) + \alpha |T| \tag{9.14}$$

其中，$C(T)$ 表示决策树模型对训练数据的预测误差；$|T|$ 表示决策树模型的复杂程度；参数 $\alpha \geq 0$，控制两者的权重。α 越大，促使选择较简单的决策树模型；α 越小，促使选择较复杂的决策树模型；α 为0，意味着只考虑决策树模型对训练数据的预测误差，不考虑模型复杂度。该损失函数的极小化等价于正则化的极大似然函数。后剪枝的具体操作如算法9.3所示。

算法 9.3：后剪枝算法流程

输入： 生成好的决策树 T，参数 α

输出： 剪枝后的决策树 T_{α}

1：计算每个节点的经验熵。

2：递归地从树的叶节点向上回缩。

设一组叶节点回缩到其父节点之前的树为 T_B，回缩之后的树为 T_A，其对应的损失函数分别为 $C_{\alpha}(T_B)$ 和 $C_{\alpha}(T_A)$，若 $C_{\alpha}(T_B) \geq C_{\alpha}(T_A)$ 则进行剪枝，将父节点变为新的叶节点。

3：返回步骤2，直到不能继续为止，得到剪枝后的决策树 T_{α}。

9.5 CART算法

Breiman等人在1984年提出了CART算法，全名为分类回归树（Classification and Regression Tree），既可以生成用于分类的决策树，又可以生成用于回归的决策树。

CART假设决策树是二叉树，内部节点特征的取值为"是"和"否"，左分支是取值为"是"的分支，右分支是取值为"否"的分支。这样的决策树等价于递归对每个特征进行二分类，将输入空间即特征空间划分为有限个单元，并在这些单元上确定预测的概率分布，也就是在输入给定的条件下输出的条件概率分布。CART算法同样分为决策树的生成与剪枝两部分。

CART算法同样由以下两步组成：

（1）决策树生成：基于训练数据集生成决策树，生成的决策树要尽可能完备。

（2）决策树剪枝：用验证数据集对已生成的树进行剪枝操作，并选择最优子树。

9.5.1 决策树生成

CART算法在生成回归树时采用平方误差最小准则，生成分类树时采用基尼系数最小准则，下面分别进行阐述。

回归树采用均方误差作为特征选择的标准，生成树时会递归地按最优特征与最优特征下的最优取值对空间进行划分，直到满足停止条件为止。停止条件可以人为设定，比如当切分后的损失减小值小于给定的阈值ε时停止切分，生成叶节点。对于生成的回归树，每个叶节点的类别为落到该叶节点数据的标签的均值。

假设X和Y分别为输入和输出变量，且Y为连续变量，给定训练数据集D（见公式9.15）。

$$D = \{(x_1, y_1), (x_2, y_2), ..., (x_N, y_N)\} \tag{9.15}$$

可选第j个变量x_j及其取值s作为切分变量和切分点，并将D划分为两个区域，如公式9.16所示。

$$R_1(j, s) = \left\{x \mid x_j \leqslant s\right\}, \quad R_2(j, s) = \left\{x \mid x_j \geqslant s\right\} \tag{9.16}$$

寻找最优切分变量j和最优切分点s，具体求解如公式9.17所示。

$$j, s = \arg\min_{j, s}[\min_{c_1} \sum_{x_i \in R_1(j, s)} (y_i - c_1)^2 + \min_{c_2} \sum_{x_i \in R_2(j, s)} (y_i - c_2)^2] \tag{9.17}$$

其中，c_m是区域R_m上的回归决策树的输出，是区域R_m上所有输出实例x_i对应的输出y_i的均值，见公式9.18。

$$c_m = \text{ave}(y_i \mid x_i \in R_m) \tag{9.18}$$

对每个区域R_1和R_2重复上述过程，将输出空间划分为M个区域$R_1, R_2, ..., R_M$，在每个区域上的输出为c_m，其中$m = 1, 2, ..., M$，生成的最小二乘回归树可以表示为公式9.19。

$$f(x) = \sum_{m=1}^{M} c_m I(x \in R_m) \tag{9.19}$$

回归树生成算法的过程如算法9.4所示。

算法 9.4：CART 算法生成回归树

输入：训练数据集D

输出：回归树$f(x)$

1：最优切分变量j和最优切分点s；

$$j, s = \arg\min_{j, s}[\min_{c_1} \sum_{x_i \in R_1(j, s)} (y_i - c_1)^2 + \min_{c_2} \sum_{x_i \in R_2(j, s)} (y_i - c_2)^2]$$

2：用最优切分变量j和最优切分点s划分区域并决定相应的输出值；

$$R_1(j, s) = \left\{x \mid x_j \leqslant s\right\}, \quad R_2(j, s) = \left\{x \mid x_j \geqslant s\right\}$$

$$c_m = \frac{1}{N} \sum_{x_i \in R_m(j, s)} y_i, \quad m = 1, 2$$

3：继续对两个子区域依次调用步骤1和步骤2，直到满足停止条件。

算法 9.4：CART 算法生成回归树（续）

4：将输入控件划分为 M 个区域 $R_1, R_2, ..., R_M$，生成决策树。

$$f(x) = \sum_{m=1}^{M} c_m I(x \in R_m)$$

CART算法在生成分类树时，在节点的特征选择上采用基尼系数来进行特征的选择，具体过程如算法9.5所示。

算法 9.5：CART 算法生成分类树

输入：训练数据集 D，计算停止条件

输出：分类树 T

1：对特征集合 A 中的每个特征 A_i 可能的每个取值 a_i，根据样本点对 $A_i = a_i$ 的测试结果为"是"或者"否"将数据集 D 分割为 D_1 和 D_2 两个部分，并计算 $\text{Gini}(D, A)$。

2：在所有可能的特征及其所有可能的切分点中，选择基尼系数最小的特征及其对应的切分点作为最优特征与最优切分点，依此从当前节点中生成两个子节点，将训练数据集中的数据依特征分配到两个子节点中。

3：对两个子节点递归地调用步骤 1 和步骤 2，直到满足计算停止条件。

4：返回生成的分类树 T。

9.5.2　决策树剪枝

CART剪枝算法从"完全生长"的决策树低端剪去一些子树，从而改善过拟合的问题，采取的是后剪枝方法中的代价复杂性剪枝。CART剪枝算法先从生成算法生成的初始树 T_0 底部不断剪枝，直到根节点，形成一个子树序列，然后从子树序列中选取最优子树。

在剪枝过程中，子树的损失函数计算如公式9.20所示。

$$C_a(T) = C(T) + \alpha |T| \tag{9.20}$$

其中，$C(T)$ 为对数据集 D 的预测误差，$|T|$ 为树 T 的复杂程度。该式与C4.5算法中后剪枝算法的损失函数形式类似，$C(T)$ 在CART算法中可由基尼系数或平方误差进行计算，$|T|$ 可由树 T 的叶节点个数表示。

对整体树 T_0 进行剪枝，T_0 的任意内部节点为 t（非叶节点），以 t 作为单节点树的损失函数如公式9.21所示。

$$C_\alpha(t) = C(t) + \alpha \tag{9.21}$$

以 t 为根节点的子树 T_t 的损失函数如公式9.22所示。

$$C_\alpha(T) = C(T_t) + \alpha |T_t| \tag{9.22}$$

它表示剪枝后整体损失函数减少的程度。当 $\alpha = \dfrac{C(t) - C(T_t)}{|T_t| - 1}$ 时，T_t 与 t 有相同的损失函数值，而 t 的节点更少，因此对 T_t 进行剪枝将 t 作为叶节点。

为此，对 T_0 的每一内部节点 t 计算公式9.23。

$$g(t) = \frac{C(t) - C(T_t)}{|T_t| - 1} \tag{9.23}$$

在 T_0 中剪去 $g(t)$ 最小的 T_t，将得到的子树作为 T_1，将最小的 $g(t)$ 设为 α_1，T_1 为区间 $[\alpha_1, \alpha_2]$ 的最优子树。如此剪枝，直至最后只剩下根节点，得到一组子树序列。然后用验证数据集采用交叉验证方法对子树序列进行验证，选取最优子树，根据回归树与分类树的不同，选择平方误差或基尼系数计算损失函数，平方误差或基尼系数最小的决策树即为最优的决策树。

9.6　决策树应用

对于心脏病数据集，使用不同的决策树类型进行预测，最终结果如表9.1所示。

表 9.1　决策树模型应用在心脏病数据集的指标结果

	准确率	AUC	精确率	召回率	F1 值
信息熵	0.791	0.790	0.830	0.780	0.804
基尼系数	0.747	0.747	0.745	0.761	0.753
剪枝基尼系数	0.802	0.800	0.851	0.784	0.816

从表9.1中可以看出，在不使用剪枝的情况下，使用基尼系数作为特征选择的标准时，效果不如使用信息熵作为特征选择的标准。在对决策树进行了剪枝之后，带剪枝的使用基尼系数的决策树整体效果都有了优化。图9.1为绘制出来的各个决策树的ROC面积的对比情况。

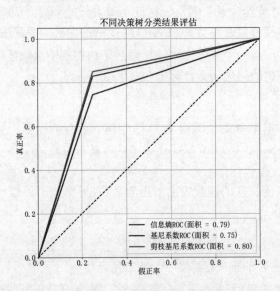

图 9.1　决策树分类结果 ROC 展示图（线的颜色参见相关下载文件）

9.7　本 章 小 结

本章对决策树的原理和演变进行了系统梳理。从特征选择的各个指标的数学推导与优劣对比到决策树节点的分裂，再到对树进行剪枝操作，都进行了详细的说明。

第10章 集 成 学 习

一般来说，模型的泛化误差主要来自偏差和方差。偏差通常是因为对学习算法做了错误的假设，通常偏差在训练误差上就能反映出来，训练误差过大，则说明偏差过大，模型欠拟合；方差通常是因为模型的复杂度相比于训练样本集的大小过高，通常方差体现在验证集的误差相比于训练集误差的增量上，增量部分越大，则说明方差越大，模型过拟合。不同的集成学习方法是在不同的角度来降低模型的泛化误差。

集成学习从基学习器的组合方式可以分为四大类：bagging、boosting、stacking和blending。

10.1　bagging与随机森林

bagging族算法中最著名的是随机森林，将bagging与决策树进行结合得到随机森林算法，本节将主要介绍bagging算法、随机森林及其应用、随机森林的推广等内容。

10.1.1　bagging

bagging是从减小方差的角度减小误差，假设有 n 个随机变量 X_i ($i=1,2,...,n$)，方差记为 σ^2，两两变量之间的相关性为 ρ，则 n 个随机变量的均值 $\dfrac{\sum X_i}{n}$ 的方差为 $\rho\sigma^2+(1-\rho)\sigma^2/n$，在随机变量相互独立的情况下，$n$ 个随机变量的方差为 σ^2/n，也就是说方差减小为原来的 $1/n$，但是不太可能得到完全独立的学习器，因此bagging会引入很大随机性，尽可能减少学习器之间的关联。

具体地，其通用的算法步骤如下：

（1）从原始样本集中抽取训练集。每轮从原始样本集中使用有放回采样的方法抽取 n 个训练样本，共进行 M 轮抽取，得到 M 个训练集，这 M 个训练集之间是相互独立的。

（2）每次使用一个训练集得到一个模型，M 个训练集共得到 M 个模型。注意：这里并没有具体的分类算法或回归方法，可以根据具体问题采用不同的分类或回归方法，如决策树、感知机、Logistic回归等。

（3）对于分类问题，将上一步得到的 M 个模型采用投票的方式得到分类结果。投票又分为两种方法：一种为硬投票，即大多数投票；一种为软投票。如果所有分类器都能给出类别的概率，给出平均概率最高的类别作为预测结果，那么通常软投票比硬投票更优。对于回归问题，计算上述模型的均值作为最后的结果。

在训练集中，有些样本可能被多次抽取到，有些样本可能一次都没有被抽中，当样本数很大时，大约有36.8%的样本从来没有被抽中，可以作为测试集来对泛化性能进行"包外估计"，详细计算过程可参考5.2.3节。

bagging算法的伪代码如算法10.1所示。

算法 10.1：bagging 算法

输入：训练集 $D = \{(x_1, y_1), (x_2, y_2), \dots, (x_N, y_N)\}$，基学习算法 $\mathcal{L}$，训练轮数 M

过程：

1：for $m = 1, 2, \dots, M$ do

2：　　$D_{\text{bootstrap}} = \text{bootstrap}(D)$

　　　$h_m = \mathcal{L}(D_{\text{bootstrap}})$

3：end for

输出：$H(x) = \underset{y \in \mathcal{Y}}{\arg\max} \sum_{m=1}^{M} \mathbb{I}(h_m(x) = y)$

---

sklearn中包含BaggingClassifier和BaggingRegressor，可设置基学习器类型、基学习器个数、最大样本数、最大特征数、采样方法和随机种子等参数。若基学习器的类型取None，则默认决策树为基学习器，在此不再举例。

10.1.2　随机森林

在实际应用中，一般将bagging思想与决策树进行结合，得到随机森林（random forest, RF）。随机森林在树的生长上引入了更多的随机性：分裂节点时不再是搜索最好的特征，而是在一个随机生成的特征子集里搜索最好的特征，这导致决策树具有更大的多样性，用更高的偏差换取更低的方差。

随机森林的算法步骤如下：

（1）输入n个训练样本，每个样本有m个特征，决策树分裂节点时使用$\hat{m}$个特征，$\hat{m} \ll m$。

（2）在n个训练样本中，采用有放回抽样的方式，抽样n次，形成一组训练集，进行M轮抽取，组成M组训练集，使用从未被抽中的样本构成验证集。

（3）随机选择$\hat{m}$个特征，每棵决策树上每个节点的决策基于这些特征确定，根据这$\hat{m}$个特征计算节点的最佳分裂方式。

（4）使用M个训练集按照第三步分别训练M棵决策树，即可得到随机森林模型。

（5）在预测阶段，将每个样本分别输入M棵决策树，得到各自的预测结果。对于分类问题，可以采用投票法；对于回归问题，采用均值作为最终的预测结果。

10.1.3　随机森林的应用

1. 随机森林在分类问题上的应用

使用sklearn.ensemble中的RandomForestClassifier在心脏病数据集上进行预测，所有参数均使用默认值，详细结果如表10.1所示，ROC曲线如图10.1所示。

表 10.1 随机森林分类结果评估表

ACC	AUC	召 回 率	精 确 率	F1
0.868421	0.861324	0.951219	0.829787	0.886363

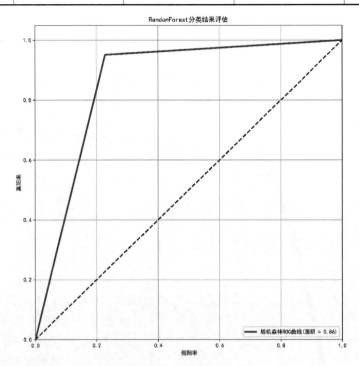

图 10.1 随机森林默认参数分类结果 ROC 曲线

接下来调整RandomForestClassifier中的参数。图10.2展示不同参数的分类器的ROC曲线,由图可见,随着基学习器个数的增加,分类器的AUC逐渐增大,也可以通过调整基学习器的分裂规则来调整随机森林中的决策树类型,还可通过调整最大深度、分裂的最小样本个数和子节点最小样本个数等参数增加随机森林的正则项,以避免过拟合,其他参数可参考Sklearn官方文档,在此不做进一步说明。

2. 随机森林在回归问题上的应用

二手车数据集是天池网站上的一个学习赛——零基础入门数据挖掘之二手车交易价格预测大赛的官方数据集。赛题以二手车市场的历史交易数据为背景,要求选手预测二手车的交易价格,是一个典型的回归问题。

数据来自某交易平台的二手车交易记录,总数据量超过40万,包含31个特征信息,其中有15个特征为非匿名特征,包括交易ID、汽车交易名称、汽车注册日期、车型编码、汽车品牌、车身类型、燃油类型、变速箱、发动机功率、汽车已行驶距离、汽车是否有尚未修复的损坏、地区编码、销售方、报价类型、汽车上线时间,并对其中较为敏感的特征进行脱敏处理;另外,还包含15个匿名特征,标签是二手车的交易价格,即预测目标。

使用随机森林在二手车数据集上进行二手车价格的预测,衡量指标取MAE,预测结果如

表10.2所示。根据表10.2可看出基学习器个数对模型效果的影响还是较大的，和分类器一样，回归模型也可以通过调整其他参数来进行正则化等。

表 10.2　基学习器个数不同的随机森林预测结果 MAE

基学习器个数	MAE
10	717.739864
50	682.590383
100	675.803275

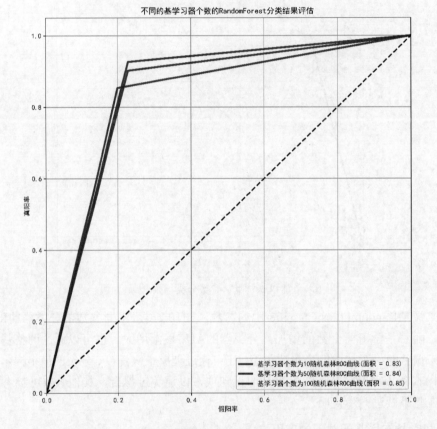

图 10.2　基学习器个数不同的随机森林 ROC 曲线

3. 随机森林的优缺点

通过以上应用举例以及原理，总结出随机森林的优缺点。

（1）优点

- 很容易查看模型的输入特征的相对重要性。
- 可以处理高维数据。
- 超参数的数量不多，而且它们所代表的含义直观易懂。
- 随机森林有足够多的树，分类器就不会产生过度拟合模型。
- 训练阶段可以并行。

（2）缺点

- 使用大量的树会使算法在预测阶段变得很慢，无法做到实时预测。
- 对于回归问题，精准度不够。
- 模型越深越容易过拟合。

10.1.4　随机森林的推广

随机森林还有很多其他应用及推广，本节将主要介绍原理和随机森林极为相似的几种。

1. 极端随机树

极端随机树（extra trees）原理和随机森林几乎一模一样，区别主要在以下三点：

（1）对于每个决策树的训练集，随机森林采用的是随机采样bootstrap来选择采样集作为每个决策树的训练集，而极端随机树一般不采用随机采样，而是使用原始训练集。

（2）在选定了划分特征之后，随机森林的决策树会基于基尼指数、均方差之类的原则，选择一个最优的特征值划分点，但是极端随机树会随机选择一个分裂点进行分裂，以更大的偏差进一步降低方差。

（3）极端随机树生成的决策树规模一般会大于随机森林生成的决策树规模。

sklearn.ensemble中同样包含基于极端随机树的分类模型ExtraTreesClassifier和回归模型ExtraTreesRegressor。其包含的主要参数和随机森林类似，在此不赘述，感兴趣的读者可以参考sklearn官方文档。

2. 完全随机树嵌入

完全随机树嵌入（totally random trees embedding，TRTE）是一种非监督学习的数据转化方法。它将低维的数据集映射到高维，从而让映射到高维的数据更好地运用于分类回归模型。

TRTE在数据转化的过程使用了类似于随机森林的方法，建立M个决策树来拟合数据。当决策树建立完毕以后，数据集里的每个数据在M个决策树中叶节点的位置也定下来了。将每条数据在M个决策树中所处的叶节点的位置进行拼接，即可得到高维数据。

sklearn.ensemble中包含基于TRTE的实现RandomTreesEmbedding，其主要参数也是基学习器个数和单棵决策树包含的参数等，可参考sklearn官方文档了解相关参数。

3. 孤立森林

孤立森林（isolation forest，IForest）是一种异常点检测的方法，也使用类似于随机森林的方法来检测异常点，区别主要有以下三点：

（1）采样个数和随机森林不同，对于随机森林，需要采样到采样集样本个数等于训练集个数，但是IForest不需要采样这么多。一般来说，采样个数要远远小于训练集个数，因为其目的是异常点检测，只需要少部分的样本就可以将异常点区别出来。

（2）对于每一个决策树的建立，IForest采用随机选择一个划分特征，对划分特征随机选择一个划分阈值。

（3）IForest一般会选择一个比较小的最大决策树深度max_depth，因为异常点检测一般不需要大规模的决策树。

对于异常点的判断，IForest将测试样本点 x 拟合到M棵决策树。计算在每棵决策树上该样本的叶节点的深度 $h_m(x)$，从而可以计算出平均高度 $h(x)$。此时用公式10.1计算样本点 x 的异常概率。

$$s(x,N) = 2^{-\frac{h(x)}{c(N)}} \tag{10.1}$$

其中，N 为样本个数。$c(N)$ 的表达式如公式10.2所示。

$$c(N) = 2\ln(N-1) + \xi - 2\frac{N-1}{N} \tag{10.2}$$

$s(x,N)$ 的取值范围是[0,，取值越接近于1，异常点的概率越大。

sklearn.ensemble同样有基于IForest的实现IsolationForest，其中大部分参数也和随机森林的参数相同，另外还包含一个比较重要的参数contamination，通过该参数设置数据集中离群点的比例，默认值为原文中的0.1。

10.2　boosting

boosting从减少偏差角度来减少误差，boosting族算法的工作机制类似：先从初始训练集训练出一个基学习器，再根据基学习器的表现对训练样本进行调整，使得先前基学习器做错的训练样本在后续受到更多关注，然后基于调整后的样本分布来训练下一个基学习器；重复此步骤，直到基学习器的数目达到预先设定的值，最终将所有的基学习器进行加权结合。

boosting族算法中最著名的是Adaboost。

10.2.1　Adaboost

1. 分类

Adaboost用于分类时可以理解为模型是加法模型、损失函数是指数函数、学习算法是前向分步算法的二分类学习算法。

Adaboost用于分类的损失函数为指数函数，即：

$$L(y, f(x)) = \exp(-yf(x)) \tag{10.3}$$

Adaboost用于分类的算法流程如下：

输入：训练数据集 $T = \{(x_1,y_1),(x_2,y_2),\ldots,(x_N,y_N)\}$，其中 $x_i \in \mathcal{X} \subseteq R^n$，$y_i \in \mathcal{Y} = \{-1,+1\}$；弱学习算法，迭代次数 M。

输出：最终分类器 $G(X)$。

（1）初始化训练数据的权值分布：

$$D_1 = (w_{11}, \ldots, w_{1i}, \ldots, w_{1N}), w_{1i} = \frac{1}{N}, i = 1, 2, \ldots, N$$

（2）对于 $m = 1, 2, \ldots, M$：

① 使用具有权值分布 D_m 的训练数据集学习，得到基本分类器 $G_m(x): \mathcal{X} \to \{-1, +1\}$。

② 计算 $G_m(x)$ 在训练数据集上的分类误差率：

$$e_m = \sum_{i=1}^{N} P(G_m(x_i) \neq y_i) = \sum_{i=1}^{N} w_{mi} I(G_m(x_i) \neq y_i) \tag{10.4}$$

③ 计算 $G_m(x)$ 的系数：

$$\alpha_m = \frac{1}{2} \ln \frac{1 - e_m}{e_m} \tag{10.5}$$

④ 更新训练数据集的权值分布：

$$D_{m+1} = (w_{m+1,1}, w_{m+1,2}, \ldots, w_{m+1,N})$$

$$w_{m+1,i} = \frac{w_{mi}}{Z_m} \exp(-\alpha_m y_i G_m(x_i)), i = 1, 2, \ldots, N$$

$$Z_m = \sum_{i=1}^{N} w_{mi} \exp(-\alpha_m y_i G_m(x_i)) \tag{10.6}$$

其中，Z_m 是规范化因子，公式10.6也可写成公式10.7的形式。

$$w_{m+1,i} = \frac{w_{mi}}{Z_m} e^{-\alpha_m}, G_m(x_i) = y_i$$

$$w_{m+1,i} = \frac{w_{mi}}{Z_m} e^{\alpha_m}, G_m(x_i) \neq y_i \tag{10.7}$$

进一步，可得误分类样本的权值被放大了 $e^{a_m} = \frac{1-e_m}{e_m}$ 倍，故而在下一轮学习中起更大的作用。

（3）构建基本分类器的线性组合 $f(x) = \sum_{m=1}^{M} \alpha_m G_m(x)$，得到最终分类器：

$$G(x) = \text{sign}(f(x)) \tag{10.8}$$

接下来，使用前向分步算法推导Adaboost。

假设第 $m-1$ 轮的强学习器为：

$$f_{m-1}(x) = \sum_{i=1}^{m-1} \alpha_i G_i(x) \tag{10.9}$$

其中，$G_i(x)$ 为第 i 轮的基学习器。

第 m 轮的强学习器为：

$$f_m(x) = \sum_{i=1}^{m} \alpha_i G_i(x) \tag{10.10}$$

由公式10.9和公式10.10以及加法模型可以得到第 m 轮的强学习器为：

$$f_m(x) = f_{m-1}(x) + \alpha_m G_m(x) \tag{10.11}$$

利用前向分步算法以及指数损失函数（公式10.3）可以得到：

$$(\alpha_m, G_m(x)) = \mathrm{argmin}_{\alpha, G} \sum_{i=1}^{N} \exp(-y_i(f_{m-1}(x_i) + \alpha G(x_i))) \tag{10.12}$$

令：

$$w'_{mi} = \exp(-y_i f_{m-1}(x_i)) \tag{10.13}$$

它的值与优化目标无关，因为第 $m-1$ 轮的强学习器在进行第 m 轮时已经固定，所以：

$$(\alpha_m, G_m(x)) = \mathrm{argmin}_{\alpha, G} \sum_{i=1}^{N} w'_{mi} \exp(-y_i \alpha G(x_i)) \tag{10.14}$$

首先求 $G_m(x)$：

$$
\begin{aligned}
&\sum_{i=1}^{m} w'_{mi} \exp(-y_i \alpha G(x_i)) \\
&= \sum_{y_i = G(x_i)} w'_{mi} e^{-\alpha} + \sum_{y_i \neq G(x_i)} w'_{mi} e^{\alpha} n \\
&= (e^{\alpha} - e^{-\alpha}) \sum_{i=1}^{m} w'_{mi} I(y_i \neq G(x_i)) + e^{-\alpha} \sum_{i=1}^{m} w'_{mi}
\end{aligned} \tag{10.15}
$$

得到：

$$G_m(x) = \mathrm{argmin}_G \sum_{i=1}^{N} w'_{mi} I(y_i \neq G(x_i)) \tag{10.16}$$

将 $G_m(x)$ 代入，对 α 求导并使导数为0，可以得到：

$$\alpha_m = \frac{1}{2} \log \frac{1 - e_m}{e_m} \tag{10.17}$$

其中，e_m 为错误率。

$$e_m = \frac{\sum_{i=1}^{m} w'_{mi} I(y_i \neq G(x_i))}{\sum_{i=1}^{m} w'_{mi}} = \sum_{i=1}^{m} w_{mi} I(y_i \neq G(x_i)) \tag{10.18}$$

最后考虑样本的权重更新，根据公式10.11和公式10.13可得：

$$w'_{m+1,i} = w'_{mi} \exp(-y_i \alpha_m G_m(x_i)) \tag{10.19}$$

此处要区分 $w'_{m+1,i}$ 和算法流程中的 $w_{m+1,i}$，因为二者之间差一步规范化。

2. 回归

Adaboost回归算法的变种有很多，常用的有Adaboost R2回归算法，下面介绍该算法流程。

输入：训练数据集 $T = \{(x_1, y_1), (x_2, y_2), \ldots, (x_N, y_N)\}$，其中 $x_i \in \mathcal{X} \subseteq R^n$；弱学习算法，迭代次数 M。

输出：最终分类器 $f(x)$。

（1）初始化样本集权重为 $D_1 = (w_{11}, \ldots, w_{1i}, \ldots, w_{1N})$，$w_{1i} = \dfrac{1}{N}, i = 1, 2, \ldots, N$。

（2）对于 $m = 1, 2, \ldots, M$：

① 使用具有权值分布 D_m 的训练数据集学习，得到弱学习器 $G_m(x)$。

② 计算训练集上的最大误差：

$$E_m = \max |y_i - G_m(x_i)|, i = 1, 2, \ldots, N \tag{10.20}$$

③ 计算每个样本的相对误差：

如果是线性误差，则 $e_{mi} = \dfrac{|y_i - G_m(x_i)|}{E_m}$；

如果是平方误差，则 $e_{mi} = \dfrac{(y_i - G_m(x_i))^2}{E_m^2}$；

如果是指数误差，则 $e_{mi} = 1 - \exp\left(\dfrac{-|y_i - G_m(x_i)|}{E_m}\right)$

④ 计算回归误差率：

$$e_m = \sum_{i=1}^{N} w_{mi} e_{mi} \tag{10.21}$$

⑤ 计算弱学习器的系数：

$$\alpha_m = \dfrac{e_m}{1 - e_m} \tag{10.22}$$

⑥ 更新样本集的权重分布为：

$$w_{m+1,i} = \dfrac{w_{mi}}{Z_m} \alpha_m^{1-e_{mi}} \tag{10.23}$$

$$Z_m = \sum_{i=1}^{N} w_{mi} \alpha_m^{1-e_{mi}}$$

（3）和分类问题不同，回归问题的结合策略采用的是对弱学习器取中位数的方法，构建最终强学习器：

$$f(x) = G_{m^*}(x) \tag{10.24}$$

其中，$G_{m^*}(x)$ 是所有 $\ln\dfrac{1}{\alpha_m}, m = 1, 2, \ldots, M$ 的中位数值对应序号 m^* 对应的弱学习器。

关于Adaboost用于回归的推导过程在此不赘述，感兴趣的读者可参考相关文献进一步学习。

3. 正则项与优缺点

为了防止Adaboost过拟合，通常会加入正则化项，这个正则化项通常称为步长（learning rate，lr，也可称为学习率）。定义为v，对于前面的弱学习器的迭代，如公式10.25所示。

$$f_k(x) = f_{k-1}(x) + \alpha_k G_k(x) \tag{10.25}$$

如果加上正则项，则有公式10.26。

$$f_k(x) = f_{k-1}(x) + v\alpha_k G_k(x) \tag{10.26}$$

其中，v的取值范围为(0，。

对于同样的训练集学习效果，较小的意味着需要更多的弱学习器的迭代次数。通常用步长和迭代最大次数一起来决定算法的拟合效果。

根据上述Adaboost原理总结出其优缺点。

（1）优点

- 不容易发生过拟合。
- 由于 Adaboost 并没有限制弱学习器的种类，因此可以使用不同的学习算法来构建弱分类器。
- Adaboost 具有很高的精度。
- 相对于 bagging 算法和 Random Forest 算法，Adaboost 充分考虑每个分类器的权重。
- Adaboost 的参数少，实际应用中不需要调节太多的参数。

（2）缺点

- Adaboost 迭代次数也就是弱分类器数目不太好设定，可以使用交叉验证来进行确定。
- 数据不平衡导致分类精度下降。
- 训练比较耗时，每次重新选择当前分类器最好切分点。
- 对异常样本敏感，异常样本在迭代中可能会获得较高的权重，影响最终的强学习器的预测准确性。

4. Adaboost 应用

（1）Adaboost 在分类问题上的应用

同样在心脏病数据集上使用Adaboost进行心脏病的预测，使用sklearn.ensemble中的AdaboostClassifier，所有参数均使用默认值。详细结果如表10.3所示，ROC曲线如图10.3所示。

表 10.3　Adaboost 分类结果评估表

ACC	AUC	召　回　率	精　确　率	F1
0.75	0.751567	0.731707	0.789473	0.759493

其中，基学习器默认类型为决策树，基学习器个数默认值为50，学习率默认值为1，结合Adaboost原理，调节学习率，观察不同学习率对分类结果的影响，结果如图10.4所示，其余参数读者可自行进行实验。

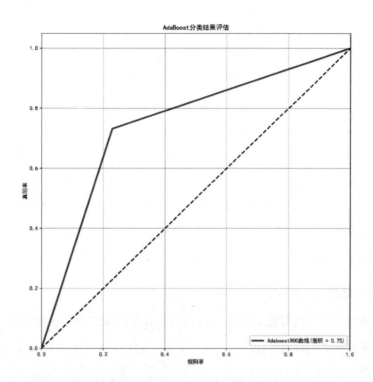

图 10.3　Adaboost 默认参数分类结果 ROC 曲线

观察图10.4，可看出不同学习率对分类结果有较大影响，由此也可知正则化对于模型泛化能力的重要性。

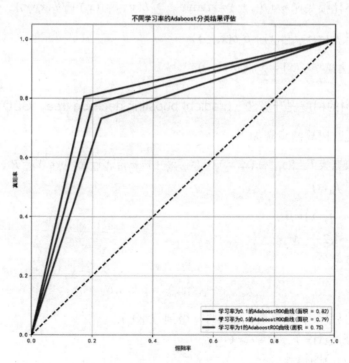

图 10.4　不同学习率的 Adaboost 分类结果 ROC 曲线

（2）Adaboost 在回归问题上的应用

关于Adaboost回归的实验，使用sklearn.ensemble中的AdaboostRegressor在二手车的数据集上进行，参数仅调节学习率，其余参数使用默认值，结果如表10.4所示。

表 10.4　学习率不同的 Adaboost 预测结果 MAE

学习率	0.1	0.5	1
MAE	1765	6289	9908

观察表10.4，可以看出不同学习率对预测结果的影响，与随机森林的预测结果进行横向对比，结果较差，因为没有对数据进行离群点处理等。相比于随机森林，Adaboost对异常值更为敏感，所以结果较差。

10.2.2　前向分步算法

1. 前向分步加法模型

Adaboost是前向分步加法算法的特例。前向分步加法模型的算法流程如下：

输入：训练数据集 $T = \{(x_1, y_1), (x_2, y_2), \cdots, (x_N, y_N)\}$；损失函数 $L(y, f(x))$；基函数集 $\{b(x; \gamma)\}$。

输出：加法模型 $f(x)$。

（1）初始化： $f_0(x) = 0$。

（2）对于 $m = 1, 2, \ldots, M$：

① 极小化损失函数 $(\beta_m, \gamma_m) = \arg\min_{\beta, \gamma} \sum_{i=1}^{N} L(y_i, f_{m-1}(x_i) + \beta b(x_i; \gamma))$，得到参数 β_m, γ_m。

② 更新 $f_m(x) = f_{m-1}(x) + \beta_m b(x; \gamma_m)$。

（3）得到加法模型 $f(x) = \sum_{i=1}^{M} \beta_m b(x; \gamma_m)$。

2. 使用决策树的梯度提升算法（gradient boosting decision tree，GBDT）

回归问题的提升树算法步骤如下：

输入：训练数据集 $T = \{(x_1, y_1), (x_2, y_2), \cdots, (x_N, y_N)\}$，$x_i \in \mathcal{X} \subseteq R^n, y_i \in \mathcal{Y} \subseteq R$。

输出：提升树 $f_M(x)$。

（1）初始化： $f_0(x) = 0$。

（2）对于 $m = 1, 2, \cdots, M$：

① 计算残差：

$$r_{mi} = y_i - f_{m-1}(x_i), i = 1, 2, \ldots, N \tag{10.27}$$

② 拟合残差 r_{mi} 学习一个回归树，得到 $T(x; \Theta_m)$。

③ 更新 $f_m(x) = f_{m-1}(x) + T(x; \Theta_m)$。

（3）得到回归问题提升树：

$$f(x) = \sum_{m=1}^{M} T(x; \Theta_m) \tag{10.28}$$

将提升树算法中的残差使用梯度代替即可得到GBDT。GBDT是使用决策树的梯度提升算法。下面介绍GBDT用于回归的算法步骤。

输入：训练数据集 $T = \{(x_1, y_1), (x_2, y_2), \ldots, (x_N, y_N)\}, x_i \in \mathcal{X} \subseteq R^n, y_i \in \mathcal{Y} \subseteq R$；损失函数 $L(y, f(x))$。

输出：回归树 $\hat{f}(x)$。

（1）初始化：

$$f_0(x) = \arg\min_c \sum_{i=1}^{N} L(y_i, c) \tag{10.29}$$

估计使损失函数极小化的常数值，它是只有一个根节点的树，一般平方损失函数为节点的均值，而绝对损失函数为节点样本的中位数。

（2）对于 $m = 1, 2, \ldots, M$（M表示迭代次数，即生成的弱学习器个数）：

① 对 $i = 1, 2, \ldots, N$，计算损失函数的负梯度在当前模型的值：

$$r_{mi} = -[\frac{\partial L(y_i, f(x_i))}{\partial f(x_i)}]_{f(x)=f_{m-1}(x)} \tag{10.30}$$

将其作为残差的估计，对于平方损失函数，它就是残差；对于一般损失函数，它是残差的近似值。

② 对 r_{mi} 拟合一个回归树，得到第 m 棵树的叶节点区域 $R_{mj}, j = 1, 2, \ldots, J$，估计回归树叶节点区域，以拟合残差的近似值。

③ 对于 $j = 1, 2, \ldots, J$，计算

$$c_{mj} = \arg\min_c \sum_{x_i \in R_{mj}} L(y_i, f_{m-1}(x_i) + c) \tag{10.31}$$

利用线性搜索估计叶节点区域的值，使损失函数极小化。

④ 更新：

$$f_m(x) = f_{m-1}(x) + \sum_{j=1}^{J} c_{mj} I(x \in R_{mj}) \tag{10.32}$$

（3）得到回归树：

$$\hat{f}(x) = f_M(x) = \sum_{m=1}^{M} \sum_{j=1}^{J} c_{mj} I(x \in R_{mj}) \tag{10.33}$$

下面介绍GBDT用于分类的步骤。GBDT无论用于分类还是回归，一直都是使用CART回归树，主要是因为GBDT每轮的训练是在上一轮训练的残差基础之上进行的，这里的残差就是当前模型的负梯度值，这个要求每轮迭代时，弱分类器的输出结果相减是有意义的。

具体地，假设样本 X 总共有 k 类，有一个样本 x，需要使用GBDT来判断 x 属于样本的哪一类。训练的时候，针对样本每个可能的类都训练一个CART树。

例如，训练集中label分为三类，即 $k=3$，样本 x 属于第二类，那么针对样本 x 的分类结果，可以用一个三维向量 $[0,1,0]$ 来表示，0表示不属于该类，1表示属于该类。针对样本有三类情况，实质上是在每次迭代时同时训练三棵树。第一棵树针对样本 x 属于第一类的情况，输入是 x，目标是0；第二棵树针对样本 x 属于第二类的情况，输入是 x，目标是1；第三棵树针对样本 x 属于第三类的情况，输入是 x，目标是0，将其中的0和1作为回归目标进行拟合。

在对样本 x 训练后产生三棵树，对类别的预测值分别是 $f_1(x), f_2(x), f_3(x)$，那么在此轮训练中，样本 x 属于第一类、第二类、第三类的概率分别是：

$$P_1(x) = \frac{\exp(f_1(x))}{\sum\limits_{k=1}^{3}\exp(f_k(x))}$$

$$P_2(x) = \frac{\exp(f_2(x))}{\sum\limits_{k=1}^{3}\exp(f_k(x))} \tag{10.34}$$

$$P_3(x) = \frac{\exp(f_3 x))}{\sum\limits_{k=1}^{3}\exp(f_k(x))}$$

然后可以求出样本 x 在三棵树上的残差分别是：

$$\begin{aligned}
y_{11} &= 0 - P_1(x) \\
y_{22} &= 1 - P_2(x) \\
y_{33} &= 0 - P_3(x)
\end{aligned} \tag{10.35}$$

然后开始第二轮训练，针对第一类，输入为 x，拟合目标为 $y_{11}(x)$；针对第二类，输入为 x，拟合目标为 $y_{22}(x)$；针对第三类，输入为 x，拟合目标为 $y_{33}(x)$，训练出三棵树。一直迭代M轮，每轮构建三棵树。

当训练完以后，新来一个样本 x^*，预测该样本的类别时便产生三个值 $f_1(x^*), f_2(x^*), f_3(x^*)$，则样本属于某个类别 i 的概率为：

$$P_i(x^*) = \frac{\exp(f_i(x^*))}{\sum\limits_{k=1}^{3}\exp(f_i(x^*))} \tag{10.36}$$

其中，概率最大的值对应的类别即为预测结果。

和Adaboost一样，GBDT也可以使用正则化。GBDT的正则化主要有三种方式：

（1）第一种是和Adaboost类似的正则化项，即步长，定义为v。对于前面的弱学习器的迭代：

$$f_k(x) = f_{k-1}(x) + h_k(x) \tag{10.37}$$

如果加上正则化，则有：

$$f_k(x) = f_{k-1}(x) + vh_k(x) \tag{10.38}$$

v 的取值范围为 $(0,1]$。对于同样的训练集学习效果，较小的 v 意味着需要更多的弱学习器的迭代次数，一般使用步长和迭代最大次数一起来调整算法的拟合效果。

（2）第二种正则化的方式是通过子采样比例（subsample），取值为 $(0,1]$。注意，这里的子采样和随机森林不一样，随机森林使用的是放回抽样，而这里是不放回抽样。如果取值为1，则全部样本都使用，等于没有使用子采样。如果取值小于1，则只有一部分样本会去做GBDT的决策树拟合。选择小于1的比例可以减少方差，即防止过拟合，但是会增加样本拟合的偏差，因此取值不能太低，推荐在[0.5, 0.8]。

（3）第三种是对于弱学习器（CART回归树）进行正则化剪枝。

3. GBDT 的优缺点

（1）优点

- 预测阶段的计算速度快，树与树之间可并行化计算。
- 在分布稠密的数据集上，泛化能力和表达能力都很好。
- 采用决策树作为弱分类器使得 GBDT 具有较好的解释性和鲁棒性，能够自动发现特征间的高阶关系，并且不需要对数据进行特殊的预处理，如归一化等。

（2）缺点

- GBDT 在高维稀疏数据集上表现不如支持向量机或者神经网络。
- GBDT 在处理文本分类特征问题上，相对其他模型的优势不如它在处理数值特征时明显。
- 训练过程需要串行训练，只能在决策树内部采用一些局部并行的手段提高训练速度。

4. GBDT 应用

（1）GBDT在分类问题上的应用。在心脏病数据集上使用GBDT进行心脏病的预测，使用sklearn.ensemble中的GradientBoostingClassifier，所有参数使用默认参数（学习率为0.1，基学习器个数为100），所有结果如表10.5所示，ROC曲线如图10.5所示。

表 10.5　GBDT 默认参数分类结果评估表

ACC	AUC	召回率	精确率	F1
0.855263	0.853310	0.878048	0.857142	0.867469

GBDT调参过程：从学习率和基学习器个数入手，一般来说，首先取一个较小的学习率，例如0.1，针对基学习器个数的最优情况进行搜索，然后调整学习率，相对应地继续调整基学习器个数，最终找到最好的一组参数，最后对基学习器的参数（例如最大深度等）进行调整以寻找最优参数。接下来，固定学习率0.1，调整基学习器个数，观察学习率相同的情况下不同基学习器个数对结果的影响，结果如图10.6所示，其余参数调整读者可自行进行。

（2）GBDT在回归问题上的应用。关于GBDT在回归问题上的实验，使用sklearn.ensemble中的GradientBoostingRegressor在二手车的数据集上进行，学习率固定为默认参数0.1，调整基学习器个数，其余参数使用默认参数，结果如表10.6所示。

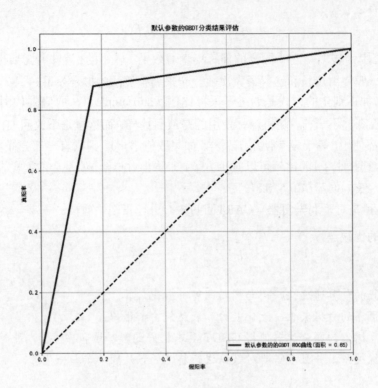

图 10.5　默认参数的 GBDT 分类结果 ROC 曲线

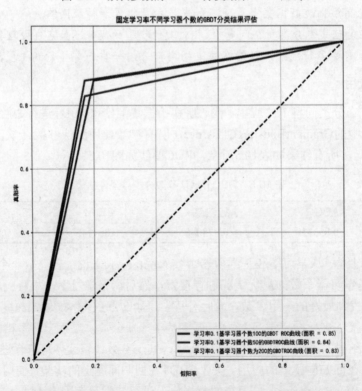

图 10.6　学习率固定、不同基学习器个数的 GBDT 分类结果

表 10.6　基学习器不同的 GBDT 预测结果 MAE

学习率	50	100	200
MAE	994.207	902.921	849.875

观察表10.6，可以看出不同基学习器个数对预测结果的影响，可见在学习器固定的情况下基学习器个数（即迭代次数）越多拟合效果越好，在回归问题上的调参步骤和分类问题上大致相同，在此不赘述。感兴趣的读者可以详细参考sklearn文档，进行具体参数含义的了解及实验。

10.2.3　三大框架

1. XGBoost

XGBoost（Extreme Gradient Boost，极限梯度提升）是基于决策树的集成学习算法，以梯度提升（Gradient Boost）为框架，其本质是GBDT的工程化实现，但是基于GBDT的一些缺点进行了一定的改进。

下面仅就改进部分做简单介绍，感兴趣的读者可参阅原论文。

（1）损失函数中显式地引入正则项

XGBoost中的损失函数为：

$$L(\phi) = \sum_i (L(y_i, \hat{y}_i)) + \sum_k \Omega(f_k)$$
$$\Omega(f) = \gamma T + \frac{1}{2}\lambda \| w \|^2$$

（10.39）

其中，T 表示叶节点的个数，w 表示叶节点的分数。从直观上看，目标要求预测误差尽量小，且叶节点 T 尽量少（γ 控制叶节点的个数），节点数值 w 尽量不极端（λ 控制叶节点的分数不会过大），防止过拟合。

第 t 次迭代时的目标函数为：

$$L^t = \sum_{i=1}^n l(y_i, \hat{y}_i^{t-1} + f_t(x_i)) + \Omega(f_t)$$

（10.40）

根据泰勒展开式：

$$f(x + \Delta x) \approx f(x) + f^{'}(x)\Delta x + \frac{1}{2}f^{''}(x)\Delta x^2$$

（10.41）

令：

$$g_i = \frac{\partial l(y_i, \hat{y}_i^{t-1})}{\partial y_i^{t-1}}, \quad h_i = \frac{\partial^2 l(y_i, \hat{y}_i^{t-1})}{\partial^2 y_i^{t-1}}$$

（10.42）

则：

$$L^t \approx \sum_{i=1}^n [l(y_i, \hat{y}_i^{t-1}) + g_i f_t(x_i) + \frac{1}{2}h_i f_t^2(x_i)] + \Omega(f_t)$$

（10.43）

由于公式10.43中 $l(y_i, \hat{y}_i^{t-1})$ 表示前 $t-1$ 次迭代的损失函数，对于第 t 次迭代已经是一个确定的常数，优化过程可省略常数项得：

$$L^t \approx \sum_{i=1}^{n} [g_i f_t(x_i) + \frac{1}{2} h_i f_t^2(x_i)] + \Omega(f_t) \tag{10.44}$$

首先定义集合 I_j 为树的第 j 个叶节点上的所有样本点的集合，即给定一棵树，所有按照决策规则被划分到第 j 个叶节点的样本集合。

$$
\begin{aligned}
L^t &= \sum_{i=1}^{n} [g_i f_t(x_i) + \frac{1}{2} h_i f_t^2(x_i)] + \Omega(f_t) \\
&= \sum_{i=1}^{n} [g_i f_t(x_i) + \frac{1}{2} h_i f_t^2(x_i)] + \gamma T + \frac{1}{2} \lambda \sum_{j=1}^{T} w_j^2 \\
&= \sum_{j=1}^{T} [(\sum_{i \in I_j} g_i) w_j + \frac{1}{2} (\sum_{i \in I_j} h_i + \lambda) w_j^2] + \gamma T
\end{aligned}
\tag{10.45}
$$

计算最优权重 w_j^*：

$$w_j^* = -\frac{\sum_{i \in I_j} g_i}{\sum_{i \in I_j} h_i + \lambda} \tag{10.46}$$

得到：

$$L^t = -\frac{1}{2} \sum_{j=1}^{T} \frac{(\sum_{i \in I_j} g_i)^2}{\sum_{i \in I_j} h_i + \lambda} + \gamma T \tag{10.47}$$

令：

$$G_i = \sum_{i \in I_j} g_i, H_i = \sum_{i \in I_j} h_i \tag{10.48}$$

则：

$$L^t = -\frac{1}{2} \sum_{j=1}^{T} \frac{G_j^2}{H_j + \lambda} + \gamma T \tag{10.49}$$

（2）树的生成

基于上面的推导：

$$
\begin{aligned}
L_{split} &= \frac{1}{2} [\frac{(\sum_{i \in I_L} g_i)^2}{\sum_{i \in I_L} h_i + \lambda} + \frac{(\sum_{i \in I_R} g_i)^2}{\sum_{i \in I_R} h_i + \lambda} - \frac{(\sum_{i \in I} g_i)^2}{\sum_{i \in I} h_i + \lambda}] - \gamma \\
&= \frac{1}{2} [\frac{G_L^2}{H_L + \lambda} + \frac{G_R^2}{H_R + \lambda} - \frac{(G_L + G_R)^2}{H_L + H_R + \lambda}] - \gamma
\end{aligned}
\tag{10.50}
$$

XGBoost中使用上式判断切分增益，值越大越好，说明分裂后能使目标函数减少越多。其中，$\dfrac{G_L^2}{H_L + \lambda}$ 表示在某个节点按条件切分后左节点的得分，$\dfrac{G_R^2}{H_R + \lambda}$ 表示在某个节点按条件切分后右节点的得分，$\dfrac{(G_L + G_R)^2}{H_L + H_R + \lambda}$ 表示切分前的得分，γ 表示切分后模型复杂度的增加量。

（3）寻找分裂节点

关于最优特征以及最优切分点的选取，XGBoost提供了两个算法。

① 精确贪心算法：精确贪心算法类似于CART中最优特征与切分点的查找，通过遍历每个特征下可能的切分点取值，计算切分后的增益，选择增益最大的特征及切分点。详细步骤见原文中的算法1。

② 近似算法：精确贪心算法需要遍历所有特征和取值，当数据量非常大的时候无法将所有数据同时加载进内存，非常耗时，于是XGBoost引进了近似算法。近似算法对特征值进行了近似处理，即根据每个特征k的特征值分布确定出候选切分点 $S_k = \{s_{k1}, s_{k2}, \ldots, s_{kl}\}$，即按特征分布将连续的特征值划分到$l$个候选点对应的桶中，并且对每个桶中每个样本的$G_i, H_i$进行累加，计算每个候选切分点的增益，选择增益最大的作为切分点进行切分。详细步骤见原文中的算法2。

在算法2的伪代码中，提到了两种提取候选点的方式，分别是global方式和local方式。

global方式和local方式的异同点：

- global 表示在生成树之前进行候选切分点的提取，即开始之前为整棵树做一次提取，在每次的节点划分时都使用已经提取好的候选切分点；local 则是在每次节点划分时才进行候选切分点的提取。
- global 方式进行候选切分点提取的次数少，只是在初始化的阶段进行一次，以后的节点切分均使用同一个；local 方式是在每次节点切分时才进行，需要很多次的提取。
- global 方式需要更多的候选点，即对候选点提取数量比 local 更多，因为没有像 local 方式一样每次节点划分时对当前节点的样本进行细化，local 方式更适合树深度较大的情况。

对比两种方式的最终结果，为达到同样的AUC，其余参数配置相同的情况下global需要更多的候选点。

（4）其他优化方法

① 稀疏值处理。在每次的切分中，让缺失值分别被切分到左节点以及右节点，通过计算得分值比较两种切分方法哪一个更优，则都会对每个特征的缺失值学习到一个最优的默认切分方向，详细算法步骤可参考原文中的算法3。

② 分块并行。在树生成过程中，需要花费大量的时间在特征选择与切分点选择上，并且这部分时间中大部分又花费在了对特征值排序上，为了减少对特征值排序的时间开销，可以通过按特征进行分块并排序，在块里面保存排序后的特征值及对应样本的引用，以便于获取样本的一阶、二阶导数值。

通过顺序访问排序后的块遍历样本特征的特征值，方便进行切分点的查找。此外，分块存储后多个特征之间互不干涉，可以使用多线程同时对不同的特征进行切分点查找，即特征的并行化处理。

③ 缓存访问。为了减小非连续内存的访问带来缓存命中率低的问题，可以采取缓存访问优化机制。具体的操作就是为每个线程在内存空间中分配一个连续的buffer缓存区，将需要的梯度统计信息存放在缓冲区中。这种方式在数据量大的时候很有用，因为大数据量时不能把所有样本都加入内存中，因此可以动态地将相关信息加入内存中，详细内容可参考原文中的4.2。

④ 核外块计算。当数据量非常大的是时候没办法把所有数据都加载内存中，就必须将一部分需要加载进内存的数据先存放在硬盘中，当需要时再加载进内存。这样操作具有很明显的瓶颈，即硬盘的IO操作速度远远低于内存的处理速度，那么肯定会存在大量等待硬盘IO操作的情况。针对这个问题作者提出了"核外"计算的优化方法。具体操作为，将数据集分成多个块存放在硬盘中，使用一个独立的线程专门从硬盘读取数据，加载到内存中，这样算法在内存中处理数据就可以和从硬盘读取数据同时进行。为了加载这个操作过程，作者提出了两种方法——块压缩和块分区，详细操作可参考原文中的4.3。

（5）XGBoost 防止过拟合

① 惩罚项。从XGBoost的模型上可以看到，为了防止过拟合加入了两项惩罚项$\gamma T, \frac{1}{2}\lambda\| w\|^2$。

② 学习率。和GBDT一样，XGBoost也采用了学习率（步长）来防止过拟合，表现为$\hat{y}_i^t = \hat{y}_i^{t-1} + \eta f_t(x_i)$，其中$\eta$就是学习率，默认值取0.1。

③ 行、列采样。和随机森林一样，XGBoost支持对样本以及特征进行采样，取采样后的样本和特征作为训练数据，进一步防止过拟合。

2. LightGBM

LightGBM是2017年发表于NIPS的GBDT框架，该框架针对XGBoost存在的问题进行了一定的改进，接下来详细介绍LightGBM的特点。

（1）直方图算法（Histogram-based Algorithm）

直方图算法的思想也很简单，首先将连续的浮点数据离散成k个离散值，并构造宽度为k的直方图，遍历训练数据，统计每个离散值在直方图中的累计统计量。简单来说，就是对数据进行分桶。

直方图算法有几个需要注意的地方：

① 使用bin替代原始数据相当于增加了正则化。

② 使用bin意味着很多数据的细节特征被放弃了，相似的数据可能被划分到相同的桶中，这样数据之间的差异就消失了。

③ bin数量选择决定了正则化的程度，bin越少惩罚越严重，欠拟合风险越高。

④ 构建直方图时不需要对数据进行排序（不需要排序，因此比XGBoost快），因为预先设定了bin的范围。

⑤ 直方图除了保存划分阈值和当前bin内的样本数以外还保存了当前bin内所有样本的一阶梯度和。

⑥ 阈值的选取是按照直方图从小到大遍历，使用了上面的一阶梯度和。

直方图算法还可以进一步加速。一个叶节点的直方图可以直接由父节点的直方图和兄弟节点的直方图做差得到，这便是直方图做差加速。

关于直方图算法的详细步骤可参考原文算法1。

（2）leaf-wise 生长策略

LightGBM采用leaf-wise生长策略，每次从当前所有叶子中找到分裂增益最大的一个叶子，然后分裂，如此循环。

同level-wise相比，在分裂次数相同的情况下，leaf-wise可以降低误差，得到更好的精度；leaf-wise的缺点是可能会长出比较深的决策树，产生过拟合，因此LightGBM在leaf-wise之上增加了一个最大深度的限制，在保证高效率的同时防止过拟合。

（3）单边梯度采样

在Adaboost中，样本权重是数据实例重要性的指标。然而在GBDT中没有原始样本权重，不能应用权重采样，但是GBDT中每个数据都有不同的梯度值，对采样十分有用，即实例的梯度小，实例训练误差也就较小，说明已经被学习得很好了，最直接的想法就是丢掉这部分梯度小的数据。这样做会改变数据的分布，将会影响训练的模型精确度。为了避免此问题，LightGBM的作者提出了单边梯度采样（gradient-based one-side sampling，GOSS）。

GBDT使用决策树来学习一个将输入空间映射到梯度空间的函数。假设训练集有 n 个实例 $\{x_1,\dots,x_n\}$，特征维度为 s。每次梯度迭时，模型数据变量的损失函数的负梯度方向就表示为 $\{g_1,\dots,g_n\}$，决策树通过最优切分点（最大信息增益点）将数据分到各个节点。GBDT通过分割后的方差衡量信息增益。

定义：O 表示某个固定节点的训练集，分割特征 j 的分割点 d 定义为：

$$V_{j|O}(d) = \frac{1}{n_o}\left(\frac{\left(\sum\limits_{\{x_i \in O: x_{ij} \leqslant d\}} g_i\right)^2}{n_{l|O}^j(d)} + \frac{\left(\sum\limits_{\{x_i \in O: x_{ij} > d\}} g_i\right)^2}{n_{r|O}^j(d)}\right) \tag{10.51}$$

其中，$n_o = \sum I[x_i \in O], n_{l|O}^j = \sum I[x_i \in O: x_i \geqslant d], n_{r|O}^j = \sum I[x_i \in O: x_i > d]$，遍历每个特征的每个分裂点，找到 $d_j^* = \text{argmax}_d V_j(d)$ 并计算最大的信息增 $V_j(d_j^*)$，然后将数据根据特征 j^* 的分裂点 d_j^* 将数据分到左右子节点。

GOSS保留所有的梯度较大的实例，在梯度小的实例上使用随机采样。为了抵消对数据分布的影响，计算信息增益的时候，GOSS对小梯度的数据引入常量乘数。GOSS首先根据数据的梯度绝对值排序，选取top a 个实例。然后在剩余的数据中随机采样b个实例。接着计算信息增益时为采样出的小梯度数据乘以 $\dfrac{1-a}{b}$，这样算法就会更关注训练不足的实例，而不会过多改变原数据集的分布。

具体地，在GOSS中，首先根据数据的梯度将训练集降序排序，保留top a 个数据实例，作为数据子集A，对于剩下的数据实例，随机采样获得大小为b的数据子集B，最后通过公式10.52估计信息增益：

$$\tilde{V}_j(d) = \frac{1}{n}\left(\frac{(\sum\limits_{x_i \in A:x_{ij} \leqslant d} g_i + \frac{1-a}{b}\sum\limits_{x_i \in B:x_{ij} \leqslant d} g_i)^2}{n^j l(d)} + \frac{(\sum\limits_{x_i \in A:x_{ij} > d} g_i + \frac{1-a}{b}\sum\limits_{x_i \in B:x_{ij} > d} g_i)^2}{n_r^j(d)}\right) \quad (10.52)$$

此处GOSS通过较小的数据集估计信息增益 $\tilde{V}_j(d)$ 将大大地减小计算量。更重要的是，LightGBM的作者用理论证明了GOSS不会丢失许多训练精度。相关证明可参考原文的附加材料，有关GOSS的详细内容可参考原文第3部分。

（4）互斥特征绑定

互斥特征绑定（exclusive feature bundling，EFB）通过特征捆绑减少特征维度的方式来提升计算效率，其本质是降维技术。通常，在稀疏特征中会存在很多特征是互斥的，一个特征值为零，一个特征值不为零，即不同时为零。LightGBM的作者提出可以绑定互斥特征为单个特征而不丢失任何信息，称之为互斥特征绑定。如果两个特征并不是完全互斥（部分情况下两个特征都是非零值），可以用一个指标对特征不互斥程度进行衡量，称之为冲突比率。当这个值较小时，可以选择把不完全互斥的两个特征捆绑，而不影响最后的精度。

EFB的算法步骤可参考原文的算法4，LightGBM从绑定的特征中构建与单个特征相同的直方图，这种方式构建直方图的时间复杂度从 $O(\#data * \#feature)$ 降到 $O(\#data * \#bundle)$ ，由于 $\#bundle \ll \#feature$ ，因此能够极大地加速GBDT的训练过程而且不损失精度。

关于LightGBM的其他特点，在此不赘述，感兴趣的读者可以参考原文。

3. CatBoost

CatBoost为2017年Liudmila Prokhorenkova等人发布的GBDT框架，是一种能够很好处理类别特征的梯度提升算法库。CatBoost是一种基于对称决策树实现的参数较少、支持类别型变量和高准确性的GBDT框架，主要解决的问题是高效合理地处理类别型特征。CatBoost由Categorical和Boosting组成。此外，CatBoost还解决了梯度偏差（gradient bias）及预测偏移（prediction shift）的问题，从而减少过拟合的发生，进而提高算法的准确性和泛化能力。下面简单介绍CatBoost的主要贡献。

（1）将类别型特征转换为数值型特征

对于类别型特征，CatBoost针对该特征包含的基数大小分情况处理，假如某个类别型特征基数比较小，即该特征的所有值去重后构成的集合包含的元素个数比较小，CatBoost在模型训练的时候将该类特征进行one-hot编码，转换为数值型；假如某个类别型特征基数比较大，极端一点，例如user_ID，使用one-hot编码会造成维数灾难，因此一般先将该类别特征分成有限组再进行one-hot编码，目标变量统计Target Statistics（下文简称TS）则是常用的分组方法。CatBoost作者在论文中提出了Greedy TS、Holdout TS、Leave-one-out TS、Ordered TS四种TS方法，下面仅就Greedy TS做简单介绍。其他TS方法感兴趣的读者可以参考原文。

CatBoost的初衷是为了更好地处理GBDT中的类别型特征，其中最简单的方法是用类别型特征对应的标签的平均值来替换，数据集为$D = \{x_i, y_i\}, i = 1, 2, \ldots, n$，其中$x_i = (x_{i1}, x_{i2}, \ldots, x_{im})$包含$m$个特征，$y_i$为标签值，使用上述方法可将$x_{ik}$替换为$\dfrac{\sum\limits_{j=1}^{n}[x_{jk} = x_{ik}] \cdot y_i}{\sum\limits_{j=1}^{n}[x_{jk} = x_{ik}]}$，其中

$[x_{jk} = x_{ik}] = \begin{cases} 1, & x_{jk} = x_{ik} \\ 0, & \text{其他} \end{cases}$。这样做存在过拟合的问题。例如，对于user_ID这种特征，每个样本都不相同，即n个样本的user_ID特征取值共有n个，转换为数值型之后该特征会直接变成label值，在此仅使用这个极端的例子做一说明。为了解决这个问题，一般考虑加入平滑项，使用

$\dfrac{\sum\limits_{j=1}^{n}[x_{jk} = x_{ik}] \cdot y_i + ap}{\sum\limits_{j=1}^{n}[x_{jk} = x_{ik}] + a}$替换$x_{ik}$，其中$a > 0$，是先验概率$P$的权重，对于先验概率，一般设置为

训练数据中label的平均值，对于二分类，先验概率取正例的先验概率。然而，使用平滑项依然存在问题，由于数值转换时使用训练数据中的label，因此当训练集和测试集分布不一样时会出现条件偏移问题。

（2）组合特征

针对类别型特征，在转换为数值型特征的过程中必然意味着信息的丢失，引入组合特征就可以解决这个问题。然而随着数据中类别型特征数量的增加，组合的数量也会呈指数型增长，因此算法不可能尝试所有组合。针对这个问题，CatBoost在为当前的树构造分裂点时会采用贪心的策略考虑组合的情况，具体操作是：针对第一次分裂，不考虑任何组合，针对下一次分裂，CatBoost将当节点的所有类别型特征与数据集中的所有类别型特征进行组合，将新的组合特征动态地转换为数值型特征。另外，CatBoost还会将数值型特征与类别型特征进行组合，比如数值型特征在分裂节点二值化的过程，可以视为具有两个值的类别型特征，然后进行组合。

（3）解决梯度偏差问题

CatBoost和所有标准梯度提升算法一样，都是通过构建新树来拟合当前模型的梯度。然而，所有经典的提升算法都存在由有偏的点态梯度估计引起的过拟合问题。在每个步骤中使用的梯度都使用当前模型中相同的数据点来估计，这导致估计梯度在特征空间的任何域中的分布与该域中梯度的真实分布相比发生了偏移，从而导致过拟合。为了解决这个问题，CatBoost对经典的梯度提升算法进行了一些改进。

GBDT构建下一棵树分为两个阶段：构造树结构和在树结构固定后计算叶节点的值。为了构造最佳的树结构，算法会枚举不同的分裂节点，以此分裂构建树，然后对叶节点计算值，接着对得到的树计算评分，最后选择最佳的分割。两个阶段叶节点的值都是被当作梯度或牛顿步长的近似值来计算。在CatBoost中，第一阶段采用梯度步长的无偏估计，第二阶段使用传统的GBDT方案执行。关于无偏估计的详细内容可参考相关文献。

（4）排序提升

预测偏移（prediction shift）是由梯度偏差造成的。在GDBT的每一步迭代中，损失函数使用相同的数据集求得当前模型的梯度，然后训练得到基学习器，但这会导致梯度估计偏差，进而导致模型产生过拟合的问题。CatBoost通过采用排序提升（ordered boosting）的方式替换传统算法中梯度估计方法，进而减轻梯度估计的偏差，提高模型的泛化能力。关于排序提升的详细内容可参考相关文献。

（5）采用完全对称树

不同的GBDT框架，内部使用的树也不完全一样，XGBoost使用level-wise策略建树，LightGBM使用leaf-wise策略建树，而CatBoost则使用完全二叉树。在完全二叉树中，相同的分割准则在树的整个一层上使用，这种树是平衡的，不太容易过拟合。梯度提升对称树被成功地用于各种学习任务中，在对称树中，每个叶节点的索引可以被编码为长度等于树深度的二进制向量。CatBoost中的建树过程可参考相关文献。

10.3 stacking与blending

本节将介绍两种完全不同于bagging和boosting思想的集成学习方法：stacking和blending，两者均为堆叠法，只是在数据集的划分上稍有区别，接下来进行详细介绍。

1. stacking

stacking先从初始数据集训练出初级学习器，然后生成新的数据集用于训练次级学习器，在这个新数据集中，初级学习器的输出被当作特征，输入次级学习器。为了避免过拟合，一般stacking会结合交叉验证进行，具体过程如图10.7所示。

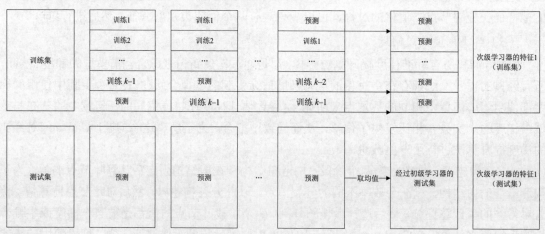

图 10.7 stacking 与交叉验证结合过程

stacking的详细算法步骤如下（可结合图10.7进行理解）：

（1）将训练集 D 划分为 k 折 $D_1, D_2, \ldots, D_k$，令 D_j 和 $\overline{D}_j = D \setminus D_j$ 分别表示第 j 折的验证集和训练集。

（2）对于学习器 M，对每一折数据，使用 $\overline{D}_j$ 进行训练，使用 D_j 作为验证集，对应得到的 S_j 作为次级学习器该部分数据的一个特征，遍历所有折，即可得到该学习器在全部训练集上的输出，作为次级学习器的一个特征，每遍历一折，对于测试集进行一次预测，最终 k 次结果取均值，即为测试集在该学习器上的结果，作为测试集在次级学习器上的一个特征。

（3）遍历 d 个初级学习器，即可得到次级学习器的 d 个特征，训练集此时变为 D'。

（4）将步骤（3）得到的新训练集 D' 输入次级学习器进行训练。

关于stacking，在此不做过多介绍，感兴趣的读者可以参考相关文献进一步了解。

2. blending

blending的核心思想与stacking类似，不同的是stacking是与交叉验证进行结合，blending则使用hold out方法，具体过程如图10.8所示。

blending的详细算法步骤如下（可结合图10.8进行理解）：

（1）将数据集划分为训练集train_set、验证集val_set和测试集test_set。

（2）创建多个初级学习器，既可以是同质的，也可以是异质的。

（3）使用训练集train_set训练步骤（2）中的多个初级学习器，用训练好的初级学习器预测val_set得到val_predict，预测test_set得到test_predict。

（4）创建次级学习器，使用val_predict作为训练集训练次级学习器。

（5）使用步骤（4）训练好的次级学习器预测test_predict，得到测试集的预测结果。

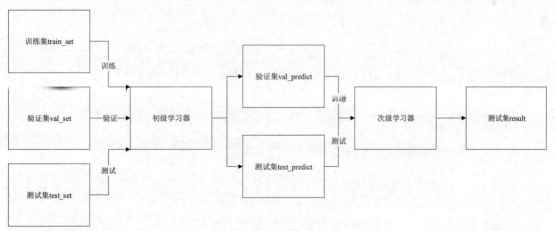

图 10.8　blending 基本流程

由以上步骤可分析得知，blending相比于stacking的优点在于简单，避免了数据泄露；缺点是没有使用交叉验证可能会导致过拟合（这正是blending的特点所在）。总而言之，blending

其实是将stacking中的k折交叉验证改为了hold out方法。关于blending更详细的内容可参考相关文献。

10.4 本 章 小 结

本章从基学习器的组合方式角度介绍了不同的集成学习方法，并在数据集上做了实验，同时也介绍了常用的框架，感兴趣的读者可以在数据集上进行进一步实验，学习框架中参数的意义。

第 11 章　K 近邻算法

K近邻算法（k-Nearest Neighbor Algorithm，KNN算法）是一个理论上已经比较成熟的方法，也是最简单的机器学习算法之一，常在分类问题或者回归问题中使用。所谓K近邻算法，就是给定一个训练数据集，对新的输入样本实例，在训练数据集中找到与该实例最邻近的 k 个实例，这 k 个实例的多数都属于某个类，就把该输入实例分类到这个类中。

11.1　KNN算法

KNN算法是一种基于实例的学习算法，要求给定的训练数据集中每个样本的每个数据都存在标签，即需要保证数据集内每一条数据都与所属的分类有确定的对应关系。输入的新数据是没有标签的，KNN算法需要做的就是给输入的新数据进行分类，使其能够找到其对应的标签。KNN算法将新数据与样本数据集中的数据进行对比，从中挑选出数据集中最相似的前 k 个数据。最终计算这前 k 个数据，将新数据分类到这 k 个数据中出现次数最多的分类中。

对于同一个新数据，不同的 k 取值可能会导致不同的分类结果。如图11.1所示，有两类不同的样本数据，分别用圆形和五角星表示，而图正中间的实心正方形表示的是待分类的新数据，其具体的类别未知。如果使用KNN算法对这个新数据进行分类，就必须要先确定 k 的取值。k 的取值不同，数据的分类结果可能就不一样了。

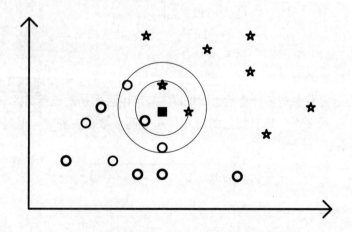

图 11.1　不同 k 值对数据分类的影响

如果 $k=3$，距离正方形最近的3个数据分别是2个五角星和1个圆形，即图中内环中圈出的数据。此时出现最多的是五角星类别的数据，根据KNN算法的规则，新的数据分类到五角星类别。

如果 $k=5$，距离正方形最近的5个数据分别是2个五角星和3个圆形，即图中外环中圈出的数据。此时出现最多的是圆形类别的数据，根据KNN算法的规则，新的数据分类到圆形类别。

11.2　距离的表示

KNN算法的核心在于找到与新数据相似的前 k 个数据，那么该怎么判断数据间的相似程度呢？其实我们可以计算两个不同数据间的距离来判断其相似程度。在特征空间中，两个实例点的距离可以反映出两个实例点之间的相似性程度，不同的距离度量方法所表示的数据间的相似程度也可能是不一样的。常见的距离表示法有欧氏距离（Euclidean Distance）、曼哈顿距离（Manhattan Distance）、马氏距离（Mahalanobis Distance）和汉明距离（Hamming Distance）等。下面以样本数据 $x=(x^{(1)},x^{(2)},...,x^{(n)})$ 和 $y=(y^{(1)},y^{(2)},...,y^{(n)})$ 为例，计算不同的距离。

1. 欧氏距离

欧氏距离是最常见的表示两点之间距离的计算方法。它定义于欧几里得空间中，对于两个数据 x 和 y，其欧氏距离的计算公式，如公式11.1所示。

$$D_{\mathrm{E}}(x,y)=\sum_{i=1}^{n}\sqrt{\left(x^{(i)}-y^{(i)}\right)^2} \tag{11.1}$$

2. 曼哈顿距离

曼哈顿距离也叫出租车距离，用来标明两个点在标准坐标系上的绝对轴距总和，对于两个数据 x 和 y，其曼哈顿距离的计算公式，如公式11.2所示。

$$D_{\mathrm{Man}}(x,y)=\sum_{i=1}^{n}\left|x^{(i)}-y^{(i)}\right| \tag{11.2}$$

3. 马氏距离

马氏距离表示数据的协方差距离。它是一种有效地计算两个未知样本集的相似度的方法。与欧氏距离不同的是它考虑到各种特性之间的联系，可以看作是欧氏距离的一种修正，修正了欧氏距离中各个维度尺度不一致且相关的问题。对于两个数据 x 和 y，其马式距离的计算公式，如公式11.3所示。

$$D_{\mathrm{Mah}}(x,y)=\sqrt{(x-y)^{\mathrm{T}}\boldsymbol{\Sigma}^{-1}(x-y)} \tag{11.3}$$

其中，$\boldsymbol{\Sigma}$ 是协方差矩阵。

4. 汉明距离

汉明距离常用于信息编码中，两个等长字符串 S_1 与 S_2 之间的汉明距离定义为将其中一个变为另外一个所需要做的最小替换次数。例如，字符串"10111"与"11011"之间的汉明距离为2，即字符串"10111"至少需要将第二位和第三位替换后才能变成"11011"。

11.3　KD树

传统的KNN算法在计算时需要遍历数据集中所有的数据,进行相似度计算,最后取出前 k 个数据进行投票分类。如果数据集的数量比较大,那么这个计算的时间将会很长,性能大大下降。有没有方法可以减少遍历的次数、提高算法的性能呢?答案是有的,使用KD树(k-Dimensional Tree)作为数据的存储结构,可以有效减少计算的次数。

KD树是一种树形数据结构,可以对 k 维空间中的实例点进行存储,同时可以对存储数据进行快速检索。KD树是二叉树,表示对 k 维空间的一个划分,构造KD树相当于不断地用垂直于坐标轴的超平面将 k 维空间进行切分,构成一系列的 k 维超矩形区域。

构造KD树和在KD树中进行搜索的过程介绍如下。

1. 构造 KD 树

使用KD树的第一步是构造KD树,常用的构造方法如下:

给定 k 维空间的数据集 $T = \{x_1, x_2, \ldots, x_N\}$,其中,$x_i = (x_i^{(1)}, x_i^{(2)}, \ldots, x_i^{(k)}), i = 1, 2, \ldots, N$。

① 确定KD树的根节点,选择数据的第一维,即 $x^{(1)}$ 为坐标轴,选出数据集 T 中所有数据在 $x^{(1)}$ 坐标轴上的中位数数据作为KD树的根节点,同时也为这一层数据的分割点,即数据集 T 中在 $x^{(1)}$ 坐标轴上小于该样本点的数据划为左子节点所在区域,在 $x^{(1)}$ 坐标轴上大于该样本点的数据划为右子节点所在区域。

② 对于深度为 j 的节点,选择 $x^{(l)}$ 为切分的坐标轴,其中 $l = j(\bmod k) + 1$,以该节点的区域中所有实例的 $x^{(l)}$ 为坐标的中位数为切分点,同时也作为上一层的子节点和这一层的根节点,将该区域内的数据划分为两个区域,在 $x^{(l)}$ 坐标轴上小于该样本点的数据划为左子节点所在区域,在 $x^{(l)}$ 坐标轴上大于该样本点的数据划为右子节点所在区域。

③ 重复操作②,直到子区域内没有数据实例后停止,此时KD树构建完成。

2. 基于 KD 树的搜索

KD树构建完成后,便可以利用KD树进行K近邻搜索。这里以最近邻搜索作为例子,可以推广到K近邻搜索。假设需要搜索目标数据 x 在数据集中的最近邻数据,其数据集已经以KD树的形式进行存储,则其最近邻搜索过程如下:

① 首先从根节点出发,递归地向下访问KD树,比较目标数据 x 在该层对应的维度下与节点数据的大小关系,若目标点 x 当前维的坐标小于切分点的坐标,则往左子树查找,否则往右子树查找,一直到叶节点为止。

② 计算该目标数据与该节点数据的距离并记录,再将该点作为当前最近点、距离作为当前最近距离。

③ 从当前最近点递归向上查找是否有更近的"当前最近点",即计算新的点与目标点数据的距离是否小于当前最近距离,如果小于就更新当前数据节点为当前最近点,同时更新当前最近距离为与当前节点所计算出的距离。

④ 以当前最近点为圆心，当前最近距离为半径画圆，检查该节点的父节点对应的另一个子节点是否在圆内，如果在，就更新当前最近点为另一节点、当前最近距离为与另一节点计算的距离，并从这个节点出发递归寻找最近邻；如果不在圆内，则向上回退，重复步骤③和步骤④。

⑤ 当回退到根节点时，搜索结束，当前最近点即为最近邻节点，当前最近距离为目标数据与最近邻节点数据的距离。

如果读者想进一步了解更多关于KD树的内容，可以参考相关资料进行深入了解。

11.4 KNN心脏病预测实例

使用KNN进行心脏病的预测，其准确率随 k 取值增加的变化如图11.2所示。

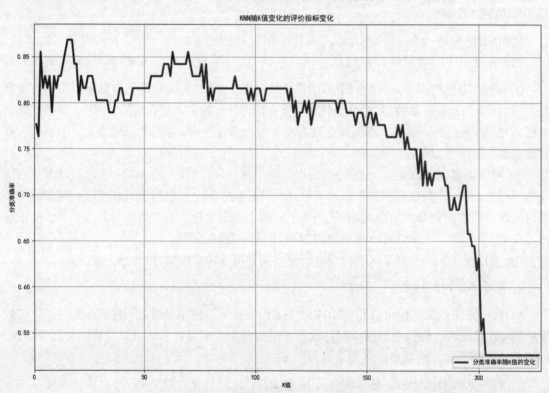

图 11.2　分类准确率随 k 值的变化

选取10、50、90和175作为不同的 k 取值，绘制ROC分类结果，如图11.3所示。

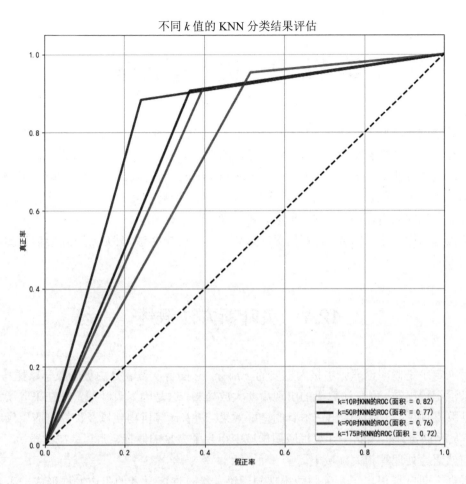

图 11.3　不同 k 取值的 ROC 分类结果

11.5　本 章 小 结

本章对KNN算法做一个总结。KNN算法是一个比较简单和成熟的机器学习算法，通过计算未分类样本与已知数据集中数据的距离，选取前 k 个实例，将样本分类为 k 个实例中最多样本属于的类别。本章根据此逻辑进行讲解，并且对 k 取值、距离的度量和KD树进行详细说明。最后介绍了KNN算法解决分类问题的方法，并举例说明了不同 k 取值对分类结果的影响。

第 12 章　贝叶斯方法

英国数学家托马斯·贝叶斯（Thomas Bayes）在1763年发表的论文《论有关机遇问题的求解》中提出了一种归纳推理的理论，一些学者在此基础上进行引申发展，形成一种系统的统计推断方法，这类方法均以贝叶斯定理（Bayesian theorem）为基础，故统称为贝叶斯方法。

目前，贝叶斯方法已经应用于众多问题领域，几乎所有需要进行概率预测的领域都可以看到贝叶斯方法的应用。贝叶斯方法也成为机器学习的核心方法之一。这种方法将关于未知参数的先验信息与样本信息结合，再根据贝叶斯公式得出后验信息，然后根据后验信息实现对未知参数的推断。

12.1　贝叶斯方法概述

贝叶斯定理是概率论理论中极为重要的一部分，它的首次发表是由英国数学家托马斯·贝叶斯于18世纪提出的，但在计算机的出现后才大放异彩，这是因为贝叶斯定理在采取了大规模的数据计算推理后，才能体现出它本身的良好效果。随着计算机出现以及计算机应用领域的不断发展，贝叶斯定理也因此在计算机应用领域中得到了充足的发挥，尤其是在机器学习、推荐系统、自然语言处理等相关领域中。

托马斯·贝叶斯提出了一种归纳推理的理论，经过许多学者的引申发展形成一种系统的统计推断方法——贝叶斯方法，采用贝叶斯方法进行统计推断所得的全部结果即为贝叶斯统计（Bayes statistics）的内容。贝叶斯统计在20世纪50年代之后逐步形成，成为统计学中一个重要的组成部分；此后，由于贝叶斯统计在后验推理、参数估计、模型检测、隐概率变量模型等统计机器学习领域方面有广泛而深远的影响，进而产生了贝叶斯学习（Bayesian learning）。贝叶斯学习是一种基于概率的学习方法，是指在机器学习中利用贝叶斯决策来对未知信息进行学习的过程。它使用概率去表示所有形式的不确定性，通过概率规则来实现学习和推理过程，贝叶斯学习的结果为随机变量的概率分布，可以被理解为对不同可能性的信任程度。贝叶斯学习的一般过程通常是利用贝叶斯公式，根据样本信息和参数的先验分布求出的该参数的后验分布，从而求出总体的分布。

贝叶斯决策论（Bayesian decision theory）是在信息不完全的情况下，首先对未知的状态进行主观概率估计，然后通过贝叶斯公式对发生概率进行修正，最后利用期望值和修正后的概率做出最优决策。贝叶斯决策属于风险决策，在贝叶斯决策中，决策者不能控制客观因素的变化，而是根据历史的数据来学习变化的规律，掌握其变化的可能状况及其分布情况，从而预测未来最有可能发生的变化。因此，用概率统计的理论和方法解决分类和识别问题是比较合理且可靠的，贝叶斯决策就是这样的一种方法。

贝叶斯分类器（Bayesian classifier）是贝叶斯学习的一种具体应用形式。由于贝叶斯决策是通过概率来描述不确定性的，因此贝叶斯分类器的最优决策总是将待分类样本分到它最可能属于的类，或是期望风险最小的类。不同的贝叶斯分类器差异通常在于概率估计方法和风险估计方法的差异。例如，朴素贝叶斯分类和贝叶斯网络的主要不同点在于对类条件概率密度的估计方法。基于贝叶斯决策的贝叶斯分类方法是机器学习和模式识别中的一个基本方法，尤其是朴素贝叶斯分类方法，能够有效地对海量数据进行分析建模，构造相应的分类器对未知数据进行分类识别有重大的意义。

贝叶斯网络（Bayesian network）又称信念网络（belief network），是一种概率图模型，是贝叶斯方法的扩展，是目前不确定知识表达和推理领域最有效的理论模型之一。从1988年由Pearl提出后，已经成为近年来研究的热点。贝叶斯网络目前应用在生物学、医学、文件分类、信息检索、决策支持系统、工程学和图像处理等各个领域。

概率模型是当前机器学习领域的主流方法之一。机器能够根据概率框架对未来进行预测，并根据预测数据进行决策。贝叶斯优化（Bayesian optimization，BO）是在概率机器学习和人工智能领域中最有前景的技术之一。贝叶斯优化是一种有效的全局优化算法，能够有效解决序贯决策理论中经典的机器智能问题。贝叶斯优化框架可以通过少量评估得到复杂目标函数的最优解，因为贝叶斯优化框架将目标函数视为黑盒，使用代理模型对该目标函数进行拟合，并根据观测结果更新代理模型，选择最有"潜力"的观测点进行评估，从而避免不必要的采样。因此，贝叶斯优化能够有效地利用完整的历史观测数据来加快搜索速度。

12.2　贝叶斯决策论

贝叶斯决策论是概率框架下实施决策的基本方法。它是决策论和概率论的组合，探讨了如何在包含不确定性的环境中做出最优决策。对分类任务来说，在所有相关概率都已知的理想情形下，贝叶斯决策论考虑如何基于这些概率和误判损失来选择最优的类别标记（概率知识+对决策带来的损失的认识→最优决策）。

贝叶斯决策论利用贝叶斯公式得出风险最小化的决策，为不确定性推理决策提供了坚实的基础。贝叶斯决策论常用的准则有最小错误率准则、最小风险准则、Neyman-Pearson准则和最小最大决策准则。如果对于同一个问题采用不同的决策准则，就会得到侧重不同的最优决策。

1. 定义 1（贝叶斯公式）

在连续情况下，假定要识别的向量样本 $x = [x_1, x_2, \ldots, x_m]^{\mathrm{T}}$，类型空间为 $\boldsymbol{\Omega} = (\omega_1, \omega_2, \ldots, \omega_c)$，则有如下定义。

- 先验概率 $P(\omega_i)$：表示由样本的先验知识得到的类别分布。
- 类条件概率密度 $P(x | \omega_i)$：表示样本在 ω_i 类条件下的分布。
- 后验概率 $P(\omega_i | x)$：表示样本 x 属于 ω_i 的概率。

- 贝叶斯公式：

$$P(\omega_i \mid \boldsymbol{x}) = \frac{P(\boldsymbol{x} \mid \omega_i)P(\omega_i)}{\sum_1^c P(\boldsymbol{x} \mid \omega_i)P(\omega_i)} \tag{12.1}$$

由上面的定义可知，贝叶斯决策有两个基本条件：每个类别的总体概率分布是已知的，也就是先验概率和类条件概率密度已知；决策分类的类别数是一定的。因此，依据贝叶斯公式得到贝叶斯决策规则如下。

当$c=2$，样本$\boldsymbol{x}$出现时，通过后验概率$P(\omega_1 \mid \boldsymbol{x})$和$P(\omega_2 \mid \boldsymbol{x})$的大小判断$\boldsymbol{x} \in \omega_1$还是$\boldsymbol{x} \in \omega_2$，如公式12.2所示。

$$\begin{cases} \boldsymbol{x} \in \omega_1, P(\omega_1 \mid \boldsymbol{x}) > P(\omega_2 \mid \boldsymbol{x}) \\ \boldsymbol{x} \in \omega_2, P(\omega_1 \mid \boldsymbol{x}) < P(\omega_2 \mid \boldsymbol{x}) \end{cases} \tag{12.2}$$

因此，多类问题的贝叶斯决策规则形式化描述为公式12.3。

$$P(\omega_i \mid \boldsymbol{x}) = \max_{j=1,2,\dots,c} P(\omega_j \mid \boldsymbol{x}), \qquad \boldsymbol{x} \in \omega_i \tag{12.3}$$

由上式可知，贝叶斯决策规则依据后验概率最大做出决策，得到了分类错误率最小的结果，即贝叶斯公式保证了错误率最小，但是最小的错误率并不一定代表最好的指标，因为有些情况下分类错误引起的"损失"可能比错误本身对决策起的影响作用更大，因此引入与损失关联的风险来衡量决策，使决策造成的损失最小。

2. 定义2（条件风险函数）

向量样本$\boldsymbol{x} = [x_1, x_2, \dots, x_m]^{\mathrm{T}}$，给定类型状态空间$\{\omega_1, \omega_2, \dots, \omega_c\}$有$c$个有限的类别，决策空间$\{\alpha_1, \alpha_2, \dots, \alpha_k\}$有$k$种决策，样本$\boldsymbol{x}$属于$\omega_j$时，采取$\alpha_i$决策引起的损失为$\lambda(\alpha_i \mid \omega_j)$，则$\boldsymbol{x}$的条件风险函数如公式12.4所示。

$$R(\alpha_i \mid \boldsymbol{x}) = \sum_j \lambda(\alpha_i \mid \omega_j)P(\omega_j \mid \boldsymbol{x}) \tag{12.4}$$

将决策α视作随机向量$\boldsymbol{x}$的函数，记为$\alpha(\boldsymbol{x})$。公式12.4可改写为公式12.5。

$$R(\alpha(\boldsymbol{x}) \mid \boldsymbol{x}) = \sum_j \lambda(\alpha(\boldsymbol{x}) \mid \omega_j)P(\omega_j \mid \boldsymbol{x}) \tag{12.5}$$

3. 定义3（期望风险）

期望风险R反映对整个特征空间中所有向量样本$\boldsymbol{x}$的取值都采用相应的决策$\alpha(\boldsymbol{x})$所带来的平均风险，如公式12.6所示。

$$R = \int R(\alpha(\boldsymbol{x}) \mid \boldsymbol{x})p(\boldsymbol{x})\mathrm{d}\boldsymbol{x} \tag{12.6}$$

最小风险贝叶斯决策指在所有对$\boldsymbol{x}$的决策过程中，每一个决策行为α都使其条件风险$R(\alpha(\boldsymbol{x}) \mid \boldsymbol{x})$最小，则其期望风险$R$也是最小的。最小风险贝叶斯决策规则如公式12.7所示。

$$R(\alpha_k \mid \boldsymbol{x}) = \min_{j=1,2,\dots,c} R(\alpha_k \mid \boldsymbol{x}) , \quad \alpha \in \alpha_k \tag{12.7}$$

因此，最小风险贝叶斯决策就是考虑各种错误造成的损失不同而提出的一种决策规则。

12.3 朴素贝叶斯分类器

根据贝叶斯决策论，如果需要估计一个新样本的类别，就只需要计算出各个类别的后验概率，其中概率最大的类别即是新样本的类别。因此问题的关键在于如何基于训练集数据来估计先验概率与似然。

类别先验概率指的是样本空间中各类样本所占的比例。如果训练集包含足够多的独立同分布样本时，根据大数定理，先验概率的估计即为各类样本出现的频率。另外，类别条件概率与所有属性的联合概率相关，直接根据有限的训练样本频率进行估计会非常困难。

针对上述问题，朴素贝叶斯分类器采用了"属性条件独立性假设"，即用于分类的属性在类确定的条件下都是相互独立的。这是一个朴素但深刻的模型：如果需要根据多个特征对数据进行分类，可以先假设这些特征相互独立，然后利用条件概率乘法法则得到不同分类的概率，最后选择概率最大的类别作为最终的判定结果。

给定一组训练数据集 $\{(x_1, y_1), (x_2, y_2), \dots, (x_m, y_m)\}$，其中，$m$ 是样本的个数，每个数据集包含 n 个特征，即 $X_i = (x_{i1}, x_{i2}, \dots, x_{in})$。类标记集合为 $\{y_1, y_2, \dots, y_k\}$。$p(y = y_i \mid X = x)$ 表示输入的 X 样本为 x 时，输出的 y 为 y_i 的概率。若要判定一个新样本 x 的类别，需要分别计算 $p(y = y_1 \mid x)$，$p(y = y_2 \mid x), \dots, p(y = y_k \mid x)$ 的值。选择最大的值来判定该样本的类别，即求解最大的后验概率 $\arg\max p(y \mid x)$。根据贝叶斯理论，可得求解方式如公式12.8所示。

$$p(y = y_i \mid x) = \frac{p(y_i) p(x \mid y_i)}{p(x)} \tag{12.8}$$

由于朴素贝叶斯理论假设各个特征之间是相互独立的，则公式12.8可以改写为公式12.9。

$$p(y = y_i \mid x) = \frac{p(y_i) p(x \mid y_i)}{p(x)} = \frac{p(y_i) \prod_{j=1}^{n} p(x_j \mid y_i)}{\prod_{j=1}^{n} p(x_j)} \tag{12.9}$$

由于上式的分母对于不同 $p(y = y_i \mid x)$ 的计算都是相同的，因此可以省略。最终，判别公式变为公式12.10。

$$y = \arg\max_{y_i} p(y_i) p(x \mid y_i) = \arg\max_{y_i} p(y_i) \prod_{j=1}^{n} p(x_j \mid y_i) \tag{12.10}$$

朴素贝叶斯分类器的优势在于针对大规模数据训练和预测时的高速度和对增量学习的支持，劣势主要在于不能处理特征组合所产生的结果变化。

12.4 贝叶斯网络

贝叶斯网络以贝叶斯公式为基础，通过基于概率推理的图形化网络将概率论与图论结合在一起。同时,贝叶斯网络的表现形式较为直观易懂,因此吸引了很多专业人员进行相关研究,使其能够在不同学科领域中得到应用。贝叶斯定理实质上是对条件概率的表达,针对具有概率性或不够完整性的一系列相关问题进行求解。贝叶斯网络方法非常适用于解决具有相关且不确定性的问题。贝叶斯网络兴起于20世纪80年代,随着研究的不断深入和完善,贝叶斯网络已经引申发展起来了一系列理论与方法,并且在各个领域中产生了重要的影响。

12.4.1 贝叶斯网络概念

贝叶斯网络融合了概率论和图论,能够实现不确定性知识的推理,起源于人工智能领域中不确定性知识发现的研究,随着研究的不断深入,已经在众多领域进行了有效的应用。贝叶斯网络通过图的形式阐述多个变量间的依赖关系和概率分布情况,并且能够用多个小规模的概率分布表来表示复杂的联合概率,有效地提高了推理的效率。贝叶斯网络定义如下:

一个贝叶斯网络是一个有向无环图(directed acyclic graph, DAG),由代表变量的节点及连接这些节点的有向边构成,有向边由父节点(双亲节点)指向子节点(后代节点),用单线箭头表示。

因此,贝叶斯网络在整体结构上可以分为网络结构和网络参数两个部分。贝叶斯网络结构是一个DAG,包含若干个代表变量的节点和代表变量依赖关系的有向边。例如,若贝叶斯网络中有两个节点A和B,且有一条由A指向B的边,则称A是B的父节点,或者B是A的子节点。在贝叶斯网络中,某一节点与其所有非子孙节点之间都具有条件独立的关系。因此,贝叶斯网络中也能说明变量之间的条件独立关系。贝叶斯网络参数指的是节点上的概率分布表。贝叶斯网络中的每个节点都拥有一个概率分布表,根节点的概率分布表显示的是该根节点对应变量的边缘分布情况,而非根节点的概率分布表。

贝叶斯网络的结构和参数也可以分别视为定性和定量描述的一种结合。DAG描述了各个节点变量间的条件独立和相互依赖关系,属于定性的描述;条件概率表则表示了各个节点与其父节点的关系,是一种定量的描述。这种方式将一个大而复杂的联合概率分布分解成了若干个小的条件概率分布,从而简化了知识的表示形式,便于后续进行概率推理。

在介绍了概念后,下文通过一个简单的例子来描述贝叶斯网络。在图12.1中,4个节点分别表示变量C、R、S和W。4个变量间的关系如图12.1中的有向边所示。每个变量的条件概率分布情况也通过节点旁的概率分布表进行了表示。在这个贝叶斯网络示例中,变量C是变量R和S的父节点,W是R和S的子节点。换句话说,R和S依赖于C,W同时依赖于R和S。在已知C的前提下,R和S条件独立;在已知R和S的前提下,W和C条件独立。C的概率分布表描述了C的边缘概率分布情况,而R的概率分布表则是在已知C时的条件概率分布,即$P(R|C)$。同理,S的概率分布表就是$P(R|S)$,而W的概率分布表就是$P(W|R,S)$。

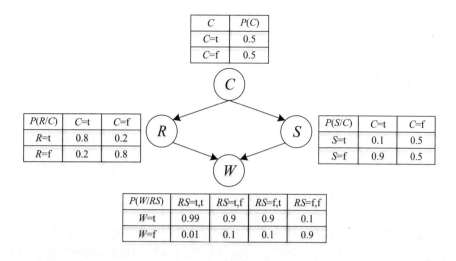

图 12.1　贝叶斯网络示例

12.4.2　贝叶斯网络学习

贝叶斯网络学习指的是构建贝叶斯网络的过程，即通过数据分析构建出一个合适的贝叶斯网络结构，并计算得出各节点概率分布表的过程。

贝叶斯网络学习的内容对应于贝叶斯网络的整体结构，可以分为贝叶斯网络的结构学习和贝叶斯网络的参数学习两个方面。在结构学习方面，比较主流的方法包括基于编码理论测度的学习方法和基于贝叶斯统计测度的学习方法；在参数学习方面，常见的方法包括基于经典统计的学习方法和基于贝叶斯统计学的学习方法。

贝叶斯网络的参数学习是在已确定贝叶斯网络结构的情况下，进行条件概率分布参数的学习，即定量地描述随机变量之间的概率依赖关系。最大似然估计法和贝叶斯估计法是两类基本的参数估计方法，当训练样本量较大的情况下，两种估计方法都将收敛于同一个概率值。

最大似然估计法的基本思想是，根据数据样本与模型参数 θ 的似然程度来判断数据样本与贝叶斯网络模型的匹配程度。似然程度通过似然函数来描述，似然函数值越大，依据参数 θ 产生样本的可能性就越大，具体的 θ 值就越好，但是最大似然估计法没有利用先验知识。

贝叶斯估计方法学习概率分布的基本思想是，利用先验知识估计出先验概率，再利用训练样本数据将先验概率更新为后验概率。假定一个固定的未知参数 θ，考虑已给定贝叶斯网络结构S时，参数 θ 的所有可能取值，利用先验信息寻求参数 θ 在已给定网络结构S和训练数据集D时具有的最大后验概率。由贝叶斯公式可得公式12.11。

$$P(\theta \mid D, S) = \frac{P(D \mid \theta, S) P(\theta \mid S)}{P(D \mid S)} \tag{12.11}$$

其中，$P(\theta \mid S)$ 为结构S下参数 θ 的先验概率，$P(D \mid S)$ 与具体参数 θ 的取值无关。目前最常用的先验是Dirichlet先验分布。假设多项式的参数为 $\theta_1, \ldots, \theta_k$，Dirichlet分布有一组超参数 $\alpha_1, \ldots, \alpha_k$，当 $P(\theta \mid D, S)$ 满足Dirichlet分布时，参数 θ 的后验概率如公式12.12所示。

$$P(\theta \mid D,S) = \mathrm{Dir}(\theta \mid \alpha_1,\ldots,\alpha_k) = \frac{T(\alpha)}{\prod_i T(\alpha_i)} \prod_i \theta^{\alpha_i} \qquad (12.12)$$

其中，$P(x_i) = \dfrac{\alpha_i}{\sum_j \alpha_j}$，对于数据集合D，统计值为 $N_1,\ldots,N_k$，可写为公式12.13。

$$P(\theta \mid D,S) = \mathrm{Dir}(\theta \mid \alpha_1 + N_1,\ldots,\alpha_k + N_k) \qquad (12.13)$$

将这一结果推广到贝叶斯网络中，定义事件 $V = v$ 并将其父节点 $pa(v) = u$ 的统计值记为 $N(v,u)$。因此，在贝叶斯估计算法中，参数估计可通过公式12.14进行计算。

$$\theta_{v \mid u} = \mathrm{Dir}(\alpha_1 + N(v_1,u),\ldots,\alpha_{vk} + N(v_k + u)) \qquad (12.14)$$

关于贝叶斯网络的学习方法，目前有很多学者都进行了深入研究。在研究早期，Cooper 和Herskovitz提出了贝叶斯网络评分函数，用于评价学习得到的贝叶斯网络与实际数据的契合程度；Friedman提出了一种在数据不完整的场景下学习贝叶斯网络的思路；Murphy提出了一种在实例数据较少的情况下学习贝叶斯网络结构的方法；另外，也有一些学者将遗传算法和神经网络学习算法应用在贝叶斯网络学习中。邢永康等人基于信息理论研究了一种基于互信息和的贝叶斯网络结构学习方法。针对数据存在较大程度缺失的场景，专家们通常采用近似学习方法的方式来生成贝叶斯网络，这些方法中包括EM算法、梯度上升算法、吉布斯抽样算法等。

贝叶斯网络在学习的时候常常需要面对一些特殊的复杂领域，难度较大。针对这一问题也有一些学者提出了解决方案。Laskey将模块化思想引入了贝叶斯网络的学习过程；一些研究工作人员在贝叶斯网络的学习过程中引入了子网络概念，子网络可以独立进行编辑和修改；Pfeffer等人则在子网络集成的过程中引入了布尔逻辑方法，以处理复杂领域中的特殊问题。

除此之外，斯坦福大学的Koller等人率先提出了一种面向对象的网络学习方法，为复杂贝叶斯网络的建造提供了一种新的思路。在此基础上，Koller等人提出了一种贝叶斯网络类来源于变量的属性集的学习方法。

12.4.3　贝叶斯网络推理

贝叶斯推理的方法众多，具有较多的分类标准。本节采用目前一种常用的分类方法将贝叶斯网络推理算法分为精确推理和近似推理两大类。

精确推理中推理的结果通过精确概率值来表示，常见的方法包括变量消元法和团树传播法。假设贝叶斯网中所有的概率分布集合用 $\mathcal{P}$ 来表示，X 表示所有的节点集，E 表示所有的证据变量集，Q 表示查询变量（$Q \subset X$），而 Y 表示 X 中除了证据变量 E 外的所有节点。变量消元法的基本原理就是，先在 $\mathcal{P}$ 中将所有的 E 设置为其观察值，从而得到 $\mathcal{P}'$，然后逐个消去在 Y 中存在但是在 Q 中不存在的变量，结果表示为 $\mathcal{P}''$。再将 $\mathcal{P}''$ 中的所有因子相乘以便于通过计算得到最终结果。变量消元法逐个去处理推理问题，并不考虑多次推理步骤间的共同问题。在实际应用中，贝叶斯网络中进行的若干次推理之间往往存在相同步骤。这将导致变量消元法的推理效率比较低。团树传播法针对这一问题实现了推理步骤的共享，从而提升了推理效率。精确推理这一类方法具有推理结果精度高的优势，劣势在于当网络规模较大时计算复杂度太高，因此不能有效处理大型数据。

与精确推理相对，近似推理降低了对推理结果精度的要求，从而提升推理方法的执行效率。常见的近似推理方法有吉布斯抽样法、似然加权法、概率逻辑抽样法、近似后验重要性抽样法等。这类方法虽然在精度上略逊一筹，但是在推理效率上较高，通过适当的处理后可以处理大规模的数据。

12.4.4　贝叶斯网络的应用

目前，贝叶斯网络已经在众多学科和领域中得到了广泛有效的应用，包括故障诊断、军事智能决策、医学上的病理分析、经济领域上的市场分析、交通管理等。

1. 故障诊断

贝叶斯网络在故障诊断方面的典型应用包括：美国罗克韦尔公司和航空航天局共同研发的太空船推进系统故障诊断系统、英特尔公司的微处理器故障诊断系统、美国通用电气公司的辅助汽轮机故障诊断系统和惠普公司的打印系统故障诊断决策支持系统等。

2. 军事智能决策

贝叶斯网络在军事智能决策领域上得到了成功的应用，例如洛克希德·马丁公司的水下无人驾驶自动控制系统、美国海军研究的一种基于贝叶斯网络的系统（能够自动识别并监视敌方发射过来的导弹或各种飞行器、船只等）。

3. 医学应用

在医学领域中，贝叶斯网络不仅可以应用于病理分析、疾病诊断，还能够应用在一些健康评估的专家系统上。

4. 经济领域应用

贝叶斯网络已经成功应用于市场分析、股票价格预测、欺诈信息检测、企业销售策略的评估以及企业产品质量检验与监控等方面。

5. 交通管理

贝叶斯网络在交通管理中可以用于实现路径选择智能决策系统，通过当前的交通状态和路况信息确认堵车的路段和具体的拥堵程度，并进一步采用控制交通灯等方式来优化道路上的交通情况。

12.5　贝叶斯优化

设计类问题在学术界和工业界中广泛存在。贝叶斯优化作为一种十分有效的全局优化算法，被应用在各个领域的设计类问题中。在选用合适的概率代理模型和采集函数的情况下，贝叶斯优化方法仅需要少数的目标函数评估就能够获得最优或近似最优解，因此非常适用于求解评估代价高昂的复杂黑盒优化问题。

通常，将设计问题考虑成一个最优化问题进行求解，如公式12.15所示。

$$x^* = \arg\min_{x \in \mathcal{X} \subseteq R^d} f(x) \tag{12.15}$$

其中，x表示d维决策向量，$\mathcal{X}$表示决策空间，f表示目标函数。

近年来，大数据应用的发展对生物学、环境生态学、计算机科学等领域以及军事、金融、通信等行业都起到了巨大的推进作用。这些大数据应用通常包含大量复杂的设计决策变量，待优化的目标函数往往多峰、非凸，函数表达式未知，并且评估代价高昂。在研制药物的设计问题中，药物配方可以作为决策空间，将药物效果（治愈率）作为函数输出，而评估药物效果需要临床实验进行观测，最终的优化目标是找到治愈率最高的药物配方。在上述药物设计的问题中，目标函数不存在明确的数学表达式，而评估过程可能会导致病人死亡，这是不可接受的。

针对上述复杂设计问题，贝叶斯优化提供了一种有效的全局优化思路。该方法基于代理模型实现了序贯优化。序贯优化指的是后面阶段的优化是在前面优化的基础上进行的，最终能够在限定的评估代价下得到一个满足要求的理想解。贝叶斯优化适合求解目标函数多峰、非凸、函数表达式未知、存在观测噪声并且评估代价高昂的优化问题，例如药物测试、航空航天测试等。目前贝叶斯优化方法已经被广泛应用于网页、游戏、材料设计、推荐系统、用户界面交互、机器人步态、导航和嵌入式学习系统、环境监控、组合优化、自动机器学习、传感器网络等领域，并取得了显著的成果。

12.5.1　贝叶斯优化框架

贝叶斯优化框架为寻找上述优化问题的全局最优解提供了一种有效途径，能够解决序贯决策理论中经典的机器智能问题，即根据对未知目标函数f进行评估获取的信息选定下一个评估位置，从而快速地找到最优解。问题的关键就在于如何根据已经评估得到的信息来选定下一个采样点。贝叶斯优化框架将目标函数视为黑盒，使用代理模型对该目标函数进行拟合，并根据观测结果更新代理模型，选择最有"潜力"的观测点进行评估，从而避免不必要的采样。因此，贝叶斯优化能够有效地利用完整的历史观测数据来加快搜索速度。

贝叶斯优化框架主要包含概率代理模型（probabilistic surrogate model）和采集函数（acquisition function）两个部分。概率代理模型包含先验概率模型和观测模型，更新概率代理模型的过程是利用新增的数据根据贝叶斯公式得到后验概率分布。采集函数是根据后验概率分布构造的，通过最大化采集函数来选择下一个评估点的位置。评价一个采集函数是否有效需要考虑通过该采集函数选择的评估点序列能否使得总损失最小。

在上述两个核心部分的基础上，贝叶斯优化框架不断进行迭代，包含以下3个步骤：首先，根据最大化采集函数的标准选择下一个评估点x_t；其次，对上一步选定的评估点x_t进行目标函数值评估$y_t = f(x_t) + \varepsilon_t$；最后，把第二步中最新观测得到的输入-输出值对$\{x_t, y_t\}$添加到历史数据集中，并更新概率代理模型，继续进行下一轮迭代过程。

12.5.2　概率代理模型

概率代理模型一般会被人们用来代理研究过程中所面临的未知目标函数，通过假设先验、迭代、修正先验等一系列过程,获得更为准确的概率代理模型。概率代理模型依照是否具有固定的模型参数个数分为参数模型和非参数模型。具有固定参数个数的概率模型称为参数模型。参数模型在数据量产生变化和优化过程中所具有的参数个数从始至终维持不变。非参数模型具有的模型参数个数随着数据量的变化而变化,甚至存在无限多个参数。由此可见,非参数模型比具有固定参数个数的参数模型更加灵活,而且在使用贝叶斯方法时不易产生过拟合现象。

高斯过程(Gaussian processes)是一种常用的非参数模型,被广泛应用于分类、回归等任务中。一个高斯过程由一个均值函数和一个半正定的协方差函数决定,如公式12.16所示。

$$f(x) \sim \mathcal{GP}\big(m(x), k(x, x')\big) \tag{12.16}$$

其中,均值函数 $m(x) = \mathbb{E}(f(x))$,协方差函数如公式12.17所示。

$$k(x, x') = \mathbb{E}\big[(f(x) - m(x))(f(x') - m(x'))\big] \tag{12.17}$$

为了简便,通常假设均值函数 $m(x)=0$ 。

高斯过程是一个随机变量的集合,其中任意有限个随机变量都满足一个联合高斯分布。首先假设一个0均值的先验分布 $p(f \mid X, \theta) = \mathcal{N}(0, \Sigma)$ 。其中, X 表示训练集 $\{x_1, x_2, \ldots, x_t\}$, f 表示未知函数的函数值集合 $\{f(x_1), f(x_2), \ldots, f(x_t)\}$, Σ 表示 $k(x, x')$ 构成的协方差矩阵 $\Sigma_{i,j} = k(x_i, x_j)$, θ 则代表超参数。

当存在观测噪声时,即 $y = f(x) + \varepsilon$,且假设噪声 ε 满足独立同分布的高斯分布 $p(\varepsilon) = \mathcal{N}(0, \sigma^2)$,可以得到如公式12.18所示的似然分布。

$$p(y \mid f) = \mathcal{N}(f, \sigma^2 I) \tag{12.18}$$

其中, y 表示观测值集合 $\{y_1, y_2, \ldots, y_t\}$ 。

根据公式12.18,可以得到边际似然分布公式,如公式12.19所示。

$$p(y \mid X, \theta) = \int p(y \mid f) p(f \mid X, \theta) \mathrm{d}f = \mathcal{N}(0, \Sigma + \sigma^2 I) \tag{12.19}$$

通常,通过最大化该边际似然分布优化超参数 θ 。

根据高斯过程的性质,存在如公式12.20所示的联合分布。

$$\begin{bmatrix} y \\ f_* \end{bmatrix} \sim N\left(0, \begin{pmatrix} \Sigma + \sigma^2 I & K_* \\ K_*^{\mathrm{T}} & K_{**} \end{pmatrix}\right) \tag{12.20}$$

其中, f_* 表示预测函数值, X_* 表示预测输入, $K_*^{\mathrm{T}} = \{k(x_1, X_*), k(x_2, X_*), \ldots, k(x_t, X_*)\}$, $K_{**} = k(X_*, X_*)$ 。

根据公式12.20,可以得到如公式12.21所示的预测分布。

$$p(f_* \mid X, y, X_*) = \mathcal{N}\big(\langle f_* \rangle, \mathrm{cov}(f_*)\big)$$

$$\langle f_* \rangle = K_*^{\mathrm{T}} [\Sigma + \sigma^2 I]^{-1} y \tag{12.21}$$

$$\mathrm{cov}(f_*) = K_{**} - K_*^{\mathrm{T}} [\Sigma + \sigma^2 I]^{-1} K_*$$

其中，$\langle f_* \rangle$表示预测均值，$\text{cov}(f_*)$表示预测协方差。

先验均值函数表示目标函数期望的偏移量。为了在增加模型解释性的同时便于先验信息的表达，可以明确地指定先验均值函数$m(x)$。此时，预测协方差与上式相同，预测均值如公式12.22所示。

$$\langle f_* \rangle = m(X_*) + \mathbf{K}_*^{\mathrm{T}}[\boldsymbol{\Sigma} + \sigma^2 I]^{-1}(y - m(X_*)) \tag{12.22}$$

在实践运用中，往往给定不了一个准确的、适合的先验均值函数。所以，通常假设先验均值函数$m(x)=0$。值得注意的是，当$m(x)=0$时，通过观测数据修正后的后验均值并不限制为0，因此该假设对后验准确性几乎不影响。

在高斯过程中存在着一致连续或利普希茨连续的平滑性假设，即在不同输入点之间的距离很接近的情况下，对应的观测值也很接近。因而，可以从样本附近的训练样本来获取样本的更多信息。协方差函数是高斯过程中计算两个数据点之间相似性的函数，指定了未知目标函数的平滑性和振幅。因此，高斯过程与数据性质的匹配与否、程度深浅与协方差函数的选取有着直接关系。

12.5.3 采集函数

上一节阐述了复杂黑盒目标函数的代理概率模型，随后叙述了完成模型更新时怎样做到结合新样本。本节将会阐述在贝叶斯优化中占比非常重要的一个概念：采集函数。它代表选取下一采样点位置的策略。所谓采集函数，就是指从输入空间、观测空间和超参数空间映射到实数空间的函数。该函数通过已观测数据集$D_{1:t}$得到的后验概率分布进行构造，并通过最大化采集函数来进行下一个采样点x_{t+1}的选择，如公式12.23所示。

$$x_{t+1} = \max_{x \in \mathcal{X}} \alpha_t(x; D_{1:t}) \tag{12.23}$$

1. 基于提升的策略

基于提升的策略通常会选取对比目前最优目标函数值更优的位置作为下一次的采样点。

PI（probability of improvement）量化了x的观测值可能提升当前最优目标函数值的概率。PI的采集函数如公式12.24所示。

$$\alpha_t(x; D_{1:t}) = p(f(x) \leqslant v^* - \xi) = \Phi\left(\frac{v^* - \xi - \mu_t(x)}{\sigma_t(x)}\right) \tag{12.24}$$

其中，v^*表示当前最优函数值，$\Phi(\cdot)$为标准正态分布累积密度函数，ξ为平衡参数，用于平衡局部和全局搜索之间的关系。在当前最优解附近时，上式的取值很大，并且在远离当前最优解时取值很小。对参数ξ的调整能够在一定程度上缓解陷入局部最优的问题。当ξ较大时，$f(x) \leqslant v^* - \xi$在决策空间上的概率都较小，PI策略更针对全局检索；而当ξ较小时，PI策略更针对局部检索。

虽然PI策略能够找出提升概率最大的采样点，但是PI策略仅考虑了提升的概率，并没有考虑提升值的大小。针对这一问题，Močkus等人提出了另一种基于提升的策略EI（expected improvement），EI策略的采集函数如公式12.25所示。

$$\alpha_t(x;D_{1:t}) = \begin{cases} \left(v^* - \mu_t(x)\right)\Phi\left(\dfrac{v^* - \mu_t(x)}{\sigma_t(x)}\right) + \sigma_t(x)\Phi\left(\dfrac{v^* - \mu_t(x)}{\sigma_t(x)}\right), & \sigma_t(x) > 0 \\ 0, & \sigma_t(x) = 0 \end{cases} \quad （12.25）$$

其中，$\Phi(\cdot)$ 为标准正态分布概率密度函数。EI策略选择的采样点的思路与PI策略不同，能够在考虑提升概率的同时体现出不同的提升量。此外，EI策略同样可以通过平衡参数 ξ 来处理局部和全局搜索之间的关系，如公式12.26所示。

$$\alpha_t(x;D_{1:t}) = \begin{cases} \left(v^* - \xi - \mu_t(x)\right)\Phi\left(\dfrac{v^* - \xi - \mu_t(x)}{\sigma_t(x)}\right) + \sigma_t(x)\Phi\left(\dfrac{v^* - \xi - \mu_t(x)}{\sigma_t(x)}\right), & \sigma_t(x) > 0 \\ 0, & \sigma_t(x) = 0 \end{cases} \quad （12.26）$$

2. 置信边界策略

Srinivas等人针对高斯过程提出了一种置信边界策略：GP-UCB。UCB（upper confidence bound）代表置信上界，在求解目标函数最大值时，UCB策略的采集函数如公式12.27所示。

$$\alpha_t(x;D_{1:t}) = \mu_t(x) + \sqrt{\beta_t}\,\sigma_t(x) \quad （12.27）$$

当求解目标函数的最小值时，使用置信下界策略LCB（lower confidence bound），如公式12.28所示。

$$\alpha_t(x;D_{1:t}) = -\left(\mu_t(x) - \sqrt{\beta_t}\,\sigma_t(x)\right) \quad （12.28）$$

其中，参数 β_t 平衡了期望和方差。

Srinivas等人给出了相对于不同协方差函数参数 β_t 的具体表达式。公式12.27和公式12.28表明：当不确定性较大时，采集函数取值同样很大，LCB采集函数在不确定性大的地方存在波峰，并且最大化LCB采集函数的采样点偏向置信下边界的最小值，这个偏向程度取决于参数 β_t 的大小。

12.5.4　贝叶斯优化的应用

由于贝叶斯优化算法在优化复杂黑箱问题上具有显著成效，因而贝叶斯优化已被广泛应用于诸多领域。

1. A/B 测试

Google和Microsoft等公司在广告与网页优化设计方面应用了贝叶斯优化。它们想要处理的问题是，给定咨询预算的情况下如何择优选取用户进行咨询（这里的咨询是使用产品的用户对其使用版本的产品进行评价、返回评估结果或其他指标），帮助设计下一版本产品和改善当前版本产品。采用窗口页、问卷、应用内置程序途径等获得的用户反馈，开发人员可以利用贝叶斯优化对产品的配置进行优化调整。

2. 推荐系统

Google和Microsoft等公司应用贝叶斯优化技术，根据订阅者订阅的网站、视频、音乐等方面的内容，为订阅者推荐相关的新闻文章。A/B测试的迭代只能为用户弹出一个推荐网页，而推荐系统则能快速地一次性为任意用户提供多种信息或货品。

3. 机器人学

两足机器人或多足机器人的行进姿态优化问题在机器人学中是极为关键的一点。Lizotte等人应用贝叶斯优化解决传统步态优化方法容易陷入局部最优和需要大量评估的问题。该方法采用高斯过程作为概率代理模型，采用PI采集函数实现了评估次数更少的机器人步伐评估过程。Martinez-Cantin等人提出一种在有限视野情况下的主动策略学习算法来实现机器人导航和不确定性地点探索。该方法将高斯过程作为概率代理模型，使用EI采集函数。

4. 算法超参数自动优化

人工构造一种优秀算法，需要大量的人工干预去进行参数调节实验，这会损耗人们巨额的时间和精力，也不能确保得到理想结果。实现算法超参数的自动优化，不仅仅能让人们从烦琐的调优算法过程中解脱出来，去专注于建模等高层次问题，还能节省大量的训练时间。因而，实现算法超参数的自动优化很有必要。贝叶斯优化在这一问题上已经取得了不菲的成就。Bergstra等人应用贝叶斯优化实现了神经网络和深度信念网络中超参数的自动调优。Snoek等人应用贝叶斯优化自动优化卷积神经网络中的超参数。Mahendran等人提出一种基于贝叶斯优化的自适应马尔可夫链蒙特卡洛算法。Thornton等人提出了Auto-WEKA，通过贝叶斯优化实现了分类算法的自动模型选择和超参数优化。Zhang等人针对目标识别问题，运用贝叶斯优化实现了卷积神经网络的超参数调优。Wang等人通过贝叶斯优化调整混合整数规划求解器的参数来提升求解效率。Klein等人提出一种快速贝叶斯优化方法，能够调节大规模数据集上的机器学习算法的超参数。Xia等人应用贝叶斯优化调节决策树中的超参数，提高信用评价精度。

5. 环境监控与传感器网络

传感器设备被用于测量环境指标时，通常是用于测量温度、湿度、空气质量、污染物含量、速度等指标。受限于实测环境，传感器设备不能在所有所测环境中放置设备，而且会面临意外、噪声等干扰，因而传感器测量所得到的数据时常伴随着不确定性。此外，每次启动传感器设备去进行环境感知也会耗费能量。Srinivas等人运用高斯过程作为代理模型的贝叶斯优化找到了室内温度极值位置或高速公路上的最堵位置。Garnett等人使用贝叶斯优化选择最优传感器子集，从而提升预测效果。Marchant等人在环境监控中应用贝叶斯优化，指导可移动机器人在环境中不断进行采样，从而实现对周围环境的精确感知。

12.6   贝叶斯优化迭代过程示例

本节使用bayes_opt包的BayesianOptimization方法对贝叶斯优化的迭代过程进行示例，为此需要创建一个包含多个局部最大值的目标一维函数，待优化（最大化）的目标函数如公式12.29所示。

$$f(x) = e^{-(x-2)^2} + e^{-\frac{(x-6)^2}{10}} + \frac{1}{x^2+1} \tag{12.29}$$

其最大值位于$x=2$（见图12.2），所以将感兴趣的区间限制为$x \in (-2, 10)$。

注意，在实践中这个函数是未知的，唯一的信息是通过在不同的位置顺序探测获取的。贝叶斯优化能够建立一个最适合观测数据的后验函数分布，并通过平衡探索和利用来选择下一个探测点。

输入要最大化的目标函数、目标函数的变量及其对应的范围。启动算法需要至少两次的初始猜测，既可以是随机的，也可以是用户选定的。

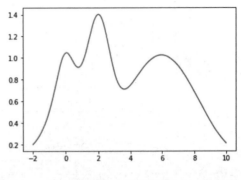

图 12.2　目标函数

在本例中，使用高斯过程作为概率代理模型并使用UCB作为采集函数。

在随机观测两个点后，拟合一个高斯过程并开始贝叶斯优化过程，如图12.3所示。两个点会产生一个较为平稳的后验，选择不确定性最大的地方做进一步观测。从图中可以看出，通过采集函数选择的下一个观测点位于$x = -2$处。

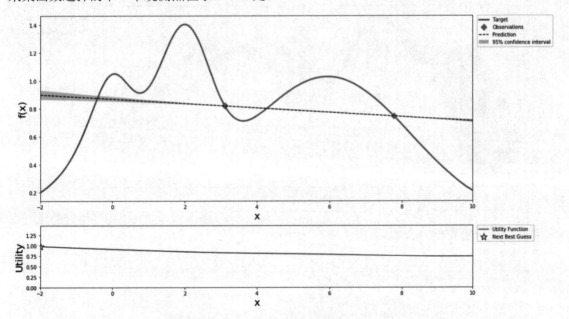

图 12.3　两次随机采样后的高斯过程和采集函数

通过对该点进行观测，可以得到3次采样后的高斯过程和采集函数，如图12.4所示。其中，曲线为目标函数，标注点为目前已经观测过的点，虚线为当前的预测，阴影区间为当前预测的95%置信区间。

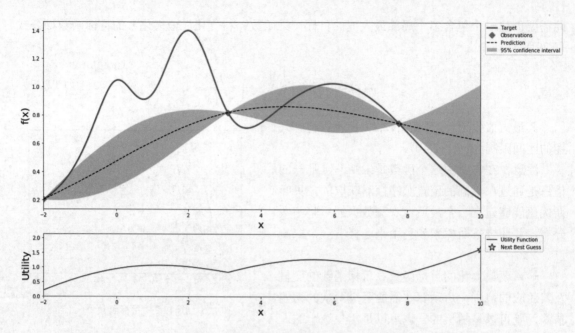

图 12.4　三次采样后的高斯过程和采集函数

在贝叶斯优化的迭代过程中，通过最大化采集函数来选择下一个最有潜力的评估点。在本例中，经过9次采样后的高斯过程和采集函数如图12.5所示。

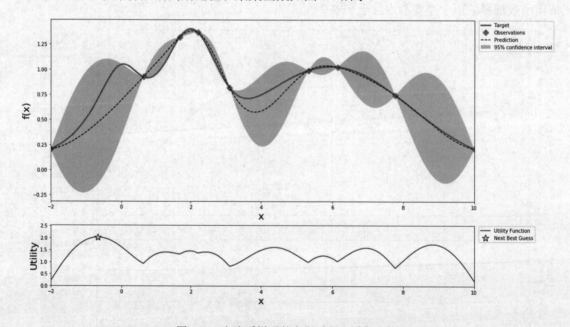

图 12.5　九次采样后的高斯过程和采集函数

从图12.5中可以看到，仅仅几个点之后，算法就能够非常接近真实的最大值。需要注意的是，在探索（探测参数空间）和利用（观测当前已知最大值附近的点）之间的权衡是成功的贝叶斯优化过程的基础。

12.7 本 章 小 结

贝叶斯决策论在数据分析领域具有极为重要的地位，主要体现在机器学习和模式识别等诸多相关领域。贝叶斯决策论不但在对贝叶斯定理近似求解问题上大有所为，而且在机器学习算法设计方面为研究者开创了一种有效途径。

为回避贝叶斯定理求解时面对的样本疏落、组合爆炸问题，朴素贝叶斯分类器引进了"属性条件独立性假设"，即用于分类的属性在类确定的条件下都是相互独立的。从朴素贝叶斯分类器到贝叶斯网络，从忽视属性间的依赖性到可以表示任意属性间的依赖性，贝叶斯网络为不确定性学习和推断打好了更进一步的基础。

然后以贝叶斯优化框架为主体，完整地介绍了贝叶斯优化的各个方面。贝叶斯优化算法不但能适用于求解目标函数表达式未知、非凸、多峰的问题，而且对于评估代价高昂的复杂优化问题也有自己的独到之处。

最后，通过实际示例阐明了贝叶斯优化的迭代过程。

第13章 聚类算法

将物理或抽象对象的集合分成由类似的对象组成的多个类的过程被称为聚类。由聚类所生成的簇是一组数据对象的集合，这些对象与同一个簇中的对象彼此相似，与其他簇中的对象相异。聚类算法是一种无监督学习算法，试图通过数据间的关系发现一定的模式，可以用于监督学习中特征的预处理。本章将从聚类算法的性能度量、样本之间的距离计算和常用聚类算法三个方面对聚类算法展开论述。关于常用聚类算法，本章根据算法本身的依据将聚类算法分为基于层次的算法、基于分割的算法和基于密度的算法三类，并对各种类别的算法分别进行论述。

13.1 聚类的评价指标

聚类是一类无监督的学习算法，与监督学习算法类似，聚类算法需要通过性能度量的指标来评价算法本身的性能好坏。评价指标确定后，也可以直接作为聚类过程的优化目标。聚类结果的目标是，"簇内相似度高"且"簇间相似度低"。

聚类的评价指标分为外部指标和内部指标两种类型，其中外部指标将聚类结果与某个参考模型进行比较，而内部指标直接考察聚类结果而不是用参考模型。

假设对于数据集 $D = \{x_1, x_2, ..., x_m\}$，某一聚类方法给出的簇划分结果为 $C = \{C_1, C_2, ..., C_k\}$，参考模型给出的簇划分结果为 $C' = \{C'_1, C'_2, ..., C'_k\}$，$\lambda$ 与 λ^* 分别为两个模型的簇标记向量，将样本两两配对考虑，定义如下：

$$
\begin{aligned}
a &= |SS|, SS = \{\{x_i, x_j\} \mid \lambda_i = \lambda_j, \lambda'_i = \lambda'_j, i < j\} \\
b &= |SD|, SD = \{\{x_i, x_j\} \mid \lambda_i = \lambda_j, \lambda'_i \neq \lambda'_j, i < j\} \\
c &= |DS|, DS = \{\{x_i, x_j\} \mid \lambda_i \neq \lambda_j, \lambda'_i = \lambda'_j, i < j\} \\
d &= |DD|, DD = \{\{x_i, x_j\} \mid \lambda_i \neq \lambda_j, \lambda'_i \neq \lambda'_j, i < j\}
\end{aligned}
\tag{13.1}
$$

上述定义要求一组样本对仅能出现在一个集合中，显然有 $a + b + c + d = m(m-1)/2$，根据定义，得到外部评价指标：

（1）Jaccard系数：

$$
JC = \frac{a}{a + b + c}
\tag{13.2}
$$

（2）FM系数：

$$
FM = \sqrt{\frac{a}{a + b} \cdot \frac{a}{a + c}}
\tag{13.3}
$$

（3）Rand指数：

$$RI = \frac{2(a+d)}{m(m-1)} \tag{13.4}$$

上述外部评价指标结果均属于[0,1]区间，指标值越大，聚类算法效果越好。

关于聚类评价指标中的内部评价指标，仅考虑聚类结果的簇划分 $C = \{C_1, C_2, ..., C_k\}$，定义如下：

$$
\begin{aligned}
\operatorname{avg}(C) &= \frac{2}{|C|(|C|-1)} \sum_{1 \leqslant i < j \leqslant |C|} \operatorname{dist}(x_i, x_j) \\
\operatorname{diam}(C) &= \max_{1 \leqslant i < j \leqslant |C|} \operatorname{dist}(x_i, x_j) \\
d_{\min}(C_i, C_j) &= \min_{x_i \in C_i, x_j \in C_j} \operatorname{dist}(x_i, x_j) \\
d_{\operatorname{cen}}(C_i, C_j) &= \operatorname{dist}(\mu_i, \mu_j)
\end{aligned}
\tag{13.5}
$$

其中，$\operatorname{dist}(\cdot, \cdot)$ 函数为两个样本之间的距离，μ 为簇 C 的中心点。

基于式13.5可导出以下常用的聚类内部评价指标：

（1）DB指数（Davis-Bouldin Index，DBI）：

$$DBI = \frac{1}{k} \sum_{i=1}^{k} \max_{j \neq i} \left(\frac{\operatorname{avg}(C_i) + \operatorname{avg}(C_j)}{D_{\operatorname{cen}}(C_i, C_j)} \right) \tag{13.6}$$

（2）Dunn指数（Dunn Index，DI）：

$$DI = \min_{1 \leqslant i \leqslant k} \left\{ \min_{j \neq i} \left(\frac{d_{\min}(C_i, C_j)}{\max_{1 \leqslant l \leqslant k} \operatorname{diam}(C_l)} \right) \right\} \tag{13.7}$$

其中，DBI值越小越好，而DI值越大越好。

13.2 距 离 计 算

聚类评价指标中的相似度指标可以用距离来度量。对 $\operatorname{dist}(\cdot, \cdot)$ 函数，如果函数是一个距离，则需满足以下基本性质：

（1）非负性：$\operatorname{dist}(x_i, x_j) \geqslant 0$。

（2）同一性：$\operatorname{dist}(x_i, x_j) = 0$ 当且仅当 $x_i = x_j$。

（3）对称性：$\operatorname{dist}(x_i, x_j) = \operatorname{dist}(x_j, x_i)$。

（4）直递性：$\operatorname{dist}(x_i, x_j) < \operatorname{dist}(x_i, x_k) + \operatorname{dist}(x_k, x_j)$。

给定样本 $x_i = \{x_i^1, x_i^2, ..., x_i^n\}$ 与 $x_j = \{x_j^1, x_j^2, ..., x_j^n\}$，最常用的是闵可夫斯基距离：

$$\text{dist}_{\text{min kovski}}(x_i, x_j) = (\sum_{u=1}^{n} |x_i^u - x_j^u|^p)^{\frac{1}{p}} \tag{13.8}$$

$p=1$ 时闵可夫斯基距离为曼哈顿距离，$p=2$ 时为欧氏距离，$p \to \infty$ 时为切比雪夫距离。此外，还有以下几种距离较为常用：

（1）马氏距离：

$$D(X_i, X_j) = \sqrt{(X_i - X_j)^T \boldsymbol{S}^{-1}(X_i - X_j)}$$

其中，S 为样本间的协方差矩阵。

（2）相关距离：

$$D(X_i, X_j) = \frac{\text{Cov}(X_i, X_j)}{\sqrt{D(X_i)}\sqrt{D(X_j)}}$$

即两个样本之间的相关系数。

（3）KL距离：

$$D(P \| Q) = \sum_{x \in X} P(x) \log \frac{P(x)}{Q(x)}$$

也叫相对熵，用于衡量两个分布之间的差异，不满足对称性和三角不等式。该距离用于衡量在相对时间空间里，概率分布 $P(x)$ 对应的每个事件，用概率分布 $Q(x)$ 编码时平均每个基本事件（符号）编码长度增加了多少比特。

13.3 聚 类 算 法

本节将聚类算法按照算法所用到的技术分为三种类型（基于层次的算法、基于分割的算法和基于密度的算法）。对于每一种算法，我们均在公开数据集鸢尾花上使用默认参数进行测试，并给出对应的聚类结果和评分。

13.3.1 基于层次的算法

层次聚类算法依据估计矩阵将数据组织为一个分层结构。根节点代表整个数据集，每个叶节点代表一个数据对象。

BIRCH 算法

BIRCH（balanced iterative reducing and clustering using hierarchies）算法使用了一种叫作CF树（clustering feature tree，聚类特征树）的分层数据结构，来对数据点进行动态、增量式聚类。CF树是存储了层次聚类过程中的聚类特征信息的一个加权平衡树，树中每个节点代表一个子聚类，并保持有一个聚类特征向量CF。每个聚类特征向量是一个三元组，存储了一个聚类的统计信息。聚类特征向量中包含了一个聚类的三个统计信息：数据点的数目N，这N个数据点的线性和，以及这N个数据点的平方和SS。一个聚类特征树是用于存储聚类特征CF的平衡树，有两个参数：每个节点的最大子节点数和每个子聚类的最大直径。当新数据插入时，就动态地构建该树。与空间索引相似，它也用于把新数据加入到正确的聚类当中。

BIRCH算法的主要目标是使I/O时间尽可能小，避免将大型数据集完全装入内存中，并且提高算法对离群点的鲁棒性。BIRCH算法通过把聚类分为两个阶段来达到上述目的。首先通过构建CF树对原数据集进行预聚类，然后在前面预聚类的基础上进行聚类。BIRCH在鸢尾花数据集上的聚类结果散点图，如图13.1所示。

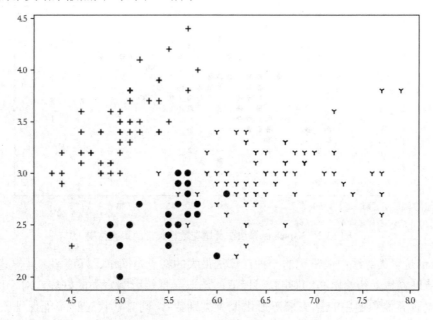

图 13.1 BIRCH算法在鸢尾花数据集上的聚类结果

13.3.2 基于分割的算法

在基于分割的聚类算法中，首先确定将数据点聚为几类，然后挑选等同于类别数的数据点作为初始聚类中心点，对数据点做迭代重置，直到最后到达"类内的点都足够近，类间的点都足够远"的目标效果。

1. K-means 算法

K-means算法是一种迭代求解的聚类分析算法，随机选取K个样本作为初始的聚类中心，然后计算每个样本和聚类中心之间的距离，把每个样本分配到距离它最近的聚类中心。每次分配结束，所有聚类的聚类中心都将基于聚类中的所有样本进行重新计算。上述过程将不断迭代，直到达到某一设定的终止条件。

K-means算法的主要过程如下：

（1）在样本点中随机选取k个作为初始质心。

（2）对于每个样本点，计算距其最近的质心，将其类别标为对应的聚类。

（3）根据聚类所属的样本点重新计算对应的质心。

（4）若质心不再发生变化，则算法结束，否则返回步骤（2）。

K-means在鸢尾花数据集上聚类结果散点图，如图13.2所示。

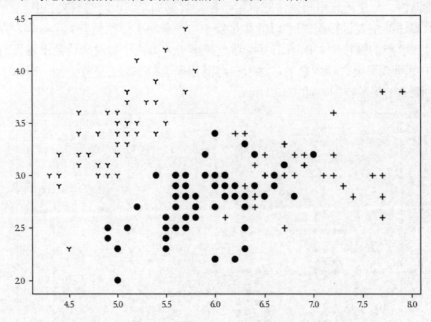

图 13.2　K-means 算法在鸢尾花数据集上的聚类结果

K-means是聚类算法中最常用的一种，算法最大的特点是简单、好理解、运算速度快，缺点是选择结果容易受初始质心的影响，且 k 值的选取会直接影响聚类的好坏。对于K-means算法来说，没有高效和通用的算法来初始化聚类类别数 k，同时迭代过程不能保证收敛到全局最优。

2. EM 算法

EM（Expectation-Maximum）算法也称期望最大化算法，是数据挖掘最常用的算法之一。EM算法是最常见的隐变量估计方法，在机器学习中有极为广泛的用途，例如常被用来学习高斯混合模型（Gaussian mixture model，GMM）的参数、隐式马尔科夫模型（Hidden Markov Model，HMM）的变分推断等。

EM算法是一种迭代优化策略，由于它的计算方法中每一次迭代都分两步，其中一个为期望步（E步），另一个为极大步（M步），所以算法被称为EM算法（Expectation-Maximization Algorithm）。EM算法受到缺失思想影响，最初是为了解决数据缺失情况下的参数估计问题。

已知目前有100个男生和100个女生的身高，但是不知道这200个数据中哪个是男生的身高、哪个是女生的身高，即抽取得到的每个样本都不知道是从哪个分布中抽取的。这时对于每个样本就有两个未知量需要估计：

（1）这个身高数据是来自于男生数据集合还是来自于女生数据集合？

（2）男生、女生身高数据集的正态分布参数分别是多少？

这时来自于男生还是女生就是隐变量，需要估计在此条件下的身高正态分布的参数。

计算步骤如下：

① 初始化参数，先初始化男生身高的正态分布参数：均值和方差。

② 计算每个人更可能属于男生还是女生。以上两步骤属于期望步。

③ 通过分为男生的n个人来重新估计男生身高分布的参数（最大似然），女生分布也按照相同方式进行估计，更新分布。

④ 此时两个分布发生变化，重复①到③步，直到不再变化。

要了解EM方法，首先需要了解最大似然估计和Jensen不等式。设f是定义域为实数的函数，如果对于所有的实数x，$f(x)$的二阶导数都大于0，那么函数f是凸函数。

Jensen不等式定义如下：

如果f是凸函数，X是随机变量，那么$E[f(x)] \geqslant f(E[x])$，如图13.3所示。当且仅当$X$是常量时，该式取等号。其中，$E(X)$表示$X$的数学期望。

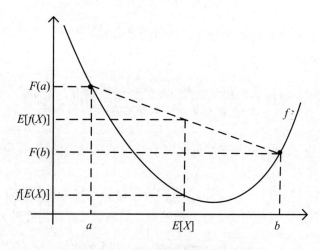

图 13.3 Jensen 不等式表示图

注意，Jensen不等式应用于凹函数时，不等号方向反向。当且仅当x是常量时，该不等式取等号。

基于Jensen不等式和最大似然估计，可以对EM算法进行推导，对于n个观测样本x，其极大化模型分布的对数似然函数为：

$$\hat{\theta} = \arg\max \sum_{i=1}^{n} \log p(x_i; \theta) \tag{13.9}$$

对于观测样本含有隐变量z的情况，即每个样本所属类别未知的情况下对应的对数似然函数为：

$$\hat{\theta} = \arg\max \sum_{i=1}^{n} \log p(x_i; \theta) = \arg\max \sum_{i=1}^{n} \log \sum_{z_i} p(x_i, z_i; \theta) \tag{13.10}$$

公式（13.10）是由 x_i 的边缘概率计算出来的，因此不能用来直接求出 θ，可使用Jensen不等式对其进行缩放：

$$\sum_{i=1}^{n} \log \sum_{z_i} p(x_i, z_i; \theta) = \sum_{i=1}^{n} \log \sum_{z_i} Q_i(z_i) \frac{p(x_i, z_i; \theta)}{Q_i(z_i)} \geqslant \sum_{i=1}^{n} \sum_{z_i} Q_i(z_i) \log \frac{p(x_i, z_i; \theta)}{Q_i(z_i)} \tag{13.11}$$

不等号前边是引入一个未知的新分布 Q，分子分母均是同时乘它得到的。不等式后边根据Jensen不等式得到，由于 $\sum_{z_i} Q_i(z_i) \frac{p(x_i, z_i; \theta)}{Q_i(z_i)}$ 是 $\frac{p(x_i, z_i; \theta)}{Q_i(z_i)}$ 的期望，且 $\log(x)$ 为凹函数，可以得到该不等式。

上述过程可以被看作是 $\log l(\theta)$ 求了下界（$l(\theta) = \sum_{i=1}^{n} \log p(x_i; \theta)$）。

如果要满足Jensen不等式的等号，则有：

$$\frac{p(x_i, z_i; \theta)}{Q_i(z_i)} = c \tag{13.12}$$

其中，c 为常数，由于 Q 是一个分布，所以满足 $\sum_{z} Q_i(z_i) = 1$，则 $\sum_{z} p(x_i, z_i; \theta) = c$。

由上述两个式子可以得到：

$$Q_i(z_i) = \frac{p(x_i, z_i; \theta)}{\sum_{z} p(x_i, z_i; \theta)} = \frac{p(x_i, z_i; \theta)}{p(x_i; \theta)} = p(z_i \mid x_i; \theta) \tag{13.13}$$

至此，我们推出了在固定其他参数 θ 后 Q 的计算公式就是后验概率，并解决了 Q 如何选择的问题。

如果 $Q_i(z_i) = p(z_i \mid x_i; \theta)$，则上式是包含隐藏数据的对数似然函数的一个下界。如果能够最大化上式这个下界，则也是在极大化之前的对数似然函数，即需要最大化公式（13.14）：

$$\arg \max \sum_{n=1}^{n} \sum_{z_i} Q_i(z_i) \log \frac{p(x_i, z_i; \theta)}{Q_i(z_i)} \tag{13.14}$$

经过上述推导，最终可以得到如下算法流程（参见图13.4）：

（1）输入：观察到的数据 x，联合分布 $p(x, z; \theta)$，条件分布 $p(z \mid x; \theta)$，最大迭代次数 J。

● 随机初始化模型参数 θ。

● 根据 J 开始EM迭代。

（2）E步：计算联合分布的条件概率期望。

$$Q_i(z_i) = p(z_i \mid x_i, \theta_i)$$
$$l(\theta, \theta_j) = \sum_{i=1}^{n} \sum_{z_i} Q_i(z_i) \log \frac{p(x_i, z_i; \theta)}{Q_i(z_i)} \tag{13.15}$$

（3）M步：极大化 $l(\theta, \theta_j)$，得到新的参数。

$$\theta_{j+1} = \arg\max l(\theta, \theta_j) \qquad (13.16)$$

（4）输出：模型参数θ。

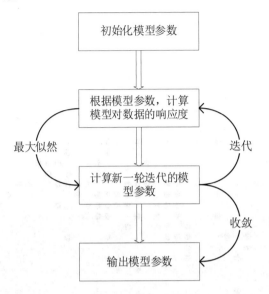

图 13.4 EM 算法流程图

同时，EM算法可以保证收敛到一个稳定点，即EM算法是一定收敛的。EM算法可以保证收敛到一个稳定点，却不能保证收敛到全局的极大值点，因此它是局部最优的算法。当然，若需要的优化目标$l(\theta, \theta_j)$是凸函数，则EM算法可以保证收敛到全局最大值，这一点和梯度下降法的迭代算法相同。

13.3.3 基于密度的算法

层次聚类算法和分割聚类算法往往只能发现凸形的聚类簇。为了弥补这一缺陷并发现各种任意形状的聚类簇，研究者开发出一类基于密度的聚类算法。这类算法认为，在整个样本空间点中，各目标类簇是由稠密样本点组成的，这些稠密样本点被低密度区域分割，而算法的目的就是要过滤低密度区域，发现稠密样本点。

1. DBSCAN 算法

DBSCAN是一种著名的密度聚类算法，使用一组关于"邻域"的参数来描述样本分布的紧密程度。

DBSCAN算法的主要过程如下：

① 遍历所有样本，找出所有满足邻域距离的核心对象集合。

② 任意选择一个核心对象，找出其所有密度可达的样本并生成聚类簇。

③ 从剩余的核心对象中移除②中找到的密度可达的样本。

更新后的核心对象集合重复执行步骤②、③直到核心对象都被遍历或移除。

DBSCAN算法对数据不同的处理顺序可能会导致不同的处理结果。它的聚类效果会受到维数灾难的影响。如何选择邻域距离和邻域最小样本个数是DBSCAN中非常关键的问题。

DBSCAN在鸢尾花数据集上的聚类结果散点图，如图13.5所示。

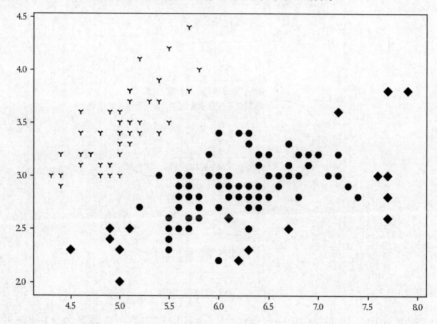

图 13.5　DBSCAN 算法在鸢尾花数据集上的聚类结果

2. Mean Shift 算法

Mean Shift（均值漂移）是基于密度的非参数聚类算法，其算法思想是假设不同簇类的数据集符合不同的概率密度分布，找到任一样本点密度增大的最快方向，样本密度高的区域对应于该分布的最大值，这些样本点最终会在局部密度最大值收敛，且收敛到相同局部最大值的点被认为是同一簇类的成员。

Mean Shift算法的主要过程如下：

（1）首先设定起始点为x，其余样本点为x_i，则计算向量$\overrightarrow{xx_i}$，将所有的向量$\overrightarrow{xx_i}$进行求和计算平均，就得到Mean Shift向量。

（2）以Mean Shift向量的终点为原点，做一个高维的球，重复上述步骤，最终收敛到点的分布中密度最大的地方。

Mean Shift算法进行聚类不需要设置簇类的个数，同时可以处理任意形状的簇类，算法结果较为稳定。该算法的聚类结果取决于带宽的设置：带宽设置得太小，收敛太慢，簇类个数过多；带宽设置得太大，一些簇类可能会丢失。另外，对于较大的特征空间，计算量会非常大。Mean Shift在计算机视觉领域的应用非常广，如图像分割、聚类和视频跟踪等。

Mean Shift在鸢尾花数据集上的聚类结果散点图，如图13.6所示。

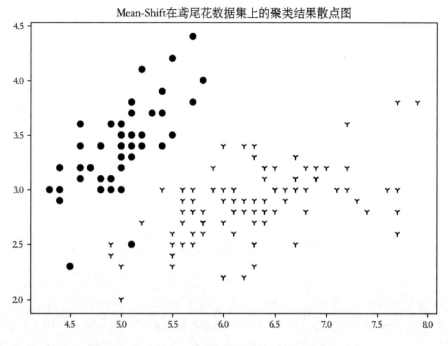

图 13.6　Mean Shift 算法在鸢尾花数据集上的聚类结果

13.4　本 章 小 结

本章介绍了无监督学习中重要的一类算法——聚类算法。将数据集合分成由类似对象组成的多个类的过程被称为聚类。由聚类所生成的簇是一组数据对象的集合，这些对象与同一个簇中的对象彼此相似，与其他簇中的对象相异。聚类和分类的不同在于，聚类所要求的划分的类是未知的。很多机器学习算法会使用聚类作为分析数据特性的开端。

我们首先介绍了聚类算法的评价指标，主要分为外部指标和内部指标两种，然后我们介绍了数据对象距离的不同定义方法，作为聚类算法运行的重要超参数。最后，我们介绍了几种经典的聚类算法，阐述了它们的算法思想和算法步骤。

第 14 章 关联规则学习

关联规则学习（association rule learning）是一种在大量数据集中发现变量之间的某些潜在关系的方法，通过一件或多件事物来预测其他事物，可以从大量数据中获取有价值数据之间的联系。关联规则学习在数据挖掘领域应用十分广泛，常见的方法有Apriori算法和FP-growth算法。

14.1 关联规则学习概述

关联规则学习经常出现在数据挖掘、推荐系统等领域中。举个常见的例子，在分析调研一家商场的消费记录后，发现许多顾客会同时购买筷子和盘子，购买筷子的顾客中有75%的顾客会购买盘子，这其中就有一层潜在的关系，即筷子→盘子。商家可以根据这一层隐藏的关系将筷子和盘子放在同一个购物区，方便顾客购买。再比如，在搜索框内输入一些关键词，通常会补全一些关于关键词的常见搜索问题，这也是通过关联规则学习分析用户在搜索时经常会出现的问题，方便用户快速查找。一般认为，关联规则挖掘主要由两个步骤组成：一是从事务数据集中挖掘所有支持度不小于最小支持度阈值的频繁项集；二是从上一步结果中生成满足最小置信度阈值要求的关联规则。

14.2 频 繁 项 集

在介绍关联规则学习之前，首先介绍一下频繁项集（frequent item sets）。频繁项集指的是在数据集中经常出现在一起的关键词集合。

对于频繁项集的评估，通常使用的指标有两个，分别是支持度（support）和置信度（confidence）。

一个项集的支持度是几个关联的数据在数据集中出现的次数占总数据集的比重，或者说几个数据关联出现的概率。如果分析两个关联性的数据X和Y，则对应的支持度计算如公式14.1所示。

$$\text{Support}(X, Y) = P(XY) = \frac{\text{count}(XY)}{\text{count}(All)} \tag{14.1}$$

以此类推，如果分析三个关联性的数据X、Y和Z，则对应的支持度如公式14.2所示。

$$\text{Support}(X, Y, Z) = P(XYZ) = \frac{\text{count}(XYZ)}{\text{count}(\text{All})} \tag{14.2}$$

在关联规则学习中，有时为了方便，在计算支持度时，也可以直接使用支持度计数（support count）作为替代，即公式14.3所示。

$$\text{Support\_Count}(X) = \text{count}(X) \tag{14.3}$$

本章示例中的支持度计算都是使用支持度计数作为替代的。

置信度是针对已经出现的一条关联规则体现的，即一个数据出现后另一个数据出现的概率。如果分析两个关联性的数据X和Y，X对Y的置信度如公式14.4所示。

$$\text{Confidence}(X \Leftarrow Y) = P(X \mid Y) = \frac{\text{Support}(X, Y)}{\text{Support}(Y)} = P(XY) / P(Y) \tag{14.4}$$

也可以以此类推到多个数据的关联置信度，比如对于三个数据X、Y、Z，则X对于Y和Z的置信度如公式14.5所示。

$$\text{Confidence}(X \Leftarrow YZ) = P(X \mid YZ) = \frac{\text{Support}(X, Y, Z)}{\text{Support}(Y, Z)} = P(XYZ) / P(YZ) \tag{14.5}$$

一般来说，要选择一个数据集合中的频繁数据集，则需要自定义评估标准。最常用的评估标准是用自定义的支持度或者是自定义支持度和置信度的一个组合。

14.3　Apriori算法

通过上一小节的介绍可知，支持度可以用来判断一个项集是否为频繁项集。如果给定一个集合{A,B,C,D,E}，其所有的项集如图14.1所示。给定一个项集，如{A,D}，当要计算它的支持度的时候，需要遍历集合中的每一条记录，寻找同时包含A和D两项的记录数，每存在一条，便将记录数增加1，最后与总记录数相除，便可以得到集合{A,D}的支持度。这次遍历只针对集合{A,D}，如果要求出一个集合内每一个项集的支持度，就需要对每一个可能的组合进行遍历。仅仅是集合{A,B,C,D,E}就有31种组合方式，如果集合内有n个元素，可能的组合方式就有$2^n - 1$种，每种组合都需要对所有的记录进行遍历，这种方式十分费时费力。Apriori算法的核心思想很简单，如果某一个项不是频繁项，那么所有包含它的项都不是频繁项。相反，如果一个项是频繁项，那么它的所有子集都是频繁项。举个例子，如果{A,B}是频繁项，那么{A},{B}一定是频繁项；如果{D,E}是非频繁项集，那么所有同时包含D和E的项集（如{A,D,E},{C,D,E}）都是非频繁项集，不需要再计算这些集合的支持度，极大地减少了计算量，如图14.2所示。

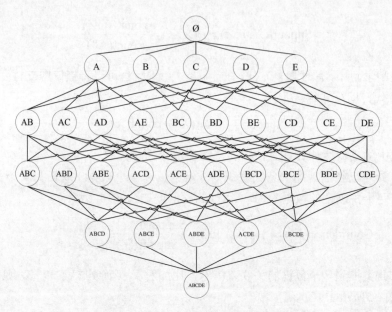

图 14.1   集合 {A,B,C,D,E} 所有可能项集

假设数据集为D，支持度的阈值为α，Apriori的算法流程可以归为以下步骤：

① 扫描整个数据集，得到所有出现过的数据，作为候选频繁1项集。此时 $k=1$，频繁0项集为空集。

② 扫描数据计算候选频繁 k 项集中每一组项集的支持度。

③ 去除候选频繁 k 项集中支持度低于阈值的数据集，得到频繁 k 项。如果得到的频繁 k 项集为空，则直接返回频繁 $k-1$ 项集的集合作为算法结果，算法结束。如果得到的频繁 k 项集只有一项，则直接返回频繁 k 项集的集合作为算法结果，算法结束。

④ 基于频繁 k 项集，连接生成候选频繁 $k+1$ 项集，即令 $k=k+1$，转入步骤②。

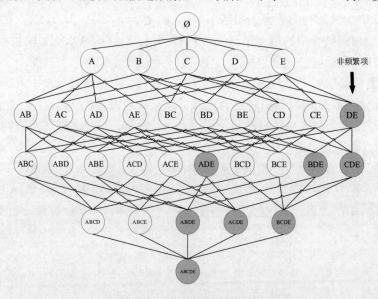

图 14.2   存在非频繁项集的集合

由于{D,E}是非频繁项集,因此包含D和E的所有项集均为非频繁项集,不需要计算支持度,在图中用灰色表示。

举个例子来说明,表14.1是某超市随机选取的5条购物记录,为了方便超时分析用户的购物喜好,现在需要找出支持度大于等于阈值3的频繁项集。

表 14.1　某超市随机抽取 5 条购物记录

序　　号	购物记录
1	牛奶、面包、尿布
2	可乐、面包、尿布、啤酒
3	牛奶、尿布、啤酒、鸡蛋
4	面包、牛奶、尿布、啤酒
5	面包、牛奶、尿布、可乐

（1）第一步：扫描所有的购物记录,记录出现过的商品和对应的支持度计数,获得候选频繁1项集,如表14.2所示。

表 14.2　购物记录候选频繁 1 项集

序　　号	商　　品	支　持　度
1	尿布	5
2	面包	4
3	牛奶	4
4	啤酒	3
5	可乐	2
6	鸡蛋	1

由于需要满足支持度计数大于等于3,因此可乐和鸡蛋并不满足条件,从频繁1项集中剔除,剩下的为频繁1项集,如表14.3所示。

表 14.3　购物记录频繁 1 项集

序　　号	商　　品	支　持　度
1	尿布	5
2	面包	4
3	牛奶	4
4	啤酒	3

此时频繁1项集中包含{尿布}、{面包}、{牛奶}和{啤酒}。计算支持度的次数为6次。

（2）第二步：根据频繁1项集进行排列组合后,扫描购物记录,获得候选频繁2项集的支持度,如表14.4所示。

表 14.4　购物记录候选频繁 2 项集

序　　号	商　　品	支　持　度
1	尿布、面包	4
2	尿布、牛奶	4

（续表）

序 号	商 品	支 持 度
3	尿布、啤酒	3
4	面包、牛奶	3
5	面包、啤酒	2
6	牛奶、啤酒	2

由候选频繁2项集可知，记录5和6不满足支持度大于等于阈值3，从记录中剔除得到频繁2项集，如表14.5所示。

表 14.5 购物记录频繁 2 项集

序 号	商 品	支 持 度
1	尿布、面包	4
2	尿布、牛奶	4
3	尿布、啤酒	3
4	面包、牛奶	3

将频繁2项集中的记录加入频繁项集中，此时频繁项集包含{尿布}、{面包}、{牛奶}、{啤酒}、{尿布，面包}、{尿布，牛奶}、{尿布，啤酒}和{尿布，牛奶}。计算支持度的次数增加6次，合计12次。

（3）第三步：根据频繁2项集中的记录进行排列组合，扫描购物记录，获得候选频繁3项集的支持度，如表14.6所示。

表 14.6 购物记录候选频繁 3 项集

序 号	商 品	支 持 度
1	尿布、面包、牛奶	2
2	尿布、面包、啤酒	2
3	尿布、牛奶、啤酒	3
3	面包、牛奶、啤酒	1

由频繁3项集可知，只有记录3满足支持度大于等于阈值3，其余项均不满足。剔除不满足的记录，得到频繁3项集，如表14.7所示。

表 14.7 购物记录频繁 3 项集

序 号	商 品	支 持 度
1	尿布、牛奶、啤酒	3

由于此时频繁3项集只存在1条记录，满足算法终止条件。将频繁3项集中的记录加入频繁项集中，算法终止，得到最终的频繁项集如表14.8所示。

表 14.8　购物记录频繁项集

频繁项集
{尿布}、{面包}、{牛奶}、 {啤酒}
{尿布，面包}、{尿布，牛奶}、{尿布，啤酒}、 {尿布，牛奶}
{尿布，牛奶，啤酒}

计算支持度次数增加4次，最终合计16次。

在本例中，根据Apriori算法，最终只计算了16次候选项集的支持度便得到了最后的频繁项集。采用传统方法的话，遍历的次数为 $2^6 - 1 = 63$ 次。可以看到，Aprioir算法在传统算法的基础上减少了不必要的候选项集的计算，提高了算法的效率。

14.4　FP-growth算法

Apriori算法通过迭代剪枝的思想省去了计算包含非频繁项集的合集支持度，不用对所有的可能合集进行遍历计算，减少了计算量，在一定程度上提高了效率。但是，如果支持度的阈值较低，或者频繁项集的数量仍旧较大，Apriori算法的效率就会大打折扣。Apriori算法能否继续改进，效率更高呢？答案是肯定的，FP-growth算法正是在Apriori基础上进行改进的。FP-growth将数据集存储在名为FP树的数据结构上，使得挖掘频繁项集只需要扫描两次数据记录，大大提高了挖掘数据的效率。

频繁项集挖掘分为构建FP树和从FP树中挖掘频繁项集两步。FP树其实是一棵前缀树，按支持度降序排列，支持度越高的频繁项离根节点越近，从而使得更多的频繁项可以共享前缀。这里仍然以表14.1中超市的购物记录为例。

1. 构建 FP 树

在构建FP树之前，首先需要确定最小支持度的阈值。在构建FP树时，首先统计数据集中各个元素出现的次数，将出现次数小于最小支持度的元素删除，然后将数据集中的各条记录按出现频数排序，所剩下的这些元素称为频繁项；接着，用更新后的数据集中的每条记录构建FP树，同时更新头指针表。头指针表包含所有频繁项及它们的频数，以及每个频繁项指向下一个相同元素的指针（主要在挖掘FP树时使用）。下面用上文提到的数据集展开说明，假设最小支持度为3。

首先，统计数据集中各元素出现的次数，尿布出现5次，牛奶出现4次，面包出现4次，啤酒出现3次，可乐出现2次，鸡蛋出现1次。

接着，将出现次数小于最小支持度3的元素（可乐和鸡蛋）在数据集中删除，并将数据集按出现次数由高到低排序，得到新的排序后的数据集，如表14.9所示。

表 14.9　排序后的超市购物记录

序　　号	购物记录
1	尿布、牛奶、面包
2	尿布、牛奶、啤酒
3	尿布、面包、啤酒
4	尿布、牛奶、面包、啤酒
5	尿布、牛奶、面包

然后，用更新后的数据集中的记录创建FP树，其中根节点为null值。遍历数据集，将每一条数据加入FP树中，并更新计数。例如，加入第一条数据{尿布、牛奶、面包}时，FP树如图14.3所示。

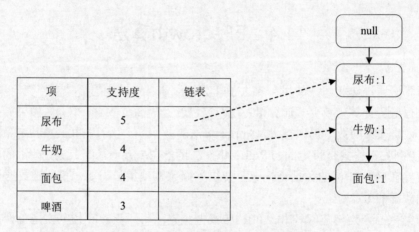

图 14.3　插入第一条数据后得到 FP 树

加入第二条数据时，PF树如图14.4所示。

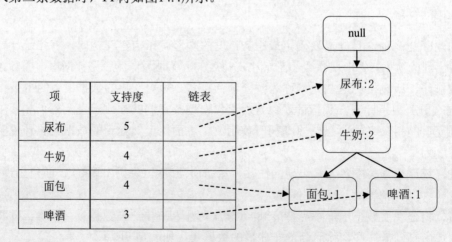

图 14.4　插入第二条数据后得到 FP 树

依次添加到最后一条数据，此时FP树的结构如图14.5所示。

此时，FP树已经构建完毕，接下来需要根据FP树挖掘频繁项集。

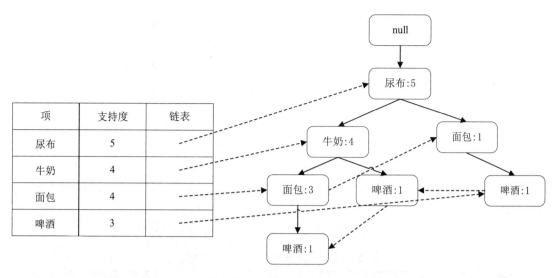

图 14.5 最终的 FP 树

2. 挖掘频繁项集

得到FP树后，需要对每一个频繁项逐个挖掘频繁项集。根据FP树挖掘频繁项集的步骤可以归纳为：

（1）从FP树中获得某项的条件模式基（conditional pattern base）。

（2）利用得到的条件模式基构建新的FP树。

（3）重复步骤（1）和（2），直到树包含一个元素项为止。

以上一步构建的FP树为例，挖掘过程具体为：从叶节点开始，选取单个频繁项后向上遍历至根节点，获取所有的数据集。例如，以啤酒作为节点向上遍历，得到的数据集如表14.10所示。

表 14.10 以啤酒作为节点遍历得到的数据集

序　　号	记　　录
1	{尿布：1、牛奶：1、面包：1、啤酒：1}
2	{尿布：1、牛奶：1，啤酒：1}
3	{尿布：1、面包：1、啤酒：1}

注意，此时其他项的count值都为啤酒的count值。由于需要查找的是与啤酒相关的频繁项集，所以最后的频繁项集里一定都有啤酒，因此可以将啤酒从数据集中去除，仅保留住在FP树中啤酒的前缀路径，如表14.11所示。

表 14.11 啤酒的条件模式基

序　　号	记　　录
1	{尿布：1、牛奶：1、面包：1}
2	{尿布：1、牛奶：1}
3	{尿布：1、面包：1}

这就是啤酒对应的条件模式基。再根据条件模式基构建新的FP树，此时只有尿布对应的支持度大于最小支持度，所以包含啤酒的频繁项集为{啤酒}和{尿布、啤酒}。

同理，继续寻找倒数第二项面包，可以得到面包的条件模式基，如表14.12所示。

表 14.12　面包的条件模式基

序　　号	记　　录
1	{尿布：3、牛奶：3}
2	{尿布：1}

根据条件模式基，可以求得面包的频繁项集：{面包}，{尿布，面包}，{牛奶，面包}，{尿布，牛奶，面包}。

同理，遍历所有的候选项后，得到最后的频繁项集，如表14.13所示。

表 14.13　超市购物记录的频繁项集

频繁项集
{啤酒}，{尿布，啤酒}
{面包}，{尿布，面包}，{牛奶，面包}，{尿布，牛奶，面包}
{牛奶}，{尿布，牛奶}
{尿布}

14.5　本 章 小 结

关联规则学习主要用于从大量数据中获取有价值数据之间的联系。本章介绍了频繁项集的概念，并且从原理和例子两个角度介绍了关联规则学习中常用的两个方法——Apriori算法和FP-growth算法。

第15章 神经网络基础

　　深度学习是机器学习中一个需要使用深度神经网络的子域，在神经网络被研究了半个多世纪之后，Hinton提出解决梯度"消失"和"爆炸"的方法（2006年），迎来新一轮的浪潮。2012年Hinton课题组使用其构建的卷积神经网络AlexNet参加ImageNet图像识别比赛，并力压SVM方法夺得冠军，使得更多人开始注意到神经网络，同时神经网络的相关研究也得到了充分重视。近几年，神经网络相关的书籍大量发行，相关研究越来越多，越来越多的新网络结构被提出并取得不错的成效。神经网络已然成为计算机领域最热门的方向之一。本章将介绍神经网络产生、组成单元以及如何使用简单的神经网络解决实际问题。

15.1 神经网络概述

　　早期神经网络的创造灵感来源于生物神经网络，最早期的神经网络也被称为人工神经网络（artificial neural networks，ANN）。最早提出的人工神经网络是20世纪50年代的感知机（perception），它包含输入层、输出层和一个隐藏层，只能够拟合最简单的一些函数，在单个神经元上能够进行训练，这也是神经网络发展史上公认的第一次浪潮。随着数学的发展和计算能力的提高，在20世纪80年代，误差反向传播（back propagation，BP）和多层感知机（multilayer perceptron，MLP）被提出。其中，MLP包含多个隐藏层，能够拟合更加复杂的函数，使用反向传播能够训练层数较浅的多层感知机，由此掀起了第二次浪潮。后来人们也开始尝试通过增加网络层数来解决更复杂的问题，并且在初期取得了一定的效果。并不是神经网络层数越深越好，因为随着层数的增加会出现明显的"梯度"消失或"梯度"爆炸的现象。2006年Hinton使用预训练加微调的方法解决了以上问题，掀起第三次浪潮，并在2016年出现相关书籍，神经网络逐渐从理论研究走向实际应用，在声音、图像、推荐等领域有了成功的应用并产生了实际的价值。整个过程如图15.1所示。

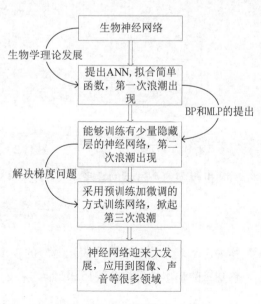

图 15.1　神经网络发展历程

15.2　神经网络原理

本节介绍的是学习神经网络所需掌握的基础知识，包括神经元、损失函数、激活函数、正向传播以及反向传播。了解这些知识有助于理解神经网络的工作原理和过程。

15.2.1　神经元

神经网络现在拥有前馈神经网络（feedforward neural network，FNN）、卷积神经网络（convolutional neural networks，CNN）和循环神经网络（recurrent neural network，RNN）等很多类型，这些各种各样的神经网络都是由最初的简单的神经元发展而来的。下面介绍一下感知机（perception）模型。在前馈神经网络中，每个节点都可以理解为一个感知机。感知机模型如图15.2所示，感知机将获得的多项输入乘以对应的权重求和得到中间结果 m，将求和结果 m 和设定的阈值0比较大小，如果最终的结果大于等于该值，则输出1，否则输出0，这一比较过程可以形象地看成生物细胞接收到信号神经元之后，决定是否释放神经电流。

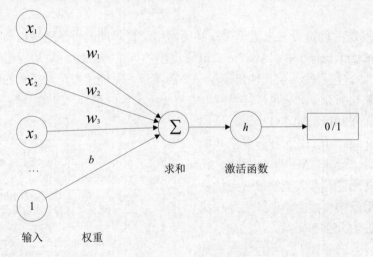

图 15.2　感知机模型

感知机模型整个过程的数学定义如公式15.1、公式15.2以及公式15.3所示。

$$m = \sum_{i=1}^{n} w_i x_i + b \tag{15.1}$$

其中，x_i 表示输入项，w_i 表示对应的权重，b 为偏移项。

感知机的输出结果如公式15.2所示。

$$\text{output} = h(m) = \begin{cases} 1 & m \geq 0 \\ 0 & m < 0 \end{cases} \tag{15.2}$$

令 $\theta^{\mathrm{T}} x = \sum_{i=0}^{n} w_i x_i$ ，即 θ^{T} 为 $w_0,...,w_n$ 组成的向量，则代价函数如公式15.3所示。

$$
\begin{aligned}
J_p(\theta) &= \sum_{x^{(i)} \in M_0} \theta^{\mathrm{T}} x^{(i)} - \sum_{x^{(j)} \in M_1} \theta^{\mathrm{T}} x^{(j)} \\
&= \sum_{i=1}^{n} ((1-y^i)h(x^{(i)}) - y^{(i)}(1-h(x^i)))\theta^{\mathrm{T}} x^{(i)} \\
&= \sum_{i=1}^{n} (h(x^{(i)}) - y^{(i)})\theta^{\mathrm{T}} x^{(i)}
\end{aligned}
\tag{15.3}
$$

如公式15.3所示，预测结果的误差来源有两类：一类是实际类别为0但是预测类别为1，用 M_0 表示这类集合，误差为 $\sum_{x^{(i)} \in M_0} \theta^{\mathrm{T}} x^{(i)}$ ；另一类是实际类别为1但预测类别为0，用 M_1 表示这类输入数据的集合，误差为 $\sum_{x^{(j)} \in M_1} \theta^{\mathrm{T}} x^{(j)}$ 。因为感知机的阈值设置为0，且 $\sum_{x^{(j)} \in M_1} \theta^{\mathrm{T}} x^{(j)}$ 为小于0的数，为了统一两类误差的符号，因此在其之前增添负号并与一类误差进行求和，得到最终的误差。

为了减少总误差，并求得误差最小时所对应的参数值，采用参数优化方法中的随机梯度下降方法（stochastic gradient descent，SGD）来更新参数得误差的最小值，如公式15.4所示。

$$
w = w + \alpha(y - h(x))x = \begin{cases} w - \alpha x & y=0, h(x)=1 \\ w + \alpha x & y=1, h(x)=0 \\ w & \text{其他} \end{cases}
\tag{15.4}
$$

其中，α 为学习率，需要人为设置。

起初感知机被寄予希望能够解决人工智能的部分难题，但MIT人工智能实验室创始人Marvin Minsky和Seymour Paper在 *Perceptrons* 中指出感知机不能解决线性不可分问题，连最简单的布尔代数XOR也学习不了。

15.2.2　损失函数

在神经网络的设计过程中，使用合适的损失函数是相当重要的，从其作用的角度出发，代价函数定义是用来找到问题最优解的函数。从严格意义上讲，损失函数（loss function）表示对于单个样本输出值与实际值之间的误差。代价函数（cost function）表示在整个训练集上所有样本误差的平均，即损失函数的平均。目标函数（object function）是最终需要优化的函数，一般等于代价函数加上正则化项。

假设有训练样本 $x = (x_1, x_2,...,x_n)$，标签为 y，模型为 h，参数为 θ。神经网络的预测值为 $h(\theta) = \theta^{\mathrm{T}} x$。这里用 $L(\theta)$ 表示损失函数，表示单个样本预测值与真实值之间的误差。每个模型都需要多个样本来进行训练，将所有 $L(\theta)$ 取均值得到代价函数 $J(\theta)$，表示在整个训练集上的平均误差。在不考虑结构化风险的情况下，将 $J(\theta)$ 直接当作目标函数，这里的目标函数既是衡量模型效果的函数，也是模型最终需要优化的函数。

在训练过程中用 $J(\theta)$ 来判断是否需要终止训练，则整个训练过程可以表示为 $\min_{\theta} J(\theta)$ 。

理想情况下，$J(\theta)$ 取最小值0的时候停止训练，此时就会得到最优的参数 θ，代表模型能够完全拟合没有任何训练误差。在一般情况下，$J(\theta)$ 不能达到理论最小值0。因此可以在训练过程中加入终止条件，例如迭代次数，或者是 $J(\theta)$ 在误差精度内不再下降时终止训练。

如果不考虑结构风险，而是直接把代价函数作为最后的目标函数，往往会出现过拟合的现象，即模型在训练集上表现很好，但是在测试集或其他数据集上性能下降明显。这表示模型在学习到针对某个问题共同的特征之外还学习到了该训练集上特有的数据规律，导致模型的泛化能力弱。为了避免模型过拟合现象的发生，需要在经验风险 $J(\theta)$ 的基础上融入结构化风险 $J(f)$。$J(f)$ 专门用来衡量模型的复杂度，也叫作正则化项。正则化项的引入是人为地加入先验知识，利用了先验知识来防止过拟合。关于正则化，后面第16章详细论述。

神经网络中的损失函数非常多，假设用 y 表示真实值，x 表示输入的数据，h 表示模型，L 表示损失函数，常见的损失函数有以下几项。

（1）0-1损失函数

$$L(y, f(x)) \begin{cases} 1, & y \neq f(x) \\ 0, & y = f(x) \end{cases} \tag{15.5}$$

如公式15.5所示，预测值和实际值不相等就为1，相等就为0。该损失函数方便统计所有预测中判断错误的个数。需要注意的是，0-1损失函数不是凸函数，也不是光滑的，所以在实际使用中直接进行优化很困难。

（2）绝对值损失函数

$$L(y, f(x)) = \sum_{i=1}^{n} |y_i - f(x_i)| \tag{15.6}$$

如公式15.6所示，将真实值与预测值差的绝对值之和作为损失函数，容易理解也被叫作L1损失函数。需要注意的是，绝对值损失函数不连续，所以在实际使用中可能有多个局部最优点，当数据集进行调整时此损失函数的解可能会有一个较大的变动。

（3）对数损失函数

$$L(y, P(y \mid x)) = -\log P(y \mid x) \tag{15.7}$$

如公式15.7所示，对数损失函数背后蕴含了极大似然估计的思想，适合表征概率分布特征，适合多分类。

（4）平方损失函数

$$L(y \mid f(x)) = \sum_{i=1}^{N} (y_i - f(x_i))^2 \tag{15.8}$$

如公式15.8所示，将真实值与预测值的差值进行平方求和来表示损失，解决了绝对值损失函数不是全局可导的问题，也叫作L2损失函数。平方操作会把异常点的影响放大，因此会使解有一个较大的波动，即异常点的影响较大，需要大量的正常数据进行训练来进行矫正，适合用于回归问题。

（5）指数损失函数

$$L(y \mid f(x)) = \exp(-yf(x)) \tag{15.9}$$

如公式15.9所示，由于此类损失函数对于错误分类给予了最大的惩罚，因此此类损失函数对异常点非常敏感，适用于分类任务。Adaboost分类算法中使用的就是指数损失函数。

（6）Hinge 损失函数

$$L(y, f(x)) = \max(0, 1 - yf(x)) \tag{15.10}$$

如公式15.10所示，正确分类损失为0，否则为 $1 - yf(x)$。通常情况下，$f(x) \in [-1,1]$，$y \in \{-1,1\}$。需要注意的是，该函数在 $yf(x)$ 处不可导，因此直接使用梯度法不适用，使用次梯度下降法作为其优化算法。Hinge损失函数的健壮性高，专注于整体误差，用于SVM。

（7）交叉熵损失函数（Cross-entropy loss function）

$$L(x, y) = -\frac{1}{n} \sum_x [y \ln f(x) + (1 - y) \ln(1 - f(x))] \tag{15.11}$$

如公式15.11所示，其中 n 表示样本总数量，交叉熵刻画的是两个概率分布之间的距离，因此适合衡量预测和真实整体概率分布之间的差距，适用于二分类或多分类任务。

15.2.3 激活函数

激活函数（activation function）是指将神经元的输入映射到输出时所需进行的函数变换，具有非线性、可微性、单调性。

在最早的单层神经网络感知机中，输入 x 和输出 m 的关系是线性的，当时还没有激活函数的概念，在最后输出结果之前将 $m = \sum_{i=1}^{n} w_i x_i + b$ 与0做比较，大于0则输出分类为1，小于0则输出分类为0。如图15.3所示，即使前面的层数变成多层，输入用 x 向量表示，x 到中间层第一个神经元的映射权重用 $\boldsymbol{w}_1^2$ 向量表示，$\boldsymbol{w}_1^2 = (w_{1-1}, w_{2-1}, w_{3-1}, b_{4-1})^T$，可以得到 $m = \boldsymbol{w}_1^{2T} \boldsymbol{x} + \boldsymbol{w}_2^{2T} \boldsymbol{x} + \boldsymbol{w}_3^{2T} \boldsymbol{x} + \boldsymbol{w}_4^{2T} \boldsymbol{x}$，依然还是线性的，不能拟合非线性问题。

因此，在神经网络中加入激活函数即可加入非线性的特征，使神经网络能够解决非线性问题。加入了激活函数的神经元如图15.4所示。

其中，输出 $y = h(\sum_i w_i x_i + b)$，$h$ 表示激活函数。常见的激活函数有Sigmoid、tanh、ReLU、Softmax等。

1. Sigmoid

Sigmoid的表达式如公式15.12所示。

$$f(z) = \frac{1}{1 + e^{-z}} \tag{15.12}$$

可以把输出映射到0到1之间，当 z 取无穷大时，取值为1；当 z 取无穷小时，取值为0。

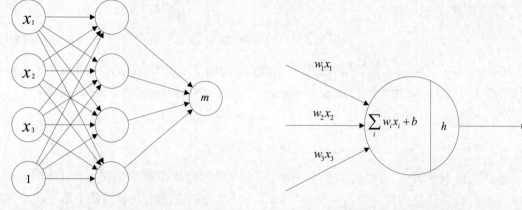

图 15.3　多层不加激活函数的网络示意图　　　　　图 15.4　神经元模型

2. tanh

tanh的表达式如公式15.13所示。

$$\tanh(x) = \frac{e^x - e^{-x}}{e^x + e^{-x}} \tag{15.13}$$

能把输出映射到-1到1之间，但在 x 极大或极小时梯度很小，此时使用梯度下降算法训练很慢。

3. ReLU

ReLU的表达式如公式15.14所示。

$$\mathrm{Relu} = \max(0, x) \tag{15.14}$$

易知ReLU损失函数本质上是一个取最大值的函数。

4. Softmax

Softmax的表达式如公式15.15所示。

$$\mathrm{Softmax}(Z_i) = \frac{e^{Z_i}}{\sum_{c=1}^{C} e^c} \tag{15.15}$$

i 代表某一层的第 i 个神经元的输出值，C 为输出节点的个数，通过此函数把输出值变为和为1的概率分布，适合多分类。

15.2.4　正向传播

训练神经网络首先进行正向传播，然后通过反向传播算法对权重进行修正。这里以具有两层隐藏层、一层输入层、一层输出层的前馈神经网络为例进行介绍。

图15.5所示为输入层、隐藏层1、隐藏层2、输出层，从左到右依次为1、2、3、4层。输入为二维向量 $\boldsymbol{x} = (x_1, x_2)^{\mathrm{T}}$，输出为一个实数 y。设激活函数为 h，这里假设每个神经元选择相同

的激活函数以便推导。用 I_l 表示第 l 层的输入、O_l 表示第 l 层的输出，可以得到 I_l 与 O_l 的关系如公式15.16所示。

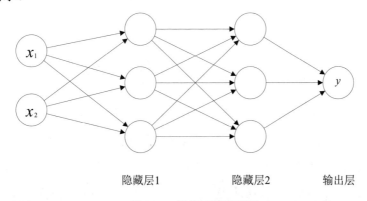

隐藏层1   隐藏层2   输出层

图 15.5   神经网络示意图

$$O_l = h(I_l) \tag{15.16}$$

相邻两层之间的关系如公式15.17所示。

$$I_l = W_l O_{l-1} \tag{15.17}$$

W_l 表示权重矩阵。对于第一层也就是输入层而言，$I_1 = x$。由此推导 $O_1 = h(I_1)$，$I_2 = W_2 O_1$，$O_2 = h(I_2)$，$I_3 = W_3 O_2$，$O_3 = h(I_3)$，$I_4 = W_4 O_3$，$O_4 = h(I_4)$，这里 O_4 就是 y，总结起来，输出 y 与输入 x 之间的关系如公式15.18所示。

$$y = h(W_4 h(W_3 h(W_2 h(I_1)))) \tag{15.18}$$

这就是整个正向传播过程。

15.2.5   反向传播

反向传播算法在神经网络发展史上具有重要意义，1974年由哈佛大学的Paul Werbos发明BP算法。我们把由一个输入层、一个输出层和一个或多个隐藏层构成的神经网络称为BP神经网络。对于训练好的网络，我们直接给定一个输入就能获得对应的输出，而BP算法是经典的训练神经网络算法。

训练网络的目的就是通过最小化损失函数来更新权重，BP算法是更新权重的一种方法。对于一个BP神经网络而言，除第一层外每层都有一个对应的权重 W_l，在训练过程中通过以下方式更新权重。

$$W_l = W_l - \eta \frac{\partial \text{Loss}}{\partial W_l} \tag{15.19}$$

Loss是定义的损失函数，η 是学习率常数，由我们训练之前设置。L代表神经网络的层数，O_L 表示最后一层的输出，y表示实际值，都可以看作向量，当输出神经元只有一个时，变为标量。BP算法的核心在于求出损失函数关于权值矩阵的偏导 $\frac{\partial \text{Loss}}{\partial W_l}$。

由上一节得出的结论：$\boldsymbol{O}_l = h(\boldsymbol{I}_l)$，$\boldsymbol{I}_l = \boldsymbol{W}_l \boldsymbol{O}_{l-1}$

$$y = \boldsymbol{O}_L = h(\boldsymbol{W}_4 h(\boldsymbol{W}_3 h(\boldsymbol{W}_2 h(\boldsymbol{I}_1)))) \tag{15.20}$$

可将Loss看作以$\boldsymbol{W}_l$为变量的一个函数，根据链式法则，可得对于任意的权重矩阵$\boldsymbol{W}_l$：

$$\frac{\partial \text{Loss}}{\partial \boldsymbol{W}_l} = \frac{\partial \text{Loss}}{\partial \boldsymbol{I}_l}\frac{\partial \boldsymbol{I}_l}{\partial \boldsymbol{W}_l} = \frac{\partial \text{Loss}}{\partial \boldsymbol{I}_l}\frac{\partial \boldsymbol{W}_l \boldsymbol{O}_{l-1}}{\partial \boldsymbol{W}_l} = \xi_l \boldsymbol{O}_{l-1}^{\text{T}} \tag{15.21}$$

ξ_l为第l层的误差向量，然后利用链式法则推出相邻两层误差向量之间的关系。

$$\xi_l = \frac{\partial \text{Loss}}{\partial \boldsymbol{I}_l} = \frac{\partial \text{Loss}}{\partial \boldsymbol{O}_l}\frac{\partial \boldsymbol{O}_l}{\partial \boldsymbol{I}_l} = \frac{\partial \text{Loss}}{\partial \boldsymbol{I}_{l+1}}\frac{\partial \boldsymbol{I}_{l+1}}{\partial \boldsymbol{O}_l}\frac{\partial \boldsymbol{O}_l}{\partial \boldsymbol{I}_l} = \xi_{l+1}\boldsymbol{W}_{l+1}^{\text{T}}h'(\boldsymbol{I}_l) \tag{15.22}$$

最后一层的误差$\xi_L = \dfrac{\partial \text{Loss}}{\partial \boldsymbol{I}_L} = \dfrac{\partial f(h(\boldsymbol{I}_L))}{\partial \boldsymbol{I}_L}$，激活函数$h$和损失函数$f$都已知，即求出最后一层的误差$\xi_L$，此时$\dfrac{\partial \text{Loss}}{\partial \boldsymbol{W}_L}$变为已知。然后更新最后一层权重$\boldsymbol{W}_L = \boldsymbol{W}_L - \eta\dfrac{\partial \text{Loss}}{\partial \boldsymbol{W}_L}$，然后就可以从最后一层推出$L-1$层的误差$\xi_{L-1}$进而得出$\dfrac{\partial \text{Loss}}{\partial \boldsymbol{W}_{L-1}}$，再使用$\boldsymbol{W}_{L-1} = \boldsymbol{W}_{L-1} - \eta\dfrac{\partial \text{Loss}}{\partial \boldsymbol{W}_{L-1}}$更新第$L-1$的权重，以此类推，就可以更新整个网络的所有参数。

15.3　前馈神经网络

下面将以神经网络基础部分经典的前馈神经网络为例介绍该方法的基础原理与网络结构，并使用它来解决基础的MNIST手写数字数据集的分类问题。前馈神经网络可以体现出神经网络在面对复杂问题时的优越性。

15.3.1　前馈神经网络概述

神经网络中最基础的一种网络是前馈神经网络（feedforward neural network，FNN），每层神经元接受前一层的神经元信号，并产生信号输出到下一层，信号单向传播，其中第一层叫作输入层，中间层叫作隐藏层，最后一层叫作输出层。

前馈神经网络是经典的一类神经网络，可以用来做回归或者分类任务。前馈神经网络实质上是拟合目标函数f^*，前馈网络可以看作定义一个映射$y = f(x;\theta)$，通过数据训练调整θ的值，使得网络能够很好地拟合目标函数f^*。

多层感知机（multilayer perception，MLP）也是前馈神经网络，由感知机发展而来。感知机的模型如图15.6所示。

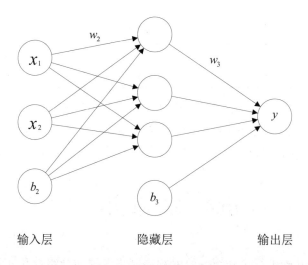

图 15.6　神经网络示意图

其中，b_2 和 b_3 是偏置，w_2 和 w_3 是隐藏层和输出层的权重向量，隐藏层的输入为 $w_2 h(x + b_2)$，h 为激活函数，输出为 $h(w_2 h(x + b_2) + b_3)$，最终输出 $y = h(w_3(h(w_2 h(x + b_2) + b_3)))$。整个训练过程中网络通过BP算法进行权重参数更新。

15.3.2　MNIST 数据集多分类应用

以深度学习领域最经典的MNIST手写数字数据集作为数据集，使用MLP来实现一个典型的多分类问题，总类别有10种，分别是0到9，这里采用两个隐藏层的MLP，激活函数使用ReLU，损失函数使用交叉熵损失函数，经过50个轮次的训练得到一个较好的结果，损失下降曲线如图15.7所示。

用MNIST数据集中的测试集对十个类别进行测试，得到的结果如表15.1所示，计算损失时，得出损失为0.054983，平均准确率为98.3077%。

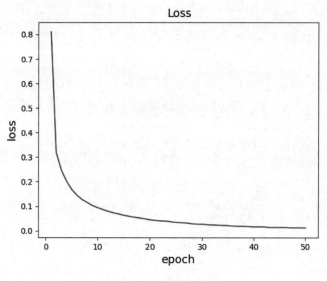

图 15.7　损失下降曲线图

表 15.1　正确率(%)

数　　字	0	1	2	3	4	5	6	7	8	9	平均
正 确 率	99.1837	99.2952	98.3527	98.0198	98.5743	98.2063	98.2255	98.0545	97.7413	97.4232	98.3077

综上所述，多层感知机对于手写数字识别这种多分类问题有不错的效果。针对更加复杂的问题，产生了更加复杂的神经网络，某些特别的神经网络针对某些具体问题有很好的效果，比如卷积神经网络解决图像问题、循环神经网络在声音领域的应用等。

15.4　本 章 小 结

本章对神经网络基础进行了介绍，沿着神经网络发展的脉络，从开始的感知机引入到如今的前馈神经网络，总结介绍了神经元、损失函数、激活函数的概念，又重点介绍了前向传播BP算法，推导了前馈神经网络的训练过程。

最后介绍了MLP，以及利用MLP的方法解决常见的MINIST手写数字数据集的分类问题。

第16章 正 则 化

过拟合是机器学习和深度学习中的一个重要概念，简单地讲就是指选择的模型包含了过多的参数，以至于模型在训练数据上的表现很好，但在测试数据上的表现却很差的现象。对于深度神经网络来说，参数数量巨大但训练样本有限，在训练时尤其容易出现过拟合，因此更加需要一种用于防止过拟合的技术——正则化。

16.1　正则化概述

在深度学习领域，正则化是能够显著减少泛化误差，而不过度增加训练误差的策略。对于模型来说，训练集上表现得很好并不代表在测试集上表现也很好，恰恰相反，过度的拟合训练集往往会使得模型过于重视那些没有那么重要的特征，从而降低模型的泛化能力。通过正则化策略可以防止过拟合、减小泛化误差，即使这通常会增大训练误差也是值得的。

深度学习领域中的正则化策略多种多样，除了在第7章讨论过的L1、L2正则化，还存在其他几种有效的正则化方法，它们的侧重点不同，适用场景也有所区别，下面将逐个进行详细介绍。

16.2　数据集增强

使机器学习模型效果更好的一种很自然的办法就是给它提供更多的训练数据。当然，实际操作中训练集往往是有限的，我们可以制造一些假数据并加入训练集中（仅对某些深度学习问题适用）。

在计算机视觉领域，可以对图像进行平移、添加噪声、旋转、翻转、色调偏移等。我们希望模型能够在这些变换或干扰不受影响的情况下保持预测的准确性，从而减小泛化误差。当然，我们要注意这些变换不能改变数据的原始标记，比如对于识别数字问题，就不能对6和9进行180度旋转。

相比于计算机视觉，自然语言处理领域中有效的数据增强算法要少很多，主要包括同义词词典、随机插入、随机删除、随机替换和加噪等方法。

通过数据集增强，我们可以生成大量假的数据来扩增数据集。当然，和全新的数据相比，这些假的数据无法包含像全新数据那么多的信息，但是其花费代价较小，在某些情况下也能发挥重要的作用，不失为一种优先考虑的正则化方法。但是，数据增强不能保证总是有利的，在数据非常有限的域中这可能会导致进一步过度拟合。

16.3　提 前 终 止

提前终止是一种在深度学习领域被广泛使用的方法，在很多情况下都比其他方法更简单高效，其基本含义是指在模型训练时关注模型在验证集上的表现，当模型在验证集上的表现开始下降的时候就停止训练。对于较大的模型，训练集上的误差先会随着时间不断减小，但是在某个点之后反而逐渐增大，如图16.1所示。这是因为在某个点后模型出现了过拟合现象，如果我们能在模型过拟合之前将训练终止，就能得到一个表现最好的模型。

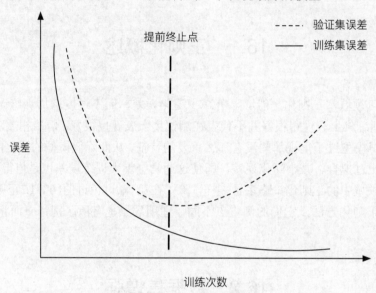

图 16.1　训练次数与误差的关系

在实际情况中，提前终止经常与其他的正则化策略结合使用，这样可以更有效地防止过拟合，并提升模型表现。

16.4　Dropout

为了防止过拟合以及有效降低模型的误差，我们经常使用集成学习中的Bagging思想，即分别训练几个不同的模型，然后由这几个模型表决得出最终结果。对于回归问题，可以简单地将几个模型输出的平均值作为最终结果；对于分类问题，则将几个模型输出最多的那一类作为最终结果。从应用场景上看，Bagging方法非常适合一些简单的学习模型，但很难应用于深度神经网络，一方面是因为深度神经网络非常容易出现过拟合，另一方面是因为训练多个不同的网络将消耗大量的时间和资源。为了解决上述问题，Nitish、Geoffrey等人提出了Dropout方法。

简单来说，Dropout指在训练过程中暂时丢弃一部分神经元及其连接，通过随机丢弃神经元来指数级、高效地建立多个不同的网络模型,所有的网络模型共享参数,其中每个模型继承父神经网络参数的不同子集,在训练结束后,需要恢复神经网络所有的神经元,然后进行预测。图16.2给出一个使用Dropout的神经网络模型。其中,左图表示一个具有一个隐藏层的全连接神经网络, 右图表示通过对左侧的网络应用Dropout而生成的网络示例,深色表示这一单元未被激活。

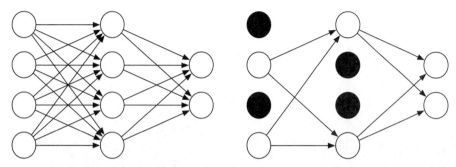

图 16.2 标准神经网络与 Dropout 后的神经网络

Dropout给模型带来了很大的改变,下面介绍一下Dropout后神经网络在训练和测试阶段的变化。

标准神经网络的前向传播过程如图16.3所示,将上一层的输出 $y^{(l)}$ 与参数 $w_i^{(l+1)}$ 进行矩阵乘法运算,然后加上偏置项 $b_i^{(l+1)}$,最后通过激活函数 f 处理后得到下一层的输出 $y_i^{(l+1)}$ 。

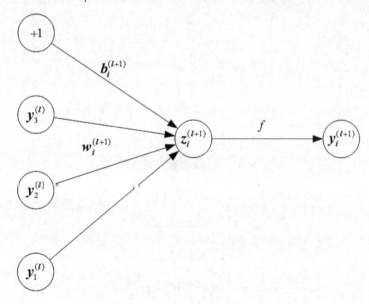

图 16.3 标准网络的前向传播

网络的具体计算公式如公式16.1和公式16.2所示。

$$z_i^{(l+1)} = w_i^{(l+1)} y^{(l)} + b_i^{(l+1)} \tag{16.1}$$

$$y_i^{(l+1)} = f(z_i^{(l+1)}) \tag{16.2}$$

Dropout网络的前向传播过程如图16.4所示，因为Dropout随机丢弃某些神经元，所以对每一个神经元都生成一个服从伯努利分布的 $r_i^{(l)}$ ，其为1的概率为 p 、为0的概率为 $1-p$ 。当某个神经元 $y_i^{(l)}$ 对应的 $r_i^{(l)}$ 为0时，其乘积 $\tilde{y}_i^{(l)}$ 为0，即表示舍弃此神经元，然后以计算后的 $\tilde{y}^{(l)}$ 代替 $y^{(l)}$ 作为上一层的输出，后面过程则与标准神经网络相同。

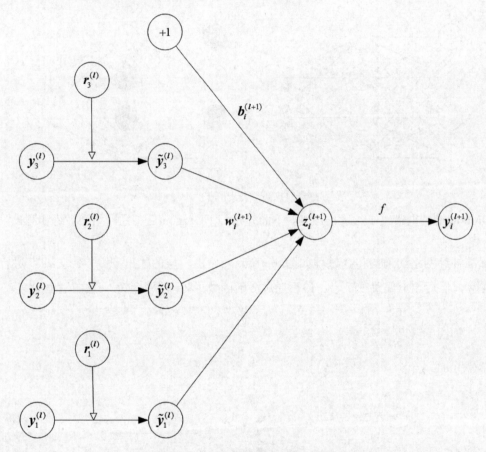

图 16.4　Dropout 网络的前向传播

网络的具体计算公式如公式16.3~公式16.6所示。

$$r_i^{(l)} \sim \text{Bernoulli}(p) \tag{16.3}$$

$$\tilde{y}^{(l)} = r^{(l)} * y^{(l)} \tag{16.4}$$

$$z_i^{(l+1)} = w_i^{(l+1)} \tilde{y}^{(l)} + b_i^{(l+1)} \tag{16.5}$$

$$y_i^{(l+1)} = f(z_i^{(l+1)}) \tag{16.6}$$

在测试阶段，除了恢复所有的神经元以外，还需要对每个神经元的权重参数乘以概率 p ，这是因为在测试阶段每个神经元激活的概率是训练阶段的 $1/p$ 倍（训练阶段每个神经元激活的概率是 p ，测试阶段每个神经元激活的概率是1），所以为了补偿这一点，每个神经元的权重都需要乘以 p ，过程如图16.5所示。

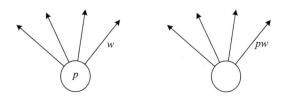

图 16.5 训练阶段和测试阶段的输出

通过大量的实践验证，Dropout确实可以有效提高神经网络的泛化能力，防止其出现过拟合现象，而Dropout之所以可以防止过拟合，就是因为它可以减少神经元之间复杂的协同关系。对于标准的神经网络来说，在训练时其中的某些神经元可能会相互依赖、相互协同，某个特征的学习检测本来只由一个神经元就可以完成，但现在却由多个神经元共同协作来完成，这一方面会导致每个神经元不能达到最好的训练效果，另一方面也会降低神经网络的泛化能力。在使用Dropout后，某些神经元随时可能被丢弃，这就导致神经元之间的协同关系被打破，每个神经元都相当于独立训练，泛化能力将大大提高。

最后，给出几个使用Dropout的建议：

（1）通常只在输入层和隐藏层使用Dropout，而保留输出层的全部神经元。

（2）一般情况下，选择丢掉20%～50%的神经元，过小将无法防止过拟合，过大则可能导致训练效果欠缺。

（3）Dropout对不同规模的深度学习网络具有不同的效果，在较大的网络上使用可能会获得更好的性能，从而使模型有更多的机会学习独立的表征，而在较小的网络上使用可能效果提升不大。

16.5 Batch Normalization

批标准化（batch normalization，BN）是一个深度神经网络训练的技巧，其通过对神经网络隐藏层的输出进行标准化处理，使得中间层的输出更加稳定。BN不但可以加快模型的收敛速度，而且在一定程度上缓解了深层网络中"梯度弥散（特征分布较散）"的问题，从而使得训练深层网络模型更加容易和稳定，目前已被广泛应用在深度学习中。

训练模型的本质是学习数据分布，稳定的数据分布可以帮助模型快速收敛。实际情况下样本特征通常分布较散、波动较大，这将会导致神经网络学习速度缓慢甚至难以学习。因此，在神经网络的训练过程中，我们一般会将输入样本特征进行标准化处理，使数据变为均值为0、标准差为1的分布或者范围在0~1的分布。对于浅层网络，只对输入层进行标准化处理，就可以训练出效果很好的模型；对于深层网络，即使输入数据已经做过标准化的处理，经过隐藏层的矩阵乘法和非线性运算后，也很有可能导致数据分布的改变。随着深度网络的多层运算，数据分布的变化将越来越大，对于那些比较靠后的层，其接收到的输入是剧烈变化的，这很可能导致模型难以收敛。针对这一问题，Ioffe和Szegedy于2015年提出了批标准化（batch normalization，BN）这一方法。

BN是为了提升深层网络中的数值稳定性所提出来的方法，使神经网络中间层的输出变得更加稳定，主要作用有以下几点：

（1）缓解梯度消失，允许使用较大的学习率，从而加速模型的收敛。

（2）防止过拟合，从而省去Dropout、L1、L2等策略的使用。

（3）降低了模型对参数初始值的要求。

BN可以作为神经网络的一层，放在隐藏层的输出之后、激活函数（如Relu）之前，具体添加位置如图16.6所示。

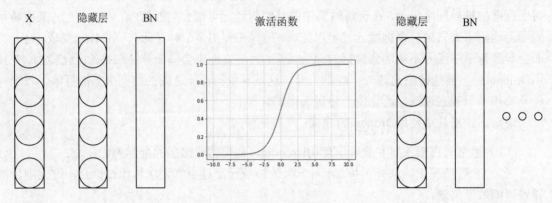

图 16.6　BN 层的应用

BN的主要思路是在训练时按mini-batch为单位，对神经元的数值进行归一化，使数据的分布满足均值为0，方差为1。对于 $B=\{x_{1\ldots m}\}$，分为以下四步：

① 计算mini-batch内样本均值：

$$\mu_B = \frac{1}{m}\sum_{i=1}^{m} x_i \tag{16.7}$$

② 计算mini-batch内样本方差：

$$\sigma_B^2 = \frac{1}{m}\sum_{i=1}^{m}(x_i - \mu_B)^2 \tag{16.8}$$

③ 计算标准化输出：

$$\hat{x}_i = \frac{x_i - \mu_B}{\sqrt{\sigma_B^2 + \varepsilon}} \tag{16.9}$$

其中，分母中的 ε 是一个很小的值，比如1e^{-7}，主要是为了避免分母为0的情况。

④ 平移和缩放：

$$y_i = \gamma\hat{x}_i + \beta \equiv BN_{\gamma,\beta}(x_i) \tag{16.10}$$

整个算法的前三步是为了将数据限制在统一的分布下，使下一层网络输入的数据均值为0、标准差为 1。举例来说，对于某一个隐藏层的第k个神经元，BN方法将计算这一批数据在第k个神经元上输出值的均值 μ_B 与方差 σ_B^2，然后如公式16.9所示将标准化后的值 $\hat{x}_i$ 作为该神经元的激活值。

另外，如果强行限制每一层的输出都是标准化的，可能会破坏之前学到的特征分布，降低模型的拟合能力。因此，在标准化后，BN还会做一个缩放和平移，以此来还原最优的输入数据分布，如公式16.10所示。

其中，γ 和 β 为可训练参数，神经网络通过训练结果来判断标准化是否起到了优化的作用，如果没有，就通过改变γ 和 β 的值来抵消一部分标准化的作用。

BN是在mini-batch上计算均值和方差，而不是整个数据集，难免存在误差，这就相当于给网络引入了噪声。同样，在进行平移和缩放时，γ 和 β 也会引入噪声。因此，在存在噪声的情况下，网络在训练过程中将会避免某些参数权重过大的情况，从而起到一定的正则化效果。如果mini-batch变大，那么均值、方差更接近真实值，噪声将减小，正则化的效果也会减弱。

16.6　本 章 小 结

本章描述了几种常用的正则化策略。其中，数据集增强扩充了训练数据，提前终止选择了最优的停止时机，Dropout改变了神经网络的训练方式，BN优化了整个神经网络，虽然每个方法的侧重点不同，但是都有效地解决了过拟合问题，提高了模型的泛化能力。

另外，每个正则化方法的适用场景有所区别。其中，BN和提前终止可用于所有的深度学习网络，Dropout在较大的网络上使用才会获得更好的性能，数据集增强常用于图像和自然语言领域，但也要求数据集具有一定的规模。熟练的深度学习工程师应该根据自己的实际情况和经验选择一个或多个正则化策略，通过实践来得到性能更好的模型。

第 17 章　深度学习中的优化

深度学习算法经常会涉及求解优化问题，不过深度学习中的优化算法与传统的优化算法有一定的区别。这主要是因为在大多数机器学习问题中我们所关注的性能度量在未知的测试集中无法求解。于是这些算法只能在训练集中进行优化，通过降低其代价函数来间接地调整模型在整个数据集上的效果。传统的数值优化则只关注如何最小化本身的目标函数。如果我们还是一味地拟合训练集的代价函数，反而会导致过拟合。

除了性质上的不同，训练深度算法模型的代价是非常高昂的，这会导致很多传统优化算法都因为计算复杂度过高而无法直接使用，而且在训练算法中所需要的通常是对结构本身进行相应的设计调整，因此在深度学习模型的训练过程中衍生出了许多特定的优化技术。

17.1　优化技术概述

深度学习算法的目标是降低期望泛化误差，因为我们通常都不知道数据的真实分布，只知道训练集中的样本信息。此时如果要将其看作优化问题来解决，最简单的方式就是最小化训练集上的期望损失，也就意味着用训练集上学到的经验分布替代真实分布。最小化这种平均训练误差的过程叫作经验风险最小化（empirical risk minimization）。

如果只是贯彻传统的直接优化策略，一直最优化经验风险，就很容易导致过拟合现象的发生，此时随便选一个高容量的模型就可以记住训练集。以传统的凸优化问题为例，它们的目标很直接，就是寻找一个局部极小点。在神经网络训练中，我们通常不关注找到某个函数的精确极小点，而是研究算法怎么更有效地在高原、鞍点和悬崖等特殊函数区间上前进，此时需要使用梯度裁剪（gradient clipping）等技术进行处理。我们甚至会主动使用提前终止（early stopping）技术，在收敛条件满足时停止训练，此时代理损失函数仍然有较大的导数，并不需要到达真正的极小点。

在机器学习中最常用的优化技术是更关注效率的批量算法，它利用每次在数据集中随机采样的少量样本并行迭代计算，有效地降低了训练的代价。

这一类随机抽取部分样本的方法统称为随机方法，它的经典实例就是随机梯度下降（stochastic gradient descent，SGD）。为了加速它的学习，学者为它引入了动量（momentum），很好地解决了病态条件。之后还对梯度进行指数加权移动平均（exponential moving average，EMA）等改进。

在训练模型时，随着网络的加深，梯度的更新会越来越困难，随之批标准化（batch normalization，BN）等各种各样的标准化方法被提出，很好地起到了稳定训练的作用，而它的变种也有一些特殊的效果。

深度学习模型的训练通常是迭代的，因此需要指定开始迭代的初始点，如果直接随意地设置，很可能会导致算法失败。人们为此设计了简单、启发式的策略，具体过程如图17.1所示。

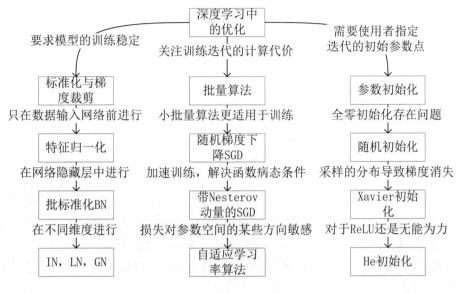

图 17.1 深度学习中的优化

17.2 优化原理

在训练模型时，随着网络的加深，梯度的更新会越来越困难，各种各样的标准化方法被提出，它们很好地起到了稳定训练的作用，同时在不同任务中也有一些特殊的效果。

为了解决优化的训练问题，随机梯度下降被提出来。为了加速它的学习，人们为它引入了动量。动量很好地解决了优化过程中的病态条件。之后还产生了对梯度进行指数加权移动平均等改进。

深度学习模型的训练通常是迭代的，因此需要指定开始迭代的初始点，人们也为此设计了简单、启发式的策略。

17.2.1 标准化

在训练深度学习网络时，我们通常会在数据预处理阶段采用"特征归一化"（feature scaling）技术，也叫特征标准化。

$$x' = \frac{x - \bar{x}}{\sigma} \tag{17.1}$$

这主要有以下两大原因：

（1）特征间的尺度不同。采集自真实世界的数据特征往往量纲差异巨大，有的变化范围是[-1,1]，有的特征范围却会达到[1000,100000]。如果对它们进行相关计算，除了计算误差的影响外，尺度大的特征会起到绝对的主导地位，完全压制了小范围特征的信息，但是从特征本身的意义上来看它们的信息量本身是相同的。所以，为了对一维特征一视同仁，需要在输入模型前采取归一化的操作。

（2）特征的尺度会影响损失的优化。如果输入模型的特征单位区别很大，那么在这样的数据上使用损失函数优化的等高线图将会是一个椭圆形，梯度下降的方向将会形成一个z字形，不能非常直接地走向最优点。使用了归一化变换后，将会减少这种震荡，提高收敛的速度。

在传统机器学习算法中，涉及或包括距离计算的SVM、KNN、PCA等算法，需要特征归一化；而基于树的决策树、随机森林等模型不在意特征相对大小，不需要特征归一化。

在深度学习中，我们采用了sigmoid等具有饱和区的激活函数，如果数据特征尺度过大，很容易就会陷入饱和区，导致梯度消失，所以会将特征归一化到[0,1]之间输入，以减轻影响。随着理论研究的发展，最新的深度学习模型往往会非常深，涉及多个函数或层组合，此时我们很难选择一个合适的学习率，因为某一层中参数更新的效果在很大程度上取决于其他所有层。一个思路是使用二阶优化算法，通过考虑二阶相互影响来解决。但是在很深的网络中，更高阶的相互影响也会很显著。就算我们只用二阶优化，计算代价也会非常高昂。为了稳定训练，我们需要在神经网络的中间层加入归一化处理。这种重参数化可以显著减少深层神经网络多层之间协调影响的问题。

目前在网络中常用的Normalization主要有四种：batch normalization（BN，2015年）、layer normalization（LN，2016年）、instance normalization（IN，2017年）、group normalization（GN，2018年）。它们具有相似的优点：

- 可以使用更大的学习率训练，加快了训练速度。
- 适应了数据分布的差别，从一定程度上抑制了过拟合。
- 保持数据特征在处理中的数值稳定性，利于网络的后续阶段。

它们的主要计算过程基本分为以下几步：

（1）对输入的数据特征计算均值，如公式17.2所示。

$$\mu_B \leftarrow \frac{1}{m}\sum_{i=1}^{m} x_i \tag{17.2}$$

（2）计算它们的方差，如公式17.3所示。

$$\sigma_B^2 \leftarrow \frac{1}{m}\sum_{i=1}^{m}\left(x_i - \mu_B\right)^2 \tag{17.3}$$

（3）利用均值和方差进行标准化，如公式17.4所示。

$$\hat{x}_i \leftarrow \frac{x_i - \mu_B}{\sqrt{\sigma_B^2 + \epsilon}} \tag{17.4}$$

（4）最终还需要缩放和平移，这是因为归一化后的数据会被限制在正态分布下，使得网络的表达能力下降，需要重新引入尺度因子和平移因子保留学习到的特征，如公式17.5所示。

$$z^{(i)} = \gamma z_{\text{Norm}}^{(i)} + \beta \tag{17.5}$$

如果用N表示一个批次数据中batch size的大小（批量）、C表示通道数（文本中每个句子padding后的长度，图像中RGB每个颜色的通道数据）、(H, W)表示特征图的长度和宽度（文本中每个单词token的词向量维度，图像中每个颜色通道的长和宽），那么一次训练迭代时某层数据的标准化可以用图17.2进行理解。

（1）batch normalization：就是对批次中每个通道C的N、H、W进行标准化处理加缩放平移操作。如图17.3的灰色部分。

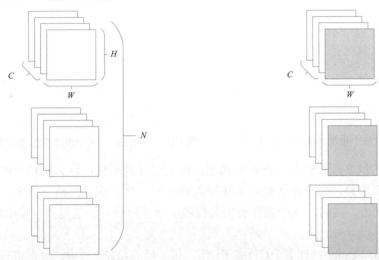

图 17.2　每个批次中的数据形式　　　　图 17.3　使用 BN 时每个批次中的数据形式

至于使用它的位置，主要有三种排列：Conv-BN-ReLU、Conv-ReLU-BN 以及 BN-Conv-ReLU。在BN的原始论文中，BN是放在非线性激活层前面的，但是很多人也主张将BN放在ReLU后面。我们可以基于普通的归一化（将输入传给网络之前对输入做的Normalization）来理解，那么 batch normalization 可以看作对传给隐藏层的输入做的 Normalization，这样来看将BN放在ReLU之后是很自然的行为。对于sigmoid或者tanh等容易发生梯度消失的激活函数，将BN放在它之前，对数据先进行Normalization可以很好地缓和梯度消失的问题。

BN也有相应的一些问题：在训练过程中，BN需要在N维度上计算一个通道的中间统计量，这使得它非常依赖batch数据的分布，如果批次数量太小，那么它的均值方差统计量就不能代表整个数据的分布，会带来统计偏差。

（2）layer normalization：把N中的每个C、H、W单独拿出来标准化处理加缩放平移，如图17.4灰色部分所示。

LN常用于NLP任务，因为batch中不同句子样本的信息关联性不大，而且句子长度也不同，直接对它们归一化会损失不同样本的差异信息，所以只应该考虑句子内部维度的归一化。将样本内部的差异信息损失一些，反而更能关注到关联的模式，降低了方差。它还不受batch size的影响。

（3）instance normalization：把每个C中的H、W单独拿出来标准化处理加缩放平移，如图17.5灰色部分所示。

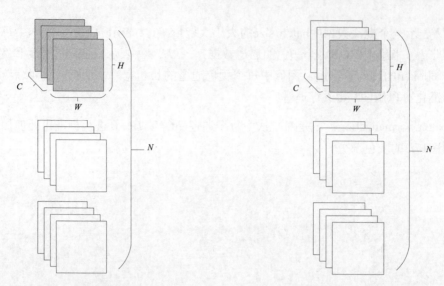

图 17.4　使用 LN 时每个批次中的数据形式　　　图 17.5　使用 IN 时每个批次中的数据形式

IN来自于图像的风格迁移任务，在每个通道的维度进行规范化，这么细粒度的处理将会消除图像的"风格"差异，比如不管是白天还是黑夜中的猫都应该认为是一只猫，所以IN提供了视觉和外观不变性。同时，这个操作会损失很多个体差异信息，需要同时使用BN，以保持区分度。

（4）group normalization：把多个C分成了G组，每一组有C/G个通道，分别进行标准化处理加缩放平移，如图17.6灰色部分。

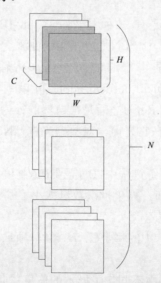

图 17.6　使用 GN 时每个批次中的数据形式

可以看出它介于LN与IN之间，所以相比BN具有了不依赖于batch size的优点，在batch size很小时GN的效果会比BN好。

17.2.2　梯度下降

在深度学习中，我们可以把问题转化为某种形式的函数优化，然后通过改变x以最小化此函数。这个函数被称为目标函数。当我们对目标函数最小化时，它也被称为代价函数或者损失函数。

1. 梯度下降

我们知道曲面上方导数的最大值的方向就是梯度的方向，所以在做梯度下降的时候应该沿着梯度的反方向进行权重参数的更新，此时可以有效找到全局的最优解。整体流程如下：

（1）计算目标函数对于所有参数的梯度，如公式17.6所示。

$$g_t = \nabla_\theta J(\theta) \tag{17.6}$$

（2）更新模型参数，其中η就是学习率，决定了更新的步长，如公式17.7所示。

$$\theta_{i+1} = \theta_t - \eta g_t \tag{17.7}$$

我们可以以下山来理解这个过程。一开始我们随机站在山中的一个点上，此时每一步都以当前视野内下降最多的方向来行进，那么这个下到最低点的过程就是最快的，而学习率就是我们每一步的大小，过小的话收敛太慢，过大的话会错过最小值。在具体实现时，我们会有三种策略：

- 批量梯度下降：在每一步下降时使用所有样本。也就是说，对于每一步权重的更新，所有的样本都会有贡献，对其计算得到的是一个标准梯度。对于一个凸优化问题，这样肯定会达到一个全局最优。它收敛的速度也是最快的，但是对于大量样本数据的情况，同时更新它们非常困难，因为我们需要在整个数据集上的每个样本上评估模型，就不太合适了。

- 随机梯度下降：在每次更新时使用一个样本，也就是说每一步用样本中的一个例子去近似数据中所有的样本来调整更新权重。显然这样做每次更新得到的并不是准确的一个梯度，但是大的整体方向还是向全局最优解的，最终的结果往往是在全局最优解附近。

- mini-batch 梯度下降：在每次更新时用 m 个小批量样本，是对随机梯度下降与批量梯度下降的一种折中。其实这里面蕴含的是一个梯度估计的权衡问题。比较两个假想的梯度计算，一个基于 100 个样本，另一个基于 10000 个样本，后者需要的计算量是前者的 100 倍，却只降低了 10 倍的均值标准差。

如果能够快速计算出梯度估计值，而不是缓慢地计算准确值，那么从总计算量来看优化算法收敛得更快。此时这个具体的小批量大小可以综合考虑：

（1）使用更大批量计算的梯度会更精确，但是回报是小于线性的。
（2）极小的批量无法利用多核计算机，并不会减少计算时间。
（3）一个批次的样本是并行处理的，此时消耗的内存与批量大小成正比。

通常我们会使用mini-batch策略沿着整个训练集的梯度方向下降。从每个小批量样本中，我们可以得到梯度的无偏估计。使用这一整套梯度估计策略的优化算法被称为SGD，它仍然是目前最受欢迎的优化算法，但是它也有很多缺点：

（1）选择合适的学习率很困难，在一个真实的任务中，我们往往希望算法可以自适应地对不同部分采取不同的更新步长，这时SGD就难以满足了。

（2）SGD容易收敛到局部最优，被困在鞍点。

2. 动量与 Nesterov 动量

SGD通过衰减的学习率可以较好地收敛，虽然可以在一开始使用大的学习率迭代下降，但是它的整体学习过程还是很慢，因为SGD在鞍点等特殊损失区域很容易陷入震荡，所以用动量方法来加速SGD在正确方向的下降并且抑制震荡。它引入负梯度的指数衰减平均充当速度角色，使得算法可以记忆之前多次迭代的梯度情况，形成一种惯性，如公式17.8所示。

$$m_t = \gamma m_{t1} + \eta g_t \tag{17.8}$$

因为参考了此前累积的下降方向，使得参数中那些梯度方向变化不大的维度可以加速更新，同时减少了梯度方向变化较大的维度上的更新幅度，于是产生了加速收敛和减小震荡的效果。

更进一步，我们还希望算法能够在目标函数有增高趋势之前减缓更新速率。既然动量已经得到了，就可以利用它算出下一步的位置，再通过它计算梯度，这样计算梯度的方式可以解释为往标准动量方法中添加了一个校正因子，从而让算法更好地预测未来，最终调整更新的速率，如公式17.9所示，它被称为Nesterov动量。

$$g_t = \nabla_\theta J\left(\theta - \gamma m_t 1\right) \tag{17.9}$$

3. 设置适应于模型参数的学习率

从前面我们可以看出学习率是非常难以设置的超参数，而且它对于模型的性能有着显著的影响。深度学习任务中的损失对参数空间中的部分方向高度敏感，使用前文提到的动量算法可以从一定程度上缓解这种现象，但是能不能在整个学习过程中让每个参数自适应地对不同的方向设置学习率呢？目前已经有了许多基于小批量的算法，可以设置出适应于模型参数的学习率。接下来我们对它们的主要原理做一个简要的回顾。

（1）AdaGrad算法：它的主要操作就是独立地适应所有模型参数的学习率，缩放每个参数反比于其所有梯度历史平方值总和的平方根。具有损失最大偏导的参数也会对应一个快速下降的学习率，而具有小偏导的参数会以一个更小的学习率进行相应的下降。宏观的表现就是算法在参数空间中更为平缓的倾斜方向会前进更大的一步。如果放在简单的凸优化问题背景下，AdaGrad算法的性能在理论上有很好的证明。但是在实践中发现，对于一个深度神经网络模型的训练，从训练一开始就累积梯度平方会导致有效学习率过早地大量衰减，如公式17.10所示。

$$v_t = \mathrm{diag}\left(\sum_{i=1}^{t} g_{i,1}^2, \sum_{i=1}^{t} g_{i,2}^2, \ldots, \sum_{i=1}^{t} g_{i,d}^2\right) \tag{17.10}$$

其中，$v_t \in \mathbb{R}^{d \times d}$ 对角矩阵，其元素 $v_{t,ii}$ 为参数第 i 维从初始时刻到时刻 t 的梯度平方和。此时，可以将学习率等效为 $\eta / \sqrt{v_t + \epsilon}$。对于此前频繁更新过的参数，其二阶分量较大，导致了学习率较小。

（2）RMSProp算法：为了更好地适应现实中的非凸问题，RMSProp算法改变了梯度平方的直接累加为指数加权的移动平均。对于AdaGrad算法，应用于复杂的非凸问题时，可能因为已经穿过了不同的损失区域，当最终遇到一个局部凸起的区域时，学习率因为通过整个历史的缩减已经变得很小了。RMSProp使用指数衰减平均丢弃了很远的历史梯度的干扰，使其在找到这样的局部凸区域后正常前进。所以，相比于AdaGrad，RMSProp多了一个新的超参数，用来控制移动平均的长度范围。

（3）Adam算法：更深入地结合了RMSProp中的指数加权操作与动量方法。它将动量直接并入梯度一阶矩（指数加权）的估计。另外，它还包括了偏执修正，修正从原点初始化的一阶矩和二阶矩的估计，而RMSProp的二阶矩估计可能在训练初期就有了很高的偏置。

相比于RMSProp对于二阶动量使用指数移动平均计算，Adam对于一阶动量的累积也是如此，如公式17.11、公式17.12所示。

$$m_t = \eta \left[\beta_1 m_{t-1} + (1 - \beta_1) g_t \right] \tag{17.11}$$

$$v_t = \beta_2 v_{t-1} + (1 - \beta_2) \cdot \mathrm{diag}\left(g_t^2\right) \tag{17.12}$$

另外，m 和 t 有一个向初值的偏移。因此，可以对一阶动量和二阶动量做偏置矫正，如公式17.13、公式17.14所示。

$$\hat{m}_t = \frac{m_t}{1 - \beta_1^t} \tag{17.13}$$

$$\hat{v}_t = \frac{v_t}{1 - \beta_2^t} \tag{17.14}$$

这样在最后更新时可以保证迭代更新的平稳性，如公式17.15所示。

$$\theta_{t+1} = \theta_t - \frac{1}{\sqrt{\hat{v}_t + \epsilon}} \hat{m}_t \tag{17.15}$$

17.2.3 参数初始化

优化算法通常有迭代和不可迭代之分，而深度学习中的训练算法基本都是迭代地进行优化。这就要求算法在训练的开始人为设定迭代的起始点。另外，深度模型的训练非常困难，优化的过程很容易被各种因素影响，其中就包括初始模型参数。初始参数不仅影响了算法的收敛速度，还会决定最终模型的泛化效果。

至于目前的初始化策略，还是非常原始、启发式的。因为我们对于深度神经网络的优化机理还未很好地理解。其中，唯一可以确定的一条准则就是：相同的两个隐藏层神经元如果连接了相同的输入数据，那么它们的初始参数必须不同。因为后续网络会一直以相同的方式对它们进行更新。

参数初始化方法的发展可以参考图17.7。

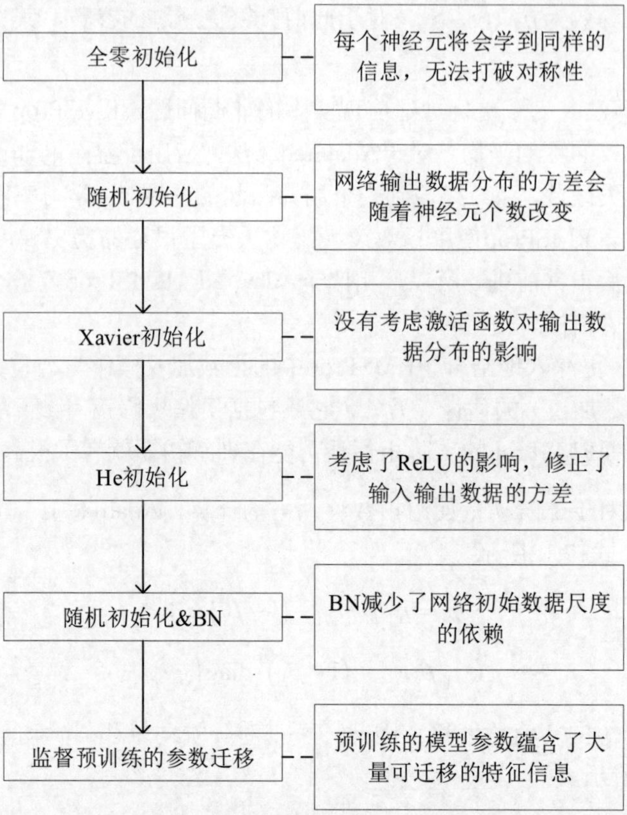

```
┌─────────────────┐      ┌─────────────────────────┐
│    全零初始化     │──────│ 每个神经元将会学到同样的   │
│                 │      │ 信息，无法打破对称性       │
└─────────────────┘      └─────────────────────────┘
         │
         ▼
┌─────────────────┐      ┌─────────────────────────┐
│    随机初始化     │──────│ 网络输出数据分布的方差会   │
│                 │      │ 随着神经元个数改变         │
└─────────────────┘      └─────────────────────────┘
         │
         ▼
┌─────────────────┐      ┌─────────────────────────┐
│   Xavier初始化   │──────│ 没有考虑激活函数对输出数   │
│                 │      │ 据分布的影响             │
└─────────────────┘      └─────────────────────────┘
         │
         ▼
┌─────────────────┐      ┌─────────────────────────┐
│    He初始化      │──────│ 考虑了ReLU的影响，修正了  │
│                 │      │ 输入输出数据的方差        │
└─────────────────┘      └─────────────────────────┘
         │
         ▼
┌─────────────────┐      ┌─────────────────────────┐
│  随机初始化&BN    │──────│ BN减少了网络初始数据尺度   │
│                 │      │ 的依赖                   │
└─────────────────┘      └─────────────────────────┘
         │
         ▼
┌─────────────────┐      ┌─────────────────────────┐
│ 监督预训练的参数迁移│──────│ 预训练的模型参数蕴含了大   │
│                 │      │ 量可迁移的特征信息        │
└─────────────────┘      └─────────────────────────┘
```

图 17.7　主要参数初始化方法的发展

最初的全零初始化方法因为触犯了之前所说的对称性准则，有很大的缺陷，它在线性回归等方法中可以很好地工作，但是在神经网络中会使训练失败。

另外，还可以将参数随机初始化到一个相对较小的值，因为太大的参数会使sigmod等带有饱和区的激活函数发生梯度消失的问题。但是它也有缺陷，这个随机采样其实是从一个均值为0、方差为1的高斯分布中采样的。当神经网络的层数增多时，会发现后面的层中激活函数的输出值接近于0，会发生梯度消失。

标准正态分布初始化如公式17.16所示。

$$W_{ij} \sim N\left(0, \frac{1}{\sqrt{n_{in}}}\right) \tag{17.16}$$

标准均匀分布初始化如公式17.17所示。

$$W_{ij} \sim U\left(-\frac{1}{\sqrt{n_{in}}}, \frac{1}{\sqrt{n_{in}}}\right) \tag{17.17}$$

之后Xavier初始化被Glorot提出，它的思想就是保证输入输出服从相同的分布，避免后面层的激活函数输出值接近于0。它的推导过程是基于几个假设的，要求激活函数是关于0对称的，对于常用的ReLU激活函数并没有效果。

Xavier　正态分布初始化如公式17.18所示。

$$W_{ij} \sim N\left(0, \sqrt{\frac{2}{n_{in} + n_{out}}}\right) \tag{17.18}$$

Xavier均匀分布初始化如公式17.19所示。

$$W_{ij} \sim N\left(-\sqrt{\frac{6}{n_{in} + n_{out}}}, \sqrt{\frac{6}{n_{in} + n_{out}}}\right) \tag{17.19}$$

之后针对这个问题产生了He初始化。它解决了使用ReLU激活函数的网络的初始化。

He正态分布初始化如公式17.20所示。

$$W_{ij} \sim N\left(0, \sqrt{\frac{2}{n_{in}}}\right) \tag{17.20}$$

He均匀分布初始化如公式17.21所示。

$$W_{ij} \sim N\left(-\sqrt{\frac{6}{n_{in}}}, \sqrt{\frac{6}{n_{in}}}\right) \tag{17.21}$$

17.3　自适应优化方法

基于SGD，后续产生了大量自适应优化方法，它们具有不同的改进与特性，并且适用于不同的应用场景。那么具体问题该选择什么样的优化方案呢？目前并没有统一的选择标准。

有研究者测试了自1964年以来几乎所有的优化方法（约有130种），并对多种基准测试进行评测，这些方案同时考虑了数据集、模型、任务、评估标准、batchsize以及学习率等超参数的区别，发现在一定误差范围内，某一类优化算法的性能基本相似，表现的效果都可圈可点。

另外，他们还对优化器本身的参数进行了调优，给各个优化算法的性能带来了不小的波动，至少说明了大部分优化器还需要合理地调参，比如AMSGrad、Mom、NAG 的默认参数都存在很大的改进空间。相比而言，AMSBound默认参数都非常不错，不需要再做大改进。

最终研究者得到了以下几个结论：

（1）优化器的性能依赖于具体任务，在不同领域有很大差异。

（2）大部分优化器性能相似，目前还没有最通用的优化算法。

（3）对优化器本身的参数进行微调比选择优化器更加重要。

17.4 参数初始化方法

接下来我们将实现神经网络的各种权重初始化方法，并进行可视化分析。首先随机生成[1000,10000]维的矩阵作为基准数据集。之后引入一个多层全连接网络，其中每层之后均有同样的激活函数。

首先是最常用的随机初始化，当网络的层数增多时，可以看到越后面的层的tanh激活函数的输出值越小，最终都接近于0。这会导致梯度非常接近于0，最终发生梯度消失，如图17.8所示。

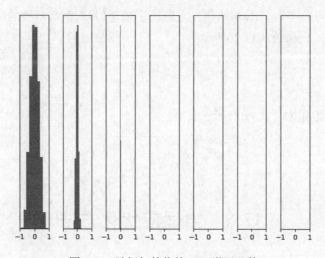

图 17.8 随机初始化的 tanh 激活函数

之后再看Xavier的tanh激活函数输出值分布，会发现多层以后形成了一致的正态分布，如图17.9所示。

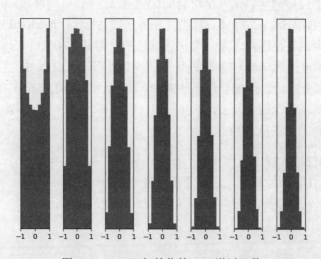

图 17.9 Xavier 初始化的 tanh 激活函数

使用ReLU激活时，Xavier初始化无能为力，如图17.10所示。

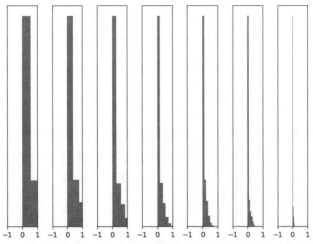

图 17.10　Xavier 初始化的 ReLU 激活函数

最后使用He初始化，发现ReLU的输出值改善了许多，如图17.11所示。

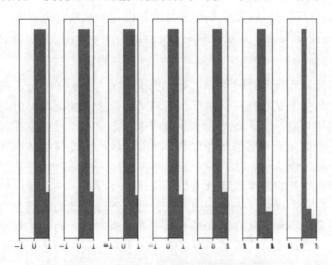

图 17.11　He 初始化的 ReLU 激活函数

17.5　本章小结

本章主要关注深度学习领域特定的优化问题，介绍了机器学习训练任务中的优化与纯优化的区别，并且根据不同的优化挑战介绍了相应优化技术的发展，包括各种标准化技术以及更高级的优化器（可以自适应地调整学习率）。

最后介绍了参数初始化的系列方法，并且进行了实验对比分析。

第 18 章　卷积神经网络

卷积神经网络的起源可以追溯到20世纪70年代，在此之后，关于卷积神经网络的研究便层出不穷。1989年LeCun发表论文描述了反向传播网络在手写数字识别中的应用，成功使用一种新型的神经网络解决了现实世界中的问题。相较于传统的神经网络，该网络引入了卷积层和池化层，该模型为之后卷积神经网络的蓬勃发展奠定了基础。作为一种高效的识别方法，CNN善于处理具有网络结构的数据，是各种深度神经网络中应用最广泛的一种，在很多机器视觉、语音处理问题中都取得了当前最好的效果。

18.1　卷积神经网络概述

传统的全连接神经网络可以处理多种类型的数据，并执行分类或者回归任务，但是对于图像这种具有空间结构的数据，全连接网络的处理能力十分有限，究其原因，主要包含以下两个方面：

- 全连接网络结构在计算过程中并不会考虑空间信息。例如，对于图像数据，全连接网络会将所有的像素点数据一视同仁，而不考虑像素点彼此之间的距离关系，无法利用图像中的空间信息。除此之外，在多数图像任务当中，对图像进行旋转、平移和缩放等操作并不会改变原本图像所含信息，然而传统的全连接网络很难提取图像的这种局部不变性特征。
- 使用全连接网络处理图像数据效率低。由于全连接网络中每层神经元与后一层中每个神经元均对应一个权重，当输入图片较大时，网络参数的规模会随着隐藏层神经元数目的增多而急剧增加，随之而来的往往是百万级别以上的权重参数，导致每次反向传播的计算量十分巨大，庞大的参数量会使整个网络训练的速度变慢，并容易在训练中出现过拟合现象，从而导致训练失败。

针对以上问题，卷积神经网络引入了局部连接、权值共享和池化等概念，良好地解决了全连接网络在处理时空数据时的问题，被广泛应用于图像、语音处理当中，并取得了极大的成功。本章将依次介绍卷积神经网络的相关概念、现代卷积神经网络的常用方法和卷积神经网络的应用。

18.2　卷积神经网络原理

卷积神经网络中利用到卷积操作，卷积操作本身类似于一种加权求和的过程。例如，对于一个二维的输入图像*F*，使用二维的卷积核*G*对其进行卷积操作，其卷积运算的过程可以表示为公式18.1。

$$C(x, y) = \sum_{t=-\infty}^{\infty} \sum_{s=-\infty}^{\infty} F(s,t) \times G(x-s, y-t) \tag{18.1}$$

上述这种操作也被称为滤波，可以通过改变卷积核中的参数执行响应的任务，不同的卷积核所起的作用不同，往往需要根据实际需求选择合适的卷积核，在图像任务当中经常通过卷积操作进行图像模糊、边缘检测等任务。

不同于由人主观选择合适的卷积核执行卷积任务，卷积神经网络随机生成卷积核，并通过网络训练对其参数进行调整，进而得到对当前任务而言最合适的卷积核。

本节将依次介绍卷积神经网络的三个核心概念：局部连接、权值共享和池化。

18.2.1　局部连接

使用全连接层的特征来表示图像，只能得到图像的全局信息，多数细节特征无从体现。为了得到更加细致的特征，在很多任务中会使用卷积层的特征，因为卷积特征是包含局部信息的，这得益于卷积层的局部连接操作（sparse connectivity）。

在全连接网络中，每个神经元与相邻层上的全部神经元均有一条连接，每一条连接均代表一次对应的运算，这样无疑使得网络整体的计算量非常庞大。不同于全连接网络，卷积网络仿照人大脑皮层的视觉神经元，利用局部区域来感知外界信息的性质，应用局部连接操作使得当前隐藏层的神经元只与前一层的部分神经元连接，从而大幅减少网络中需要学习的参数量。关于全连接和局部连接操作的对比，可简化为图18.1。

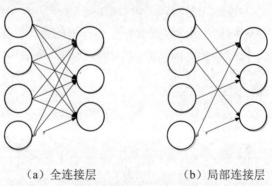

（a）全连接层　　　　　　　　　（b）局部连接层

图 18.1　卷积网络和全连接网络的对比

在卷积神经网络中，将输入的图像数据看作二维矩阵（如果是彩色图像，则是三维矩阵）更容易理解局部连接操作，矩阵中的每个数值则对应该点的像素光强度。局部连接操作通过设置卷积核的方式处理输入图像，避免了将每个神经元与输入像素点相连，在缩减了参数数量的同时良好地提取了图像的局部特征。局部感受野（local receptive fields）是卷积核映射在输入图像矩阵上的一小片范围，该范围中的像素点会与卷积核中的某一个神经元进行连接，每个连接学习一个权重。例如，对于30×30的输入图像数据，设置卷积核的大小为3×3，此时局部感受野大小也为3×3，卷积中的一次计算如图18.2所示。

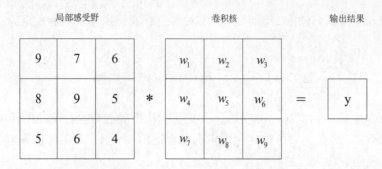

$$y = 9*w_1 + 7*w_2 + 6*w_3 + 8*w_4 + 9*w_5 + 5*w_6 + 5*w_7 + 6*w_8 + 4*w_9$$

图 18.2　卷积操作中的乘法运算

图18.2描述的操作仅仅使用到了9个权重值，显著缩小了网络中的参数数目。然而，这个过程仅仅计算了输入图像中一小块3×3的区域，完整的卷积操作需要不断改变输入图像中感受野的位置，重复进行上述操作。在这个过程中，如果每次计算时均使用新的卷积核，那么最终网络的参数数量也会随着图像变大而不断增加，为了进一步缩小参数的规模，需要在卷积操作中引入权值共享操作。

18.2.2　权值共享

卷积神经网络中引入了卷积核的概念，其类似一个滑动窗口，以相同的间隔在输入图像中移动，进行卷积操作提取出图像的局部特征，进而得到输入图像的特征图（feature map，FM）。在神经网络模型中，模型的参数数量很大程度上由其中权重和偏置的数目决定。因此，权值共享（parameter sharing）指的便是在对输入图像数据的一次遍历中，卷积核使用的权重和偏置是固定不变的，不会针对图像内的不同位置改变卷积核内的参数。图18.3（a）展示了利用一个1×3的矩阵作为卷积核，提取出输入图片的一个特征图的网络结构，卷积层的连接权重可以共享，而全连接层的每个连接权重均是独立的。因此，相同数量的神经元进行全连接需要计算更多的权重，如图18.3（b）所示。

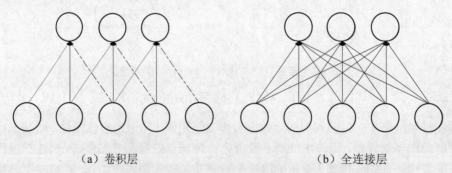

（a）卷积层　　　　　　　　　　　　　（b）全连接层

图 18.3　卷积层和全连接层的权重连接

权值共享操作的特性使得它可以检测输入数据的固定特征，例如图像水平或垂直边缘的检测。为了提取整张输入图像的特征图，需要使用卷积核从输入图像的左上角开始沿着从左至右、从上至下的顺序进行"扫描"，每次"扫描"意味着将图像中对应的局部感受野与卷积核进行图18.2所示的乘法操作。移动"扫描"的过程需要设置每次移动的跨距，也就是步长（stride），步长定义了从左至右、从上至下逐个像素的移动距离。由于卷积层具有权值共享的性质，因此在扫描一张输入图像的过程中卷积核的权重和偏置是固定的。图18.4展示了使用3×3的卷积核对一幅5×5的输入图像进行"扫描"并提取其特征图的过程，其中步长设置为1。

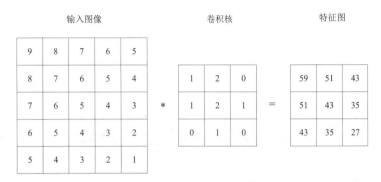

图 18.4　卷积操作示例

权值共享显著降低了卷积核中参数的数量，加速了卷积模型的训练。除此之外，卷积层可以利用图片空间上的局部不变性，在提升网络性能的同时更加适应图像的物理结构。然而，由于卷积核每次进行扫描时移动的步长不应设置太大，因此导致经过卷积层后生成的特征图的维度并没有显著减少。如果在其后不做任何处理直接进行分类，那么过大的特征维数仍然容易导致训练过拟合，此时需要引入池化操作以简化卷积层的输出。

18.2.3　池化层

除了卷积层之外，卷积神经网络往往也会包含池化层（pooling layers），用于对卷积层的输出进行降维。通常来说，池化层不被算作一个单独的网络层，与卷积层和激活函数一起并称为一个卷积层。

池化操作又被称为降采样，它利用图像中相邻像素点高度相关的特点对特征图进行降采样，使用一个像素点来代表附近的像素点，从而实现特征的降维，在压缩数据和参数量的同时避免了过拟合现象。

在许多图像任务当中，我们只需要获取某个特征相对于其他特征的大概位置，而不需要标出该特征在图片中的精确位置（例如，分类猫狗图片时，我们并不会关心猫狗在图片中出现的位置），这种任务满足平移不变性，即当对图像的局部感受野进行少量平移时，池化层的整体输出并不会发生很大的变化。池化层的这种特性可以在缩减特征图维度的同时，提取出执行图像任务所需的信息。

池化层中步长的概念与卷积层类似，即窗口在输入图像中每次移动的像素个数。图18.5展示了对大小为4×4的输入图像进行最大池化操作，在每个2×2的区域中计算最大值，并用该最大值代表该区域，以步长为2的间隔在图像上不断移动，直至遍历整个图像。

池化层对卷积层提取的信息进行总结、简化，去除了冗余的信息，可以极大地提高网络的统计效率。由于具有平移不变的性质，因此池化层加强了对图像偏移、旋转等方面的适应度，提高了模型的鲁棒性。

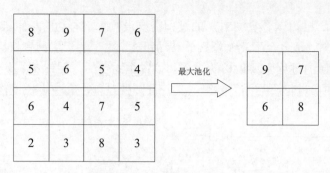

图 18.5 最大池化操作

18.3 卷积神经网络的新方法

随着人工智能的普及，卷积神经网络受到了广泛的关注，优秀的研究层出不穷。本节首先介绍了1D/2D/3D卷积的区别，随后介绍了卷积神经网络发展过程中出现的一些新方法。

18.3.1 1D/2D/3D 卷积

由于计算机视觉的广泛应用，二维卷积（2DConv）的应用最为广泛，因此本章的内容也主要是通过二维卷积进行展开，但是除了二维卷积之外，卷积神经网络也可以包括一维卷积（1DConv）和三维卷积（3DConv）。就计算方式而言，1D/2D/3D卷积均相同，它们的主要区别在于处理的数据类型和维度不同。图18.6展示了3种卷积对单个通道的输入数据进行处理的过程。

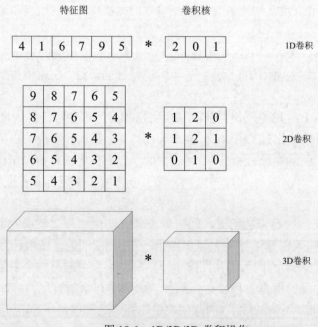

图 18.6 1D/2D/3D 卷积操作

对1D卷积而言，其输入数据和输出数据均是二维的，进行卷积操作时卷积核沿一个方向移动。

对2D卷积而言，其输入数据和输出数据均是三维的，进行卷积操作时卷积核沿两个方向移动。

对3D卷积而言，其输入数据和输出数据均是四维的，卷积操作时卷积核沿三个方向移动。

就应用场景而言，1D卷积主要应用于自然语言处理、时域语音处理领域，2D卷积主要应用于图像处理、频域语音处理领域，3D卷积主要应用于医学、视频处理领域。

18.3.2　1×1 卷积

在卷积神经网络中，可以通过增加卷积核的个数来扩大输入通道（channel）的数量，对于一个维度较大的输入特征图，池化层可以压缩其长度和宽度，但是对于通道数却无能为力，当输入的通道数量很大时，使用3×3或者5×5卷积核对输入数据做卷积的操作效率很低，此时便需要使用1×1卷积对输入数据进行通道降维，进而提高训练的速度。除此之外，由于一般的卷积层相当于线性操作，只能提取出输入图像的线性特征，而巧妙地使用1×1卷积可以帮助模型提取非线性特征。1×1卷积指的是宽和高均为1的卷积核，其最早出现在论文 *Network in network*（*NIN*）当中，用于加深或者加宽网络结构，后来在Inception网络中1×1卷积被用于降维。整体而言，1×1卷积核可以控制卷积核的通道个数，并在通道方向对信息进行整合，从而实现通道的升维或者降维，达到缩小模型规模、提高训练效率的目的。同时，巧妙地使用1×1卷积还可以增加网络的非线性性质，进而提升模型的表达能力。

18.3.3　空洞卷积

经典的深度卷积神经网络在执行输入图像与输出结果尺寸一致的任务时，会面临信息丢失的问题，例如图像分割任务，这主要是由于池化层会显著减小输入图像的尺寸，但在输出最终结果之前，需要对缩小尺寸后的中间数据进行上采样使其恢复原本的大小，在这个过程中便会损失相当多的有用信息。空洞卷积（dilated convolutions）又被称为扩张卷积，用于在特征图上进行数据采样，原始的卷积核在特征图上进行密集采样，形成一个中间不含空隙的投影矩阵，而空洞卷积则是将数据的采样方式由密集采样转换为稀疏采样，使用带空隙的投影方式。空洞卷积在卷积核大小相同的情况下增加了其感受野（reception field），让每个卷积输出都包含较大范围的信息。因此，空洞卷积常应用于语音分离、图像分割等需要还原全局信息的问题中，成功提升了原本任务的效果。

18.3.4　全卷积神经网络

随着人工智能领域的发展，越来越多的深度学习模型被投入到实际应用中，随之而来的是形式多样的复杂数据。由于全连接层的计算代价较大，传统的卷积神经网络难以处理复杂的高维输入数据，因此出现了全卷积神经网络（fully convolutional networks，FCN）。传统的卷积神经网络将卷积层的输出结果输入全连接层时，往往需要将高维的中间结果展开成一维向量，将这种向量直接输入给全连接层会导致巨大的计算量，使得模型难以训练。除此之外，直接将卷积输出的高维特征图展开，也会在一定程度上破坏特征图的空间联系。为了解决以上问题，全卷积网络于2015年被提出，其舍弃了网络末尾的全连接层，而采用全卷积的网络结构。具体而言，全卷积网络结构整体分为两个部分，即全卷积部分和反卷积部分。其中，反卷积又被称为转置卷积（transposed convolution），用于对特征图进行上采样映射。值得注意的是，其并不是卷积的逆操作。全卷积网络使用卷积操作提取输入图像的特征图，并使用反卷积对特征图进行上采样，以获得与输入图像大小相同的预测结果，以更少的参数量出色地完成传统卷积神经网络难以完成的任务，在图像语义分割任务上取得了开拓性的成果。

18.4 卷积神经网络的应用

卷积神经网络具有参数量少、训练速度快的优势，适合处理图像、语音这种具有时空结构的复杂数据。图像分类是一种识别输入图像中包含内容的简单任务，具有广泛的应用前景，同时也是攻克其他复杂任务的基础，常见的图像分类任务有手写数字识别、猫狗分类等。对于人类来说，识别图片中的数字或者动物类别十分容易，然而想要设计出媲美人类大脑的图像分类系统却并不简单。本节从卷积神经网络在图像分类任务上的应用出发，介绍卷积神经网络的发展历程，并给出使用卷积神经网络进行手写数字识别的示例。

18.4.1 卷积神经网络的发展

自图像分类任务被提出以来，众多学者致力于研究出准确度更高、鲁棒性更强的图像分类算法，在这个过程中，卷积神经网络的架构也在不断发生变化。图18.7列出了经典的图像分类卷积神经网络发展历程。

1998年，Yann Lecun发表的论文中提出了著名的手写数字识别网络LeNet5，并将其应用于银行支票识别任务当中，成功推动了深度学习领域的发展。LeNet5使用卷积池化层提取特征，最后用全连接层对图像进行分类，其性能超过了同时期的其他图像分类模型。然而，由于LeNet5是较早时期的网络，结构较为简单，难以提取复杂数据的特征。

Alex Krizhevsky于2012年提出了新的卷积神经网络AlexNet，AlexNet网络包含5层卷积层和3层全连接层，并结合softmax激活函数进行图像分类。AlexNet相较于之前的LeNet5层数增多，解决了过拟合的问题，在ImageNet图像分类竞赛中取得冠军，且其分类效果远远超过当年的第二名，一举打破了人工智能低谷期，向大家展示了卷积神经网络的能力，从此掀起了新一轮人工智能浪潮。

VGGNet由牛津大学和Google的学者一起提出，有多种层数版本，每一个版本均使用固定大小的卷积核尺寸和最大池化尺寸来设计网络结构，其中所有卷积层的配置均相同。VGGNet相较于LeNet5和AlexNet而言，成功提升了图像分类的准确度，并验证了在一定范围内不断加深卷积神经网络的层数可以提升网络的性能。

GoogLeNet是由Christian Szegedy提出的新型卷积神经网络，不同于早一些的VGGNet架构中仅仅增加网络的层数，GoogLeNet还考虑增加模型的宽度，从而获得了更高质量的模型。GoogLeNet采用了22层网络，并引入1×1卷积，成功减少了图像分类网络的计算量。

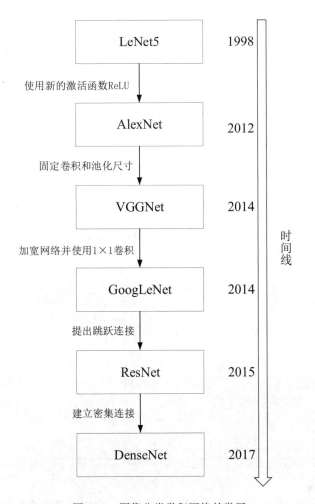

图 18.7　图像分类卷积网络的发展

2015 年，何恺明等人提出了一种新的卷积神经网络 ResNet，又称残差网络，是一种用于图像分类的经典网络。ResNet 由卷积层、池化层和全连接层组成，通过在卷积神经网络中加入残差模块（residual block）成功解决深层网络的训练问题，加速网络的收敛速度，提升了网络的效果。ResNet 拥有多种不同网络层数的版本，最深的版本网络深度达到了 152 层，最简单的版本也有 18 层。到目前为止，ResNet 仍是最常用的图像分类网络之一。

DenseNet 于 2017 年被提出，其网络结构并不复杂，却非常有效，在部分图像分类任务的性能成功超越 ResNet。DenseNet 同样具有多种结构，不同于之前的模型总是尝试增大网络的深度或者宽度的思路，它通过在不同通道（channel）上连接特征以实现特征重用，以更低的计算成本成功提高了网络的性能。

卷积神经网络除了适用于图像领域之外，在语音处理领域也拥有广泛的应用前景。Quan Wang 等人使用 8 层膨胀卷积提取经过短时傅里叶变换后得到的音频时频谱的特征。由于时频谱除了通道数固定为 1 之外，具有和彩色图像类似的二维空间特征，因此作者使用 2D 卷积对音频的时频谱进行处理，提取混合声音的相关特征，最终实现了频域语音分离系统 VoiceFilter，成功从多人同时说话的混合语音中分离出目标说话人单独说话的语音。在此之后，有关时域的语音分离论文也被提出,该研究使用卷积层代替了短时傅里叶变换(short-time Fourier transform,STFT),直接使用1D卷积在时序波形上执行语音分离任务,该模型由编码器(encoder)、分离器(separation)、解码器(decoder)三个模块构成,属于全卷积的语音分离模型,具有更低的时延、更高的分离精度等优势。

18.4.2 MNIST 数据集分类示例

本节分别使用卷积神经网络和全连接神经网络对MNIST数据集进行图像分类,设置batch size为128,使用SGD优化器,学习率(learning rate,lr)为0.01,在训练数据集上训练20个epoch,分别记录测试集上的损失(loss)和分类准确率(accuracy)并进行对比,结果显示卷积神经网络在图像分类任务上的收敛速度和精度均优于全连接神经网络,如图18.8、图18.9所示。

经过20个epoch的训练之后,全连接神经网络的识别准确率可以达到95.1%,而卷积神经网络的识别率最高可以达到99.1%。

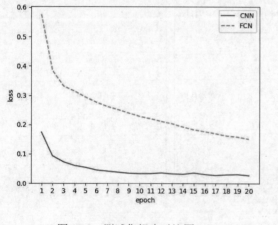

图 18.8   测试集损失对比图

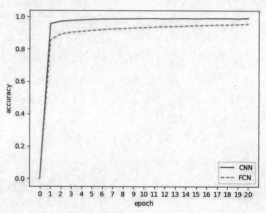

图 18.9   测试集准确率对比图

18.5 本 章 小 结

本章对卷积神经网络的相关内容进行了总结。通过与传统的全连接神经网络进行对比,描述了卷积神经网络在处理图像、语音等复杂数据方面的优势,而这在很大程度上归功于卷积神经网络的局部连接、权值共享和池化操作。

除了对卷积网络原理的说明,本章后半部分还阐述了卷积神经网络在发展过程中演化出的一些经典模型,最后通过一个手写数字识别的图像分类任务示例说明卷积神经网络的优势。

第 19 章 循环神经网络

序列数据是深度学习研究问题中一种常见的数据类型，例如机器翻译问题中的输入输出语句、DNA序列分析中的基因序列等。为了处理这种特定类型的数据，循环神经网络应运而生。

循环神经网络就是一类专门用于处理序列数据的神经网络，包含多个种类的适用于不同问题情形的变体。大多数循环神经网络都可以处理长度可变的序列。循环神经网络的产生为序列数据处理开辟了新的方向，推动了自然语言处理、语音识别等多个研究领域的发展和变革。

19.1 循环神经网络概述

使用标准的深度神经网络处理带有序列数据的问题时，会遇到以下几个问题：

（1）不同样本中的输入数据序列和输出数据序列具有不同的长度。比如在机器翻译中，不同的句子长度不同。此时，使用标准的深度神经网络去解决这些问题很难，可能需要使用将短序列填充成长序列等各种烦琐的方法进行处理。

（2）标准的深度神经网络没有参数共享的机制，因此标准的深度神经网络无法共享从序列的不同位置学习到的特征，但是这对于需要解决的问题本身又很有可能是极为重要的。比如，在将"去年，我去了北京。"和"我去年去了北京。"这两个句子输入模型中并且希望得到时间信息的时候，模型应该能够在"去年"这个序列片段处在两个序列不同位置的情况下提取出相同的时间信息。

（3）标准的深度神经网络在处理固定长度的序列时，其每个位置对应的网络参数都是不同的，因此网络需要大量的参数。

循环神经网络可以很好地解决上述问题。循环神经网络在不同的时间步共享参数，这使得模型不但可以扩展到不同长度的样本，也可以共享序列不同位置的信息，同时还大大减少了参数量。

简单的循环神经网络有效解决了标准深度神经网络所不能解决的问题，但是存在长期依赖（序列多阶段传播后梯度消失的问题，也可能有极少情况下是梯度爆炸），就像随着时间的变长，人的大脑也会产生遗忘，因此引入了基于长短期记忆的网络和基于门控循环单元（gated recurrent unit，GRU）的网络用于解决长期依赖。序列数据还具有信息整体性的特征，就是说从序列中某个时间步获取信息并不一定都是它之前时间步的信息，很有可能还包括该时间步之后的信息，因此需要使用双向循环神经网络（bidirectional recurrent neural network，BRNN，双向RNN）对序列信息进行整体上的把握。为了增强网络的学习能力，与标准深度神经网络的思想相同，也可以通过加深循环神经网络的深度来达到目的。

本章将从展开计算图的思想开始引入，简单介绍各种循环神经网络及其应用场景，如图19.1所示。

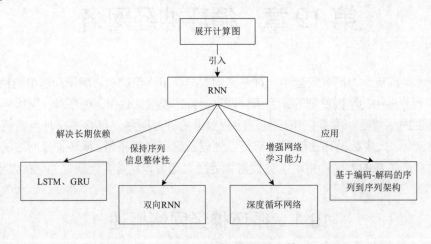

图 19.1　本章思维导图

19.2　循环神经网络原理

循环神经网络是神经网络中的一个类别，主要用于处理序列数据。循环神经网络包括多种结构不同的网络，分别适用于不同类型的问题，其在机器翻译、金融序列分析和预测、交通流量预测等多个领域都有着非常广泛的应用。

本节主要介绍循环神经网络的发展过程，并对几种常用的循环神经网络结构进行介绍。

19.2.1　展开计算图

计算图（computational graph）是一种有向图结构，用于形式化地表示计算结构。与所有的图结构相同，计算图也包含节点和边，其中节点表示变量，边表示函数。

计算图可以以循环图和展开图的方式表示。举个简单的例子，动态系统的经典形式如公式19.1所示。

$$s^{(t)} = f(s^{(t-1)}; \theta) \tag{19.1}$$

其中，s 表示系统的状态，函数 f 为 t 时刻系统状态到 $t+1$ 时刻系统状态的映射，θ 为函数 f 用到的参数，每一个时间步用的参数 θ 都相同。它的循环图表示如图19.2左侧所示，该循环图展开后如图19.2右侧所示。

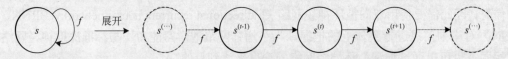

图 19.2　循环图与展开图

　　循环图相对于展开图而言更为简洁，并且十分形象地展现了循环的含义。展开图相当于对循环图进行展开操作后得到的结果，更为直观地展现了系统状态随着时间的变化，体现了信息的流动路径和过程。

19.2.2　循环神经网络

　　循环神经网络运用了19.2.1节中计算图展开的思想，如同19.2.1节中描述的那样，循环神经网络每一个时间步的参数都相同，即参数共享。网络中不同时间步的参数共享可以使得参数量远远小于不同时间步间参数不共享的情况。最为常见的循环神经网络结构如图19.3所示。

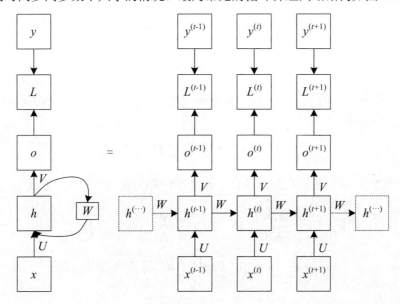

图 19.3　RNN 结构图

　　在图19.3中，x 表示输入单元，h 表示隐藏单元，o 表示输出单元，L 表示损失，y 表示目标，t 表示时间步，U 表示输入单元到隐藏单元间的参数矩阵，W 表示循环连接的相邻时间步隐藏单元之间的参数矩阵，V 表示隐藏单元到输出单元的参数矩阵。图中等号左侧为该循环神经网络的回路原理图，等号右侧为该循环神经网络的展开计算图。这种循环神经网络每个时间步都产生一个输出，并且隐藏单元之间存在循环连接。

　　接下来介绍该循环神经网络的前向传播公式。从时间步 $t=1$ 开始到时间步 $t=\tau$，对每个时间步都使用公式19.2到公式19.5进行网络更新。

$$a^{(t)} = b + Wh^{(t-1)} + Ux^{(t)} \tag{19.2}$$

$$h^{(t)} = \tanh(a^{(t)}) \tag{19.3}$$

$$o^{(t)} = c + Vh^{(t)} \tag{19.4}$$

$$\hat{y}^{(t)} = \mathrm{softmax}(o^{(t)}) \tag{19.5}$$

　　其中，b 和 c 为参数的偏置向量，它们会和参数矩阵 U、W 和 V 一同分别对应输入到隐藏单元、隐藏单元到隐藏单元和隐藏单元到输出的连接。此处将输出 $\boldsymbol{o}$ 作为表示离散变量时每个离散变量可能值的非标准化对数概率，然后将softmax函数应用于输出 $\boldsymbol{o}$ 上得到标准化概率的输出 $\hat{\boldsymbol{y}}$。此时，网络的总损失为各个时间步的损失之和，如公式19.6所示。

$$L = \sum_t L^{(t)} \tag{19.6}$$

接下来介绍该循环神经网络梯度的计算。与其他的神经网络相似，循环神经网络也是通过反向传播从后往前反向计算得到梯度，然后进行网络训练，更新参数。假设损失为给定了输入 $\boldsymbol{x}^{(1)},\ldots,\boldsymbol{x}^{(t)}$ 后目标值 $\boldsymbol{y}^{(t)}$ 的负对数似然，输出 $\boldsymbol{o}^{(t)}$ 经过一次softmax函数计算得到标准化概率输出 $\hat{\boldsymbol{y}}$。对于所有的隐藏单元 i 和时间步 t，关于 t 输出的梯度 $\nabla_{\boldsymbol{o}^{(t)}} L$ 的计算公式如公式19.7所示。

$$(\nabla_{\boldsymbol{o}^{(t)}} L)_i = \frac{\partial L}{\partial o_i^{(t)}} = \frac{\partial L}{\partial L^{(t)}} \frac{\partial L^{(t)}}{\partial o_i^{(t)}} = \hat{y}_i^{(t)} - 1_{i,y^{(t)}} \tag{19.7}$$

从最后一个时间步 τ 开始，从后往前依次进行梯度计算。在最后一个时间步中，梯度计算的公式如公式19.8所示。

$$\nabla_{\boldsymbol{h}^{(\tau)}} L = V^{\mathrm{T}} \nabla_{\boldsymbol{o}^{(\tau)}} L \tag{19.8}$$

之后从时间步 $\tau - 1$ 开始依次向前迭代，梯度的计算公式如公式19.9所示。

$$\begin{aligned} \nabla_{\boldsymbol{h}^{(t)}} L &= \left(\frac{\partial \boldsymbol{h}^{(t+1)}}{\partial \boldsymbol{h}^{(t)}}\right)^{\mathrm{T}} \left(\nabla_{\boldsymbol{h}^{(t+1)}} L\right) + \left(\frac{\partial \boldsymbol{o}^{(t)}}{\partial \boldsymbol{h}^{(t)}}\right)^{\mathrm{T}} \left(\nabla_{\boldsymbol{o}^{(t)}} L\right) \\ &= W^{\mathrm{T}} \left(\nabla_{\boldsymbol{h}^{(t+1)}} L\right) \mathrm{diag}\left(1 - \left(\boldsymbol{h}^{(t+1)}\right)^2\right) + V^{\mathrm{T}} \left(\nabla_{\boldsymbol{o}^{(t)}} L\right) \end{aligned} \tag{19.9}$$

其中，$\mathrm{diag}\left(1 - \left(\boldsymbol{h}^{(t+1)}\right)^2\right)$ 表示包含元素 $1 - \left(\boldsymbol{h}^{(t+1)}\right)^2$ 的对角矩阵。

网络中其他参数的梯度计算公式如公式19.10到公式19.14所示。

$$\nabla_{\boldsymbol{c}} L = \sum_t \left(\frac{\partial \boldsymbol{o}^{(t)}}{\partial \boldsymbol{c}}\right)^{\mathrm{T}} \nabla_{\boldsymbol{o}^{(t)}} L = \sum_t \nabla_{\boldsymbol{o}^{(t)}} L \tag{19.10}$$

$$\nabla_{\boldsymbol{b}} L = \sum_t \left(\frac{\partial \boldsymbol{h}^{(t)}}{\partial \boldsymbol{b}^{(t)}}\right)^{\mathrm{T}} \nabla_{\boldsymbol{h}^{(t)}} L = \sum_t \mathrm{diag}\left(1 - \left(\boldsymbol{h}^{(t)}\right)^2\right) \nabla_{\boldsymbol{h}^{(t)}} L \tag{19.11}$$

$$\nabla_V L = \sum_t \sum_i \left(\frac{\partial L}{\partial \boldsymbol{o}_i^{(t)}}\right) \nabla_V \boldsymbol{o}_i^{(t)} = \sum_t \left(\nabla_{\boldsymbol{o}^{(t)}} L\right) \boldsymbol{h}^{(t)\mathrm{T}} \tag{19.12}$$

$$\begin{aligned} \nabla_W L &= \sum_t \sum_i \left(\frac{\partial L}{\partial h_i^{(t)}}\right) \nabla_{W^{(t)}} h_i^{(t)} \\ &= \sum_t \mathrm{diag}\left(1 - \left(\boldsymbol{h}^{(t)}\right)^2\right) \left(\nabla_{\boldsymbol{h}^{(t)}} L\right) \boldsymbol{h}^{(t-1)\mathrm{T}} \end{aligned} \tag{19.13}$$

$$\nabla_U L = \sum_t \sum_i \left(\frac{\partial L}{\partial h_i^{(t)}} \right) \nabla_{U^{(t)}} h_i^{(t)}$$

$$= \sum_t \mathrm{diag}\left(1 - \left(\boldsymbol{h}^{(t)} \right)^2 \right) \left(\nabla_{\boldsymbol{h}^{(t)}} L \right) \boldsymbol{x}^{(t)\mathrm{T}}$$

（19.14）

此处使用 $\nabla_{W^{(t)}}$ 表示权重参数在时间步 t 对梯度的贡献。注意，这里没有计算关于输入 $\boldsymbol{x}^{(t)}$ 的梯度，这是因为计算图中定义的损失的任何参数都不是 $\boldsymbol{x}^{(t)}$ 的父节点。

由于这种RNN的前向传播与反向传播都必须保存每个时间步的状态，依次向前传播和反向传播，因此这种RNN梯度计算的方法的时间复杂度和空间复杂度均为 $O(\tau)$。这种应用于展开图且复杂度为 $O(\tau)$ 的反向传播算法称为通过时间反向传播（back-propagation through time，BPTT）。这种隐藏单元间存在直接连接的RNN学习能力很强，但是其具有不可降低的时间和空间复杂度，使用者必须付出很大的训练代价。

除了上述这种类型的RNN，为了减小网络的训练代价同时保证网络具有一定的学习能力以适用不同的问题，还可以对RNN的结构进行不同的改造，获得不同架构的RNN去应对不同的序列数据处理需求。目前常见的RNN结构主要有以下两种：

（1）每个时间步都产生一个输出，但是只有当前时间步的输出连接下一时间步的隐藏单元，不同时间步的隐藏单元之间没有连接。

（2）相邻时间步的隐藏单元之间存在连接，但是只有在最后一个时间步才产生一个输出用于进行损失的计算。

19.2.3　长期依赖

标准的RNN在训练过程中会面临因序列长度较长而丧失学习序列前期信息能力的问题，这就是长期依赖问题。举个简单的例子，用一长段语句介绍一个人，开头是"我来自中国"，中间包含了大量的其他信息，最后需要预测这个人说什么语言最为流利，希望得到的答案是"汉语"，这个答案需要从句首"我来自中国"这里得出，但是标准的RNN会存在长期依赖问题，无法"记住"前面的信息，从而导致网络的优化变得十分困难。

长期依赖主要是因为多步传播之后梯度爆炸（exploding gradient）或者梯度消失（vanishing gradient）。梯度爆炸是指深度神经网络中前面层的梯度比后面层的梯度快所引起的问题，而梯度消失恰好与之相反，是指深度神经网络中前面层的梯度比后面层的梯度变化慢所引起的问题。接下来讲解梯度爆炸和梯度消失的数学原理。首先，将循环联系视为一个没有输入且不包含非线性激活函数的循环神经网络，如图19.4所示。

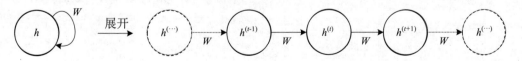

图 19.4　一个简单的循环联系示例

可以使用公式19.15表示。

$$h^{(t)} = W^{\mathrm{T}} h^{(t-1)} \qquad (19.15)$$

将公式19.15化简，可以得到公式19.16。

$$h^{(t)} = \left(W^t\right)^{\mathrm{T}} h^{(0)} \qquad (19.16)$$

当 W 可以进行如公式19.17所示的特征分解时（其中，Q 为标准正交矩阵，$\varLambda$ 为对角矩阵，其对角线上的元素为矩阵 W 的特征值），循环可以被简化为公式19.18。

$$W = Q\varLambda Q^{\mathrm{T}} \qquad (19.17)$$

$$h^{(t)} = Q^{\mathrm{T}} \varLambda^t Q h^{(0)} \qquad (19.18)$$

此处 $\varLambda^t$ 相当于特征值的 t 次方。当序列很长时，随着时间步的增长，如果特征值处于 $(-\infty, -1)$ 和 $(1, +\infty)$ 区间内，就会出现激增，即导致梯度爆炸；如果特征值处于 $(-1, 1)$ 区间，就会趋于0，即导致梯度消失。一般来说，经过多次传播后，梯度消失的情况较多，梯度爆炸的情况很少，但是对优化过程的影响很大。如果训练过程中出现梯度消失的情况，就将导致权重无法更新；如果出现梯度爆炸，就会大幅度更新网络参数，极端情况下可能会出现NaN（not a number，计算机科学中数值数据类型的一类值，表示未定义或不可表示的值）。

19.2.4　LSTM

针对标准RNN面临的长期依赖问题，常用的解决方法主要为门控RNN的序列模型，其中具有代表性的有基于长短期记忆（LSTM）的网络和基于门控循环单元（GRU）的网络等网络结构。本节首先介绍LSTM，下一节再介绍GRU。

LSTM解决长期依赖的主要思想是，将标准RNN中的每个时间步都固定的连接权重扩展为每个时间步都可能会改变的连接权重。LSTM循环网络以细胞的结构代替标准RNN的循环单元，其细胞结构如图19.5所示。

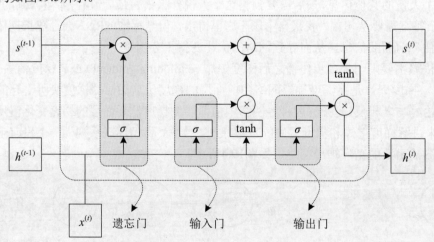

图 19.5　LSTM 细胞单元结构图

用来表示不同细胞单元的一个关键值为细胞状态单元 $s_i^{(t)}$（时刻 t 细胞 i）。LSTM细胞主要包含三个门控：遗忘门（forget gate）$f_i^{(t)}$、输入门（input gate）g_i^t 和输出门（output gate）q_i^t。其中，首先进行的是遗忘阶段，此处遗忘门的作用是将从上一个时间步传入的信息有选择地忘记，只"记住"那些重要的信息。此处使用 sigmoid 函数进行权重设置来达到一种门控状态，具体计算公式如公式 19.19 所示。

$$f_i^{(t)} = \sigma \left(b_i^f + \sum_j U_{i,j}^f x_j^{(t)} + \sum_j W_{i,j}^f h_j^{(t-1)} \right) \tag{19.19}$$

其中，$\boldsymbol{x}^{(t)}$ 为时间步 t 的输入向量，$\boldsymbol{h}^{(t-1)}$ 为上一时间步 $t-1$ 的隐藏层向量，b^f 为偏置，U^f 为输入权重，W^f 为遗忘门的循环权重。$f_i^{(t)}$ 越接近 0，表示对历史信息"丢失"的越多；$f_i^{(t)}$ 越接近 1，表示对历史信息"记住"的越多。

$$g_i^{(t)} = \sigma \left(b_i^g + \sum_j U_{i,j}^g x_j^{(t)} + \sum_j W_{i,j}^g h_j^{(t-1)} \right) \tag{19.20}$$

其中，b^g 为偏置，U^g 为输入权重，W^g 为输入门的循环权重。更新后的细胞状态如公式 19.21 所示。

$$s_i^{(t)} = f_i^{(t)} s_i^{(t-1)} + g_i^{(t)} \tanh \left(b_i + \sum_j U_{i,j} x_j^{(t)} + \sum_j W_{i,j} h_j^{(t-1)} \right) \tag{19.21}$$

其中，b 为偏置，U 为输入权重，W 为循环权重。

最后到达输出阶段，经过输出门得到 LSTM 细胞的输出 $h_i^{(t)}$，并将其输出到下一个时间步。输出门门控的计算公式如公式 19.22 和公式 19.23 所示。

$$q_i^{(t)} = \sigma \left(b_i^o + \sum_j U_{i,j}^o x_j^{(t)} + \sum_j W_{i,j}^o h_j^{(t-1)} \right) \tag{19.22}$$

$$h_i^{(t)} = \tanh(s_i^{(t)}) q_i^{(t)} \tag{19.23}$$

其中，b^o 为偏置，U^o 为输入权重，W^o 为输出门的循环权重。

与标准 RNN 相比，得益于其门控单元，LSTM 可以记住长时间的重要信息，并选择性忘记不重要的信息，能够更加容易减弱或避免长期依赖问题，在很多长序列处理中具有较好的表现。

19.2.5　GRU

基于门控循环单元（GRU）的网络是除 LSTM 外另一种十分常用的门控 RNN。GRU 与 LSTM 的思想比较相近，都是通过门控的方式使每个时间步的连接权重有选择地变化，从而应对长期依赖。其与 LSTM 的主要区别在于，使用单个门控单元同时控制遗忘因子和更新状态单元的决定，GRU 结构图如图 19.6 所示。

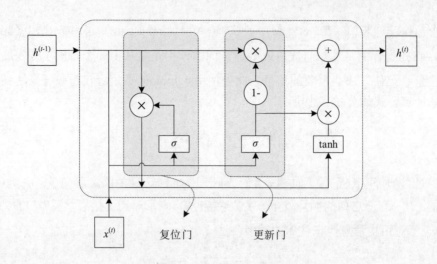

图 19.6 GRU 细胞单元结构图

GRU主要有两个门：复位门（reset gate）和更新门（update gate）。此处使用r表示复位门，u表示更新门，计算公式如公式19.24和公式19.25所示。

$$r_i^{(t)} = \sigma\left(b_i^r + \sum_j U_{i,j}^r \boldsymbol{x}_j^{(t)} + \sum_j W_{i,j}^{(r)} \boldsymbol{h}_j^{(t-1)} \right) \tag{19.24}$$

$$u_i^{(t)} = \sigma\left(b_i^u + \sum_j U_{i,j}^u \boldsymbol{x}_j^{(t)} + \sum_j W_{i,j}^u \boldsymbol{h}_j^{(t-1)} \right) \tag{19.25}$$

其中，b^r为偏置，U^r为输入权重，W^r为复位门的循环权重，b^u为偏置，U^u为输入权重，W^u为更新门的循环权重。

复位门主要控制当前状态中哪些信息保存下来用于进行下一个目标状态的计算。更新门同时控制了遗忘和记忆。$1-u^{(t)}$遗忘了多少，$u^{(t)}$就会用对应的权重进行记忆的弥补，以保持一种相对"恒定"的状态。

状态更新的公式如公式19.26所示。

$$\boldsymbol{h}_i^{(t)} = \left(1 - u_i^{(t)} \right) \boldsymbol{h}_i^{(t-1)} + u_i^{(t)} \tanh\left(b_i + \sum_j U_{i,j} \boldsymbol{x}_j^{(t)} + \sum_j W_{i,j} r_j^{(t)} \boldsymbol{h}_j^{(t-1)} \right) \tag{19.26}$$

其中，b为偏置，U为输入权重，W为循环权重。

从细胞结构图和更新公式可以看出，与LSTM相比，GRU比LSTM结构更加简单（GRU只有两个门，而LSTM有三个门），所以需要训练的参数更少，训练起来也更快一些，性能上并没有很大程度的减弱。另外，GRU只有一个输出$h^{(t)}$，而LSTM有代表细胞状态的$c^{(t)}$和$h^{(t)}$两个输出。

19.2.6 双向 RNN

在许多应用领域中，基于序列数据的预测结果往往依赖于整个输入序列的信息，而不仅仅只是当前时间步之前的信息，此时就需要一个能够获取整个输入序列的信息，然后将其综合起来做出预测的结构。双向RNN（BRNN）的发明满足了这种需求。双向RNN通过对标准RNN在隐藏单元加入时间上从前向后（从右向左）的信息传播，进行序列整体信息的汇总和学习，其结构图如图19.7所示。

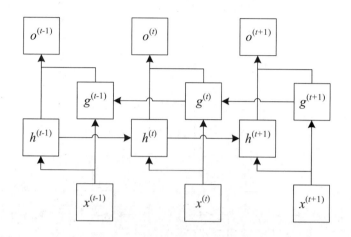

图 19.7 双向 RNN 结构图

从图19.7中可以看出，双向RNN就相当于两个相反方向的单向RNN的结合。在时间步 t，$h^{(t)}$ 沿时间向前传播，$g^{(t)}$ 沿时间向后传播，首先计算沿时间正向传播的激活值，即从 $t=0$ 开始进行前向传播直至最后一个时间步 $t=\tau$，然后从最后一个时间步向后仍进行前向传播计算激活值，即从 $t=\tau$ 开始前向传播直至第一个时间步 $t=0$，所以输出 $o^{(t)}$ 可以汇聚 $h^{(t)}$ 传来的过去的信息和 $g^{(t)}$ 传来的未来的信息，然后进行输出并用于计算损失。

双向RNN不仅可以用于改进标准的RNN，也常与LSTM、GRU等进行组合，应用于自然语言处理相关问题，用于预测序列中任何一个位置的输出结果。双向RNN也有一个缺点，就是它需要完整的序列信息才能进行任意位置输出结果的预测。

19.2.7　深度循环网络

为了提高神经网络的学习能力，通常可以通过增加网络的深度来使网络可以学习更为复杂的映射关系。这一操作对于循环神经网络同样适用。对标准循环神经网络进行堆叠构建而成的更深的网络称为深度循环网络（deep recurrent neural network）。

深度循环网络的结构如图19.8所示。

其中，l 表示所在层。以图19.8所示的深度循环网络为例，对于每个隐藏层 l 每个时间步 t（第一个时间步除外），激活值的计算都会使用权重参数乘以第 l 层时间步 $t-1$ 的激活值与第 $l-1$ 层时间步 t 的激活值的拼接矩阵再加上偏置。使用多个隐藏层进行输入的转化可以视为离输入较近的层，起到了将原始输入转化为对更高层的隐藏状态更合适表示的作用。

根据实践经验，对于RNN来说一般不会超过三层，因为RNN还有时间这一维度，所以如果深度维度层数很多，RNN会变得很庞大。一般较小的深度的RNN也能满足需求。当然，深度循环网络也有一定的缺点：深度循环网络训练需要很多资源，即使层数不是很多，其训练速度一般也很慢。

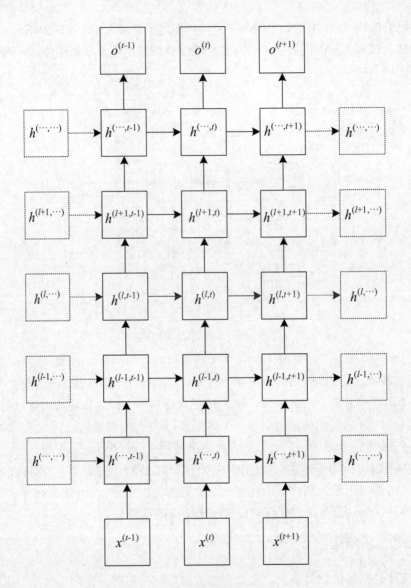

图 19.8　深度循环网络结构图

19.2.8　基于编码–解码的序列到序列架构

在机器翻译中，常常遇到输入序列与输出序列不一定等长的情况。基于编码-解码的序列到序列架构（seq2seq架构）可以实现将输入序列映射到不等长的输出序列，常被应用于解决机器翻译问题。

基于编码-解码的序列到序列架构主要包括编码器和解码器两个部分，两者常见于自编码器及深度自然语言处理模型中。编码器（encoder）是对输入数据进行编码的神经网络，解码器（decoder）是将编码解码为输出信息的神经网络。RNN的输入序列通常被称为"上下文（context）"，基于编码-解码的序列到序列架构的思想是，首先由编码器将长度为m的输入序列 $X = (x^{(1)}, \ldots, x^{(m)})$ 使用一个上下文向量（context vector）c进行表示，然后使用解码器得到长

度为 n 的输出序列 $\boldsymbol{Y}=(\boldsymbol{y}^{(1)},\dots,\boldsymbol{y}^{(n)})$。基于编码-解码的序列到序列架构的结构图如图19.9所示。

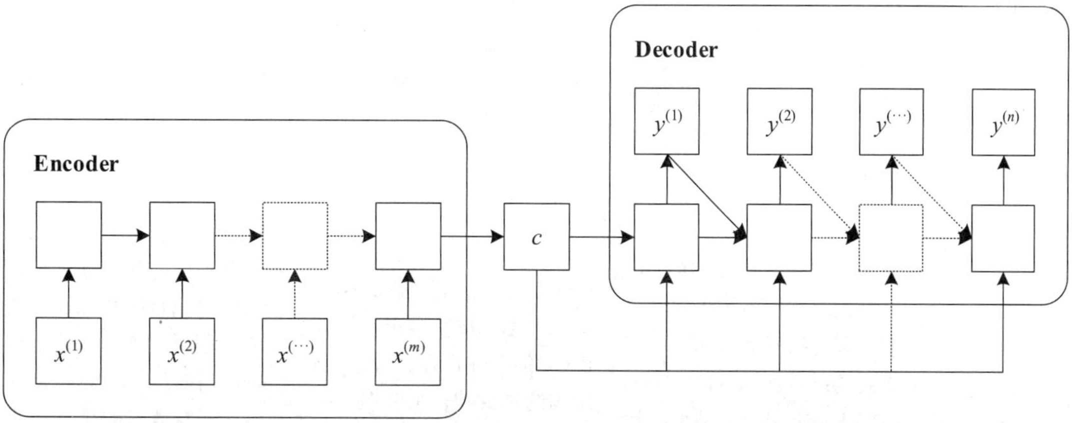

图 19.9　基于编码-解码的序列到序列架构

在将输入输出拆分成encoder和decoder两部分，用两个RNN分别进行处理时，不再要求 m 和 n 相等，所以基于编码-解码的序列到序列架构可以处理输入序列和输出序列长度不等的问题。因为seq2seq架构有这一特点，所以它是目前应用最广泛的RNN模型结构之一，常用于机器翻译、阅读理解、文本摘要等领域。

基于编码-解码的序列到序列架构有一个明显的缺点：encoder输出的上下文向量 c 的维度太小，可能不足以概括一个长输入序列。针对这个问题，发现此问题的研究者Bahdanau等人提出，可以使用一个可变长度的序列去代替固定大小的向量，并且提出了注意力机制（attention mechanism），简单来说就是将输入序列的元素与输出序列的元素进行关联。注意力机制也有很多不同种类的变体，此处不再详述。

19.3　各种RNN的优缺点及应用场景

标准RNN、LSTM和GRU分别具有不同的特点并且适用于不同的应用场景，本节对RNN、LSTM和GRU的优缺点和应用场景进行梳理和总结，如表19.1所示。

表 19.1　各种 RNN 的优缺点及应用场景

循环神经网络	优　　点	缺　　点	应用场景
标准 RNN	内部结构简单，易于理解，相较于 LSTM 和 GRU，标准 RNN 的参数较少，所需计算资源较少	在序列长度较长时，标准 RNN 容易出现梯度消失或梯度爆炸。标准 RNN 由于其 RNN 的特性，不能并行计算	标准 RNN 适用于短序列任务。由于其缺点较为明显，现在的研究中较少使用标准的 RNN

（续表）

循环神经网络	优　点	缺　点	应用场景
LSTM	相较于标准 RNN，LSTM 的门结构使得其可以有效缓解可能出现的梯度消失和梯度爆炸问题	LSTM 不能完全解决梯度消失问题。由于 LSTM 内部结构较为复杂，因此相较于标准 RNN，LSTM 需要的训练时间较长，计算资源消耗较大	LSTM 适用于序列较长的情况，是目前比较常用的 RNN 结构
GRU	相较于标准 RNN，GRU 可以有效缓解长序列处理中可能出现的梯度消失和梯度爆炸问题；相较于 LSTM，GRU 结构更加简单，参数少，收敛速度快	GRU 也不能完全解决梯度消失问题。并且，GRU 作为 RNN 的变体也存在着 RNN 结构的本身的一个弊端——不能并行计算	GRU 适用于序列较长的情况，其性能与和 LSTM 的性能相比没有绝对的好坏之分，一般通过实验来决定使用哪一种结构。可以使用 GRU 作为基本的单元先进行实验，有效缩短实验时间，加速实验进程

19.4　时间序列预测问题示例

时间序列预测是典型的序列数据处理示例，RNN常被用于时间序列预测问题。本章以一个简单的时间序列预测问题为例，比较标准RNN、LSTM和GRU预测时间序列的性能。

本示例中使用的数据集为时间序列相关研究论文中常用的时间序列数据，数据集来源为 https://github.com/laiguokun/multivariate-time-series-data。本示例中选用Exchange Rate数据集，该数据集收集了1990年至2016年澳大利亚、英国、加拿大、瑞士、中国、日本、新西兰和新加坡八个国家的每日汇率，此处只使用澳大利亚的每日汇率进行简单实验。

此次时间序列预测实验的目标是对于每个时间点 t，使用从 $t-9$ 到 t 这10天的数据作为网络的输入，用来预测 $t+1$ 到 $t+7$ 这七天的汇率。此处将澳大利亚每日汇率的数据集按照 0.95:0.05的比例划分训练集和测试集，采用batch训练的方式，分别对标准RNN、LSTM和GRU进行训练，损失函数设定为MSE。在测试时，同样使用前10天的数据预测后7天的汇率，测试样本在测试集中随机取5次进行测试得到预测结果，然后与真实值计算MSE，再取5次实验的平均值作为最终的MSE。

标准RNN、LSTM和GRU三种循环神经网络的实验结果如表19.2所示。

表 19.2　三种循环神经网络对测试集的 MSE

循环神经网络种类	MSE
标准 RNN	0.01268
LSTM	0.18337
GRU	0.00194

从表19.2中各个循环神经网络的MSE值可以看出，对于标准RNN来说，此实验的时间序列

长度较短，可以使用标准RNN进行训练和预测，并且由于标准RNN的网络结构简单，因此预测的结果相较于LSTM好。对于LSTM来说，这个实验的时间序列长度还无法体现出LSTM对于处理长序列的优势。对于GRU来说，结构更为简单，更易训练。从结果来看，对于此次的实验数据，使用GRU预测的效果最好。

为了能够更为直观地看到预测的结果，此处分别对于上述的每个网络从测试集中随机选择一条数据进行预测结果图展示，实验结果图如图19.10、图19.11和图19.12所示。由于此实验的主要目的是对比三种网络的性能，只使用了单层网络且没有对数据进行其他处理，数据本身也只有一维特征，因此预测结果不是很理想。

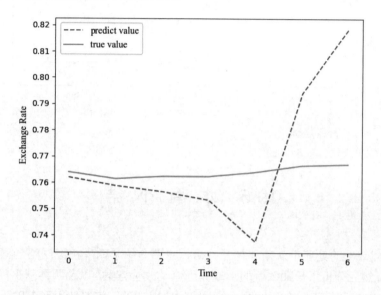

图 19.10　标准 RNN 的预测结果图

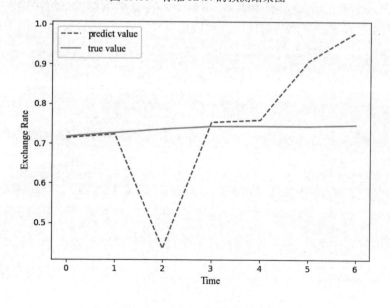

图 19.11　LSTM 的预测结果图

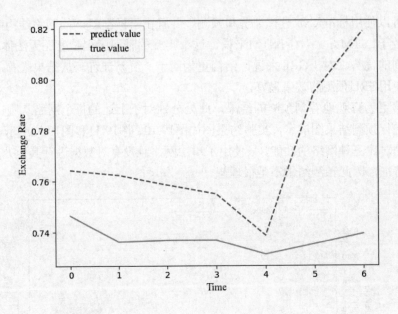

图 19.12　GRU 的预测结果图

19.5　本 章 小 结

本章由序列数据的处理引入循环神经网络，主要介绍了循环神经网络的概念、设计思想以及传播过程，然后分析了长期依赖的形成原因以及改善方案，以及两种基于门控单元的循环神经网络——LSTM和GRU，随后介绍了在不同的应用需求下需要使用双向RNN来把握序列整体信息，加深网络深度来增强学习能力，使用基于编码-解码的结构来解决输入输出不等长的问题。本章还对三种循环神经网络的优缺点和应用场景进行对比总结，并使用一个简单示例进行具体说明。

第20章 自编码器

自编码器作为神经网络的一种，是一种无监督学习框架。自编码器由具有相同架构的编码器和解码器两部分组件组成。一般情况下，编码器可视为函数 $h = f(x)$，将输入数据x编码为较低维的向量h；解码器可视为函数 $y = g(h)$，将h解码为重构向量y。通过训练编码器和解码器使重构向量y能够尽可能地还原原始输入数据x，自编码器可以学会对输入数据的低维表示方式。

自2006年起，自编码器思想得到了学术界和工业界的普遍关注，产生了广泛的应用场景，例如降维、特征提取、图像压缩等。随着时间的推移，针对各种实际需求，自编码器衍生出了一系列模型框架，并与多种深度学习方向交融。本章将介绍自编码器相关的知识脉络。

20.1 绪 论

经典的自编码器模型的基本思想是：首先，使用由多层神经元数目逐层减少的全连接层组成的编码器网络，将输入数据编码为较低维的特征表示；然后，使用与编码器网络相同架构的神经元数目逐层增加的解码器网络将低维特征表示重构为与原始数据相同维度的重构数据；接着，通过无监督训练最小化重构数据与原始数据之间的差异，最终可以得到一个能够发现数据内部表征的编码器网络；最后，利用此编码器网络达到数据降维、特征提取等目的。

为了解决自编码器存在的种种缺陷，逐渐演变出了多种自编码器算法框架，这里选取其中几个较常使用的自编码器算法框架，如图20.1所示。

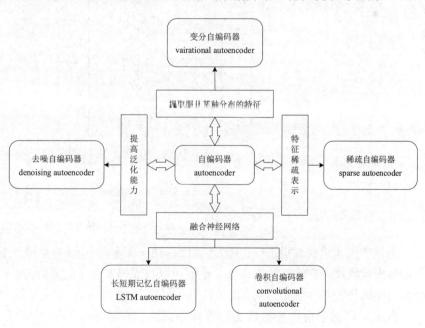

图 20.1 自编码器演变框架

20.2　自编码器原理

本节将对自编码器领域内的几种经典自编码器框架，以及自编码器的常用训练技巧进行简要的介绍。

20.2.1　经典自编码器

经典自编码器由编码器和解码器两个部分组成。

- 编码器是一个神经网络，最简单的情况下可以是一个两层的全连接神经网络，如图 20.2 所示。它接收原始数据向量 x，将其输入到一个包含参数 W_1 和 b_1、激活函数为 σ 的全连接层中，经过运算后在输出层输出低维表示向量 $h = \sigma(W_1 x + b_1)$，h 又被称为潜在表示。后续我们将 h 称为编码。

- 最简单的情况下，解码器是一个与编码器架构相同的神经网络（见图 20.2）。它接收编码器输出的低维表示向量 h，将其输入到一个包含参数 W_2（W_2 的维度与 W_1^{T} 相同）和 b_2（b_2 的维度与 b_1 相同）、激活函数为 σ 的全连接层中。经过运算后在输出层输出重构向量 y。

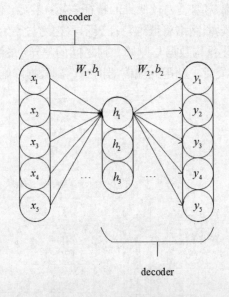

图 20.2　经典自编码器框架

通过使用大量的数据进行训练，使原始向量 x 与重构向量 y 的差异最小化，从而可以得到一个能够发现数据内在特征的编码器，进而可以将编码器生成的编码 h 用于后续的任务，这便是经典自编码器的基本思想。

自编码器需要根据数据的类型选择合适的损失函数作为训练目标。假设输入数据集为 $x = \{x^{(1)}, x^{(2)}, \ldots, x^{(N)}\}$，共有 N 条样本。一般情况下，常用的训练目标有：

（1）当原始数据是连续向量时，经常使用欧式距离 $l(\boldsymbol{x}^{(i)},\boldsymbol{y}^{(i)})=\left\|\boldsymbol{x}^{(i)}-\boldsymbol{y}^{(i)}\right\|_2=$
$\sqrt{\sum_{j=1}^{m}(x_j^{(i)}-y_j^{(i)})^2}$ 衡量原始向量 $\boldsymbol{x}^{(i)}$ 与重构向量 $\boldsymbol{y}^{(i)}$ 的差异，其中 m 为 $\boldsymbol{x}$ 与 $\boldsymbol{y}$ 的维度，上标 (i) 代表第 i 个样本，下标 j 代表第 j 维；使用均方差函数 $L(\boldsymbol{W},\boldsymbol{b})=\dfrac{1}{N}\sum_{i=1}^{N}l(\boldsymbol{x}^{(i)},\boldsymbol{y}^{(i)})^2$ 作为梯度下降使用的损失函数。

（2）当原始数据是概率分布向量数据或二进制向量数据时，可使用交叉熵损失函数 $L(\boldsymbol{W},\boldsymbol{b})=\dfrac{1}{N}\sum_{i=1}^{N}\left\{-\sum_{j=1}^{m}\left[x_j^{(i)}\log y_j^{(i)}+(1-x_j^{(i)})\log(1-y_j^{(i)})\right]\right\}$ 作为优化目标。

自编码器的结构并不是固定的，面对不同的问题，其中的各种细节都可以发生变化。例如：

（1）编码器与解码器的结构不是固定的。编码器与解码器可以是任意的线性或非线性神经网络，甚至可以不对称，这取决于自编码器的应用环境。这种灵活性使得自编码器具有良好的特征抽取能力。当自编码器的每一层都是使用线性激活函数且编码的维度小于原始数据的维度时，自编码器可以学习到跟主成分分析非常接近的效果。

（2）编码器生成的编码维度不一定要比原始数据的维度小，这同样取决于自编码器的应用环境。产生编码维度小于原始数据维度的自编码器被称为欠完备自编码器。产生编码维度大于等于原始数据维度的自编码器被称为过完备自编码器。欠完备自编码器受到编码维度变小的约束，会被迫使学到原始数据的压缩表示。如果输入数据每个维度都是完全随机的，那么此压缩任务将非常困难。反之，欠完备自编码器将能够发现其中的一些相关性。当自编码器被赋予过大的容量（结构复杂）或为过完备自编码器时，它容易学会一条"捷径"，即解码器学会的是编码器的逆运算，而不是输入数据的内在特征，这样自编码器学不到任何有用的信息。目前，通过一些正则操作，可以解决此问题，赋予了自编码器极大的自由。

（3）有多种自编码器的参数设置方式。例如，编码器和解码器的各层参数（除偏置参数 $\boldsymbol{b}$ 外）可以互为转置，即 $\boldsymbol{W}_{L-i}=\boldsymbol{W}_i^{\mathrm{T}}, i=1,\ldots,L/2$，其中 L 代表自编码器的总层数，$\boldsymbol{W}_i$ 代表自编码器第 i 层的参数，这样可以将自编码器参数减少一半，同时可以防止过拟合，这种做法被称为绑定权重。也可以不使用这样的参数设置，只要联合训练编码器与解码器，就可随意设置各层参数。

20.2.2　去噪自编码器

Vincent在2008年提出了去噪自编码器算法，将人类具有的识别部分被遮挡或损坏数据的能力引入到自编码器中。他们提出的去噪自编码器能够从受到部分破坏的输入数据中有效地提取出中间编码特征，并能根据此编码特征重构出未被破坏的原始数据。去噪自编码器大大增加了自编码器对输入数据的鲁棒性。注意，去噪自编码器的目的并不是去除噪声恢复原数据，而是通过将去噪作为训练准则，从而令自身学习如何找出更重要的特征。

去噪自编码器的基本算法框架如图20.3所示。其基本思想是：通过给原始数据 $\boldsymbol{x}$ 添加噪声，从而得到含噪声的输入数据 $\boldsymbol{x}$；将其输入自编码器中，经过编码器得到编码向量 $\boldsymbol{h}$；随后经过解码器得到重构向量 $\boldsymbol{y}$。注意，此时自编码器的训练目标为最小化重构向量 $\boldsymbol{y}$ 与原始数据 $\boldsymbol{x}$ 的差异，而不是最小化重构向量*y*与向原始数据加入噪声产生的数据 *x* 的差异。经过大量数据训练，即可得到一个具有更强泛化能力的自编码器。

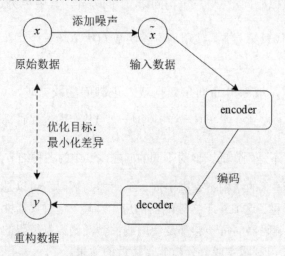

图 20.3　去噪自编码器框架

去噪自编码器可以选用多种加入噪声的方式，常用的有以下两种：

- 添加服从特定分布的随机噪声，例如加性高斯噪声。
- 按照特定比例，将输入向量 *x* 中的随机维度置为 0。这种操作类似于 dropout。

去噪自编码器是正则化方法的一种，可以有效缓解经典自编码器容易过拟合的问题，并且如20.2.1节所述，可以避免自编码器只能学会将输入复制到输出的"捷径"。

20.2.3　稀疏自编码器

计算机视觉领域早期需要花费很大的精力来人工设计特征，稀疏自编码器则是此背景下向特征自动提取算法的一次探索。通常，如果神经元的输出值接近1，就视为其"活跃"神经元，如果其输出值接近0，就将其视为"不活跃"神经元。稀疏自编码器的编码器网络输出层神经元大部分时间都"不活跃"，即通过一个接近于0的稀疏参数 ρ 对其进行约束，使神经元的每次输出有接近 ρ 的概率是"活跃"的。以此目标进行训练，稀疏自编码器能够学习到图片的边缘特征，从而达到特征自动提取的目的。

稀疏自编码器通过为目标损失函数添加惩罚项达到稀疏约束。其最终的目标损失函数公式如公式20.1所示。

$$J_{\text{sparse}}(W,b) = J(W,b) + \beta\Omega(\boldsymbol{h})$$
（20.1）

其中，$J(W,b)$ 为经典自编码器所用的损失函数，$\Omega(\boldsymbol{h})$ 是对编码器输出的编码向量 h 的稀疏惩罚项，β 是惩罚项的权重。除这两项外，还可以为目标损失函数添加其他正则化项，如 L_1 正则化。

稀疏自编码器使用sigmoid函数作为编码器输出层的激活函数，sigmoid函数使编码器输出范围为[0,1]，其公式如公式20.2所示。

$$f(x) = \frac{1}{1 + e^{-x}} \tag{20.2}$$

令 ρ_j 代表编码器输出层的第 j 个神经元在训练期间的平均激活次数，其计算公式如公式 20.3 所示。

$$\rho_j = \frac{1}{N} \sum_{i=1}^{N} h_j^{(i)} \tag{20.3}$$

稀疏自编码器的目的是添加约束，使得 $\rho_j = \rho$，$i = 1, 2, \dots, m$，因此，$\Omega(\boldsymbol{h})$ 衡量的是 ρ_j 相对于 ρ 的显著偏离程度。$\Omega(\boldsymbol{h})$ 可以有多种选择，其中最常用的是相对熵，如公式 20.4 所示。

$$\Omega(\boldsymbol{h}) = \sum_{j=1}^{m} KL(\rho \| \rho_j) \tag{20.4}$$
$$= \sum_{j=1}^{m} \left[\rho \log \frac{\rho}{\rho_j} + (1 - \rho) \log \frac{1 - \rho}{1 - \rho_j} \right]$$

通过上述操作，自编码器便可具有稀疏编码的能力。同去噪自编码器一样，稀疏自编码器也是通过一种正则化的形式来减少网络过度拟合的倾向，并保障了过完备自编码器的实现。

20.2.4　变分自编码器

上述几种自编码器都是确定性过程，训练完成后的解码器一般会被丢弃，无法作为生成器使用。这是因为解码器的输入 h 只能使用编码器对 x 进行编码得到，不能随机生成。变分自编码器可以用来解决这个问题，与其他自编码器不同的是，它的编码器网络不是直接生成输入数据的内在表示编码 h。变分自编码器的基本思想是，使用编码器神经网络针对每个输入数据 x 学习数据的生成分布。这使得后续可以从此分布中随机抽取样本作为 h，然后使用解码器网络进行解码，生成具有与原始输入数据相似的新数据。因此，变分自编码器的解码器具有了生成器的功能。变分自编码器的大致流程框架如图 20.4 所示。

编码器网络的输出可视为一个后验分布 $p(h|x)$。变分自编码器通过令此分布近似于正态分布，赋予了解码器生成器的能力。若沿用一般自编码器的编码器输出设计，使编码器的输出近似于正态分布是十分困难的，因此变分自编码器直接使用编码器神经网络输出正态分布的均值和方差参数。随后根据此分布进行采样输入到解码器中，相当于引入噪声，而自编码器的优化会倾向于减少噪声，令此分布趋于确定的，即方差趋于零。因此，变分自编码器还加入了一项约束，令编码器输出近似于标准正态分布的均值与方差。

令变分自编码器的编码器神经网络的输出 $\boldsymbol{h} = (\boldsymbol{\mu}, \tilde{\sigma})$、$\boldsymbol{\mu} = \theta_1(\boldsymbol{x})$、$\tilde{\sigma} = \theta_2(\boldsymbol{x})$，其中 θ_1 和 θ_2 为神经网络参数。值得注意的一点是，$\tilde{\sigma}$ 代表 $\log \boldsymbol{\sigma}^2$，即编码器不是直接拟合标准正态分布的方差，而是对方差的对数进行拟合。为了使 $\boldsymbol{\mu}$ 和 $\tilde{\sigma}$ 近似于标准正态分布的相应参数，变分自编码器为损失函数附加了惩罚项，其最终的损失函数如公式 20.5 所示。

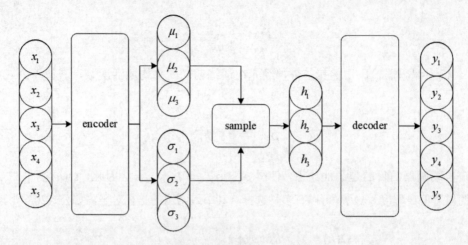

图 20.4 变分自编码器框架

$$J_{\mathrm{VAE}}(W,b) = J(W,b) + \beta\Omega(\boldsymbol{h})$$
$$\Omega(\boldsymbol{h}) = \mathrm{KL}(N(\boldsymbol{\mu},\boldsymbol{\sigma}^2)\|N(0,1))$$
$$= \frac{1}{2}\sum_{i=1}^{m}\mu_i^2 + \frac{1}{2}\sum_{i=1}^{m}(\sigma_i^2 - \log\sigma_i^2 - 1)$$

（20.5）

其中，$J(W,b)$ 为经典自编码器所用的损失函数，$\Omega(\boldsymbol{h})$ 是对编码器输出的编码向量$\boldsymbol{h}$的分布惩罚项，β 是惩罚项的权重。变分自编码器使用KL散度衡量两个分布间的差异。

在编码器网络输出了正态分布的参数后，需要根据此分布进行采样并输入到解码器网络中，但是直接对此分布进行采样这一操作不可导，后续无法使用梯度下降对模型进行优化。因此，这里还需要一个重参数技巧，不直接从 $N(\boldsymbol{\mu},\boldsymbol{\sigma}^2)$ 分布中采样，而是先从分布 $N(1,0)$ 中采样，然后通过参数变换将采样结果转换为从 $N(\boldsymbol{\mu},\boldsymbol{\sigma}^2)$ 分布中采样的结果，如图20.5所示。

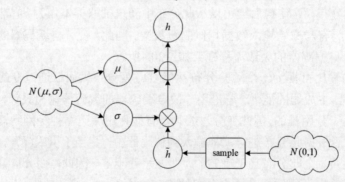

图 20.5 重参数技巧

20.2.5 堆叠自编码器

深度学习的优势在于能够逐层学习原始数据的特征，每一层以前一层的输入为基础，深入学习其中的抽象信息。堆叠自编码器就是类似地在简单自编码器的基础上增加隐藏层的深度，以获得原始数据的高度非线性表达，具有更好的特征提取能力。为了降低堆叠自编码器的训练难度，通常的做法是先训练一个只含有一层隐藏层的简单自编码器，随后将隐藏层作为输入层再次训练一个新的只含有一层隐藏层的简单自编码器,如此不断训练,便可以得到一个具有较大深度的堆叠自编码器。

堆叠自编码器的思想可以用于训练深度神经网络,这是早期构建深度神经网络的常用技巧。假设当前需要解决一个深度学习任务,输入数据集为带有标签的样例集 $\{(x^{(1)}, y^{(1)}), (x^{(2)}, y^{(2)}), \ldots, (x^{(N)}, y^{(N)})\}$,$x$代表样例的原始特征向量,$y$为相应的标签。使用堆叠自编码器思想进行训练的基本流程总共分为两大步骤,如图20.6所示。

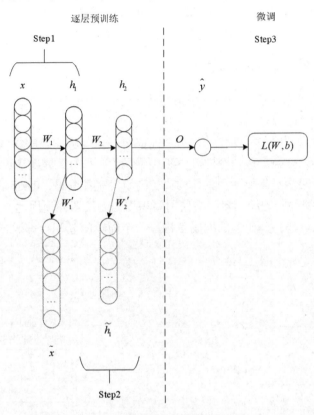

图 20.6　堆叠神经网络训练流程

(1)逐层预训练:首先使用一个三层自编码器进行无监督学习训练,训练过程与经典自编码器相同。待训练完成后丢弃解码器输出层,只留下编码器网络,如图中Step1所示。固定第一个编码器网络的参数,将它的输出作为下一个自编码器的输入数据,进行无监督学习训练,并在训练完成后只保留编码器网络,如图中Step2所示。不断循环此过程,可得到多个训练好的编码器网络,将其按顺序堆叠起来,即可得到一个深层神经网络模型。

(2)微调:为上一步得到的深层神经网络加入最后一层输出层,便构造好了最终的深层神经网络模型。随后通过使用标签数据计算目标损失函数,并进行梯度下降训练过程,对所有网络参数进行进一步的微调。

理论上,使用梯度下降算法可以训练任意深度的神经网络,但是实际上对深度网络直接进行训练的效果并不好,深层模型容易陷入局部最优解,并且由于梯度扩散导致训练速度很慢,促进了堆叠神经网络的产生。堆叠神经网络提供了一种神经网络参数初始化方式,由无监督学习预训练得到的参数已经能较好地提取数据的结构特征,从而加速后续监督学习的训练速度和稳定性。

使用自编码器进行预训练非常适用于一些半监督学习场景。例如,只有少量带标签的数据,大量的数据均不带标签时,可以先用不带标签的数据进行自编码器预训练,然后使用带标签数据进行微调。目前NLP领域中流行的BERT算法也是基于此种预训练加微调的思想。

目前,除了使用自编码器进行预训练之外,还有很多其他的参数初始化方法,或者其他的深度网络处理技巧,可以很好地保障深度模型的训练效果,例如dropout操作、线性整流函数、批归一化、层归一化等。实际使用时,需要根据面临的问题类型选择合适的处理技巧。

20.2.6 与神经网络融合的编码器

自编码器的思想可以与各种神经网络结构相结合,例如与CNN结合的卷积自编码器或者与LSTM相结合的LSTM自编码器。

卷积自编码器可以利用卷积操作的优势,能够更好地理解输入的邻域关系和空间局部性。多个卷积自编码器可以堆叠形成一个深度卷积神经网络,并为之提供参数初始化操作。使用池化层操作的卷积神经网络不需要使用其他约束(例如欠完备编码、正则项等),即可学习数据的潜在表示。卷积自编码器的编码器网络使用卷积作为滤波器并使用池化提取不变特征,解码器网络则使用反卷积操作将编码器的编码重构。一个简单的卷积自编码器结构如图20.7所示。

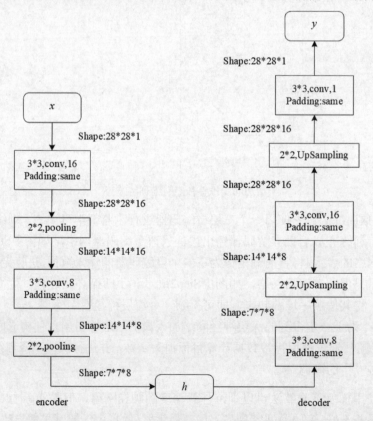

图 20.7 卷积自编码器样例

自编码器与LSTM相结合,有助于发掘序列数据的内部结构,从而提取出序列数据的内在表示。LSTM自编码器的编码器网络使用LSTM网络接收输入序列数据,并得到中间编码,而解码器网络使用LSTM网络通过中间编码生成目标序列。此处可以生成不同的目标序列,例如生成用于重构输入序列数据的目标序列或者生成用于预测未来序列的生成序列。虽然目标序列的优化目标不同,但都出于相同目的——使编码器学习序列数据的内在表示。这两种目标序列也可结合起来使用形成组合LSTM自编码器,其结构如图20.8所示。

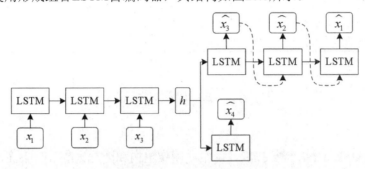

图 20.8 组合 LSTM 自编码器

20.3 自编码器优缺点及应用场景

各种自编码器的产生动机均不相同,致使它们具有不同的特点并且适用于不同的应用场景。本节将主要对传统自编码器、去噪自编码器、稀疏自编码器、变分自编码器、与深度神经网络相结合的自编码器这五种自编码器的优缺点及应用场景进行梳理,如表20.1所示。

表 20.1 各种自编码器的优缺点及应用场景

自编码器	优 点	缺 点	应用场景
传统自编码器	结构简单,.是自编码器的基础版本	难以处理复杂的应用场景	一般只用于简单的应用场景,如数据降维、图像重构等
去噪自编码器	通过引入噪声,增强了自编码器的健壮性,同时赋予了自编码器去噪能力	难以选择使用何种噪声,需要经验进行决策	除数据降维外,还可用于去噪等场景
稀疏自编码器	通过引入稀疏惩罚项,使自编码器具有稀疏编码的能力,能够减少过拟合并且保障了过完备自编码器的实现	过完备自编码器相比欠完备编码器要进行更多的调参过程,并且由于受到更多的限制,自编码器的效果可能出现下降,非必需情况下,选择欠完备编码器往往更简单	使用稀疏自编码器可以学习比原始数据更好的特征描述,用稀疏编码器发现的特征取代原始数据,往往能提升后续算法的效果
变分自编码器	通过改变编码器网络的输出形式,变分自编码器相比传统自编码器具有生成器的能力	由于变分自编码器更注重生成数据的能力,因此其在基础应用场景中的效果可能下降	利用解码器的生成器能力,可以为数据量不足的数据集生成模拟数据,提高后续算法的效果

（续表）

自编码器	优　点	缺　点	应用场景
结合深度神经网络的自编码器	将自编码器与多种深度神经网络结合起来，可获得深度神经网络特有的优点，例如与LSTM结合可以获得对序列数据的处理能力，与CNN结合可以获得对具有局部模式的网格数据的处理能力	除获得深度神经网络特有的优点之外，也会获得其缺点，例如与LSTM结合的自编码器易梯度消失且计算量长、与CNN结合的自编码器的调参过程变长并且需要大的数据量等	对于不同的问题需求，需要选择与不同的深度神经网络相结合，灵活性高

20.4　自编码器应用

自编码器常见的用法有特征提取、降维、图像重构和图片去噪等。下面以使用自编码器进行图片去噪为例，为图片数据集添加噪声，比较各种自编码器恢复原图片的效果。实验中使用的数据集是MNIST数据集。

使用MINST数据集进行图片去噪任务的算法整体框架与去噪自编码器的架构一致，如图20.3所示。去噪任务的大致流程如图20.9所示，包含如下步骤：

图 20.9　图片去噪流程

（1）预处理：将每张图片转换为28×28大小的矩阵，并使其类型为0～1的浮点数（0为黑色，1为白色）。

（2）添加噪声：为图片叠加随机高斯白噪声，并令添加噪声后的值仍在0～1之间。

（3）去噪自编码器训练。自编码器的整体框架使用去噪自编码器的框架，同时更改神经网络结构或优化目标，比较只包含一个隐藏层的简单自编码器、深度自编码器、卷积自编码器、稀疏自编码器与变分自编码器的效果。

（4）去噪测试。使用叠加噪声的测试集图片进行测试，测试结果如图20.10所示，其中，子图从上至下分别为原图片、叠加噪声后的图片、简单自编码器的去噪结果、深度自编码器的去噪结果、卷积自编码器的去噪结果、稀疏自编码器的去噪结果和变分自编码器的去噪结果。各个自编码器对整个测试集重构图片与原图片之间的均方差误差如表20.2所示。

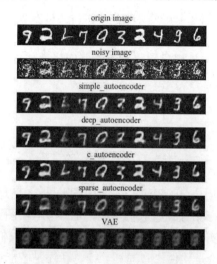

图 20.10 测试实验结果

表 20.2 各个自编码器对测试集的重构损失

自编码器	MSE 损失
简单自编码器	0.037405334
深度自编码器	0.029279362
卷积自编码器	0.017239286
稀疏自编码器	0.03223312
变分自编码器	0.070875056

20.5 本 章 小 结

自编码器的基本思想是通过对称的编码器-解码器结构对原始输入数据进行重构，并使重构数据与原始数据间的差异最小，从而使自编码器能够学习到输入数据的内在表示。随着深度学习的发展，自编码器衍生出了各种改进架构，例如能学习数据的稀疏高维内在表示的稀疏自编码器、具有生成器能力的变分自编码器、结合卷积或LSTM的自编码器等。本章对传统自编码器与后续的几个发展方向进行了讲解。

最后介绍了自编码器解决图片去噪问题的方法，并对比了不同自编码器对图片去噪任务的效果。

第 21 章　基于深度学习的语音分离方法

语音分离是一种将目标语音从背景干扰中分离出来的任务，此处的背景干扰往往是其他干扰说话人的说话语音，该问题起源于1953年英国科学家Cherry提出的"鸡尾酒会问题"：在一个存在着酒杯碰撞、参会人员交流的嘈杂的鸡尾酒会中，人类可以摒弃周围嘈杂环境的干扰，轻松地听到自己关注的声音，例如朋友对自己说的话，这个情形便涉及语音分离问题。鸡尾酒会问题对人类而言较为轻松，可是想设计出媲美人类听觉系统的语音分离算法却是困难重重的。本章将讲解如何设计一个语音分离模型。

21.1　问　题　背　景

随着科技的快速发展，用户体验变得越来越重要。与之息息相关的首先是图像，目前机器学习和深度学习技术已经在图像领域取得了巨大的成功，在图像识别、图像分离以及图像检测等方面都已经成功应用到实际产品中。其次是语音，目前在人们的日常生活中使用到的很多功能都与语音息息相关，无论是软件语音通话、打电话还是智能电视、智能音箱，都离不开语音方面的研究。这也与机器学习和深度学习的发展密不可分。

关于语音，可能人们最先意识到、最热门的研究就是语音识别。语音识别技术是指机器通过识别和理解过程把语音信号转变为相应的文本或命令的高技术，智能手机的语音助手、手机软件中的语音转文字功能，以及相关的涉及语音控制的智能家居等都离不开语音识别。语音识别最基本的意思是指将语音转成可理解的文字，对于语音识别的好坏通常使用错词率来度量，即识别出的文本错误的部分占总内容的比例。最新的错词率记录是云从科技公司创造的，其将基于数据集Librispeech的错词率降低到2.97%。Librispeech是公开数据集中最常用的英文语料，包含了1000个小时的有声书干净录音。在这种理想的干净音频条件下，语音识别技术才能够达到一个比较好的效果。现实中的音频有可能是两个人或多人同时说的音频，也可能掺杂了噪声，这些都会对最终的分离结果造成负面影响。为了提高语音识别的表现，往往会对输入的语音进行预处理，通常采用的方法就是语音分离、语音增强等。本章要介绍的项目是一个语音分离项目。语音分离技术不仅可以对要进行语音识别的音频做处理，还可以单独应用到会议记录等场景中，即能够屏蔽其他人提取某个人在会议中的发言。

语音分离这一概念首次被提出源于鸡尾酒会问题。通常，要从鸡尾酒会环境中识别出某个目标人的声音还是较为简单的，但是机器的语音识别性能会有很大的降低。

该问题从被提出开始就开始被学术界研究，直到20世纪80年代，Bregman才总结提出了听觉场景分析的方法，通过模拟人类听觉对声音的处理建模达到分离目标音频的目的。20世纪80年代末，独立成分分析方法（independent component analysis，ICA）被提出，用来解决盲源情况下的语音分离问题，在不知道信号与传输通道参数的情况下，根据统计特征分离混合语音中各个人的说话声音。自2015年以来，随着硬件条件的进步和机器学习和深度学习的流行，人们开始尝试使用深度学习的方法来解决语音分离问题。其中，单通道语音分离问题是目前语音分离领域较为困难的一个问题，即在只有单通道混合音频的条件下如何分离出目标人的说话音频。这里常用的方法是基于卷积神经网络和长短期记忆网络的深度学习方法，通过时频变换将目标音频变成对应的频谱图，然后进行分离复原。本章所介绍的方法就是在有目标说话人的干净音频的条件下，通过一个基于CNN和LSTM网络的模型分离出目标音频。该方法把语音分离问题看作一个有监督的深度学习问题。

21.2　问　题　定　义

语音分离问题是指从多种声源混合的噪声信号中分离出全部或部分目标声源信号，具有悠久的研究历史。广义上的语音分离任务就是将目标声音与背景声音分离开来，背景声音可以包含环境噪声和人声等。如果根据干扰源细分，语音分离任务又可以被分为以下三类：

- 语音增强（speech enhancement）：从噪声信号干扰中提取出目标说话人语音。
- 多说话人分离（speaker separation）：从其他干扰说话人语音中分离出目标说话人语音。
- 去混响（de-reverberation）：从说话人语音形成的反射波干扰中提取目标说话人语音。

本章主要针对多说话人分离问题进行叙述，如无特殊声明，在本章的语音分离特指多说话人分离。

随后给出语音分离问题的数学定义，假设录音设备录制的噪声声音信号为：

$$x_i(t) \qquad i=1,2,\ldots,M \tag{21.1}$$

其中，M是混合信号的数量，往往等于录音设备的数量。单个录音设备的语音分离问题被称为单通道语音分离，多个录音设备为多通道语音分离。由于单通道语音分离问题的应用场景广泛且处理难度较高，本章重点关注单通道语音分离，因此此处的M值为1。在这种情况下，混合信号可以定义为：

$$x(t) = \sum_{i=1}^{N} S_i(t) \tag{21.2}$$

其中，$S_i(t)$表示单个说话人的语音信号，混合信号$x(t)$中同时包含了N个说话人的语音。语音分离的目标是找到一个目标函数f，从混合噪声信号$x(t)$中获得全部或部分目标说话人干净语音信号$S_i(t)$的近似表示$\tilde{S}_i(t)$，语音分离的过程可以表示为：

$$[\tilde{S}_1(t),\tilde{S}_2(t),\ldots,\tilde{S}_N(t)] = f(x(t)) \approx [S_1(t),S_2(t),\ldots,S_N(t)] \tag{21.3}$$

式中，N表示混合信号中说话人的数目。

21.3 相 关 工 作

鸡尾酒会问题的出现正式拉开了语音分离研究的序幕，本节将对语音分离技术的发展情况进行概述。

在语音分离问题提出之初，涌现出了大量解决该问题的设想，包括独立成分分析和波束成型算法（beamforming algorithms）等，其中取得较大成功的传统语音分离方法主要有计算机听觉场景分析（computational auditory scene analysis，CASA）、非负矩阵分解（non-negative matrix factorization，NMF）和基于模型的方法。

CASA利用计算机对人类听觉生理机能和心理活动过程进行模拟，基于人类听觉方法的诸多感官要素只能对唯一的声音流起作用的独占分配准则，以及人脑对进入听觉感官要素的非连续语音信息进行组织恢复为完整语音信息的闭包连续准则，从而使计算机能够从嘈杂语音中分离出目标语音并做出合理解释。在这种方法中，基于感知分组提示的某些分段规则设计为在低维特征上运行，以估计时频掩码，该掩码隔离了属于不同说话者的信号分量，然后使用该掩码重建信号。现有的基于CASA的算法大多集中于对浊音分离的研究，对清音分离的研究较少。

NMF（非负矩阵分解）是另一种流行的技术，常用于处理单通道语音分离问题。由于基矩阵能够很好地反映说话者的频谱特性，非负矩阵分解算法通过学习一组非负基来预测评估期间的混合因子估值。语音信号的多数有用特征可以通过频域表示，NMF通过分解训练噪声语音的幅度谱来捕捉不同说话者语音的频谱特性，提取不同说话者语音的判别成分，最终完成噪声语音的分离。由于NMF算法本身的非负约束，它将输入矩阵的每一个元素近似地分解为若干个正数的总和，进而学习到原始数据的局部特征。虽然非负矩阵分解算法能够有效地提取不同说话者的判别成分，但是它仅仅关注信号的加性组合而忽略了语音之间的依赖性。

除了CASA和NMF，基于模型的方法也曾在语音分离任务中取得了不错的成功，例如阶乘GMM-HMM，它可以在目标语音信号和竞争语音信号之间以及其时态动力学之间进行交互。然而，这种模型只能在封闭的说话人环境下工作，泛化能力较差，对于训练时没有见过的说话人，分离的性能便会极大地降低。

传统的语音分离方法成功提升了语音分离算法的性能，且具有理论基础扎实、可解释等优点，目前为止仍有很多基于传统方法进行改进的语音分离研究，取得了一定的成功。但是，由于语音信号属于时间序列数据，具有明显的时空结构及非线性关系，对于具有复杂结构的数据，传统语音分离方法使用的浅层模型在其上挖掘信息的能力十分有限，需要使用更加复杂的深层模型对该问题进行建模，以处理语音这种复杂的非线性结构数据。

深度神经网络是一种典型的深度模型，非常善于挖掘复杂数据中的结构信息并自动提取抽象化的特征表示。随着人工智能技术的普及，基于深度学习的方法被广泛应用于语音分离任务，极大地提高了语音分离模型的分离准确度。一系列基于深度学习的语音分离方法相继被提出，例如深度聚类（deep clustering，DC）、置换不变性训练（permutation invariant training，PIT）和深度吸引网络（deep attractor network，DAN）等经典方法，它们成功地解决了基于深度学习的语音分离方法遇到的两个难题，即置换问题和说话人数目未知问题。前者出现于监督学习的训练阶段，由于语音分离问题往往需要从混合音频中得到多段目标说话人的干净语音数据，而采用的语音分离模型往往会受到分离结果与设置的标签顺序无法准确匹配的问题；后者则是由于深度学习模型设计者往往无法预估一段混合音频中到底包含几人同时说话的语音，从而无法确定分离模型最终的输出结果数目，导致需要不断改变语音分离模型的结构，深度学习模型设计工作难以进行，如果固定输出结果数目，则该语音分离系统便仅能分离含有固定数目说话人的混合音频，实用性大大降低。

目前主流的基于深度学习的语音分离方法从混合噪声中分离出全部的说话人语音，而这在多数情况下是不必要的，类似于人类在某一时刻仅关注一人说话的语音，如果语音分离系统也可以将其他说话人的声音视为噪声，仅分离出自己想要关注的目标说话人的语音，之前的两个难题也就迎刃而解了。VoiceFilter是一种典型的仅分离目标说话人语音的语音分离系统，由谷歌研究员Wangquan等人于2018年提出，在错词率（word error rate，WER）、信号失真比（signal distortion ratio，SDR）等指标上成功提高了语音分离系统的分离性能，是近期较为流行的频域语音分离系统。本章以此算法为例，讲解设计语音分离模型的步骤。

21.4　VoiceFilter的实现方法

VoiceFilter系统采用两个独立的神经网络实现，分别是用于提取不同说话人声纹信息的说话人编码器网络和进行语音过滤操作的声谱掩码网络，其系统整体框架如图21.1所示。

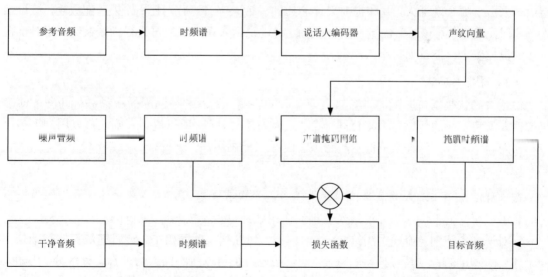

图 21.1　VoiceFilter 系统框图

与传统语音分离方法的任务不同，VoiceFilter在训练过程中仅仅关注目标说话人一人的语音，并将其他信号视为要过滤的噪声。为了从混合声音中提取目标说话人的干净语音，深度神经网络模型首先需要具备辨别不同说话人声音特征的能力。目前常用的是一种说话人识别模型，该模型可以对输入的语音音频进行分析（这里的语音音频指仅有一人说话的干净音频），以确定该说话人的身份，作为VoiceFilter模型的子模型，说话人编码器通过一段输入的目标说话人参考音频来告知VoiceFilter语音分离模型中的目标说话人特征，从而辅助模型进行语音分离操作，分离出目标说话人的干净语音，本节首先对说话人编码器进行介绍。

21.4.1 说话人编码器

作为一种说话人识别模型，说话人编码器模型的输出将会作为声谱掩码网络的输入，辅助VoiceFilter系统进行语音分离。说话人编码器的目的是从对目标说话人的音频样本进行模型训练，得到一个包含说话人信息的向量表示d-vector。该模型是基于Wan等人提出的说话人识别端到端的损失函数设计的，在文本相关或无关的说话人识别方面都有不错的性能，因此在整体的语音分离过程中使用训练好的d-vector作为预训练模型加入VoiceFilter训练中去。

1. 说话人识别任务

本部分首先对说话人识别任务进行简要介绍，说话人识别又叫作声纹识别，类似图像识别。说话人识别是根据输入音频信号中包含的说话人个体特有的某些信息来确认说话人的一项技术。说话人识别可以细分为三类：

（1）说话人辨认

在此分类中说话人辨认的正确解的集合中有多个人，即将输入语音和已有的多个说话人进行匹配，属于一对多的匹配问题。说话人识别在很多场景都有应用，比如在智能音箱、智能手机助手等应用场景下，应用程序是否接受人的指令，首先需要根据设备接收到的语音来判断该语音来自于哪个说话人，并和提前采样注册的说话人声音进行对比，如果匹配成功，该说话人已注册，就可以对该语音的指令进行执行。经过说话人识别之后再进行指令接收，相对于直接接收更加安全，能够保护个人隐私。

（2）说话人确认

说话人确认是指待匹配的音频只有一个，即将输入语音和待匹配的音频进行匹配，即确定说话人与待匹配的音频是否来自同一个人。因为是一对一，所以说话人确认可以用到很多比较私密的商用领域，保证某些商业机密或者物品只能由用户一人操作。

（3）说话人分割

在这种情况下，输入的语音信号通常包含两个人或者更多人的声音，并且他们的声音不是同时出现而是交替出现的，说话人分割的作用就是将声音按说话人进行分类。

针对说话人识别（流程见图21.2）这一问题，研究很早就开始了。该研究最初的基础是不同个体之间发出的音频具有独特的特征，通过某些特征可以将不同人的声音进行区分。比如人们在日常生活中对于熟人的声音能够很快辨认出来说话人是谁，因为这是人的生物学上的特征决定的。咽喉、口腔以及鼻腔等发声相关器官的形状、尺寸和通畅程度等，都能够通过影响声带进而影响个体发声的频率区间，即基本上每个人的发声腔都是独特的。所以，即使是同一个词，不同的人说，对应的音频和频率也是不同的，表征了个体说话的独有性。除此之外，人们发声使用的唇、舌以及整个需要使用的口腔器官与肌肉的控制，在不同人之间也具有不同的特性。即使某个人特意模仿他人的口型和发声方式，最终也是会形成自己的声纹特征，而不是和被模仿者相同。

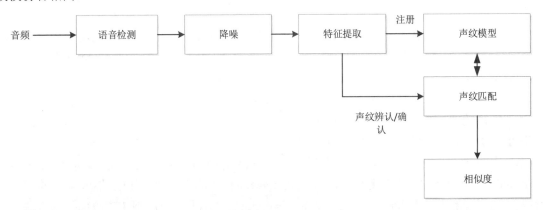

图 21.2　说话人识别流程图

有了上面的理论支撑，得出不同人的声纹基本上都是不同的。也就是说，理论上通过对音频信号进行处理，最终能够得到与说话人有关的独特特征信息进而确认说话人。具体的声纹识别法如图21.3所示。

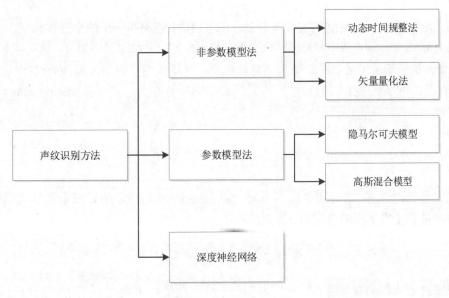

图 21.3　声纹识别方法图

在传统的声纹识别研究中，说话人识别方法可以分为模板模型和随机模型法。模板模型是指非参数模型，随机模型是指参数模型。

非参数模型是将训练使用的特征参数和测试用的特征参数进行比较，再将这个参数之间的失真作为相似度。动态时间规整法和矢量量化方法都是属于参数模型的方法。前者将经过处理得到的待确认的特征向量序列和训练时输入的音频提取的特征向量序列做比较，使用最优路径匹配的方法，进而得到识别结果；后者使用聚类和量化方法生成包含声纹特征的码本，识别时对输入音频同样进行量化编码，通过两者之间的失真度来判断是否匹配成功。

参数模型通过某种概率密度函数来拟合说话人，通过训练来确定概率密度函数的参数，匹配过程则是将输入的音频作为输入计算它与对应说话人的概率密度函数的一组参数模型之间的相似度，通过相似度来确认说话人。常用的模型有隐马尔科夫模型和高斯混合模型。

随着深度学习的流行，近几年来使用深度学习的算法来解决说话人识别问题成为该领域的普遍趋势。在此项目中的声纹向量是使用d-vector的方式训练的，而d-vector的提出是在i-vector的基础上通过改变损失函数得到的。下面将详细介绍i-vector。

作为声纹识别领域最经典的方法之一，i-vector采用全局差异空间提取。在使用i-vector的声纹识别系统中，整个识别处理过程可以分为三个步骤，包括统计量的提取、i-vector的提取和信道补偿。整个过程通过将类似MFCC的语音数据特征序列用高维统计量描述，然后采取全局差异空间建模，将该统计量投影到低维空间中得到i-vector。以上是传统的i-vector方法，结合神经网络i-vector有新的应用和改进。区别于i-vector传统的类似流水线的方法，最新的i-vector实现了端到端的说话人识别。d-vector则是在i-vector的基础上提出的训练声纹向量的方法。

训练d-vector的目的是要计算一种语料集的d矢量，需要提取的滑动窗口具有50%的重叠，并对每个窗口上获得的d矢量L2归一化求平均。本实验使用的声纹向量是由3层LSTM网络训练得到的，具有通用的端到端的损失，属于与文本无关的说话者验证（TI-SV）中的声纹向量。

2. 模型介绍

说话人编码器使用的网络结构简单有效，由三层的LSTM和一层的全连接构成。假设训练集中总共有$M \times N$个音频，其中M为说话人个数，N为每个说话人的音频数目。这里我们使用x_{ij}表示第i个人说的第j句话中提取得到的特征向量。这里我们将说话人识别神经网络的输出用$f(x_{ij};w)$表示，w是三层LSTM与最后一层线性层的所有参数。那么得到的d-vector可以用L2归一化来表示：

$$e_{ij} = \frac{f(x_{ij};w)}{\|f(x_{ij};w)\|_2} \tag{21.4}$$

上式表示第i个人的第j句话的嵌入向量。因为总共有N句话，所以每个说话人都对应了N个这样的向量，使用下面的公式21.5算出质心：

$$q_k = \frac{1}{N}\sum_{n=1}^{N} e_{kn}, \quad 1 \leqslant k \leqslant M \tag{21.5}$$

可以通过上式得到M个质心，然后得到每个嵌入向量e_{ij}和每个质心之间的相似度，这里相似度通常采用余弦相似度，如公式21.6所示。

$$S_{ij,k} = w \cdot \cos(e_{ij}, q_k) + b \tag{21.6}$$

w和b表示需要学习的参数，w通常为正，以此保证余弦相似度大时，最终通过训练希望得到的效果是每个音频的特征嵌入向量在特征空间中都接近该音频对应的说话人的质心，远离其他说话人的质心，如图21.4所示。

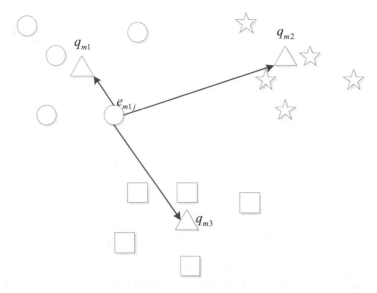

图 21.4　特征空间示意图

其中，e_{m_1j} 代表第 m_1 个人的第 j 个音频对应的向量表示，圆形属于第 m_1 个人对应的特征向量，五角星和正方形代表另外两个人对应的特征向量，三角形代表三个人的质心，分别用 q_{m1}、q_{m2}、q_{m3} 表示，优化目标就是减少 e_{m_1j} 到 q_{m1} 的距离，增加与另外两个质心之间的距离。为达到此目的，我们将每个向量的损失设置为：

$$L(e_{ij}) = S_{ij,i} - \log \sum_{k=1}^{M} \exp(S_{ij,k}) \tag{21.7}$$

3. 模型训练

首先通过 data_preprocess.py 脚本对所使用的 .wav 格式的音频文件进行预处理，通过该预处理过程将语料数据集通过特征提取变换成具有说话人特征的 numpy 阵列，并将整个数据集分为训练集和测试集两个部分，分别保存在两个文件夹中：train_tisv 文件夹中是经处理之后得到的训练集，test_tisv 中是测试集。

整个预处理流程可以表示为图 21.3 所示的步骤。

训练声纹向量所使用的数据集可以是 VCTK、Librispeech 等，该类数据集的详细信息将在 21.4.2 节介绍。训练使用的数据集要满足具有两层文件夹、且每个底层文件夹中的所有音频都需要来自同一个说话人，即可以看作总共有 M 个说话人，每个说话人有 N 个音频。最终需要处理的音频总量是 $M×N$ 个。

确定数据集之后将上文提到的 GE2E 损失作为网络的损失函数，并设置相应的超参数，采用随机梯度下降的优化方法对网络进行训练。

综上所述，最终进行训练得到表现较好的 d-vector，作为声谱掩码网络的输入。

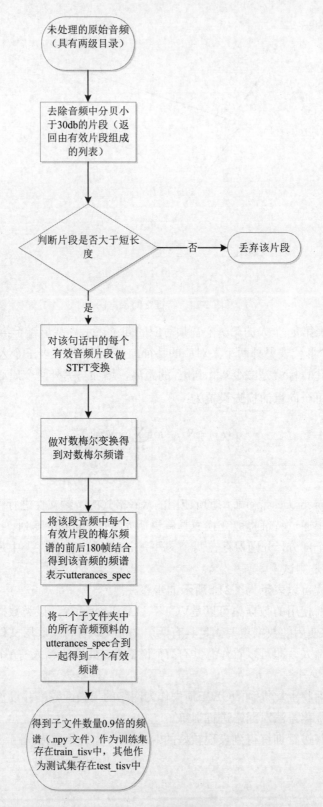

图 21.5　预处理流程图

21.4.2　声谱掩码网络

得到了目标说话人的声纹向量（d-vector）之后，便可将其作为新的高维特征，辅助声谱掩码网络执行语音分离任务。本节将对声谱掩码网络进行介绍。

1. 模型介绍

声谱掩码网络基于声音增强的研究，其模型结构主要由CNN、LSTM和全连接网络组成，具体的模型参数如表21.1所示。

表 21.1　声谱掩码网络参数表

层	输入		卷积扩张因子		过滤器数
	时　间	频　率	时　间	频　率	
CNN1	1	7	1	1	64
CNN2	7	1	1	1	64
CNN3	5	5	1	1	64
CNN4	5	5	2	1	64
CNN5	5	5	4	1	64
CNN6	5	5	8	1	64
CNN7	5	5	16	1	64
CNN8	1	1	1	1	8
LSTM	-	-	-	-	400
FC1	-	-	-	-	600
FC2	-	-	-	-	600

模型主要接收两个输入：一个是由目标说话人的参考音频经过上文提到的说话人编码器网络得到的身份向量d-vector，另一个是由需要分离的混合音频经过处理后得到的时频谱，其包含了目标说话人的声音和其他噪声。整个网络先将噪声音频的时频谱输入CNN中，然后将CNN中最后一层卷积层得到的输出与参考音频的d-vector一并输入LSTM网络中。数据经过1层LSTM网络和2层全连接网络得到一个预测的软掩码（soft mask），将此软掩码与输入的噪声时频谱逐点相乘，得到增强后的掩膜时频谱。在网络训练的过程中，通过最小化定义的损失函数，不断减小掩膜的时频谱与标准目标说话人音频的时频谱之间的差距，从而分离出干净的目标人说话音频。

网络的损失函数主要取决于两部分，分别是频谱图矩阵的直接差值和幅度差值，其损失计算如公式21.8所示。

$$L = \left\| S_c^{0.3} - S_e^{0.3} \right\|_2^2 + \lambda \left\| \left| S_c^{0.3} \right| - \left| S_e^{0.3} \right| \right\|_2^2 \tag{21.8}$$

其中，S_c 代表对干净的目标说话人音频进行短时傅里叶变换后得到的时频谱，S_e 代表由全连接网络输出的增强后的掩膜时频谱，λ用于平衡损失函数L1和损失函数L2对于最终损失函数的重要程度，对两者均求0.3次幂的目的是为了平衡较安静的声音相对于较响亮的声音对损失值的重要程度。为了将时频谱矩阵之间的差异量化为一个值，对两个时频谱矩阵求差后进行 L2标准化，如公式21.9所示。

$$\left\|(x_1, x_2, \ldots, x_n)_2\right\| = \sqrt{x_1^2 + x_2^2 + \ldots + x_n^2} \tag{21.9}$$

2. 数据准备

VoiceFilter将语音分离任务视为一个监督学习任务，在进行模型训练前，首先需要获取带标签的语音训练数据。

训练voicefiler模型需要输入三种不同类型的音频数据，分别是参考音频、噪声音频和干净音频。它们均是.wav格式的音频文件，含义如下：

- 噪声音频（noisy audio）：含有多人同时说话的混合语音，是原始的待分离音频。
- 参考音频（reference audio）：目标说话人单独说话的语音音频，其语音内容是任意的，只需要说话人对应即可。
- 干净音频（clean audio）：训练样本的标签，包含目标说话人单独说话的语音，其内容必须与对应噪声音频中目标说话人的内容相同，作为训练数据的 ground truth。

目前网上有许多不同语种的开源语音数据集，我们可以根据需要选择合适的数据集作为 VoiceFilter的训练数据。表21.2列举了一些语音分离领域中常用的语音数据集。

表 21.2 常用语音数据集表

数 据 集	语 种	描 述
THCHS-30	中文	由清华大学语音与语言技术中心发布的中文语音数据集，包含大约 40 小时的中文语音数据，所有数据都为 16 kHz 采样率的.wav 音频文件
ST-CMDS	中文	包含 855 个说话人，其中每个说话人约 120 条语音，使用手机在室内静音环境下录制
CHiME2 WSJ0	英语	含嘈杂的客厅环境中约 166 小时的英语语音，其中大部分语音内容摘自《华尔街日报》，所有数据都为 16 kHz 采样率的.wav 音频文件
TIMIT	英语	包括 630 位以英语为母语的美国说话人，其中每人朗读 10 个不同内容的句子，所有数据都为 16 kHz 采样率的.wav 音频文件
LibriSpeech	英语	包含了约 1000 小时的阅读英语的音频文件，所有数据都为 16 kHz 采样率的.wav 音频文件
VCTK	英语	包含 109 位各种英语口音的说话人，每位说话人约 400 个句子，语音内容选自报纸。所有数据都为 48kHz 采样率的.wav 音频文件

除了CHiME2 WSJ0语音数据集，其余所有数据集均开源，可以从网上获取。

原始数据集中仅包含单人说话的干净语音，需要对数据进行处理。首先将全部音频数据按照10∶1的比例随机划分为训练集和测试集，并随机打乱训练集和测试集中的音频文件。为了以尽量简单清晰的方式叙述语音分离任务的过程，本节的示例欲从含有两人同时说话的音频文件中分离出其中某一目标说话人的声音。

为了分别得到参考音频、干净音频和噪声音频，需要执行图21.6所示的数据处理操作。

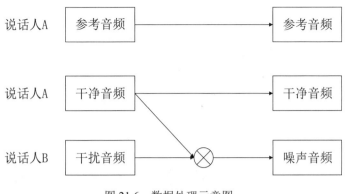

图 21.6 数据处理示意图

首先，自行编写代码或者使用ffmpeg等工具将目标说话人A和干扰说话人B的两段音频进行混合当作噪声音频。随后存储用于混合的说话人A的音频作为干净音频，以检测并优化语音分离模型的分离结果。同时，记录目标说话人A的身份，并从说话人A的所有语音数据中随机选取一段作为参考音频，用于提取说话人A的声纹向量。

至此，训练数据与测试数据已经准备完毕，在开始模型训练前，需要对wav语音数据进行预处理。

3. 数据预处理

当程序直接读取原始的.wav音频文件时获取到的是音频的时域波形数组，不加处理，直接对音频信号进行时域分析时，由于时域信号所反映的信息有限，即使信号的时域参数都相同，信号也不一定就完全相同。这是因为时域数据仅能体现信号随时间变化的形式，除此之外，音频信号还存在频率和相位等频域信息。由于频域信号可以展现出更多音频特征，因此目前多数的语音分离方法均是在频域上进行模型训练的，虽然近期出现了一些新的工作，避免了将时域信号转化为频域信号的过程，直接对时域语音信号进行处理，但是这些工作出现的时间较短，还未形成成熟的体系，且VoiceFilter模型本身并没有在时域上进行语音分离操作，因此本节将对训练数据输入频域语音分离网络之前的预处理操作进行描述。

傅里叶变换（Fourier transform）是对信号进行分析的一种方法，其用正弦波作为信号的成分，将时域中的连续信号转换成频域中的连续信号，即将信号分解成频率谱，显示与频率对应的幅度大小。

傅里叶变换公式表示如公式21.8所示。

$$F(w) = F[f(t)] = \int_{-\infty}^{\infty} f(t)e^{-iwt}\mathrm{d}t \tag{21.10}$$

其中，w 是频率，t 是时间，e^{iwt} 为复变函数。傅里叶变换本质是认为一个周期函数由多个频率分量组成，而通常函数都不是周期的，这些非周期的函数也可以由多个周期函数来表示。在实际过程中，使用傅里叶变换对信号进行处理时面对的也基本上都是非周期信号。

在很多情况下，源信号的动态特征更容易体现在相对简单的频谱特性中，而不是复杂的时间和空间信号，傅里叶变换广泛应用于平稳信号的分析和处理。然而，傅里叶变换也存在着相应的限制。虽然傅里叶变换在光滑平稳的信号表示方面十分优秀，但是日常生活中的大部分信号却不是始终光滑平稳的，例如语音信号，其信号呈现周期性与随机性混合的特点。在面对这类非平稳随机信号时，傅里叶变换的结果使得时域图不能与时频图一一对应，这导致时域差距巨大的两个信号的频谱可能一样。

短时傅里叶变换的出现便是为了解决傅里叶变换在处理非平稳信号上存在缺陷的问题，其通过在时间上加窗口函数截取一部分源数据，随后使窗函数在整个时间轴上不断地平移，将源数据分为很多个时间段，在每个时间段上进行傅里叶变换得到其局部频谱的集合。实现短时傅里叶变换的步骤如下：

（1）确定相关参数，其中包括信号源、窗函数类型、窗口长度、重叠点数、采样率和傅里叶点数。

（2）使用向量表示源信号，并计算出窗口滑动的次数n。

（3）将每次窗口滑动所选取的信号作为一帧，通过列向量表示，并将由源信号得到的所有列向量合并得到一个矩阵M。

（4）通过将矩阵M与矩阵W表示的窗函数点乘，并进行快速傅里叶变换得到源信号对应的时频矩阵。

其中，窗口的长度与频谱图的频率分辨率成正比，因此高频信号适合用小窗口、低频信号适合用大窗口，需要根据具体的应用场景设置合适的窗口长度。

通过短时傅里叶变换，就能够把复杂的时间、空间、振幅等信息用频率表示，常用的方式是形成一个频率谱，最终通过对频率谱的操作实现对语音的处理。

由于音频属于不稳定的信号，因此需要使用对傅里叶变换稍作改进后的短时傅里叶变换（STFT），将音频信号由时域转换成按时间顺序排列的n段频谱。

同时，由于人在说话时会有停顿，导致数据集除人声之外还会有相当多的静音片段，而这些非语音片段会对语音分离模型造成干扰，因此需要在进行STFT变换之前进行语音活性检测（voice activity detection，VAD），剪切掉音频的开始阶段、结束阶段和话语间的停顿等较为安静的时间。具体实现方面，可以将每段音频数据中音量小于20分贝的部分从原信号中裁剪掉，此时原信号变为多段不连续的音频片段，它们的音量全都在20分贝以上。将经过VAD之后的音频拼接起来，由于使用固定长度的音频作为输入可以简化训练过程，因此将所有wav音频的长度均切割为3s，形成一段新的无安静时间的音频。

4. 模型训练

对数据进行预处理之后，分别得到噪声音频、参考音频和干净音频的时频谱（spectrogram），其表现形式均为一个301×601的二维矩阵，其中横轴为时间、纵轴为频率。此时的输入数据相较于一维的时序数据更加类似于图片的二维数据，不同点仅在于其横纵轴的含义不同，因此选用2D卷积对其进行处理。为了加速网络的训练过程，设置每批样本数目为32、通道数目为1，作为CNN的输入。网络的权重w均随机初始化为服从均值为0，标准差为0.1的正态分布，偏置b均初始化为0.1。除了最后一层使用ReLU激活函数外，其余隐藏层均使用Sigmoid激活函数，并将损失函数中参数λ的值设为0.113，使用Adam优化器进行优化。整个语音分离系统的训练流程图如图21.7所示，其中说话人编码器的参数在初始化之后固定不变，网络通过迭代训练不断优化声谱掩码网络的模型参数，使得网络输出的掩膜时频谱 S_e 越来越靠近目标说话人干净音频的时频谱 S_c，可以认为此时的声谱掩码网络已经学习到根据目标说话人参考音频的声纹向量d-vector过滤掉混合音频时频谱中的噪声，进而得到目标说话人较为干净的音频时频谱的方法。

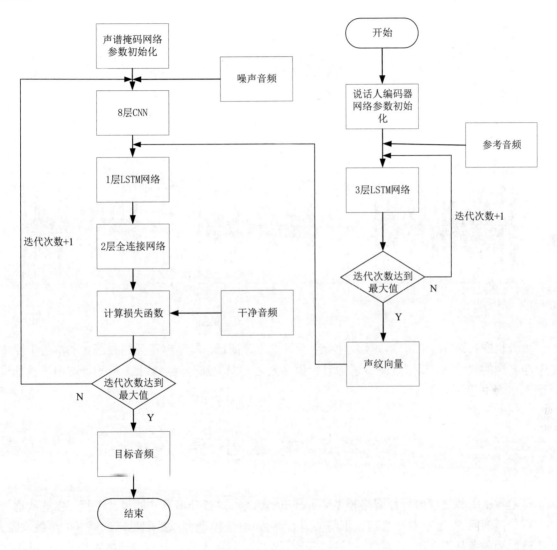

图 21.7　训练流程图

21.4.3　实验效果

经过1000次迭代训练，获得了一个表现良好的VoiceFilter语音分离模型。将测试噪声音频及目标说话人的参考音频输入训练好的VoiceFilter模型，通过matplotlib库绘制出网络输出的目标音频的波形，并与对应的噪声音频和干净音频的波形进行比对，其结果如图21.8所示。其中，干净音频是说话人原本的纯净音频，作为网络训练过程中的标签，相当于希望网络输出的"标准答案"。噪声音频是将目标说话人音频与另一说话人音频混合后的音频，其含有两人同时说话的语音。预测/分离音频则是网络根据目标说话人的声纹向量过滤掉其余声音后得到的目标说话人的干净音频。

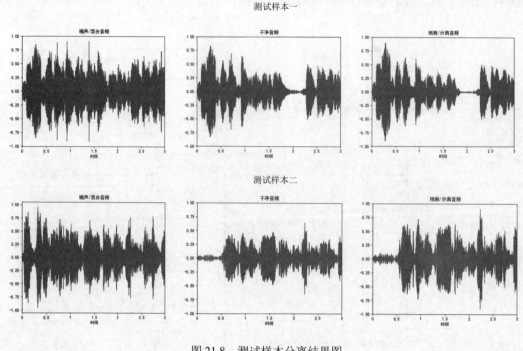

图 21.8　测试样本分离结果图

分析图21.8的结果可知，网络对噪声音频进行过滤后，其输出音频的波形更加接近于原本干净音频的波形图，模型过滤掉了除目标说话人之外的大部分噪声数据，成功提取出了目标说话人单人说话的语音。

21.5　本 章 小 结

本章基于频域深度神经网络模型VoiceFilter叙述了语音分离算法的设计流程，以解决混合人声分离的问题。通过对网络迭代训练并进行参数调优，模型可以提取目标说话人的声纹向量，并以此为参考从混合语音数据中过滤掉噪声，提取出目标说话人单独说话的干净声音。从模型的分离效果可以看出，使用机器学习方法分离混合的语音确实是一种行之有效的方法，已经可以在标准数据集中达到很高的分离准确率。

类似于VoiceFilter，当前的多数频域语音分离模型在执行模型训练之前会对原始的语音音频进行处理，使用短时傅里叶变换等方式将原始时域波形转换到时频域上，作为网络的输入数据，但是这样也存在一定的问题。第一，不确定STFT变换就是提取音频特征的最好方式，使用这种预处理方式可能会导致分离任务存在一个瓶颈。第二，STFT变换本身比较复杂，会降低模型的效率。如果能直接对音频的时域波形进行处理，便不会遇到以上问题。因此，最近一些论文开始直接在时域上执行语音分离任务，而不再使用 STFT 变换将时域波形转换为频域，取得了不错的效果，并且提升了分离效率，使用时域进行语音分离可能是语音分离研究的一个新的发展方向。

就目前的研究成果而言，要想将语音分离模型投入使用还存在一段不小的距离。由于现实生活中的场景较为复杂多变，录音环境不可能像标准数据集那样安静，并且录音设备的音质参差不齐，虽然神经网络具有一定的泛化能力，但是这种有限的泛化能力并不足以适应标准数据集和现实语音之间的差异，导致目前的语音分离模型难以适应这种复杂的环境，导致将语音分离模型投入实际使用时产生性能下降的情况。除此之外，说话人的个数、语种和语速等因素的改变，也会影响到语音分离模型的性能。因此，对于语音分离模型在复杂环境下的鲁棒性问题，寻找合适的方法提升语音分离模型的泛化性仍有待研究。在不远的将来，语音分离模型可以成功投入实际应用中，作为语音识别技术的前端处理操作，提高复杂环境下语音识别系统的性能，为我们的生活带来便利。

第 22 章　基于深度学习的图像去水印方法

本章将主要研究如何使用机器学习技术去除图像上的不透明水印。首先将图像水印去除建模为基于深度学习的图像修复问题，并给出图像修复的正式问题定义及示例，接着介绍图像修复中经典的基于内容编码器的方法，最后介绍如何将内容编码器架构进行改造，并应用于图像去水印问题之上。

22.1　图像去水印的研究背景

随着Web技术的广泛应用，社交网络、电子商务等业务蓬勃发展，越来越多的产业在网上提供服务，大量用户在网上发布多媒体信息。目前，在网络中存在海量的图片，在不同来源的图片借助网络进行传播与分享时，水印就成为一种施加于图片之上的重要技术：我们只需要在图中添加代表所有权的像素信息，就可以很方便地让人们意识到图片的版权归属。

在添加了水印信息后，图像就成为"损坏"图片，因为叠加了明水印，难免会失去美观性。在很多时候，我们需要从水印保护后的图像中恢复出原始图像。虽然水印在图像中的视觉显著性很低，具有面积小、颜色浅、透明度高等特点，但是相对于图像原本的信息，它可以视为一种图像噪声，当施加的情况很严重时甚至可以理解为一种遮挡。如果将这样的图片用于下游人脸识别等计算机视觉任务，就会对性能有很大的影响。

通常水印在图像上的面积是比较小的，如果直接对整幅图像进行水印去除，就会有些简单粗暴，没有水印区域的冗余信息不仅会干扰去除算法的效率，还会严重拖慢水印的去除速度。解决该问题的较好做法是先设计一个水印检测器，先检出水印所在的区域，再对这部分区域进行水印去除操作。

为了构建一个有效的水印检测器，我们可以直接将图像水印检测问题转化为一种典型的多目标检测任务，这样就可以利用目前主流的目标检测算法得到水印区域框的坐标，再使用具体的去水印算法对区域内带水印图进行去除。

近年来，基于深度学习开发的目标检测算法取得了巨大的进步，主流的目标检测算法可以分为两大类：第一类为两阶段目标检测算法；第二类为一阶段目标检测算法。其中，两阶段的方法检测准确率更高，一阶段的目标检测算法在检测速度等效率方面更有优势。其中两阶段的算法首先会生成稀疏的候选对象框组合，然后对这些产生的候选对象框做进一步分类和回归。一阶段目标检测算法以YOLO和SSD算法为代表，它们通过对位置、比例和横纵方向上密集采样来检测对象，直接跳过了两阶段目标算法中的区域建议生成这一部分，得到了检测物体的位置坐标以及目标类别，因此拥有了较高的计算效率。

至于水印图案去除部分，在实际场景中水印的形态是非常复杂的，当它的透明度很高时，水印可以看作一种噪声，对于原始图片是一种信号的叠加，此时的去水印可以认为是一个图像去噪问题，因为水印噪声是直接叠加在原始图像上的，理论上来说，如果能够精确地获得噪声，用输入图像减去水印噪声就可以恢复出原始图像。水印还是比较复杂的，在最坏的情况下它可以是不透明的，此时水印就成为一种掩码，叠加到原始图像上后将会使图像的水印区域原始信息息全部丢失，成为一块图像空洞，此时的去水印问题就成为一种图像修复问题。这是一种需要想象力的图像生成问题。具体来说，图像去水印的整体流程如图22.1所示。

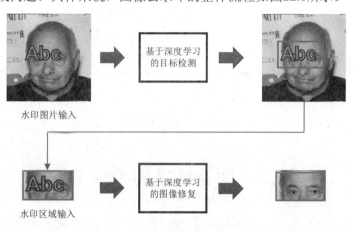

图 22.1　图像去水印整体流程框架

从图22.1中可以看出，我们将去水印分为水印检测和水印去除两个阶段。对于水印检测阶段，我们可以对准确率与效率两种指标进行权衡，选择一阶段或者两阶段目标检测算法进行处理，从而得到图像中不同大小、不同位置的可见水印覆盖区域，在此不再赘述。本章的后半部分，我们将假设已经得到了带有水印的图片块，并讲述如何使用图像修复领域相关技术来解决水印去除问题。

22.2　图像修复问题的定义

本节将首先简要介绍由去水印算法转化为图像修复问题研究所涉及的名词和符号，并给出该问题的数学定义以及具体的例子，以便于读者理解。

图像修复是计算机视觉领域的图像修复问题，其目标是利用一个带有缺失区域的原始图像进行修复，使其和完整的原始图像之间的差距尽可能小，如图22.2所示，其中：

- 原始图像（X_{gt}）：数据集中原始单个图像样本，如图 22.2（a）所示。
- 图像遮罩（M）：一个二值化矩阵，其中 1 代表缺失区域，0 代表背景，如图 22.2（b）所示。
- 输入待修复图像（X_{in}）：对原图像乘上二进制掩码 M 后得到，$X_{in} = X_{gt} \circ (1-M)$，如图 22.2（c）所示。
- 修复后图像（$\overline{X}$）：生成的最终完整修复图，如图 22.2（d）所示。

277

图像修复的目的就是使用一个修复模型，输入 X_{in}，输出 $\overline{X}$，最终使得 X_{in} 与 $\overline{X}$ 之间的L2等损失差距尽量小、$\overline{X}$ 的PSNR等图像质量指标尽量高。其中，在输入之前所使用的 M 是随机生成的方块掩码。

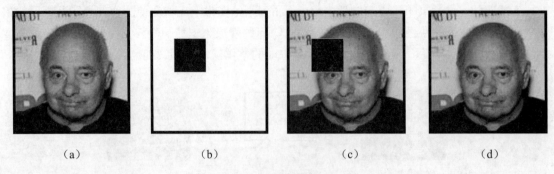

(a)   (b)   (c)   (d)

图 22.2 图像修复定义

22.3 图像修复的相关工作

2000年，在SIGGRAPH会议上，首次提出了图像修复这一问题。它说明了修复是补全残缺与损坏，去除遮挡对象的问题。相比于去噪，它缺失了更多的信息，并且文章还根据人类画家的行为概括出了图像修复算法的主要思路：

（1）从图像全局语义维持一致性，从局部缺失空洞的边缘扩散信息。

（2）填充缺失的结构，再同时补充纹理的细节。

目前，图像修复的定义更加广泛，定义为图像在被各种类型内容影响失真后的恢复，其中包括块状遮挡、文本遮挡、噪声、目标遮挡、图像掩膜、照片划痕等。它的应用如图22.3所示，不仅仅是修复老照片的应用，图像恢复（针对照片划痕和文本遮挡的去除）、照片编辑（去除不想要的目标）、图像编码和传输（在图像传输过程中网络丢包带来的图像块状内容丢失）都需要用到图像修复方法。

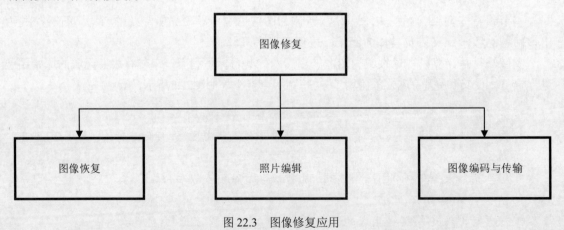

图 22.3 图像修复应用

22.3.1　传统修复方法

2000年至2016年，图像修复的方法主要是基于传统算法。人们基于小空洞和大空洞使用了两种思路进行处理，并且都具有很大的局限性。

其中有基于补丁（patch-based）的方法：基本思想是在原图上寻找相似图像块，将其填充到要修补的位置，首先从缺失区域的周围匹配，直至匹配到未缺失部分中更远的区域。之后由于大数据驱动，使得可以有一定效率地匹配整个数据库中的相似补丁，但是代价依旧过大，而且对于数据库中不存在的样本毫无办法，并且不适用于人脸等纹理复杂的场景。

另外，还有基于扩散（diffusion）的方法：修补位置边缘的像素，按照正常图像区域的性质向内生长，使用变分算法等扩散线条填充整个待修补区域。它在填充纹理细节等方面取得了很好的效果，但捕获全局结构的问题仍然存在。

之后的工作把这两者综合起来做，既有修复小范围去噪任务，也有因为要去除遮挡物等填补大范围的缺失。对于大范围缺失这种图像补全，就有了混合前面两个方向的方法，在扩散线条同时加上补充纹理。所以，对于小空洞的这些方法都基于局部边缘信息扩散传递，不可避免地缺失全局已有信息。对于大空洞的方法，都是利用现有数据中相似补丁进行匹配，或是利用一致的纹理迁移合成，适合于平稳的像素块，并且无法生成未重复的新对象。

22.3.2　基于深度学习的修复方法

到了深度学习时代，卷积神经网络被证明有能力在更高的语义层次之上捕获图像的抽象信息。开始是将自编码器用于图像去噪，进行小区域的图像修复，不管有没有掩码都可以进行修复（当然有掩码更好）。在这之后开始有了许多利于图像生成任务的组件发明（转置卷积、更好的插值等）。

2016年，在CVPR会议上，首次提出了基于内容上下文编码器和对抗损失的深度学习图像修复算法，证明了深度学习方法对于图像修复的有效性。之后内容编码器（context encoder，CE）开始用于训练大面积的图像补全问题，它们一开始直接使用去噪的均方误差（mean-square error，MSE）损失作为修复损失会出现明显的模糊，所以额外加上了对抗损失，用生成式对抗网络（generative adversarial networks，GAN）来判断生成的缺失部分真假（对抗训练可以强化生成网络生成图像的视觉效果）。此后大部分是这种通过自编码器结合对抗网络训练的框架。

这些工作使得图片在一定程度上变得逼真了，但是它们仅仅保证修复部分的真实性，不能约束图像的全局结构，保证全局和区域的一致性，以及边缘的连续过渡。所以，又产生了基于全局的真假对抗损失，利用全局/局部判别器关注到各个尺度信息。

然而，编码器生成的图片还是有些"粗糙"，学者想进一步增强生成的效果，不局限于在整个GAN框架内加各种功能判别器，还在后面加上第二个网络进行效果的增强，比如采用预训练VGG分类器的特征层算纹理的差距损失，想用来精细化生成的纹理（在纹理合成与风格转换任务中，证明了一个训练好的网络中的特征层可以作为目标函数的一部分）；对于人脸等特殊的缺失，可以使用预训练的人脸语义分割编码器计算与人脸的差距，作为损失保证生成的人脸五官合理，因为范围很明确，直接从特征点来生成；另外，注意力层使用卷积找到同一幅图现有部分中最相似的块，从而与转置卷积得到相似的块进行利用。这些改进要么致力于提高组件的精度，要么更好地利用图像缺失部分的上下文关联，要么引入额外的先验信息来辅助修复。

这类方法具有深度学习技术本身的特点，即堆叠起来的包含大量隐藏层的深度神经网络可以通过海量数据的训练学习，得到训练样本间的非线性复杂关系的映射，这正是图像修复中基于图像内容的语义修复所期望解决的问题，特别是在大区域的图像修复中以很大优势取得惊人的结果。

22.3.3 修复效果评价指标

这些修复方法的评测指标主要是均方误差（mean square error，MSE）、峰值信噪比（peak signal to noise ratio，PSNR）、结构相似性（structural similarity，SSIM），从原始图片与修复后图片的差距进行衡量，或是评价生成的修复图片本身的图像质量。

给定一个大小为 $m \times n$ 的干净图像 I 和噪声图像 K，均方误差（MSE）定义为：

$$\text{MSE} = \frac{1}{mn} \sum_{m-1}^{i=0} \sum_{n-1}^{j=0} [I(i,j) - K(i,j)]^2 \tag{22.1}$$

那么 PSNR(dB) 就定义为：

$$\text{PSNR} = 10 \cdot \log_{10} \left(\frac{\text{MAX}_I^2}{\text{MSE}} \right) \tag{22.2}$$

其中，MAX_I^2 为图片理论上最大像素值。如果每个像素都由8位二进制表示，就是11111111。通常，针对 uint8 数据，最大像素值为255；针对浮点型数据，最大像素值为1。上面是针对灰度图像的计算方法，对于多通道图像，可以计算多通道的MSE，然后除以3。

SSIM指标基于 x 和 y 之间的亮度（luminance）、对比度（contrast）和结构（structure）三个维度进行比较：

$$l(x,y) = \frac{2\mu_x\mu_y + c_1}{\mu_x^2 + \mu_y^2 + c_1} \tag{22.3}$$

$$c(x,y) = \frac{2\sigma_x\sigma_y + c_2}{\sigma_x^2 + \sigma_y^2 + c_2} \tag{22.4}$$

$$s(x,y) = \frac{\sigma_{xy} + c_3}{\sigma_x\sigma_y + c_3} \tag{22.5}$$

其中，μ_x 为 x 的均值；μ_y 为 y 的均值；σ_x^2 为 x 的方差；σ_y^2 为 y 的方差；$\sigma_x\sigma_y$ 为 x 和 y 的协方差；$c_1 = (k_1L)^2$、$c_2 = (k_2L)^2$ 为两个常数，避免除零；L 为像素值的范围，即 $2^B - 1$；$k_1 = 0.01$、$k_2 = 0.03$ 为默认值。一般取 $c_3 = c_2/2$。

那么：

$$\text{SSIM}(x,y) = \left[l(x,y)^\alpha \cdot c(x,y)^\beta \cdot s(x,y)^\gamma \right] \tag{22.6}$$

将 α、β、γ 设为1，可以得到：

$$\text{SSIM}(x, y) = \frac{\left(2\mu_x\mu_y + c_1\right)\left(2\sigma_{xy} + c_2\right)}{\left(\mu_x^2 + \mu_y^2 + c_1\right)\left(\sigma_x^2 + \sigma_y^2 + c_2\right)} \tag{22.7}$$

每次计算时会从图片取一个 $N \times N$ 的窗口，然后不断滑动窗口进行计算，最后取平均值作为全局的SSIM。

通常这些指标会综合起来一起使用，但是图像修复是一个有些偏主观体验的任务，会带有一定的创造性。假如待修复的图是一幅草原的图片，画家可以为一片草皮的缺失填补上牛、羊、牧民等一切合理的事物，此时这些图片与原始的缺失图会有很大的差距，衡量像素差距的MSE指标在这种情况下会失效。同时，现有修复算法都是基于这些评价指标来进行优化的，这就导致了修复的效果与人的创造会存在差距，很多时候只能得到图片像素差距一致且清晰的一片草皮。

22.3.4　常用数据集

这些深度学习方法普遍需要缺失图片与未缺失图片的真实样本对，这在实际中是很难获得的，所以这些深度学习方法普遍基于大规模的公开数据集，然后对这些完整图片手动制造对应的缺失图片。其中常用的数据集有Paris Street View、Places、depth image dataset、Foreground-aware、Berkeley segmentation、ImageNet等，下面将分别进行介绍。

- Paris Street View: 是从 Google 街景中收集的，代表了包含世界各地多个城市的街道图像的大规模数据集。Paris Street View 包含 15000 幅图像，图片的分辨率为 936×537 像素。
- Places: 是用于人类视觉认知和视觉理解的数据集。数据集包含许多场景类别，例如卧室、街道、峡谷等。数据集由 1000 万幅图像组成，其中每个场景类别包含 400 幅图像，它允许深度学习方法使用大规模数据来训练其架构。
- Depth image dataset: 由两种类型的 RGB-D 图像和灰度深度图像组成。此外，还包括 14 个场景类别，例如阿迪朗达克、玉器厂、摩托车、钢琴、可玩游戏等。创建用于损坏图像的掩码，包括文本标记（图像中的文本）和随机丢失的掩码。
- Foreground-aware: 包含 100000 个带有不规则孔的 masks 用于训练，以及 10000 个用于测试的 masks。每个掩模是 256×256 灰度图像，其中 255 表示空像素，0 表示有效像素。可以将 masks 添加到可用于创建损坏图像的大型数据集的任何图像。
- Berkeley segmentation: 由手动分割的 12000 幅图像组成。从其他数据集中收集的图像包含 30 个人类对象。数据集是 RGB 图像和灰度图像的组合。
- Image Net: 是一个大型数据集，每个子网都有数千个图像。每个子网显示 1000 幅图像。该数据集的当前版本包含超过 14197122 幅图像，其中有 1034908 条带边界框的人体被标注。
- USC-SIPI image database: 包含代表多种图像类型的多个 volumes。每个 volumes 中的分辨率可以在 256×256、512×512 和 1024×1024 像素之间变化。通常，数据集包含 300 幅图像，代表四个体积，包括纹理、天线、杂项和序列。

- CelebFaces Attributes Dataset（Celeb A）是一种公认的公开数据集，用于面部识别。它包含超过 200KB 名人图像，姿势变化很大。
- Indian Pines 由三个场景的图像组成，包括农作物、林木和自然多年生植物，分辨率为 145×145 像素。

22.4　方法实现

本节将会用基于深度学习的图像修复方法进行图像去水印，这就需要大量的训练图像样本对，即带有水印的图片和干净的图片。这里我们可以把带水印的图片当作待修复图片，利用图像修复的相关技术完成图像的转换，生成无水印的原始图像。具体来说，我们可以使用一个由全卷积网络实现的内容编码器，输入的是带水印的图像区域，经过多层卷积处理后输出无水印的图像区域。

为了更好地提升网络输出无水印图像的质量，我们可以采用U-Net结构替换传统的编解码器结构，它将输入信息添加到输出中，从而尽可能地保留图像的背景信息。同时我们采用感知损失（Perceptual Loss）和一范数损失（L1 Loss）相结合的方式替换传统的均方误差损失（MSE Loss），使输出的无水印图像在细节和纹理上能够更贴近原图，具体算法架构如图22.4所示。

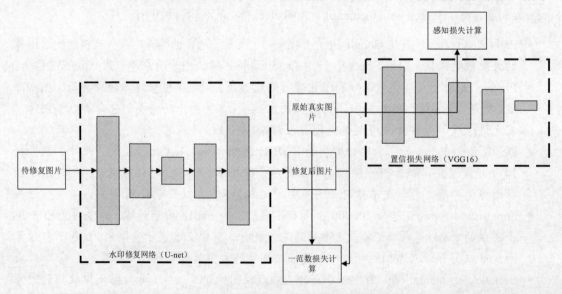

图 22.4　图像去水印网络结构示意图

22.4.1　基于内容编码器的生成网络模型

最早的自编码器网络可以看成是一个特殊的三层神经网络模型：输入层、表示层和重构层。该网络的训练可以使重构层重构的结果与输入层输入的内容尽可能接近。首先将输入内容转换到典型的低维空间（编码过程），然后将该低维空间的特征展开以再现初始数据（解码过程）。相对于传统的编码器和解码器，内容自编码器网络免去了人工提取数据特征的巨大工作量，提高了内容特征提取的效率。自编码器网络这一概念由Hinton等人在2006年对原结构进行了改进，由此开启了利用深度学习在学术界和工业界开展各种应用的新时代。经Hinton等人改进的自编码器网络即深度自编码器（deep auto-encode，DAE）网络。图22.5给出了一个5层的深度自编码器网络示意图，其隐藏层（L2~L4）的节点数目由多到少，再由少到多，最后输出层节点与输入层节点的数目一致。本质上，中间的每层都是原输入的一个表示，最低维度的表示在L3层。

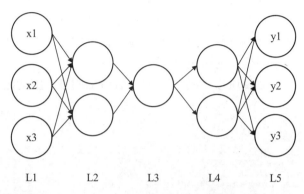

图 22.5　深度自编码器网络结构示意图

利用这样的结构，通过训练我们就可以建立起输入信息和输出信息的映射关系。为了更好地提取图像信息，我们将其变成卷积自编码器网络（convolutional auto-encode，CAE），它有效地解决了CNN网络需要进行监督学习的困难。CAE不同于传统的自编码器网络，其权值在左右神经元之间共享，保持了图像空间的局部性，重建的过程则通过图像局部块的线性组合实现。

对于输入图像的一个通道中的图X，假定有k个卷积核W^i，$i=1,\ldots,k$，每个卷积核有一个偏置b，则可以生成k个特征图h，即：

$$h^i = \sigma\left(X \times W^i + b^i\right), i=1,\ldots,k \tag{22.8}$$

在CAE网络中，编码的过程就是按照公式22.8逐层卷积的过程。重建时将每幅特征图h^i与其对应的卷积核进行卷积操作并将结果求和，再加上偏置c，即：

$$Y = \sigma\left(\sum_{i \in H} h^i * W^i + c\right) \tag{22.9}$$

在这个式子中，H是前一层输出的特征映射组，Y为解码结果。需要注意的是，在CAE网络中，编码的过程一般是降低维度的过程，解码的过程一般是增加维度的过程。为了保证解码后将数据恢复到原始尺寸，在编码过程中使用的是一般卷积，而解码过程中的卷积操作被称为转置卷积，或者反卷积。在训练这个网络的过程中，一般采用均方误差（MSE）为代价函数，即：

$$E(\theta) = \frac{1}{2n} \sum_{i=1}^{n} \left(x_i - y_i\right)^2 \tag{22.10}$$

公式22.10中，$E(\theta)$ 是关于 W 和 b 的参数。有了代价函数，网络的训练过程就和标准的神经网络一样，采用反向传播算法计算代价函数相对于各个参数的梯度，即：

$$\frac{\partial E(\theta)}{\partial W^i} = X * \delta h^i + \tilde{h}^i * \delta Y$$

$$i = 1, \ldots, k$$

（22.11）

有了基于卷积的深度自编码器网络及其训练方法，即可将该结构应用到图像修复，当然也包括图像去水印，仅仅是输入和输出的内容有所不同（输入的是图像中的已知部分，输出的是图像的缺失部分）。在网络训练过程中，可以通过选定图像中已知的一部分假定为缺失部分，通过图像的其余部分学习生成假定的缺失部分。

为了进一步提高生成的图片质量，我们可以参考U-Net网络来实现这个内容编码器，如图22.6所示。

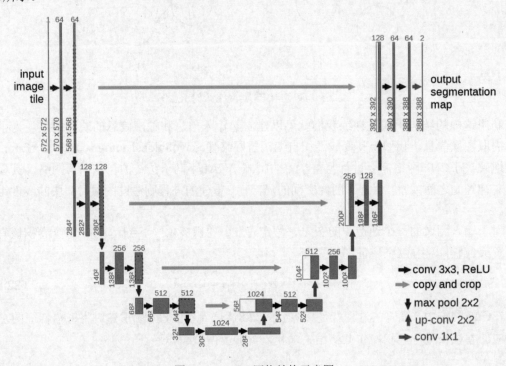

图 22.6　U-Net 网络结构示意图

- Encoder：左半部分，由两个 3×3 的卷积层（ReLU）和 2×2 最大池化层（stride=2）反复组成，每经过一次下采样，通道数翻倍。
- Decoder：右半部分，由一个 2×2 的上采样卷积层（ReLU）、Concatenation（crop 对应的 Encoder 层的输出 featuremap，然后与 Decoder 层的上采样结果相加）以及 2 个 3 $\times$ 3 的卷积层（ReLU）反复构成。

最后一层通过一个 1×1 卷积将通道数变成期望的类别数。

在计算机视觉领域，全卷积网络（fully convolutional networks，FCN）是比较有名的图像分割网络，而在医学图像处理方向，U-Net可以说是一个更加热门的网络，它的一个特点是完全对称，首先是熟悉的降采样，跟自编码器一样，这样可以增加对输入图像的一些小扰动的鲁棒性，比如对图像简单平移、旋转等形变的忽略，减少了过拟合的风险，降低了运算量，还增加了感受野的大小，并且它的上采样阶段在转置卷积之后会同时跟上卷积结构，提高模型一定的参数量，带来更大的模型容量。降采样是有"度"的，并不是说网络越深越好，假设降采样的部分是一个很深的网络结构，那么在抽象到最高层时的特征会缺失大量的信息，过度抽象反而影响了精度。

具体来说，U-Net中主要涉及以下技术：

1. 卷积化（Convolutional）

相比于之前看到的编码器，U-Net把全连接层全部变成了卷积层，这样就可以适应任意尺寸输入，输出低分辨率的分割图片。相比较而言，全连接的结构是固定的，当我们训练完时每个连接都是有权重的。卷积作为一个有权重的滤波器则会弱化没用的连接，学习到更高级的特征语义，相当于自适应的池化，降低了模型的计算复杂度。

2. 上采样（Up sample）

上采样可以提高现有图像层的分辨率，它的方式有很多种，比如重采样、将相邻的像素简单地重复或是插值操作。这样可以将输入的图片重新扩大到一个理想的分辨率，还有更高精度的双线性插值等方法，如图22.7所示。

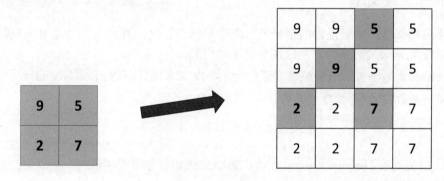

图 22.7　上采样示意

3. 跳跃结构（Skip Layer）

利用上采样技巧对降采样最后的特征图进行恢复时，由于特征图太小，会丢失大量信息，可以使用跳跃结构将最后层基于全局信息的预测和浅层中拥有更多局部细节的预测结合起来。因此U-Net的主要目标就是更好地利用上浅层和深层的特征，它在降采样与上采样之间有着各个级别的长连接相连。这个联系传递了输入图像的很多原始局部信息，有助于恢复降采样所带来的信息损失，和图像分类网络中残差的操作很像。如图22.8所示，U-Net形式的编解码器在传统的编解码器中的对称网络层之间加入了跳跃连接。

接下来是网络要注意的一些细节：

（1）网络的默认输入是572×572的，此时它的输出是388×388，所以结构并不是完全对称的。这是因为网络中使用的填充策略是"valid"，导致网络会丢弃有缺失上下文的区域。

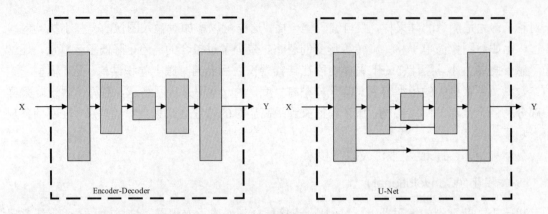

图 22.8　跳跃结构示意

（2）卷积操作是3×3的核，stride为1，因此每次经过该操作，特征图的长与宽都会减去2。

（3）下采样时使用的是2×2的最大池化。

（4）2×2的反卷积操作会使得特征图的大小乘2。

（5）在使用跳跃结构结合浅层信息时，因为左边浅层信息要比同层的右边信息大一些，所以需要在复制后进行一次剪切操作。信息利用的是输入的中心区域，然后可以把浅层特征在通道维度叠加，形成更厚的特征图。

22.4.2　损失函数设计

在损失函数部分，主要使用的是一范数损失和感知损失，在此我们并没有选择均方误差损失 L_2，这主要是因为它会带来生成图像的模糊问题。

假设我们有一组不可靠的室温测量值 $(y_1, y_2, \cdots)$。此时估计真实未知温度的常用策略是，根据一些损失函数 L 找到与测量值具有最小平均偏差的数字 z：

$$\underset{z}{\mathrm{argmin}}\, \mathbb{E}_y \{L(z, y)\} \qquad (22.12)$$

对于 L_2 损失函数 $L(z, y) = (z - y)^2$ 而言，最小化意味着寻找观测值的期望均值：

$$z = \mathbb{E}_y\{y\} \qquad (22.13)$$

L_1 损失作为绝对偏差之和 $L(z, y) = |z - y|$，依次在观察值的中值处具有最佳值。一般把类偏差最小化估计量作为 M 估计量。从统计的角度来看，如果将损失函数解释为负对数似然，那么使用这些常见损失函数的汇总估计可以被视为 ML 估计。

训练神经网络回归任务是这种点估计过程的推广。观察一组典型训练任务的输入目标对形式 (x_i, y_i)，其中网络参数 $f_\theta(x)$ 被 θ 参数化：

$$\underset{\theta}{\mathrm{argmin}}\, \mathbb{E}_{(x, y)} \left\{ L\big(f_\theta(x), y\big) \right\} \qquad (22.14)$$

实际上，如果我们删除对输入数据的依赖性，并使用一个小的 f_θ 来单独输出一个学习好的标量，那么任务退化为公式22.12。相反，完整的训练任务在每个训练样本中分解为相同的最小化问题，简单的步骤证明公式22.14等价于：

$$\underset{\theta}{\operatorname{argmin}} \mathbb{E}_x \left\{ \mathbb{E}_{y|x} \left\{ L\left(f_\theta(x), y \right) \right\} \right\} \qquad (22.15)$$

从理论上来说，网络可以通过分别为每个输入样本求解点估计问题来最小化这种损失，神经网络的训练可以继承这种损失的属性。

通常通过 $\underset{\theta}{\operatorname{argmin}} \sum_i L\left(f_\theta(\hat{x}_i), y_i \right)$ 训练回归器的操作是使用有限数量的输入-目标对 (x_i, y_i)，其隐藏了一个微妙的点：输入和处理中的隐式目标（错误的）不是一对一的映射关系，实际上是多值映射。例如，在所有自然图像的超分辨率任务中，低分辨率图像 x 可以找到许多不同的高分辨率图像 y 作为对应的目标，这主要是因为关于边缘和纹理的精确位置方向的知识在抽取中丢失。换句话说，$p(y \mid x)$ 是与低分辨率 x 一致的、高度复杂的自然图像分布。使用 L_2 损失训练神经网络回归器，输入为低和高分辨率的图像对，网络学习输出了所有看似合理解释的平均值（例如，移动不同量的边缘），导致网络预测时的空间模糊。目前已经有了大量工作来解决这个问题，例如通过使用学习后的判别器组件作为损失。

另外，对于一个图片，通常水印具有稀疏性，即每个像素点是水印的概率处于[0,0.，一次网络应该更倾向于认为预测的像素点不是水印，这刚好与 L_1 损失的稀疏特性是对应的，由于 L_1 损失具有稀疏性，所以 L_1 损失是优于 L_2 损失的。

在生成网络中，为了使生成图像与源图像具有相同的特征，最先使用的主要是在像素层面上做正则化，即 $\| \boldsymbol{x}_{\text{src}} - \boldsymbol{x}_{\text{g}} \|$ 用 L_1 或 L_2 范数来对两者的像素层信息进行约束。但像素级约束有很多局限性，比如两幅相同的图像，某一幅图像的像素进行轻微的整体平移，两者的像素差就会变得很大，而实际内容却是相同的。

感知损失则是在深度特征层面对原图和生成图进行约束，深度特征通过神经网络提取，而深度特征通常随着网络层数的加深而获取到图像更深层次的语义信息，通过惩罚深度特征差异的监督，生成图像可以保留源图像中较高层的语义信息，如图22.9所示。

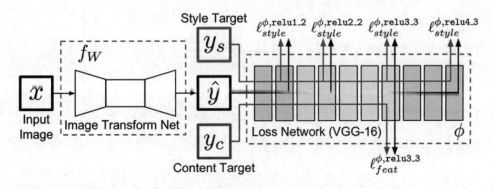

图 22.9　基于感知损失函数的实时风格迁移和超分辨重建

感知损失的具体形式如下：

$$l_{\text{feat}}^{\phi, j}(\hat{\boldsymbol{y}}, \boldsymbol{y}) = \frac{1}{C_j H_j W_j} \phi_j(\hat{\boldsymbol{y}}) - \phi_j(\boldsymbol{y})_2^2 \qquad (22.16)$$

其中，$\hat{\boldsymbol{y}}$、$\boldsymbol{y}$ 分别表示生成图像与源图像，ϕ 表示预训练的神经网络，j 表示该网络的第 j

层，$C_j \times H_j \times W_j$ 为第 i 层特征图的形状。这个公式中涉及的特征图有两种选择：每个卷积模块的激活值或者每个卷积模块激活值前的特征。

22.4.3 算法步骤

本节将简要介绍此算法架构在去水印问题上的应用步骤。对于水印定位与去除，整个算法的流程如图22.10所示，主体上利用了图像修复算法组件。

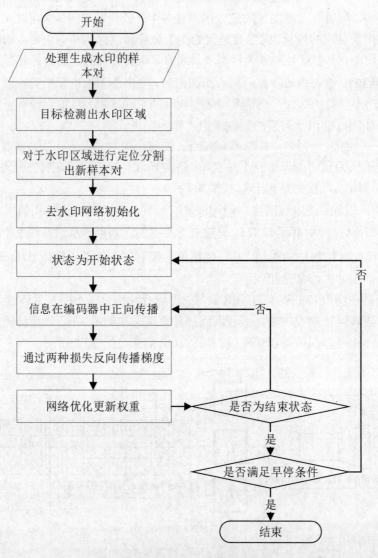

图 22.10 训练流程图

如图22.10所示，首先我们需要构造出符合实际需求的水印数据集。对此，我们有可见水印添加公式22.17：

$$J(p) = \alpha(p)W(p) + (1 - \alpha(p))I(p) \tag{22.17}$$

其中，$p = (x, y)$ 为像素位置；α 为可见水印添加强度，我们生活中所使用的水印通常为半透明状态，所以 $\alpha \in [0,1]$；$W(p)$ 为水印模板；$I(p)$ 为被添加可见水印的原始图像；$J(p)$ 为添加可见水印后的图像。因此，我们可以根据不同的 α 将水印模板随机添加到图片数据集中。

如果想要更好地训练效率，可使用经典的目标检测算法先划出待修复的区域，之后根据区域位置信息将图像中的可见水印部分适当扩大截取，将区域部分原始图像也截取出来作为真值图像，这样就形成了新的待去除水印样本对，将它用于后续的训练阶段，可以减少冗余信息的训练干扰。

这样便可以使用设计的修复架构训练，学习对水印遮挡的去除，将截取的水印区域样本输入编码器，使用Adam优化器进行训练，直到联合损失达到收敛的状态即可得到最优的模型权重。

22.4.4　实验结果展示

实验在一台具有四个GTX2080Ti显卡、256GB内存的服务器上进行，操作系统为CentOS7，且安装有Keras（2.1.2版本以上）、TensorFlow、NumPy和OpenCV。

实验选择了ImageNet与CelebA数据集来构造训练样本。其中，ImageNet使用的是ISLVRC 2012（ImageNet Large Scale Visual Recognition Challenge 2012）比赛用的子数据集。其中，训练集有1281167幅图片，验证集有50000幅图片，测试集有100000幅图片。

CelebA数据集是香港中文大学开源大规模的人脸检测基准数据集。它包含10177个名人身份的202599幅人脸图片，此数据集中的图像覆盖了大的姿势变化和背景杂乱。每幅图像都有40个属性注释，比如可区分是否佩戴眼镜、长短发、鼻子、嘴唇、发色、性别等特征。

首先展示所使用的网络架构在修复任务上的性能，实验结果如图22.11所示。

（a）　　　　　　　　　　　（b）　　　　　　　　　　　（c）

图 22.11　修复任务结果

其中，图22.11（a）是制造的验证集损坏图片；图22.11（b）是只使用 L_2 损失的效果，具有明显的模糊现象；图22.11（c）使用前文所述的两种loss联合训练后的效果，模糊现象得到了很好的改善。

另外，我们计算了测试集的PSNR值和SSIM值，可以看到在使用了联合loss进行修复后，各项图像质量指标得到了提升，如表22.1所示。

表 22.1　ImageNet 上的修复效果

指　　标	损坏图像	L_2 损失	L_2 损失与感知损失
PSNR	19.25	24.43	26.12
SSIM	0.573	0.69	0.815

将模型用于图像水印去除任务，结果如图22.12所示。

图 22.12　去水印任务结果

其中，图22.12左边是我们人为构造的水印遮挡图，中间是原始图像，右边是修复图。对于小范围的水印遮挡，取得了不错的效果。

我们再对人脸数据集计算测试集的PSNR值和SSIM值，可以看到在使用了联合loss后进行水印去除后，各项图像质量指标得到了提升，如表22.2所示。

表 22.2　CelebA 上的去水印效果

指　　标	损坏图像	L_2 损失	L_2 损失与感知损失
PSNR	18.25	35.43	36.12
SSIM	0.52	0.972	0.974

22.5　本 章 小 结

本章基于图像修复领域的经典内容编码器架构发展讲解了图像修复算法的设计流程，以解决图像水印遮挡去除问题。通过对网络迭代训练并进行参数调优，模型可以提取出图像上下文的语义信息，并以此为参考，利用对历史数据集的统计寻找到最合适的信息映射，完成图像遮挡或者缺失区域的复原。从模型的输出结果可以看出，使用内容编码器架构是一种有效的深度学习去水印方法。

第 23 章 基于 LSTM 的云环境工作负载预测方法

作为现代数据中心的核心技术，云计算利用虚拟化技术大幅提升了资源的利用率。具体来说，一个云计算平台由若干台计算机组成，通过一套软件系统把分布式部署的计算机资源集中调度使用。云计算既要应对大并发，又要实现高可用，既需要分布式，又离不开集群。为了保证集群能够正常运行的同时，提供给用户合理的资源分配，云计算往往需要合理的工作负载预测来指导。

本章将首先介绍云上工作负载预测的问题背景，随后给出问题具体的形式化定义，接着介绍解决工作负载预测的相关工作，最后介绍用于工作负载预测的深度学习方法并给出整体流程与实验结果。

23.1 工作负载预测的研究背景

云计算是继客户端/服务器（C/S）模式之后信息技术的又一次革命性变化。如今的云计算是网格计算、分布式计算、并行计算、虚拟化、负载均衡等传统计算机和网络技术发展融合的产物。其目的是通过基于网络的计算方式，将共享的软件/硬件资源和信息进行组织整合，并通过云服务提供商（cloud service provider，CSP）和用户之间的服务级别协议（service level agreement，SLA）按需提供计算、存储和网络资源。当用户请求同时到达时，工作负载会爆发，导致可用资源不足。相反，当工作负载保持在较低水平时，部分集群处于空闲状态，从而导致资源浪费。工作负载的变化会导致资源的过度配置或配置不足，从而导致不必要的开销或不良的SLA。因此，CSP必须能够快速确定资源供应策略以保证SLA，同时提高资源利用率。为了实现这些目标，云计算需要一种快速、自适应的工作负载预测方法。基于对未来工作负载的有效预测，可以通过预先配置和分配资源来实现更有效和合理的资源配置。

云计算环境中的工作负载（Workload）通常有两层含义：第一层是运行在集群上不同类型的作业，例如CPU密集型、IO密集型的作业等；第二层是指集群工作时有关系统运行状态的各种度量，例如CPU、内存、IO、网络带宽等。本章中的负载指的是第二种，即集群的各种性能指标，其中CPU与内存是最为重要的两个指标。

如图23.1所示，阿里巴巴公开的数据显示，云计算集群的平均CPU利用率分别低至30%和20%，这表明计算资源的利用率低且成本高。另外，平均内存利用率保持在80%以上，这意味着内存的利用率接近其全部容量。因此，提高CPU利用率已成为业界更关注的问题，本章也将CPU利用率视为工作负载的主要指标。

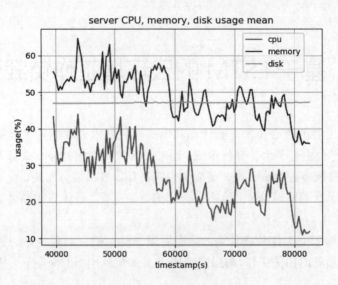

图 23.1　阿里巴巴集群负载利用率

23.2　工作负载预测问题的定义

本节研究的工作负载预测问题被称为WP-CDC（Workload Prediction of Cloud Data Centers）问题。其目标是指在给定一组具有各项指标（例如CPU利用率、内存利用率、带宽和磁盘I/O等）的历史工作负载追踪的情况下，根据历史的资源使用情况预测未来的工作负载。针对这一问题，不同云环境下不同研究人员所关注的性能指标偏好也不同。云计算服务提供商非常关注由于CPU利用率低所造成的集群巨额投资成本的问题。因此，业界将CPU利用率视为改善云计算集群资源分配的关键因素。

具体来说，对于给定的云计算集群，本文将工作负载描述为一系列连续的CPU利用率$\vec{x}=(x^1,x^2,...,x^t)$。其中，$x^t \in [0,1]$表示$t$时刻的CPU利用率。在实际环境中，有许多因素会影响云数据中心的CPU利用率，包括节点数、CPU核数以及CPU性能等。除此之外，作业的调度算法（例如FIFO等）也会影响CPU利用率。但是，考虑到不同的云数据中心会长期使用最适合的调度算法，因此本文研究使用固定系统配置的云环境下工作负载预测问题。

利用x^t表示t时刻的CPU利用率，具体如公式23.1所示。

$$x^t = \frac{\sum_{i=1}^{n}\sum_{j=1}^{m_i} p_{i,j} \times u_{i,j}^t}{\sum_{i=1}^{n}\sum_{j=1}^{m_i} p_{i,j}} \tag{23.1}$$

其中，n表示云数据中心的计算机节点数量，m_i表示第i个节点的CPU核数，$u_{i,j}^t \in [0,1]$表示第i个节点的第j个核心在t时刻的CPU利用率，以及$p_{i,j} \in [0,1]$表示将第$c_{i,j}$个CPU核性能指标标准化之后的值。

本案例使用均方误差（MSE）来衡量模型的预测准确度，如公式23.2所示。

$$\text{MSE}(\vec{y}, \hat{\vec{y}}) = \frac{1}{\dim(\vec{y})} \sum_{t=1}^{\dim(\vec{y})} (y^t - \hat{y}^t)^2 \tag{23.2}$$

其中，$\dim(\vec{y})$（$\dim(\vec{y}) = \dim(\hat{\vec{y}})$）表示预测的工作负载长度，$\vec{y}$ 和 $\hat{\vec{y}}$ 分别表示工作负载的真实值和预测值。

最终WP-CDC问题的定义如下：给定一系列历史负载跟踪数据 $\vec{x}$，WP-CDC的目标是训练预测算法 A 以生成预测的工作负载序列 $A(\vec{x})$，从而使得实际CPU利用率 $\vec{y}$ 与预测数据 $A(\vec{x})$ 之间的MSE最小，即

$$\min \text{MSE}(\vec{y}, A(\vec{x})) \tag{23.3}$$

23.3　工作负载预测的相关工作

23.3.1　循环神经网络

循环神经网络（Recurrent Neural Network，RNN）是一类用于处理序列数据的神经网络。基础的神经网络只在层与层之间建立了权连接，RNN最大的不同之处就是在层之间的神经元之间也建立的权连接。展开的RNN网络结构如图23.2所示。

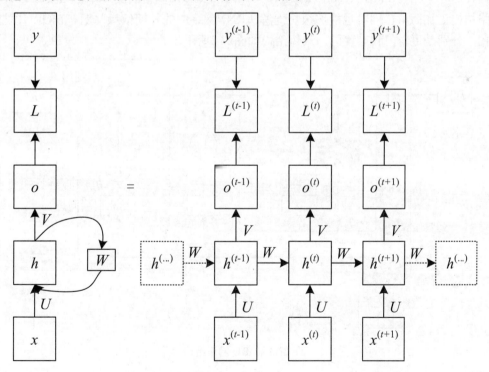

图 23.2　RNN 网络结构

也正是因为RNN具有这样的循环网络，使得输入信息可以持久存在。这种类似链的性质表明RNN与序列密切相关，它也正是适用于此类数据的神经网络架构。在过去的几年中，将RNN应用到各种问题上已经取得了令人难以置信的成功：语音识别、语言建模、翻译、图像字幕等。

RNN的吸引力之一是它可以将先前的信息连接到当前任务，例如使用先前的视频帧可能会有助于对当前帧的理解。如果RNN可以做到这一点，它将非常有用，但是RNN也存在局限性。有时，只需要查看最新信息即可执行当前任务。例如，考虑一种语言模型，该模型试图根据前一个单词预测下一个单词。如果需要预测"我口渴了，需要喝水"的最后一个词，则不需要进一步的上下文。很明显，下一个词将是"水"。在这种情况下，如果相关信息与所需信息之间的差距很小，则RNN可以学习使用过去的信息。但是在某些情况下需要更多的上下文。考虑尝试预测文本"我在中国长大……我会说流利的中文"中的最后一个词。最近的信息表明，下一个词可能是一种语言的名称，但是如果想确定是哪种语言，则需要更远的信息。相关信息与所需信息之间的差距变得非常大是完全可能的。不幸的是，随着差距的扩大，RNN变得无法学习连接信息，这也就是人们常说的长期依赖问题。

为了解决长期依赖问题，人们对RNN的网络结构进行了改进，对模型增加了门控机制，得到了LSTM模型和其变体GRU模型。这两个模型能够从很大程度上降低长期依赖带来的影响。

23.3.2　门控循环单元

门控循环单元（Gated Recurrent Unit，GRU）是LSTM网络的变体，相比较LSTM模型，其网络结构更加简单，同时也能够很好地解决RNN网络中的长期依赖问题。在GRU模型中有两个门，分别是更新门和重置门，具体结构如图23.3所示。

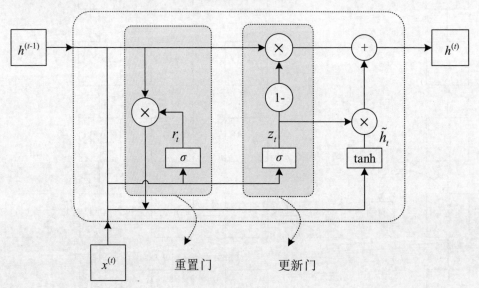

图 23.3　GRU 网络结构

图23.3中的 z_t 和 r_t 分别表示更新门和重置门。更新门用于控制前一时刻的状态信息被带入到当前状态中的程度，更新门的值越大说明前一时刻的状态信息带入越多。重置门控制前一状

态有多少信息被写入当前的候选集 $\tilde{h}_t$ 上，重置门越小前一状态的信息被写入的越少。

GRU相比于RNN，通过增加门函数将重要的特征保留下来，有效缓解了长期依赖问题。同时对比于LSTM，GRU拥有更少的门函数，在网络参数的数量上更少，所以GRU的整体训练速度要快于LSTM。

23.4　基于LSTM的工作负载预测

本节将介绍基于LSTM的工作负载预测的整体流程，主要包括负载数据预处理、LSTM预测模型和实验结果与分析三部分。流程图如图23.4所示。

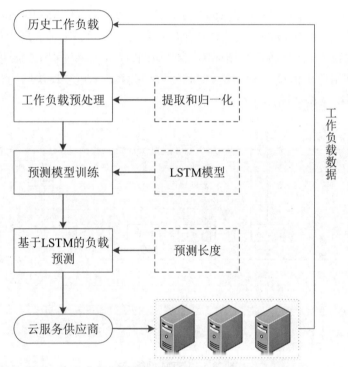

图 23.4　基于 LSTM 的工作负载预测流程图

23.4.1　负载数据预处理

假设原始云环境负载时间序列长度为 L，一般会使用样本集80%的样本进行训练，剩余20%的样本用于测试。所以，在实验中，本文将原始负载时间序列划分成两部分；第一部分时间序列长度为 $0.8L$，用于训练模型；第二部分时间序列长度为 $0.2L$，用于测试模型。

更进一步，在训练集和测试集内划分样本，随着预测的长度增加，样本的长度也在增加。需要注意的是，在训练集中，还划分了10%的样本作为验证集，用于调整模型的参数并监控模型是否过拟合。在划分完样本后，还需要对每个样本进行 $Z-score$ 标准化处理，这样能够让模型更快收敛。标准化方法如公式23.4所示。

$$x^{t'} = \frac{x^t - \text{mean}(\vec{x})}{\sigma}$$

$$\sigma = \sqrt{\frac{1}{\dim(\vec{x})} \sum_{t=1}^{\dim(\vec{x})} (x^t - \text{mean}(\vec{x}))^2}$$

(23.4)

其中，$\text{mean}(\vec{x})$ 表示向量 $\vec{x}$ 的平均值，σ 表示标准差。

23.4.2　LSTM 预测模型

在以往研究中，工作负载的预测问题常用的方案是基于回归的模型，但这类方法仅对具有明显规律性或者趋势的时序上有成效，不适用于复杂高度可变的工作负载模型。因此，本章使用的模型是长短时记忆网络（LSTM）。LSTM作为一种特殊的RNN，具有独特的记忆、遗忘模式，可以灵活地适应网络学习任务的时序特征。它是由Hochreiter和Schmidhuber在1997年提出的，并在随后的工作中被许多人改进和推广；它在各种问题上都表现出色，现已被广泛用于解决序列问题。LSTM网络解决了循环神经网络在长序列训练过程中的梯度消失和梯度爆炸问题，能够充分利用历史信息、建模信号的时间依赖关系。其重复模块结构有利于长时间记住信息。LSTM的网络结构如图23.5所示。

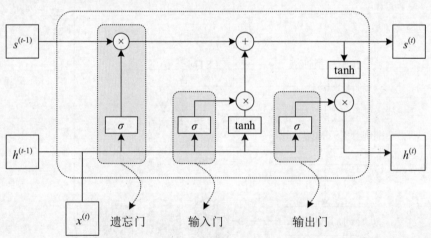

图 23.5　LSTM 网络结构

如图23.5所示，LSTM网络也是由输入层、输出层和隐藏层构成的。与传统的RNN相比，LSTM的隐藏层不再是普通的神经单元，而是具有独特记忆模式的LSTM单元。每一个LSTM单元拥有一个元组（cell），这个元组可以被视为LSTM的记忆单元。对LSTM中记忆单元的读取和修改，可以通过对输入门（input gate）、遗忘门（forget gate）和输出门（output gate）的控制来实现，它们一般采用sigmoid 或tanh函数来进行控制。

LSTM的第一步是要确定从单元状态中丢弃的信息。这部分由遗忘门进行控制。遗忘门接收和输出一个介于0～1的值给每个单元状态，其中1表示完全记住，0表示完全遗忘。

$$f^t = \sigma(W_f[h^{t-1}, x^t] + b_f)$$

(23.5)

下一步是要确定在单元状态下存储哪些新信息，具体包括两个部分：一个sigmoid层，控制需要更新的信息；一个tanh层，创建一个新候选值向量。将两者结合用于更新单元状态。

$$i^t = \sigma(W_i[h^{t-1}, x^t] + b_i)$$
$$\tilde{C}^t = \tanh(W_C[h^{t-1}, x^t] + b_C) \tag{23.6}$$
$$C^t = f^t * C^{t-1} + i^t * \tilde{C}^t$$

接着输出门决定要输出的内容。此输出将基于单元状态，但是在输出前还需要进行过滤。

$$o^t = \sigma(W_o[h^{t-1}, x^t] + b_o)$$
$$h^t = o^t * \tanh(C^t) \tag{23.7}$$

最终将输出门的输出 h^t 通过单层全连接网络转化成预测的工作负载输出 $\hat{y}^t$。其中，输出层权重为 W_r，输出层神经元阈值为 b_r，最终输出的实际预测值如公式23.8所示。

$$\hat{y}^t = W_r * h^t + b_r \tag{23.8}$$

具体的伪代码见算法23.1：

算法 23.1：LSTM 模型

输入：工作负载样本集 $X = \{\vec{x}_1, \vec{x}_2, ..., \vec{x}_n\}$

初始化：时序的长度 T，时期（epoch）数量 N 和一批样本集数量（batch size） N_{bs}

for 每个训练时期 $n = 1, 2, ..., N$ do

  for $i = 1, 2, ..., N_{bs}$ do

    for 每个时序长度 $t = 1, 2, ..., T$ do

      更新遗忘门：$f^t = \sigma(W_f[h^{t-1}, x^t] + b_f)$ ；

      更新输入门：$i^t = \sigma(W_i[h^{t-1}, x^t] + b_i)$，$\tilde{C}^t = \tanh(W_C[h^{t-1}, x^t] + b_C)$ ；

      更新细胞状态：$C^t = f^t * C^{t-1} + i^t * \tilde{C}^t$ ；

      $o^t = \sigma(W_o[h^{t-1}, x^t] + b_o)$

      更新输出门：$h^t = o^t * \tanh(C^t)$

      $\hat{y}^t = W_r * h^t + b_r$

    end for

    使用小批量随机梯度下降方法（mini-batch SGD）训练 LSTM，

  end for

end for

输出：预测的工作负载 $\hat{y} = (\hat{y}^1, \hat{y}^2, ..., \hat{y}^k)$

训练好LSTM工作负载预测模型之后，对于给定长度的工作负载序列，可以通过模型预测未来的工作负载变化情况，以用于云服务提供商的合理资源分配以及集群控制等。

23.4.3　实验结果与分析

本章研究的是云环境工作负载预测问题，为了衡量预测模型的准确度和时间成本，使用两个性能指标来评估模型，分别是均方误差（MSE）和平均训练时间（average training time，ATT）。

- MSE 的公式见问题定义部分的公式 23.1。MSE 用于衡量模型预测值和真实值的偏差。在实验中将统计所有测试集样本的 MSE，再求平均值，得到预测模型的平均 MSE。平均 MSE 越小，说明模型预测越准确，因此模型的 MSE 越小越好。
- ATT 的公式如公式 23.9 所示。

$$ATT = \frac{T}{n} \tag{23.9}$$

其中，T 表示模型总的训练时长，n 表示模型的迭代次数（epochs 的值）。ATT 是统计模型的平均单次迭代训练时间（s/epoch），用于衡量模型的训练成本。模型的 ATT 越小，说明模型训练越快，时间成本越低，因此模型的 ATT 越小越好。

具体实验设置如下：

本章案例使用PyCharm 2018.1.4、Python 3.6、Keras 2.3.1和TensorFlow 2.2.0完成所有的算法。项目实验是在一台笔记本和一台本地的服务器上运行。笔记本的配置是4核Intel Core i7-6700HQ 2.60GHz CPU、16GB RAM和1TB的硬盘。服务器的配置是4块GeForce RTX 2080Ti GPU和两块Intel（R）Xeon（R）E5-2650 CPU。

数据来源是两个真实云数据中心提供的数据集。第一个是阿里巴巴数据集，该数据集包括4034台机器8天内的资源使用情况。第二个是谷歌数据集，该数据集包含125000台机器29天内的资源使用情况。针对两个数据集，需要对数据进行预处理，分别得到两个集群的CPU利用率时间序列。其中，阿里巴巴数据的时序间隔是10s，谷歌数据的时序间隔是1s。

基于阿里巴巴数据集，首先评估了LSTM、RNN和GRU三个模型的预测准确率。针对不同的预测长度，三个模型的MSE如图23.6所示。随着预测长度的增加，三个模型的MSE都在上升。在秒级预测中，因为预测长度较短，所以RNN的效果也不错，与GRU相近，而LSTM的MSE低于RNN和GRU，意味着LSTM在秒级预测效果最好。在分钟级别预测中，RNN的预测准确度逐渐低于LSTM和GRU，而LSTM的效果仍是最好的。在小时级别预测中，RNN由于长期依赖问题，预测准确度明显比LSTM和GRU差，而LSTM略优于GRU。

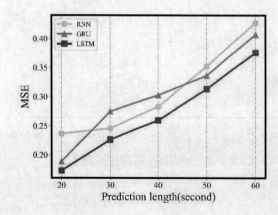 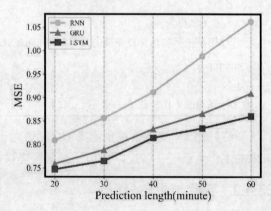

图 23.6　三个模型不同级别预测长度 MSE

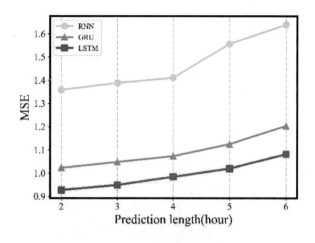

图 23.6　三个模型不同级别预测长度 MSE（续）

　　然后本案例评估了LSTM、RNN和GRU三个模型的平均单次迭代训练时间，如图23.7所示。随着预测长度的增加，训练样本长度增加，所有模型的训练时间都在增加。其中RNN因为模型结构简单、训练参数少，所以在秒级别、分钟级别和小时级别的预测中ATT都是最小的。LSTM是三者中模型结构最复杂、训练参数最多的，所以在秒级别、分钟级别和小时级别的预测中ATT都是最大的。

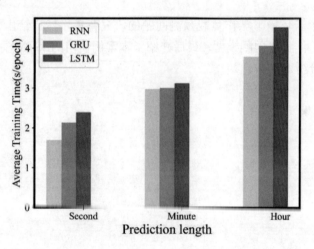

图 23.7　三个模型不同级别预测长度 ATT

　　最后，本案例对比了LSTM模型在阿里巴巴和谷歌数据集上的预测效果，不同预测长度的MSE如表23.1所示。在谷歌数据集的负载预测中，随着预测长度的增加，LSTM模型的MSE逐渐上升，但总体来说谷歌数据集的预测MSE比阿里巴巴数据集的预测MSE小，说明LSTM模型在谷歌数据集上的负载预测效果比阿里巴巴数据集上的负载预测效果好。

表 23.1　不同数据集上 LSTM 负载预测的 MSE

预测长度	负载预测的 MSE	
	阿里巴巴数据集	谷歌数据集
20s	0.1541	0.1447
40s	0.2689	0.2164
60s	0.3667	0.2537
20min	0.7472	0.4967
40min	0.8043	0.5362
60min	0.8501	0.5633
2h	0.9270	0.6669
4h	0.9844	0.7418
6h	1.0882	0.8325

23.5　本 章 小 结

　　本章首先介绍了云环境下工作负载预测问题的研究背景，然后给出了详细的问题定义，接着介绍了经典的工作负载预测模型，最后介绍了本案例使用的LSTM模型以及实验内容，并给出了实验结果和分析。

第 24 章   基于 QoS 的服务组合问题

随着云原生和微服务技术的不断普及，基于服务质量（quality of service，QoS）的服务组合问题已经成为工业界及学术界广泛关注的问题。该问题的目标是从大量服务中挑选合适的服务，将其组合起来，以形成一个能够提供更加复杂功能的组合服务，并使其总体的服务质量令用户满意。

基于 QoS 的服务组合问题是十分经典的问题，迄今为止数十年间人们在此问题上进行了广泛研究。在传统方法中，元启发式方法是解决基于 QoS 的服务组合问题的常用方法，这些算法从自然界的规律中得到灵感。随着计算机技术和人工智能的快速发展，越来越多的人将机器学习、深度学习和强化学习算法应用于传统问题中，为传统领域引入了新的思路。

近年来，强化学习算法常被用于解决基于 QoS 的服务组合问题。本章将首先介绍基于 QoS 的服务组合问题的背景，随后给出其正式的问题定义及示例，接着介绍强化学习中常用的一种基于值函数的方法——Q-learning 算法，最后介绍将 Q-learning 算法应用于基于 QoS 的服务组合问题上的一种方式及其实验效果。

24.1   服务组合问题的研究背景

随着 Web 服务技术的广泛应用，越来越多的服务提供商在网络上发布具有各种功能的 Web 服务供用户调用。目前，网络中存在着海量的服务，大量的服务可以提供相似的功能，QoS 属性成为有效区分服务间差异的一种衡量指标。QoS 属性是由一组定性或定量指标构成的集合，它衡量的是服务的非功能方面的优劣，常用的 QoS 属性有运行持续时间、价格、吞吐量、可用性、可靠性等。本章中使用的 QoS 属性为运行持续时间、吞吐量和可用性，简要介绍如表 24.1 所示。QoS 属性可被分为积极（positive）属性和消极（negative）属性两种。积极的 QoS 属性值越大越好，其中包括可用性和吞吐量；消极的 QoS 属性值越小越好，其中包括执行持续时间。

表 24.1   QoS 属性及其简要介绍

QoS 属性	介　　绍
执行持续时间	执行持续时间为从用户的请求被发送到结果被接收之间的预期延迟秒数
可用性	可用性为服务在固定时间间隔内成功的调用次数与调用总次数的比率
吞吐量	吞吐量为服务调用总数与给定时间间隔的比率

单个 Web 服务能够提供的功能是有限的，因此需要使用服务组合方法将多个服务组合在一起，以满足用户日益复杂的功能需求。然而，网络中存在着海量的服务，它们具有不同的 QoS 属性，所以基于 QoS 的服务组合问题（如何从这些服务中挑选出服务组成组合服务，使其整体

的QoS属性能够令用户满意），是一个急需解决的问题。

在此问题上有两种研究方向：一种是全自动服务组合方法，目标是在服务库中寻找多个服务，根据其输入输出数据构成工作流拓扑，形成组合服务，使此组合服务的输入为用户提供的输入数据、输出为用户期望的输出数据，且整体QoS令用户满意，简而言之，全自动服务组合方法是同时进行工作流构造及服务选择的；另一种是半自动服务组合方法，与全自动服务组合方法不同的是，它假设组合服务的工作流是提前构造好的，其输入输出数据已满足用户的功能需求，半自动服务组合方法的目标是基于此工作流，在服务库中选择提供相应子功能的服务，使其形成的组合服务有较高的QoS。在本章中，只讨论强化学习在半自动服务组合方法中的应用。

基于QoS的半自动服务组合问题可以看作一个多维背包问题，其已被证明是一个NP-hard问题，因此目前主流的算法目标均是在可接受时间成本下找到近似最优解。元启发式算法（例如遗传算法、粒子群算法、蚁群算法等），是最常用于解决此问题的方法。随着强化学习的不断完善及广泛应用，强化学习也常用于解决此问题，本章就Q-learning算法简要介绍将强化学习应用于服务组合问题中的思想。

24.2　半自动服务组合问题的定义

本节将首先介绍基于QoS的半自动服务组合研究中涉及的名词和符号，并给出该问题的数学定义，随后将会给出一个半自动服务组合的具体例子，以便于读者理解。

任务（task，T）表示用户所需的组合服务工作流中的每个子功能。

组合服务（composite service，CS）是由 N 个任务组成的，这些任务根据其输入输出数据相互连接，形成复杂的拓扑结构，即工作流。在本节中，我们只考虑两种拓扑结构：序列结构和并行结构，如图24.1所示。图24.1（a）是序列结构的例子，其中包含三个任务，任务一所需数据由用户提供，其输出作为任务二的输入，任务二的输出同样作为任务三的输入，任务三的输出作为用户所需数据，这三个任务都是在自身前驱任务完成时才能开始的，即这三个任务之间为序列结构。图24.1（b）是并行结构的例子，其中包含四个任务，任务一的输出同时作为任务二和任务三的输入数据，而任务二和任务三的输出组合起来作为任务四的输入，即任务二和任务三在任务一结束运行后可同时开始运行,但只有它们全部完成运行后任务四才可开始运行，我们称任务二和任务三构成并行结构，任务一、任务四和这个并行结构构成序列结构。

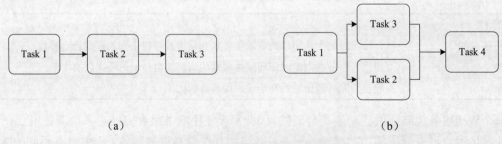

（a）
（b）

图 24.1　序列结构及并行结构例子

服务（service，S）是任务的特定实例，每个服务具有唯一的标识符（ID），提供一种简单的功能，并且具有一组QoS属性。组合服务的相应聚合QoS属性的计算公式如表24.2所示。因此，QoS可以表示为一个由3个属性组成的元组：$Q = (Q^1, Q^2, Q^3)$。

表 24.2　组合服务聚合 QoS 属性计算公式

QoS 属性	序列结构聚合公式	并行结构聚合公式
执行持续时间	$Q_{agg}^1 = \sum_{i=1}^n Q_i^1$	$Q_{agg}^1 = \max_{i=1}^n Q_i^1$
可用性	$Q_{agg}^2 = \prod_{i=1}^n Q_i^2$	$Q_{agg}^2 = \prod_{i=1}^n Q_i^2$
吞吐量	$Q_{agg}^3 = \min_{i=1}^n Q_i^3$	$Q_{agg}^3 = \min_{i=1}^n Q_i^3$

候选服务集（candidate service set，CSS）由 K 个服务组成，一个候选服务集中的服务提供相同的功能，但有不同的QoS；$CSS = \{S_i | i = 1, 2, \cdots, K\}$。注意，每个候选服务集包含的服务数目 K 可能不同。

基于QoS的半自动服务组合问题是指，当用户提出一个由多个任务组成的工作流代表的服务组合请求时，将用户请求中的每个任务替换为相应候选服务集中的某个具体服务，从而使组合服务的整体聚合QoS较高。本章中使用简单加权法（simple additive weight，SAW）将多个QoS属性通过平均加权计算出效用函数 U，使问题简化为一个单目标优化问题。U 可以按照公式24.1进行计算。

$$U = \frac{1}{3} \sum_{i=1}^3 \mathrm{norm}\_Q_{agg}^i \tag{24.1}$$

其中，$\mathrm{norm}\_Q_{agg}^i$ 代表归一化处理后的组合服务的第 i 个聚合QoS值。

为了使执行持续时间、可用性和吞吐量这三个QoS属性有统一的量纲，本节按照公式24.2将 Q_{agg}^i 归一化为 $\mathrm{norm}\_Q_{agg}^i$。其中，$\min\_Q_{agg}^i$ 和 $\max\_Q_{agg}^i$ 分别代表只考虑第 i 个QoS属性时组合服务能够获得的最小和最大的第 i 个QoS属性聚合值。

$$\mathrm{norm}\_Q_{agg}^i = \begin{cases} 1, \max\_Q_{agg}^i = \min\_Q_{agg}^i \\ \dfrac{Q_{agg}^i - \min\_Q_{agg}^i}{\max\_Q_{agg}^i - \min\_Q_{agg}^i}, Q^i \text{ 是积极的并且} \max\_Q_{agg}^i \neq \min\_Q_{agg}^i \\ \dfrac{\max\_Q_{agg}^i - Q_{agg}^i}{\max\_Q_{agg}^i - \min\_Q_{agg}^i}, Q^i \text{ 是消极的并且} \max\_Q_{agg}^i \neq \min\_Q_{agg}^i \end{cases} \tag{24.2}$$

接下来针对上述定义的基于QoS的Web服务组合问题给出一个简单例子。假设用户提出了一个组合服务请求，其中所需的组合服务的工作流如图24.2所示。这个工作流由四个任务组成，其中任务1和任务2是并行结构，两个服务在满足它们的输入条件后可以同时独立运行。任务3和任务4是序列结构，这意味着前一个任务的输出将作为后续任务的输入，它们只能按顺序运行。任务1和任务2组成的并行结构与任务3、任务4组成序列结构。

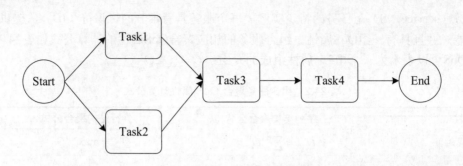

图 24.2　组合服务简单例子

每个任务代表了用户所需的一种子功能，网络上有大量的Web服务可以提供相同的功能，所以一个任务对应着一个候选服务集。上述用户所需组合服务中每个任务对应的候选服务集的QoS如表24.3所示。

表 24.3　组合服务中任务对应候选服务集信息

任　　务	服　　务	运行持续时间	可　用　性	吞　吐　量
Task1	S1_1	0.1	5	60
	S1_2	0.3	17	70
Task2	S2_1	0.05	8	80
	S2_2	0.5	9	30
Task3	S3_1	0.1	23	50
	S3_2	0.2	7	66
Task4	S4_1	0.7	7	99
	S4_2	0.5	2	51
	S4_3	0.4	5	33

若最终服务组合算法选出的组合方案是 $\{S1\_1, S2\_1, S3\_2, S4\_3\}$ ，则它们构成的组合服务的整体运行持续时间为 $Q_{agg}^1 = \max(0.1, 0.05) + 0.2 + 0.4 = 0.7$ ，整体可用性为 $Q_{agg}^2 = 5*8*7*5 = 1400$ ，整体吞吐量为 $Q_{agg}^3 = \min(60, 80, 66, 33) = 33$ 。由于每个QoS属性的量纲和范围不同，在计算组合服务的效用函数 U 之前有必要对它们分别进行归一化。首先，计算在只考虑一个QoS属性时组合服务的相应最大和最小QoS值，计算过程及结果如表24.4所示。

表 24.4　单独考虑各个 QoS 属性时组合服务整体的最小值及最大值

QoS 属性	最小值	最大值
运行持续时间	$\min\_Q_{agg}^1$ $= \max(0.1, 0.05) + 0.1 + 0.4$ $= 0.6$	$\max\_Q_{agg}^1$ $= \max(0.3, 0.5) + 0.2 + 0.7$ $= 1.4$
可用性	$\min\_Q_{agg}^2$ $= 5*8*7*2$ $= 560$	$\max\_Q_{agg}^2$ $= 17*9*23*7$ $= 24633$

（续表）

QoS 属性	最小值	最大值
吞吐量	$\min\_Q_{\mathrm{agg}}^3$ $= \min(60,30,50,33)$ $= 30$	$\max\_Q_{\mathrm{agg}}^3$ $= \min(70,80,66,99)$ $= 66$

随后，可以使用公式24.2计算组合服务归一化后的每个QoS属性的值，即组合服务归一化后的整体运行持续时间为 $\mathrm{norm}\_Q_{\mathrm{agg}}^1 = (1.4 - 0.7)/(1.4 - 0.6) = 0.875$ ，组合服务归一化后的整体可用性为 $\mathrm{norm}\_Q_{\mathrm{agg}}^2 = (1400 - 560)/(24633 - 560) = 0.035$ ，组合服务归一化后的整体吞吐量为 $\mathrm{norm}\_Q_{\mathrm{agg}}^3 = (33 - 30)/(66 - 30) = 0.083$ 。 最后， 可 以 算 出 组合服务的效用函数 $U = \dfrac{0.875 + 0.035 + 0.083}{3} = 0.331$ 。服务组合算法的目标是尽可能使得出的组合服务的效用函数 U 最大。

24.3　服务组合问题的相关工作

基于QoS的服务组合问题是服务计算领域内的一个经典问题，数十年来研究者们针对此问题做出了广泛且深入的研究。本节将基于QoS的服务组合方法大致分为三类：求解最优解的方法，通过各种数学规划方法对服务组合问题进行建模，并通过各种经典求解方法求得最优解；基于元启发式算法的方法，对各种元启发式算法进行改进，使其更加适用于服务组合问题；基于强化学习的方法，为传统的服务组合领域引入新的思路。本节将简要介绍这三类方法的大致思路。

24.3.1　求解最优解的方法

在服务组合领域较为早期的研究中，一般使用数学规划方法对基于QoS的服务组合问题进行建模，并试图寻找最佳的服务组合方案。

Ardagna等人将基于QoS的服务组合问题建模为一个混合整数线性规划问题。他们在优化过程中采用了peeling cycle机制，并且采用协商技术保障在没有可行解的情况下依旧能够得出服务组合方案。Rosenberg等人提出了两种服务组合问题的建模方法：一种是将其建模为约束最佳化问题，另一种是将其建模为整数规划问题。

这类方法比较适用于小规模的服务组合问题，但随着服务组合问题规模的增加，寻找最优解所需的时间会急剧增加，甚至无法计算得到解。因此，在当前大数据和云计算的背景下，此方法的适用性极大降低。

24.3.2　基于元启发式算法的方法

由于求解服务组合问题的最优解需要大量的计算工作，并且已经不适用于如今面临的大规模服务组合问题，越来越多的研究者致力于以可接受的时间成本寻找近似最优解，因此启发式方法尤其是元启发式算法逐渐成为当前的主流方法。

Wang等人提出了一种基于skyline算子和粒子群优化算法的服务组合方法。类似地，Wang等人利用skyline算子对服务进行预过滤，从而减少了遗传算法的搜索空间。Klein等人提出了一种改进的遗传算法，采用自适应超参数调整算法自动调整各种算子的概率。Yilmaz等人提出了两种改进的遗传算法GA-SA和GA-HS，并将其应用于服务组合问题中。这两种算法分别使用模拟退火和和声搜索来代替传统遗传算法的变异算子。

虽然基于元启发式的方法试图找到近似最优解，而不是最优解，但是此方法依旧面临着很多问题，例如易陷入较差的局部最优解、需依赖探索与迭代进行求解导致求解速度较慢等。目前，仍有大量研究致力于对基于元启发式算法的服务组合方法进行改善，此研究方向依旧较为火热。

24.3.3　基于强化学习的方法

随着强化学习的快速发展，越来越多的研究试图将强化学习应用于基于QoS的服务组合问题中。

Wang等人提出了一种基于Q-learning的服务组合算法。随后，他们提出了一种基于LSTM网络的DQN算法。Elsayed等人将遗传算法和Q-learning算法结合起来，利用Q-learning算法生成初始种群来提高遗传算法的效率。

这些算法为解决基于QoS的服务组合问题提供了新的思路，但是对于大规模的服务组合问题，仍然需要针对如何提高求解效率及如何跳出局部最优解等方面进行深入研究。

24.4　Q-learning算法

与监督学习不同，强化学习面对的往往是没有"标签"的数据，它需要解决的是一系列的决策问题，即智能体需要决策在任务序列的不同阶段应采用什么行为，最终使得整个任务序列能够达到预期的目标，其框架如图24.3所示。智能体通过观测当前环境得到当前的状态 s，从状态 s 下的所有可能进行的动作中决定要执行的动作 a，获得立即回报 r，并对环境产生影响，使智能体进入下一状态 $s*$，从而不断与环境进行交互，产生动作序列和立即回报序列等交互数据。智能体可以通过这些数据对自己的决策策略进行改进并随之产生新的交互数据，通过不断的迭代，强化学习最终能够学习到最优策略，使得累积的立即回报期望最大。

Q-learning算法是强化学习算法中非常经典的基于值函数的算法的代表。它的基本思想是用状态-动作值函数 $Q(s,a)$ 衡量当前状态 s 下采取动作 a 能够获得的未来期望累积回报是多少，可以看作状态集 S 与动作集 A 形成了一张 Q 值表来存储 $Q(s,a)$ 值，强化学习通过探索及利用过程对 Q 值表进行更新，使其中的每个 Q 值均收敛，最终智能体的策略可根据表中的状态-动作值函数进行贪婪选择得到。Q-learning算法使用bootstrapping算法的思想，通过后继状态 $s*$ 的状态-动作值函数对当前状态 s 的状态值函数进行表示，如公式24.3所示。

$$Q(s,a) = \sum_{s*} P(s*\,|\,s,a)(r(s,a,s*) + \lambda \max_{a*} Q(s*,a*))$$

（24.3）

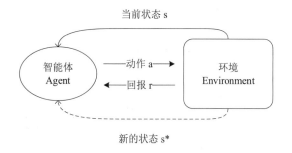

图 24.3　强化学习框架

其中，$P(s^*|s,a)$ 是状态转移函数，表示智能体在状态 s 下采取动作 a 使得转为后继状态 s^* 的概率；$r(s,a,s^*)$ 为立即回报函数，表示智能体在状态 s 下采取动作 a 使得转为后继状态 s^* 时获得的立即回报；$\lambda \in [0,1]$ 是折扣率，代表后继状态的状态-动作值对当前状态的状态-动作值的影响程度；当折扣率为 0 时，当前状态的状态-动作值只受立即回报影响，此时的策略变成一个贪婪策略，即智能体只选择能够获得最大立即回报的动作，当折扣率在 $(0,1)$ 范围内时，较近的后继状态的状态-动作值对当前状态的状态-动作值的影响较大，对远近的衡量体现在 γ 大小上，此时的策略变成了一个长期策略；当折扣率为 1 时，表示直到结束状态的每个后继状态的状态-动作值对当前状态的状态-动作值具有相同的影响。

Q-learning 算法的伪代码如算法 24.1 所示。其中，学习率 α 代表对 Q 值表更新的快慢，学习率越小代表更新速度越慢，但稳定性可能较好；学习率越大代表更新速度越快，但同时算法可能会产生震荡，Q 值难以收敛。

算法 24.1：Q-learning 算法

输入：状态集 S，动作集 A，学习率 $\alpha \in [0,1]$，折扣率 $\lambda \in [0,1]$

输出：$\pi(s) = \arg\max\limits_{\theta} Q(s,a)$

1：初始化：$Q(s,a), \forall s \in S, \forall a \in A$

2：while　Q 未收敛　do

3：　　给定起始状态 $s_t, t = 0$

4：　　while　s_t 不是终止状态　do

5：　　　　根据当前 $Q(s_t,a), \forall a \in A$，通过 ε 贪婪策略选择出要进行的动作 a_t，得到立即回报 r_t，智能体转到下一状态 s_{t+1}

6：　　　　$Q(s_t,a_t) = Q(s_t,a_t) + \alpha[r_t + \lambda \max\limits_{a} Q(s_{t+1},a) - Q(s_t,a_t)]$

7：　　　　$t = t + 1$

8：　　end while

9：end while

需要注意的是，在当前状态 s_t 时，通过 ε 贪婪策略（$\varepsilon \in (0,1)$，以 ε 的概率进行探索，随机选择动作，以 $1 - \varepsilon$ 的概率进行贪婪，选择 Q 值最大的动作）选出的将要进行的动作 a_t，这样做的目的是给算法加入探索能力，防止算法陷入局部最小值。

24.5　Q-learning算法的实现

将Q-learning算法实际应用于具体问题时，首先需要针对问题特点对算法中的状态（包括开始状态、中间状态和结束状态）、动作、立即回报、状态动作转移函数等做出定义。对于基于QoS的服务组合问题，实现Q-learning算法只需要对状态、动作和回报进行定义。本节将首先对这几个要素进行简要介绍，随后给出整个Q-learning算法的大致框架，最后对其效果进行相应的实验。

24.5.1　状态集设计

在强化学习中，智能体对环境进行观测，观测的结果即为智能体当前的状态。随后，智能体需要根据当前状态及策略在可以进行的动作中选出一种动作执行，并因此对环境产生影响，从而进入下一状态。在本章的服务组合问题中，我们将状态定义为用户请求的不同完成状态，即每个状态对应着下一个需要从相应候选服务集中选出具体Web服务来完成的任务，因此一个用户请求对应的状态集的大小为用户请求中包含的任务数加一。下面对一个用户请求中的不同状态给出一个例子，如图24.4所示。

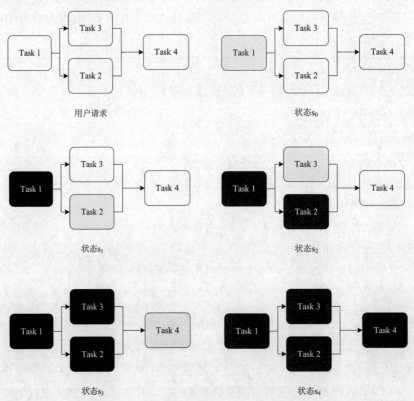

图 24.4　一个用户请求中的不同状态示例

在图24.4中，灰色的任务代表将当前要处理的任务，白色的任务代表稍后需要处理的任务，黑色的任务代表已经处理完成的任务。图24.4中的用户请求包含四个任务，其中任务二与任务三组成并行结构，此并行结构再与任务一和任务四组成序列结构。这个用户请求对应的状态集为$\{s_0, s_1, s_2, s_3, s_4\}$，其中，$s_0$为起始状态，代表用户请求正要开始处理，此时任务1是下一个将要从相应候选服务集中选出具体Web服务来完成的任务；s_4为结束状态，代表此用户请求已经处理完毕，用户请求中的每个任务都已选出了具体Web服务完成；s_1, s_2, s_3为中间状态，分别代表着用户请求的一种未完成状态，需要对下一个任务进行处理，从候选服务集中挑选出具体Web服务。需要注意的是，若用户请求仅为序列结构，每个状态只需根据序列结构上的任务顺序进行定义即可，若用户请求中包含了并列结构，例如图24.4中的用户请求，则只需尽可能地使状态定义符合逻辑，对算法的整体效果没有影响，这与后续的回报定义形式有关。

24.5.2　动作集设计

智能体在每个状态下均需根据当前策略做出动作，从而获得立即回报并进入下一状态。在本章的服务组合问题中，我们将动作定义为每个状态下从将要处理的任务对应的候选服务集中挑选出一个具体Web服务，因此一个状态下对应的动作集的大小等于当前状态下将要处理的任务相应的候选服务集的大小。下面对于24.5.1节中的示例用户请求给出其不同任务对应的候选服务集展示，如图24.5所示。

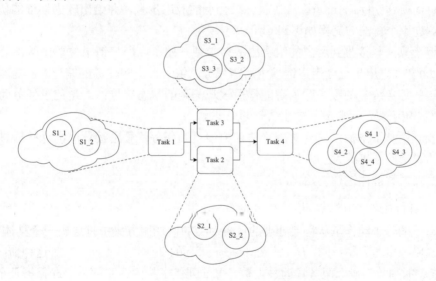

图 24.5　用户请求包含任务对应的候选服务集

这个用户请求包含四个任务，其中任务一对应的候选服务集为$\{s1\_1, s1\_2\}$，大小为2，则状态s_0对应的动作集大小为2，其中每个动作分别对应选择服务$s1\_1$和$s1\_2$；任务二对应的候选服务集为$\{s2\_1, s2\_2\}$，大小为2，则状态s_1对应的动作集大小为2，其中每个动作分别对应选择服务$s2\_1$和$s2\_2$；任务三对应的候选服务集为$\{s3\_1, s3\_2, s3\_3\}$，大小为3，则状态s_2对应的动作集大小为3，其中每个动作分别对应选择服务$s3\_1$、$s3\_2$和$s3\_3$；任务四对应的候选服务集为$\{s4\_1, s4\_2, s4\_3, s4\_4\}$，大小为4，则状态$s_3$对应的动作集大小为4，其中每个动作分别对应选择服务 s4_1、s4_2、s4_3 和 s4_4；状态 s_4 为结束状态，代表用户请求已处理完毕，它仅为一个结束标志，此时动作集大小为0，即不应进行任何动作。

24.5.3　回报函数设计

当智能体根据策略和当前状态选择一个动作执行后，会获得一个立即回报 r。智能体的目标是训练得到一个最优策略，使智能体从开始状态到结束状态这一时序决策中获得的累计回报 R 最大。假设共有 T 个决策，则 $R = \sum_{t=1}^{T} \lambda^{t-1} r_t$。回报函数的设置指导着智能体策略的训练，在强化学习算法中，回报的大小及正负均需仔细设计，甚至需要经过实验不断调整。

在本章的服务组合问题中，由于QoS属性具有多种计算形式，例如累加型、累乘型、取最大最小值等，以及组合服务的拓扑结构较为复杂等原因，立即回报难以定义，所以我们采取了最直观的方式，将回报函数设计为稀疏形式，即直到状态进入结束状态时，获得的立即函数为整个组合服务的效用值 U，其他状态下做出的动作的立即回报均为0，其计算如公式24.4所示。

$$r(s,a,s^*) = \begin{cases} U, & s^* \text{为结束状态} \\ 0, & \text{其他} \end{cases} \tag{24.4}$$

24.5.4　Q-learning 算法步骤

本节将简要介绍Q-learning算法在服务组合上的应用步骤，并给出较为详细的伪代码，帮助读者理解。整个算法的流程如图24.6所示。

服务组合算法从接收到用户的组合服务请求便开始了，用户请求主要由两部分组成：一是nodeSet.txt文件，用于记录用户请求中所需任务的编号，这些任务的编号对应着候选服务集的编号，这些任务编号的顺序即为智能体后续观测到的状态编号；二是记录任务间拓扑结构的.xml文件，用于对组合服务的效用值 U 进行求解。

当接收到用户请求后，需要对用户请求中涉及的任务信息进行获取，这些信息主要包括任务对应的候选服务集的大小和其中包含的服务编号及其QoS信息。

随后需要对智能体进行初始化：

（1）构建Q值表：Q值表中每一行对应的是不同的状态，每一列对应的是不同的动作，由于每个状态下的每个动作是从将要处理的任务对应的候选服务集中挑选出一个具体Web服务，而每个候选服务集的大小不同，所以每个状态下可行的动作数目不同。针对这种情况，我们令构建的Q值表的列数为候选服务集的最大数，每一列代表从候选服务集中选择第几个服务，则除了拥有最大候选服务集的任务对应的状态外，每一行中只有前几列为有效动作范围。构建Q值表的结构后，需要对每个状态动作值进行初始化，这里我们使用0进行初始化。伪代码如下所示：

```
q_values = [[*each_CSS_size[i for i in range(tasks_num)
q_table = pd.DataFrame(
        q_values,
        columns=list(range(max_CSS_size)))
```

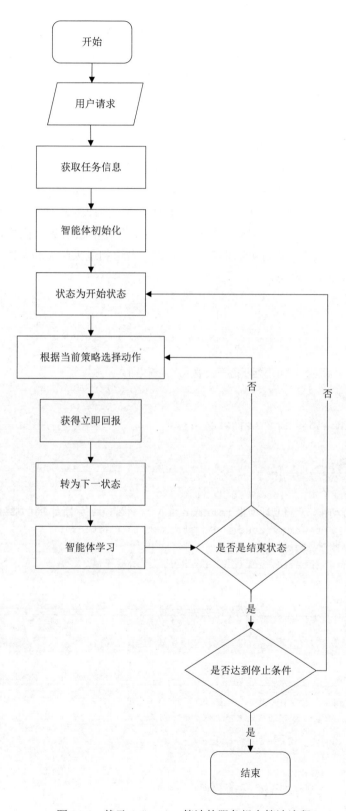

图 24.6　基于 Q-learning 算法的服务组合算法流程

（2）训练策略初始化：在训练阶段，智能体使用的策略是ε贪婪策略，即以ε的概率从当前动作集中随机选择动作执行，以$1-\varepsilon$的概率根据当前状态动作值进行贪婪选择，选择当前状态下Q值最大的动作执行。由于算法在开始阶段Q值表并不准确，因此不能过分依赖Q值表，此时需要将ε设置为较大的概率。随着训练的不断进行，Q值表逐渐具有了指导作用，此时需要令ε慢慢增大，直到到达实现给定的ε最大值。

在进行完上述步骤后，智能体正式进入训练阶段。首先智能体观测到开始状态s_0，根据当前Q值表及当前训练策略，从可行动作集中选择出动作a_0执行，获得立即回报r_0，并进入下一状态s_1，随后智能体需要根据这一次经验(s_0, a_0, r_0, s_1)进行学习，对Q值表进行调整，如此不断迭代学习，直到下一状态为结束状态，则一轮学习结束。在训练开始前，一般会设置最大学习轮数，或者设置提前停止条件。例如，当多轮学习后，获得的最大累计回报仍没有更新时便可认为算法达到了收敛效果，此时可以提前停止训练；当达到最大学习轮数时，也会停止训练过程。此过程的伪代码如下所示：

```
#初始化智能体
RL = Agent()
#最大累计回报
max_R = 0
#最大累计回报未更新轮数，用于判断是否收敛，应提前停止
STAY = 0
#开始训练
for episode in range(MAX_EPISODES):
    state = 0
    while True:
        # 根据状态选择动作
        action = RL.choose_action(state)
        # 执行动作，获得立即回报 reward，进入下一状态，并判断是否达到终止状态
        state_, reward, done = RL.step(state, action)
        # 根据此次经验进行学习
        RL.learn(state, action, reward, state_)
        state = state_
        if done:
            if episode == 0:
                max_R = reward
            else:
                if reward > max_R:
                    STAY=0
                    max_R = reward
                else:
                    STAY+=1
            break
    if STAY >= MAX_STAY:
        print("达到收敛条件，提前停止！\n")
        break
```

智能体选择动作时，需要考虑当前Q值及ε贪婪训练策略，其伪代码如下：

```
def choose_action(state):
    state_action = q_table[state, :each_CSS_size[state
    if (random > epsilon):
        action = random_choose(list(range(each_CSS_size[state])))
    else:
        action = random_choose(state_action[state_action == max(state_acti
on).index)
    choose_services[state = action
    return action
```

智能体执行动作时，需要判断下一状态是否是结束状态，若是结束状态，则立即回报为当前组合服务的效用值 U，否则立即回报为0，其伪代码如下：

```
def step(s, a):
    s_ = s + 1
    if s_ == end_state:
        done = True
        r = calculate_U(choose_services)
    else:
        done = False
        r = 0
    return s_, r, done
```

智能体根据当前经验进行学习时，主要是对Q值表进行更新，并提升ε的大小，其伪代码如下：

```
def learn(s, a, r, s_):
    q_predict = q_table[s, a
    if s_ 不是结束状态:
        q_target = r + gamma * q_table[s_, :each_CSS_size[s_.max()
    else:
        q_target = r
    q_table[s, a += lr * (q_target - q_predict)
    epsilon += epsilon_increment if epsilon < epsilon_max else epsilon_max
```

24.5.5　实验结果展示

本节针对用户请求规模较小和规模较大两种情况分别生成了多个模拟用户请求，对基于Q-learning的服务组合算法进行了实验，以验证其有效性并分析数据规模对算法的影响。

实验中随机生成每个用户请求包含的任务，每个任务对应一个候选服务集，并且使用一个被广泛应用的合成工作流生成器，为每个用户请求生成任务间的拓扑结构。

实验关注的指标只有一个，即算法得出的组合服务的效用值 U，该值越大代表组合服务的QoS属性越好，即算法取得的效果越好。

我们首先针对较小规模的用户请求进行了实验，此实验中我们随机生成了6个所需任务数为10的用户请求，在训练过程中，记录了获得的最大效用值 U 随学习轮数的变化。实验使用的超参数设置如表24.5所示。

表 24.5　小规模用户请求下的实验超参数设置

超　参　数	取　　值
学习率 α	0.2
折扣率 λ	0.9
ε	0.6
最大学习轮数	3000
早停轮数	1000

6个用户请求的实验结果如图24.7所示。从中可以看出，Q-learning算法可以通过学习迭代逐渐找到具有较高QoS值的组合服务。在问题规模较小的时候，大概只需要1000次左右的学习轮数，便能得到结果较优的解。

随后，为了研究问题规模对算法的影响，我们针对较大规模的用户请求进行了实验，实验中我们随机生成了6个所需任务数为50的用户请求，在训练过程中，记录了获得的最大效用值 U 随学习轮数的变化。实验使用的超参数设置如表24.6所示。

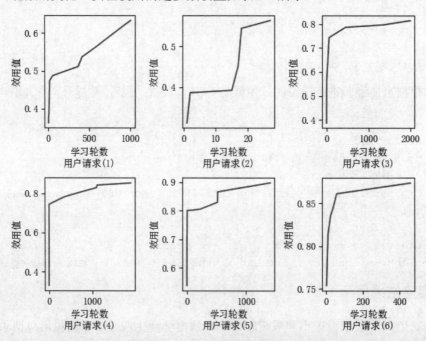

图 24.7　小规模用户请求下基于 Q-learning 的服务组合算法的结果

表 24.6　大规模用户请求下的实验超参数设置

超　参　数	取　　值
学习率 α	0.2
折扣率 λ	0.9
ε	0.6

超　参　数	取　　值
最大学习轮数	10000
早停轮数	5000

6个规模较大的用户请求的实验结果如图24.8所示。从中可以看出，对于规模较大的问题，Q-learning算法依旧可以通过学习迭代逐渐找到具有较高QoS值的组合服务。相比问题规模较小的时候，算法找到的组合服务的效用值 U 随学习轮数增加很慢，且所需的迭代轮数增加，这说明Q-learning算法对于处理大规模的问题具有一定的局限性。

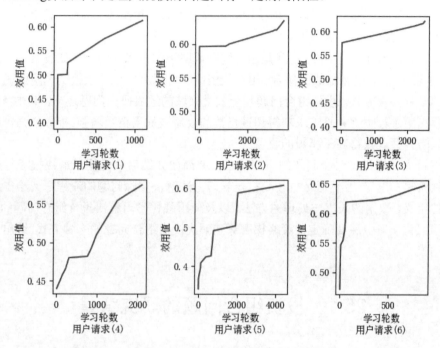

图 24.8　较大规模用户请求下基于 Q-learning 的服务组合算法的效果

24.6　本章小结

Q-learning算法是基于值函数的强化学习算法，通常值函数用表格进行表示，这要求问题的状态空间和动作空间必须是离散的且不能太大。在本章的服务组合问题中，我们将其状态空间定为下一个将要处理的任务，将动作空间定为从候选服务集中选取服务，从而令状态空间和动作空间是离散的。在很多问题中，状态空间是连续的，无法用表格表示，或者状态空间及动作空间太大，这些问题都严重影响了算法的效果。针对这些不足，DQN算法被提出，它通过使用神经网络拟合Q值解决了上述问题。

第 25 章　基于强化学习的投资组合方法

随着计算机技术和人工智能技术的发展，将机器学习、深度学习和强化学习等人工智能方法运用于解决金融学领域的问题，进行跨领域研究，以达到节省人力、物力、财力等资源成本的目标，已经成为现如今的研究热点之一。通过自动化、智能化的方式降低投资风险获得更高的投资收益，可以使投资者获取投资决策的过程更为简单和快捷。因而，自动化、智能化投资的研究已经变得日益流行和重要。

投资组合（portfolio）简单来说就是由不同种或同种的投资标的物（如股票、债券、金融衍生品等）按照一定的比例组成的集合。组合投资因其可以有效地分散投资风险而成为投资者十分青睐的一种投资方式。投资组合问题是金融学领域的经典研究问题之一。其中，使用投资组合对股票指数进行跟踪并且追求获得超过指数的收益被称为指数增强。指数增强可以有效地降低投资风险，并且获得高于指数的收益。

本章将首先介绍投资组合问题的研究背景，并简要介绍后续运用于解决投资组合问题的深度确定性策略梯度算法；然后依据使用机器学习方法解决实际问题的流程框架给出此问题具体形式化的定义，数据的采集与处理的方法，以及使用强化学习解决投资组合问题的思路；最后介绍使用强化学习中深度确定性策略梯度算法解决投资组合问题的一种方式，给出其整体流程和实验结果。

25.1　投资组合问题的研究背景

金融学是一个具有多年发展历史的、较为成熟的传统学科，投资学是金融学的一个较大的分支领域。投资学直接关系到投资者的投资收益，因而对于研究者来说其一直具有很强的吸引力。传统金融学、投资学的研究往往需要掌握大量的领域相关知识，根据金融学、投资学的领域知识进行复杂的分析和计算，往往计算烦琐，耗时较长。近年来，随着科技的发展和时代的进步，传统的金融学也在向自动化和智能化的方向发展。

随着计算机技术和机器学习、深度学习、强化学习等人工智能技术的进步，将计算机和人工智能领域的研究思路和方法运用于解决金融领域的问题，为经典金融投资领域的研究问题带来了新的解决思路，自动化投资、智能化投资等跨领域研究问题也成为目前学术界的研究热点。使用智能化的学习方法进行投资决策，可以大大地提高投资决策效率、降低投资决策成本，有效地节省人力、物力和财力等资源成本，对于金融投资学的发展具有重要的意义。

投资组合问题是金融投资学中一个非常经典的研究问题。投资组合是由投资人或金融机构所持有的股票、债券、金融衍生产品等组成的集合。由于投资单个标的物的投资风险相对较高，投资组合这种分散的投资方式的主要目的是分散投资风险。投资组合问题主要研究的是如何将有限的资金合理地分配给不同的金融资产,以使得得到的投资组合能够实现最大化投资收益和最小化投资风险两者之间的平衡。由此可以看出,投资组合问题实质上是一个多目标优化问题,其优化目标为最大化投资收益和最小化投资风险。示例如图25.1所示。

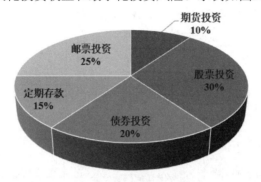

图 25.1　投资组合示例

现代投资组合理论基础起源于由马科维茨在1952年提出的均值-方差投资组合模型,该模型现在也常被称为马科维茨投资组合模型。马科维茨认为投资者的投资目标是一个有关投资组合期望回报率和方差的函数,投资者希望在一定的风险承受能力下,追求尽可能高的期望回报率,或者在获得一定的期望回报率的基础上,追求最低的投资风险。基于这种分析,马科维茨提出了一个使用协方差来表示投资风险的双目标"均值-方差"数学模型,这是现代投资组合理论首次不再只进行纯定性描述。这一理论也被后续的研究者称为"均值-方差"投资组合理论。在此之后,Kelly于1956年提出了最优增长投资策略,将最大化投资者财富的平均指数增长率作为最优化准则,这一准则被后续研究者称为"Kelly最优增长投资策略"。随后的数年里,有大量的研究者分别提出了许多现代投资组合理论的数学模型,比如为了简化马科维茨模型的计算,而由夏普提出的单指数模型、由夏普等人提出的资本资产定价模型等。

本章主要讨论投资标的物为不同股票的投资组合。在这种情况下,投资组合问题的研究方向主要有三种:纯投资组合、指数跟踪(index tracking,IT)和指数增强(enhanced index tracking,EIT)。其中,纯投资组合就是只关注投资组合本身的收益和风险,将平衡投资组合本身的收益和风险作为投资目标;指数跟踪是指借助股票指数本身,通过使用跟踪或复制股票指数的方式,借助投资组合分散投资风险,获取较高的投资收益的投资方法;除了单纯的跟踪指数,投资者还可以在跟踪指数的基础上寻求超过指数的收益,即指数增强。指数跟踪与指数增强都属于指数化投资。指数化投资是被动投资的核心策略,相较于主动投资,被动投资只需关注指数的变动即可,更为简单和高效。在本章中,只讨论指数增强。

目前解决投资组合问题的方法主要有金融学领域基于数学模型、统计模型的方法,计算机领域的启发式算法和基于学习的算法。其中,基于学习的算法中包含了很多强化学习算法。本章主要介绍基于强化学习的思想解决投资组合问题,使用深度确定性策略梯度算法作为示例,演示解决指数增强问题的流程和方法描述。使用强化学习的方法解决投资组合指数增强问题的整体流程如图25.2所示。

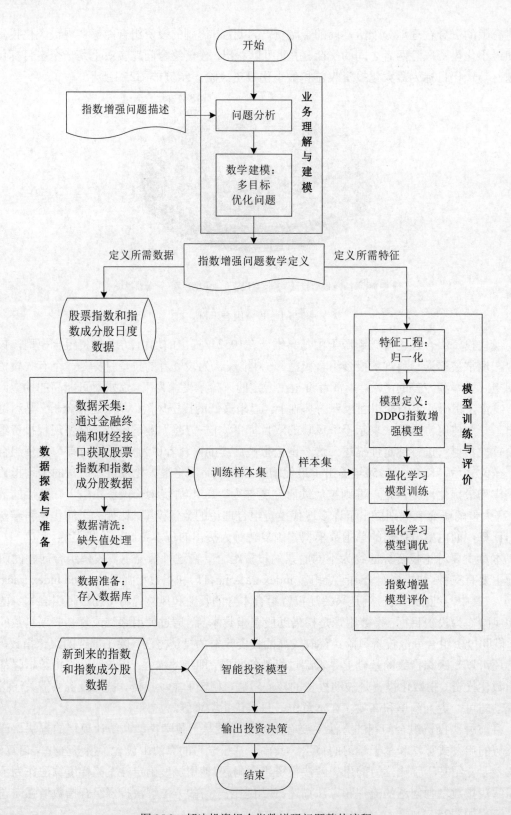

图 25.2 解决投资组合指数增强问题整体流程

25.2　投资组合指数增强问题的定义

本节首先介绍投资组合指数增强问题中需要用到的一些符号的名称和含义，并给出该问题的数学定义，形式化地描述指数增强问题的优化目标。

25.2.1　符号定义

本节首先对投资组合指数增强问题中需要用到的符号进行统一的定义，其定义如下：

- 投资组合所跟踪的指数的成分股数目，即可供选择的所有股票数量：N
- 所选取的投资组合中包含的股票数目：$K(K<N)$
- 未来投资期限：L
- 投资组合训练时段（样本内阶段）：$[1,T]$
- 投资组合实验时段（样本外阶段）：$[T,T+L]$
- 投资组合再平衡的时间点：t（$t=1,2,\dots,T,T+1,\dots,T+L$）
- t 时刻个股投资权重：w_i^t（$i=1,2,\dots,N;t=1,2,\dots,T,T+1,\dots,T+L$）
- t 时刻股票价格：p_i^t（$i=1,2,\dots,N;t=1,2,\dots,T,T+1,\dots,T+L$）
- t 时刻股票 i 是否纳入投资组合：$z_i^t=1$ 纳入；$z_i^t=0$ 未纳入
- t 时刻股票指数的点位：l_t

25.2.2　基本假设

根据投资组合问题本身的性质以及神经网络训练的需求，我们给出以下基本假设：

（1）满足独立同分布：假设时间段 $[1,T]$ 和 $[T,T+L]$ 之间股票的价格具有独立同分布特征 (i,i,d)。

（2）零滑差：假设所有市场资产的流动性都足够高，每次交易都可以在交易时立即以最后一个价格进行。

（3）零市场影响：假设个人进行投资的资本微不足道，对市场未来的价格状态没有影响。

在现实的股票市场环境中，当股票市场的交易量足够大时，假设（2）和假设（3）就接近现实。

25.2.3　问题描述

假设投资者使用一定的投资资本，以合适的权重投资 K 只股票，则指数化投资中增强指数投资组合的优化构建问题，可以描述为在样本内阶段（时间段 $[1,T]$ 内）决定 K 只股票在投资组合中的权重来构建一个最优的投资组合，使其在样本外阶段（时间段 $[T,T+L]$ 内）可以达到最好的增强指数投资效果。指数投资的投资决策过程如图25.3所示。

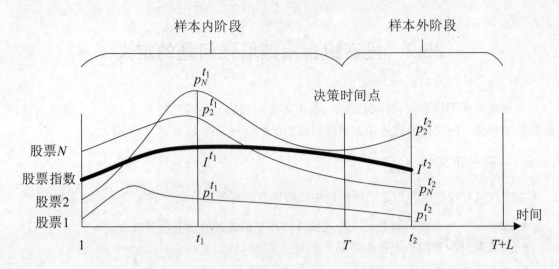

图 25.3　指数投资决策示意图

25.2.4　个股收益率和指数收益率

考虑两个连续的时间段 t 和 $t-1$（ $t=2,\cdots,T$ ），则个股收益率 r^t 定义如公式25.1所示。

$$r^t = \ln \frac{\sum_{i=1}^{N} z_i^t p_i^t w_i^t}{\sum_{i=1}^{N} z_i^{t-1} p_i^{t-1} w_i^{t-1}} \tag{25.1}$$

令 l_t 和 l_{t-1} 表示 t 和 $t-1$ 时刻的指数点位，则指数收益率 R^t 定义如公式25.2所示。

$$R^t = \ln \frac{l^t}{l^{t-1}} \tag{25.2}$$

在后续的处理和计算中，由于 t 和 $t-1$ 时刻的指数点位之比等于 t 和 $t-1$ 时刻的指数价格之比，所以之后的处理中使用指数价格数据进行计算。

25.2.5　目标函数

跟踪误差（tracking error，TE）最早是为了衡量指数化投资组合的投资风险和投资绩效而提出的一个概念。跟踪误差被定义为投资组合与基准投资组合收益率之间的差异。在 $[1,T]$ 时间间隔内的跟踪误差TE定义如公式25.3所示。

$$\begin{aligned}
\text{TE} &= \left[\frac{1}{T} \sum_{t=2}^{T} \left(r^t - R^t \right)^2 \right]^{\frac{1}{2}} \\
&= \left[\frac{1}{T} \sum_{t=2}^{T} \left(\ln \frac{\sum_{i=1}^{N} z_i^t p_i^t w_i^t}{\sum_{i=1}^{N} z_i^{t-1} p_i^{t-1} w_i^{t-1}} - \ln \frac{l^t}{l^{t-1}} \right)^2 \right]^{\frac{1}{2}}
\end{aligned} \tag{25.3}$$

在跟踪基准指数的同时，如果能够以牺牲一部分跟踪误差为代价，使得投资组合能够战胜指数获得持续的超额收益（excess return，ER），则由此形成的基金将获得另一种竞争优势。

在 $[1,T]$ 时间间隔内的超额收益定义如公式25.4所示。

$$ER = \sum_{t=1}^{T} \frac{1}{T} \left(\ln \sum_{i=1}^{N} \frac{p_i^{t+1}}{p_i^t} w_i^t z_i^t - \ln \frac{l^{t+1}}{l^t} \right) \tag{25.4}$$

将跟踪误差TE与超额收益ER统一在一个统一的目标函数 Q 之下,具体方法如公式25.5所示。

$$Q = \lambda \cdot \text{TE} - (1-\lambda) \cdot \text{ER} \tag{25.5}$$

其中,系数 λ（$0 \leqslant \lambda \leqslant 1$）表示跟踪误差与超额收益之间的平衡关系:$\lambda = 1$ 表示最小化跟踪误差,$\lambda = 0$ 表示最大化超额收益。

25.2.6　约束条件

1. 约束条件1:投资组合数量约束

在任意一个时刻 t,限制投资组合可以选择的股票数量为 $K(K < N)$。

$$\sum_{i=1}^{N} z_i^t = K, \forall t \in [1, T+L], i \in [1, N] \tag{25.6}$$

其中,z_i^t 表示 t 时刻股票 i 是否纳入投资组合:$z_i^t = 1$ 纳入;$z_i^t = 0$ 未纳入。投资组合可以选择的股票数量一般根据投资者的投资需要首先设定好。

2. 约束条件2:卖空约束

由于包括我国在内的很多股票市场不允许卖空,因此在任意一个时刻 t,对于任何一只个股 i 的持有权重 w_i^t 均不能小于零,如公式25.7所示。

$$w_i^t \geqslant 0; \forall t \in [1, T+L], i \in [1, N] \tag{25.7}$$

3. 约束条件3:个股权重约束

在整个投资过程 $[1, T+L]$ 中,任意时间点投资决策为所有投资组合成分股分配的权重和恒为1,如公式25.8所示。

$$\sum_{i}^{N} w_i^t = 0; \forall t \in [1, T+L], i \in [1, N] \tag{25.8}$$

25.2.7　问题的完整定义

完整的问题定义可以用公式25.9～公式25.12表示。

$$\min(Q) = \min\left(\lambda \cdot TE - (1-\lambda) \cdot ER\right) \tag{25.9}$$

s.t.

$$\sum_{i=1}^{N} z_i^t = K \tag{25.10}$$

$$w_i^t \geqslant 0 \qquad\qquad (25.11)$$

$$\sum_i^N w_i^t = 0 \qquad\qquad (25.12)$$

25.3　投资组合问题的研究方法

目前的投资组合问题的研究方法主要分为三大类，分别为基于统计模型的方法、启发式算法和基于学习的算法。

25.3.1　基于统计模型的方法

基于统计模型的方法是金融学领域的传统研究方法，主要是使用数学统计学模型进行建模和推演，从而进行投资组合问题的求解。自投资组合问题提出以来，最初的投资组合解决方法几乎全部都是基于统计模型的方法，有很多人进行过基于统计模型的研究。比如使用拉格朗日和半拉格朗日松弛方法进行指数跟踪模型的构建，使用基于拉格朗日的算法等方法达到增强原有指数跟踪模型决策能力的目标。

基于统计模型的方法是非常经典的投资组合问题的研究方法，在金融领域已经流行了多年。这类方法主要基于纯数学模型，不需要训练，但是这类方法往往计算量很大，而且对于数据集的要求较高，数据集的协方差矩阵是否为正定矩阵以及数据集的精度都会对最终的投资决策产生较大的影响。

25.3.2　启发式算法

随着计算机领域启发式算法研究的兴起，将启发式算法运用于解决投资组合问题逐渐成为一段时间内的研究热点。遗传算法、萤火虫算法、人工蜂群算法、模拟退火等经典的启发式算法，几乎都被用于解决过投资组合相关的问题。除了使用单种启发式算法外，对不同的启发式算法进行不同形式的结合以使其能够获得更好的投资决策也是一种热点研究方向。另外，启发式算法对于股票的选择也比较有效，其不仅可以用于进行投资组合成分股权重的确定，还可以用于投资组合成分股的选取，通过对投资组合研究两个阶段的优化可以达到更好的投资效果。

现有的研究实验已经证明启发式算法可以找到较好的投资组合，但是启发式算法一般都需要进行多次迭代，因此其处理问题的效率较低，尤其是在高维空间的问题上，这一弊端体现更为明显。另外，启发式算法还容易陷入局部最优解，从而导致找不到最优的投资组合。

25.3.3　基于学习的算法

近年来，随着人工智能相关算法的发展，越来越多基于机器学习、深度学习和强化学习等算法被用于解决金融领域的问题，基于学习的投资组合优化方法逐渐兴起。常用于解决投资组合问题的机器学习方法主要有支持向量机、集成学习等。投资问题本身具有时间序列属性，所以常用于解决投资组合问题的深度学习方法大多基于LSTM进行研究和改进。另外，深度自动编码器也是常用的投资组合优化问题解决方案。由于投资组合问题的性质和强化学习的整体思想吻合度较高，几乎目前已经提出的常见的强化学习方法，如策略梯度（policy gradient，PG）算法、确定性策略梯度算法和深度确定性策略梯度算法等，都已经被应用于解决投资组合问题。

基于学习的方法在模型训练完成后就可以快速得到投资决策。基于强化学习的投资组合方法可以自适应地构建投资组合，但是强化学习算法往往对于超参数设置比较敏感。本章主要介绍使用DDPG算法的投资组合优化方法。

25.4　深度确定性策略梯度算法

深度确定性策略梯度算法是强化学习中具有代表性的算法之一。深度确定性策略梯度是由策略梯度起始，经过拓展得到确定性策略梯度，再进一步引入深度网络发展而来。其中，策略梯度是用于学习连续性策略的经典方法，该方法通过一个概率分布函数 $\pi_\theta(s_t \mid \theta^\pi)$（$\theta$ 为参数）来表示每一个时间步的最优策略，在每一个时间步根据这一概率分布进行动作采样，从而获得当前动作的最佳取值，即 $a_t = \pi_\theta(s_t \mid \theta^\pi)$（$\theta$ 为参数）。策略梯度是从学习到的动作分布中随机进行动作生成的。确定性策略梯度则是在策略梯度的基础上将最后的随机过程改变成为一个确定的过程，这里的确定性指的就是在输出动作的过程中只在连续动作上输出一个动作值，每一步的行为是确定的，可以通过一个关于状态的函数 μ 计算得到，即 $a_t = \mu(s_t \mid \theta^\mu)$（$\theta$ 为参数），而不再需要通过采样得到最终的策略。深度确定性策略梯度还借鉴了DQN算法的思想，根据DQN的成功经验，将确定性策略梯度再融合上深度网络。这里的深度网络是指用于模拟策略函数 μ 和 Q 函数的策略网络和 Q 网络，这些网络需要使用深度学习的方法进行训练，从而使其能够使用神经网络函数逼近器，在大型状态和动作空间中在线学习。

DDPG整体上采用了强化学习中的Actor-Critic架构。Actor-Critic是一种将策略和价值相结合的方法。在Actor-Critic中，Actor为策略函数，常用神经网络进行表示，所以也被称为策略网络，用于生成动作和与环境交互；Critic为评价网络，常用神经网络进行逼近，所以也被称为评价网络，用于评价Actor的表现和指导其下一阶段的动作。DDPG的架构中也具有基于策略的神经网络（策略网络）和基于价值的神经网络（Q 网络，评价网络），同时DDPG还借鉴了Actor-Critic让策略梯度单步更新的方式。Actor输出的是一个动作 A，这个动作输入到Critic后期望获得最大的 Q 值。Critic网络的输入包括动作和状态，作用是预估 Q 值。

在Actor-Critic架构的基础上，DDPG将Actor和Critic分别细分为两个网络。这是因为经过实验证明，在使用单个 Q 神经网络的情况下，Q 网络的参数不仅要频繁地进行梯度更新，还要用于计算 Q 网络和策略网络的梯度，因此网络学习过程稳定性较差。DDPG采取如下方法进行参数更新：分别为actor和critic这两部分创建两个神经网络，每个部分的两个网络分别被称为online网络和target网络，在训练完小批次数据后，首先通过随机梯度下降等优化方法更新online网络的参数，然后通过软更新（soft update）算法更新target网络的参数。软更新算法的更新方式如公式25.13所示。

$$\text{soft update:} \begin{cases} \theta^Q \leftarrow \tau\theta^Q + (1-\tau)\theta^Q \\ \theta^\mu \leftarrow \tau\theta^\mu + (1-\tau)\theta^\mu \end{cases} \tag{25.13}$$

其中，τ为软更新系数。所以，DDPG主要由四个神经网络构成，分别为online策略网络、target策略网络、online Q网络、target Q网络。在这种结构下，target网络的参数变化较小，将之运用于在训练过程中计算online网络的梯度稳定性较高，容易收敛。DDPG算法的整体架构图如图25.4所示。

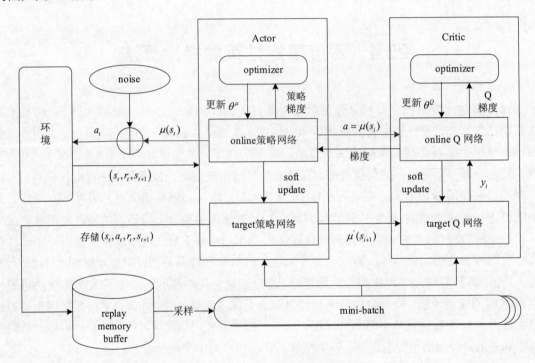

图25.4　DDPG算法架构图

下面对DDPG算法的流程进行简单的介绍。首先采用随机初始化的方式对actor和critic的online神经网络参数θ^Q和θ^μ进行初始化。接着将online网络的参数复制给对应的target网络参数（标记为$\theta^{Q'}$和$\theta^{\mu'}$）。随后对replay memory buffer进行初始化。接下来在每个episode（强化学习中，一个episode指的是agent与环境进行交互的一套完整动作）中初始化一个用于action exploration的随机过程N，随后进入每个时间步的循环。在每个时间步里，actor根据行为策略选择一个动作a_t，这里的行为策略是由当前online网络μ和随机exploration噪声生成的随机过程。然后由环境执行动作a_t，返回reward r_t和新的状态s_{t+1}。随后actor将这个状态转换过程(s_t, a_t, r_t, s_{t+1})存入replay memory buffer R中用于训练online网络。接着从replay memory buffer R中随机采样N个状态转换过程数据，作为online策略网络和online Q网络一个mini-batch的训练数据。然后计算online Q网络的梯度。在计算此梯度的过程中，使用target策略网络μ'和target Q网络Q'进行训练标签y_i的计算，计算如公式25.14所示。

$$y_i = r_i + \gamma Q'(s_{i+1}, \mu'(s_{i+1} \mid \theta^{\mu'}) \mid \theta^{Q'}) \tag{25.14}$$

这样可以使得online Q 网络学习的过程稳定易收敛。online Q 网络的损失函数定义为均方差损失，即：

$$L = \frac{1}{N}\sum_i (y_i - Q(s_i, a_i \,|\, \theta^Q))^2 \tag{25.15}$$

然后更新online Q 网络的参数 θ^Q，使用的优化器为Adam优化器。接着，计算策略网络的策略梯度，计算如公式25.16所示。

$$\nabla_{\theta^\mu} J \approx \frac{1}{N}\sum_i \nabla_a Q(s,a \,|\, \theta^Q)|_{s=s_i, a=\mu(s_i)} \; \nabla_{\theta^\mu} \mu(s \,|\, \theta^\mu)|_{s_i} \tag{25.16}$$

然后同样使用Adam优化器对online策略网络的参数 θ^μ 进行更新。最后使用软更新的方式对target策略网络 μ' 和target Q 网络 Q' 进行更新，采用running average的方法，将online策略网络和online Q 网络的参数软更新给target策略网络和target Q 网络的参数，如公式25.13所示。上述更新流程需要重复多个时间步、多个episode。至此，DDPG的训练流程结束。DDPG的算法伪代码如算法25.1所示。

算法 25.1：DDPG 算法

1： 随机初始化 critic 网络 $Q(s,a\,|\,\theta^Q)$ 的参数 θ^Q 和 actor $\mu(s\,|\,\theta^\mu)$ 的参数 θ^μ

2： 将 online 网络的参数复制给对应的 target 网络参数：$\theta^{Q'} \leftarrow \theta^Q, \theta^{\mu'} \leftarrow \theta^\mu$

3： 初始化 replay memory buffer R

4： **for** episode $=1:M$ **do**

5：　　初始化一个用于 action exploration 的随机过程 $\mathcal{N}$

6：　　接收初始观察状态 s_1

7：　　**for** $t=1,T$ **do**

8：　　　根据当前的 policy 和 exploration 噪声选择 $a_t = \mu(s_t\,|\,\theta^\mu) + \mathcal{N}_t$

9：　　　执行 a_t，返回 reward r_t 和新的状态 s_{t+1}

10：　　　将这个状态转换过程(transition): (s_t, a_t, r_t, s_{t+1}) 存入 replay memory buffer R 中

11：　　　从 replay memory buffer R 中，随机采样 N 个 transition 数据，作为 online 策略网络、online Q 网络的一个 mini-batch 训练数据。用 (s_t, a_t, r_t, s_{t+1}) 表示 mini-batch 中的单个 transition 数据

12：　　　设 $y_i = r_i + \gamma Q'(s_{i+1}, \mu'(s_{i+1}\,|\,\theta^{\mu'})\,|\,\theta^{Q'})$

13：　　　最小化 loss 函数 $L = \frac{1}{N}\sum_i (y_i - Q(s_i, a_i\,|\,\theta^Q))^2$ 更新 critic 网络

14：　　　使用采样到的策略梯度更新 actor 的策略，策略梯度为：

$$\nabla_{\theta^\mu} J \approx \frac{1}{N}\sum_i \nabla_a Q(s,a\,|\,\theta^Q)|_{s=s_i, a=\mu(s_i)} \; \nabla_{\theta^\mu} \mu(s\,|\,\theta^\mu)|_{s_i}$$

15：　　　更新 target 网络：

$$\theta^{Q'} \leftarrow \tau\theta^Q + (1-\tau)\theta^{Q'}$$
$$\theta^{\mu'} \leftarrow \tau\theta^\mu + (1-\tau)\theta^{\mu'}$$

16：　　**end for**

17： **end for**

25.5　投资组合问题的实现方法

在对投资组合问题进行建模和定义后，使用基于学习的算法进行该问题的研究实现主要包括数据探索与准备、模型训练与评价以及实验结果分析几个阶段。

数据探索与准备是为了确定研究投资组合指数增强问题所需的具体实验数据，并通过预处理将其保存为可以直接用于网络训练的数据；模型训练与评价阶段主要基于DDPG算法进行投资组合权重确定；最后对得到的实验结果进行分析以得出研究结论。

25.5.1　数据探索与准备

1. 数据采集

从25.2节中对投资组合指数增强问题的分析和建模可以获知，解决此问题需要的实验数据包括股票指数数据和股票指数成分股数据。为了能够考量所采用的算法在不同的股票市场下表现的相似性和差异性，考查所采用算法的稳定性和对不同股票市场条件的适应性，本章示例选取了五个不同的股票指数，分别为上证180指数（也被称为上证成分指数）（SSE constituent index，SSE180）、恒生指数（Hang Seng Index，HSI）、日经225指数（Nikkei stock average，N225）、道琼斯工业平均指数（Dow Jones Industrial Average，DJIA，也被称为道琼斯指数）和富时100指数（Financial Time Stock Exchange 100 Index，FTSE100）。其中前三者均为亚洲股票市场的股票指数，道琼斯指数为美国股票市场的股票指数，富时100指数为欧洲股票市场的指数。本章选取这几个主要经济体的股票市场的实际股票指数和股票交易数据，来考查算法在世界主要经济市场条件下的表现。下面对这五个股票指数分别进行简单介绍。

（1）上证180指数：从中国上海证券交易所注册的1000多只A股股票中选择180只股票构成的股票指数。它反映了上海股票市场乃至中国大陆股票市场的概况和运作。

（2）恒生指数：中国香港股票市场价格的重要指标，占港交所所有上市公司12个月平均市值的63%，其中包含50只代表性股票。

（3）日经225指数：包含225种具有良好连续性和可比性的股票。它是检查和分析日本股市长期演变和动态的最常见、最可靠的指标。

（4）道琼斯工业平均指数：由30家具有代表性的大型工业和商业公司的股票组成。这一指数可以大致反映美国整个工业和商业股票的价格水平。

（5）富时100指数：包含100只欧洲有影响力公司的代表性股票。这是全球投资者观察欧洲股市走势的重要指标之一。

确定了实验研究所需的五个股票指数后，需要进一步确定所需的股票数据的时间区间。在本章示例中，选取的股票市场交易数据的时间区间长度为十年，具体的时间区间为2009年1月1日至2018年12月31日。所选的具体数据为这十年间的每个股票市场所有交易日的股票指数和指数成分股的日度数据。日度数据体现了每个交易日股票的价格、交易量等信息的变化，可以更清晰地反映股票价格等信息的波动情况，以便于投资者进行投资决策的及时调整。

接下来介绍一下股票指数数据和股票数据的来源。股票交易数据为公开数据，可以供研究者自行获取。中国大陆股票市场的股票和指数的数据可以直接通过wind金融交易终端获取，恒生指数、日经225、道琼斯指数、富时100指数等中国大陆以外的股票市场的股票、指数数据则可以通过雅虎财经接口获取，也可以通过investing等网站获取。本章示例使用的研究数据来源于wind金融交易终端和雅虎财经接口。从wind金融交易终端获取的上证180指数的成分股的数据包含18个特征，从雅虎财经接口获取的另外四个指数的成分股数据包含6个特征，具体特征如表25.1所示。

表 25.1　各股票指数成分股数据特征

SSE180 成分股数据特征		HSI、N225、DJIA 和 FTSE100 成分股数据特征	
中文名称	英文名称	中文名称	英文名称
开盘价	Opening price	开盘价	Opening price
收盘价	Closing price	收盘价	Closing price
最高价	Highest price	最高价	Highest price
最低价	Lowest price	最低价	Lowest price
均价	Average price	成交量	Volume
成交量	Volume	调整后收盘价	Adjusted closing price
成交金额	Turnover		
涨跌	Ups and downs		
涨跌幅	Ups and downs rate		
换手率	Turnover rate		
A 股流通市值	Circulation value		
总市值	Total value		
A 股流通股本	Flow equity		
总股本	Total equity		
市盈率	PE		
市净率	PB		
市销率	PS		
市现率	PCF		

2. 数据清洗

由于股票指数成分股的变动（成分股的加入和删除）和数据统计过程中的缺失，所获取的原始股票指数和股票成分股数据中含有大量的默认值，所以需要对原始数据进行数据清洗工作。首先我们将所有指数的数据和指数成分股的十年期日度数据分别进行有效天数统计。经统计，SSE180指数绝大多数股票数据都有2431天有效数据，所以我们只挑选出具有全部2431个交易日数据的指数成分股的各个特征数据作为实验数据。通过这种筛选方式所得的可选股票数目为111只股票。对另外四个指数和成分股原始数据，同样也采用上述方式进行处理，最终得到的有效数据天数和可选股票数目如表25.2所示。

表 25.2　各股票指数对应的有效数据天数和可选成分股数

股票指数	有效数据天数	可选成分股数	原始成分股数
SSE180	2431	111	180
HIS	2469	39	50
N225	2471	201	225
DJIA	2516	28	30
FTSE100	2525	58	100

此处采用直接删除的方式进行缺失值的处理主要是基于原始数据中包含了10年的股票指数和成分股日度数据，数据量相对充足，且通过对于原始数据有效天数统计的结果来看，这些缺失值具有相对集中的特征，即每个指数的大多数成分股的信息都比较完整，具有缺失值的股票往往缺失较多，适宜直接丢弃。

3．数据准备

在对原始数据进行清洗等处理得到实验数据集后，将实验数据集存入数据库中，以便为后续的模型训练和评价提供数据集支撑。本章示例使用的数据库为SQLite数据库。

25.5.2　模型训练与评价

1．特征工程

由于获取到的股票指数和指数成分股不同特征的量纲不同，不同股票的同一特征值的范围数量级也具有明显的差距，因此需要对数据进行归一化处理。在本章示例中，采用Min-Max归一化的方法对实验数据进行归一化，具体做法是分别对每个特征进行归一化，然后将归一化后的数据存入SQLite数据库中，用于后续的模型训练。

2．模型定义

投资组合指数增强问题主要分为两个步骤：投资组合成分股的选取和投资组合成分股投资权重的预测，如图25.5所示。本节首先介绍本章示例中投资组合成分股的选取方法，然后介绍基于强化学习的投资组合决策生成的思路，并给出强化学习指数增强模型每部分具体的模型定义。

（1）投资组合成分股的选取

投资组合成分股的选取有多种方法，分别基于不同的数据特征。本章示例中给出投资组合成分股选取最简单的方式之一——基于指数成分股的成交量进行选股。

股票成交量是一种供求关系的体现。当供不应求时，人们都想买进，成交量一般较大；当供过于求时，人们都不想买入，成交量便开始减少。由此可以看出，股票成交量可以较为直接地反映股票市场的变动和走势，以及大众投资者的真实反应。所以，基于成交量可以很好地表征股票市场的这个性质，可以基于指数成分股成交量进行选股。

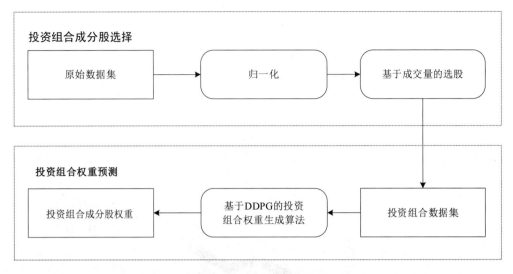

图 25.5　投资组合优化步骤

基于指数成分股成交量选股的具体做法为，将所获取到一定时间区间（本章示例中为120天）的所有指数成分股的成交量分别相加，从而得到每只股票的总投资区间成交总量，然后将它们进行排序，选取总投资区间内成交量最大的 K 只股票作为投资组合的成分股。在本章示例中，对于上述的五个股票指数，根据每只股票成分股数目和经过数据清洗后有效的成分股数目，我们从上证180指数中选10只股票，从日经225指数中选20只股票，从恒生指数、道琼斯指数和富时100指数分别选取5只股票，构成对应于不同指数的投资组合。

（2）强化学习算法生成投资组合决策的思路

强化学习常被用于解决组合优化问题。根据强化学习的基本框架以及25.2节中对于投资组合中指数增强问题的分析和定义，本节给出使用强化学习解决投资组合指数增强问题的整体思路。

简单地说，强化学习解决问题的主要思想就是让智能体与环境不断交互，不断地试错，通过对环境的反馈信号进行评价，来引导智能体进行动作的学习和改进，最终实现决策的优化。

在使用强化学习框架处理投资组合指数增强问题时，智能交易体即对应于强化学习框架中的智能体（agent），股票市场对应于强化学习框架中的环境（environment），当前股票价格等股票特征信息和指数特征信息对应于强化学习框架中当前时刻的状态（state），投资组合调整策略对应于强化学习框架中的动作（action），由跟踪误差、超额收益等共同组成的反馈对应于强化学习框架中的奖励（reward）。强化学习解决投资组合指数增强问题的基本思路框架如图25.6所示。

由图25.6可以看出，智能交易体从股票市场得到当前的状态，也就是当前的股票价格等股票特征信息和指数特征信息，然后做出动作，也就是投资组合决策调整，然后股票市场这个大环境会反馈给智能交易体由跟踪误差、超额收益等信息组合而成的奖励信息，然后智能交易系统不断地进行尝试，获取不同状态下不同动作的不同奖励反馈，随后根据得到的反馈不断进行学习，自动地调整投资组合，以达到目标函数的最优解，即最终可以达到最优的指数增强效果。

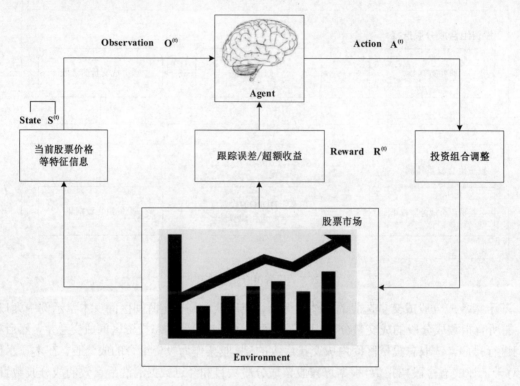

图 25.6　强化学习解决投资组合问题思路框架图

（3）状态

在强化学习中，智能体对于当前环境进行观察得到的结果就是当前的状态。由于在投资组合等时间序列问题中时间窗口数据相对于单个时间点的数据更能够体现当前时刻的信息，因此在本章示例中我们采用时间窗口的数据作为网络的输入，将每个时刻的状态定义为一个时间窗口区间内所有投资组合成分股的每个特征值。经过实验，我们将这里的时间窗口大小设置为20。

（4）动作

在强化学习中，智能体在从当前环境中观测得到当前状态后需要做出相应的动作。在本章的投资组合问题中，我们将智能交易体的动作定义为智能交易体给出的投资决策，即投资组合中每个成分股的投资权重。在本章示例中，我们限制任意时刻所有的投资组合成分股的投资权重的和为1。初始的投资组合采取各个成分股等权的分配方式。

（5）回报函数

在强化学习中，智能体通过策略和当前的状态进行一个动作之后会得到相应的回报，这个回报会即时反馈给智能体，智能体根据接收到的回报不断训练最终得到一个最优策略，使得智能体从开始时刻到结束时刻这一时间区间内决策所获得的总回报最大。

因此，根据25.2.5节所描述的投资组合指数增强问题的优化目标，本章示例中将回报函数设计为一种综合了跟踪误差和超额收益的表达形式，使用平衡因子 λ 来平衡跟踪误差和超额收益之间的占比，在时刻 t 做出动作所得的回报的计算公式如公式25.17所示。

$$\text{reward} = (1-\lambda) \cdot \text{ER} - \lambda \cdot \text{TE} \tag{25.17}$$

通过控制变量法，选取 $[0,1]$ 内多个 λ 的值进行实验，通过对训练得到的最终投资决策进行评价，确定平衡因子 λ 的值为0.3。

（6）指数增强模型整体定义

基于DDPG算法的指数增强模型的整体定义如算法25.2所示。其中，V 表示成交量，M^* 表示样本内阶段训练完成后得到的模型，L 表示样本外阶段的时间区间。

算法 25.2：投资组合优化算法

Require: D，原始数据集；K，投资组合成分股数目；τ，用于选股的时间区间的起始时间点；
　　　　P，用于选股的时间区间的长度；Q，用于训练的数据序列的长度；T，决策时间点。
Ensure: S^*，选取的投资组合成分股；W，投资组合成分股权重。
1：$D_c \leftarrow$ 数据清洗(D)
2：$S^* \leftarrow \varnothing$
3：使用 Min-Max 归一化方法对 D_c 中所有股票的每个特征归一化
4：$V = 0$
5：**for** $t = \tau_s : \tau_s + P$ **do**
6：　　$V = V + V_t$
7：**end for**
8：$S^* \leftarrow$ 成交量排名前 K 的股票
9：$D^* \leftarrow$ 选股所得投资组合成分股数据集
10：$M^* \leftarrow DDPG(D^*, Q)$
11：$W \leftarrow DDPG(M^*, D_L)$
　　return S^*, W

---

3. 模型训练

（1）数据集划分

假设用于训练的样本内区间为 $[1, T]$，用于测试的样本外区间为 $[T, T+L]$。在本章示例中，原始数据均为十年期日度数据，经过数据清洗后，每个指数对应的数据集的有效天数差别不大，并且我们希望通过投资组合权重预测，来得到未来一段时间内股票市场的走势，所以对于每个数据集，我们均选择最后60天的数据作为测试集，除去最后60天前面的所有数据作为训练集，即 L 为60。

对于投资组合成分股的选取，设用于选股的时间区间长度为 P，起始点为时刻 τ_s，本章示例中采用的选股数据为从样本内阶段最后120天的数据，即 $P=120$、$\tau_s = T - P$。

（2）DDPG 算法的神经网络设置

25.4节介绍的DDPG强化学习算法采用了Actor-Critic架构，其中包括四个神经网络：Actor的online策略网络和target策略网络，Critic的online Q 网络和target Q 网络。本章介绍的示例中所使用的Actor和Critic网络均选取简单的双层全连接层网络。在两个Actor网络中，双层全连接网络的中间层的激活函数采用ReLU函数，输出层的激活函数采用Sigmoid函数；在两个Critic网络中，双层全连接网络的中间层的激活函数也采用ReLU函数，输出层不采用激活函数。

4．模型调优

在基于DDPG的指数增强模型训练完成后，需要不断进行超参数调整来进行模型调优，以使所得模型能够具有最优的表现。在本章示例中使用DDPG算法解决投资组合问题，最终使用的超参数如表25.3所示。

表 25.3　DDPG 算法超参数设置

超　参　数	取　　值
平衡因子 λ	0.3
最大学习轮数 MaxEpisodes	1000
每轮最大学习步数 MaxEpSteps	200
Actor 网络的学习率 LrA	0.001
Critic 网络的学习率 LrC	0.002
reward 衰减率 γ	0.9
软更新系数 τ	0.1
replay memory buffer 容量 MemoryCapacity	1000
BatchSize	32
时间窗口大小 WinLen	20

5．模型评价

由于投资组合问题本身是一个没有"已知答案"（标签）的问题，因此我们根据投资者本身的投资需求和投资组合增强指数问题的数学定义给出一些金融投资学领域经典的投资组合和增强指数问题的常用衡量指标，以及使用机器学习、深度学习、强化学习等方法进行跨领域研究时常使用的衡量指标，并使用这些衡量指标对本章的示例模型进行模型评价。本章选用的衡量指标有跟踪误差（tracking error，TE）、超额收益（excess return，ER）、夏普比率（Sharpe ratio，SR）和信息比率（information ratio，IR），接下来对这四种模型评价指标进行简要介绍。

（1）跟踪误差

跟踪误差表示的是投资组合和基准指数之间的绩效差异，衡量了投资组合相对于基准指数的跟踪准确性。跟踪误差的具体计算方式见公式25.3。由跟踪误差的定义可知，我们希望最小化跟踪误差的值。

（2）超额收益

超额收益指的基于指数跟踪的投资组合与其基准指数相比，每个投资区间获得的平均超额收益。超额收益的具体计算方式见公式25.4。我们希望最大化超额收益的值。

（3）夏普比率

夏普比率是金融领域内一种经典的投资组合衡量标准。在调整了风险之后，与无风险资产相比，它代表了一项投资（本章示例中的投资组合）的绩效。在投资时间区间 $[1, T]$ 内的夏普比率的定义如公式25.18所示。

$$SR = \frac{E(r^t)}{s(r^t)}, \ t \in [1, T] \tag{25.18}$$

其中，E 表示均值，s 表示方差。我们希望最大化夏普比率。

（4）信息比率

与那些收益的波动性相比，投资组合收益的测量超出了基准指数的收益。在投资时间区间 $[1, T]$ 内的信息比率的定义如公式25.19所示。

$$IR = \frac{ER}{TE} \tag{25.19}$$

其中，ER是超额收益，TE是跟踪误差。因此，我们希望最大化信息比率。

25.5.3　实验结果及分析

经过上述完整的投资组合成分股选择和权重预测流程后，使用基于成交量的选股和基于DDPG强化学习方法得到的投资组合模型在各个股票市场所选的股票如表25.4所示。

表 25.4　各数据集的投资组合成分股选取结果

数　据　集	股票代码				
SSE180	601398.SH	601899.SH	601988.SH	600028.SH	600050.SH
	601939.SH	600030.SH	601600.SH	601328.SH	600048.SH
HSI	0939.HK	3988.HK	1398.HK	0857.HK	0386.HK
N225	8411.T	8306.T	4689.T	9501.T	8604.T
	5301.T	7201.T	9984.T	8308.T	2768.T
	4005.T	6752.T	3436.T	4503.T	7203.T
	8601.T	6758.T	6503.T	8002.T	8316.T
DJIA	AAPL	INTC	MSFT	CSCO	PFE
FTSE100	LLOY.L	VOD.L	BARC.L	BP.L	CNA.L

在本章示例中给出的投资组合决策是表25.4所示股票的60天投资权重，由于篇幅较大，此处不再展示，读者可以通过本书提供的代码自行实验。从投资组合权重分布的结果我们可以观察到DDPG算法在进行投资组合成分股权重预测时给出的投资决策容易集中于某些股票，而使得另外一些股票的投资权重为0或接近于0。

本章示例使用的基于成交量的选股和基于DDPG的投资组合权重预测模型在各个数据集上的表现如图25.7所示。从中可以看出，在跟踪误差这一衡量标准下，该投资组合模型在HSI数据集上的跟踪误差最小，即在HSI数据集上对于指数的跟踪表现最好；在超额收益标准下，该模型只在DJIA数据集上跑赢了指数，即拥有了超过指数的收益；在夏普比率标准下，该模型在N225和FTSE100这两个数据集上的夏普比率均为正值，说明它们在单位风险下的收益是正值，投资组合是有效的；在信息比率的标准下，只有DJIA数据集上该模型的值为正值且最大。总体来看，基于成交量选股和基于DDPG的投资组合权重预测模型在不同的股票市场条件下具有较大的差异，在某些股票市场数据集（如SSE180）上的表现并不是很令人满意。这说明将DDPG等算法运用于解决投资组合问题，还需要进行针对问题的适应性调整。该模型在不同股票市场的不同衡量指标下也有同评价结果,因此投资组合可以根据所需的投资侧重点选择衡量指标进行相对应的模型评价,并根据其具体需求对模型进行改进,以优化其预测效果。

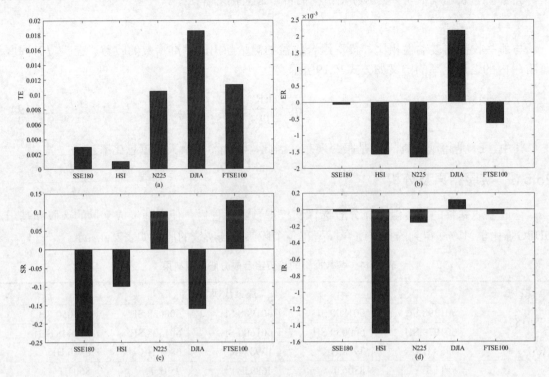

图 25.7　示例投资组合模型在各数据集上的各评价指标值

25.6　本 章 小 结

本章首先介绍了投资组合这一经典问题的研究背景，然后对于本章示例中使用的深度确定性策略梯度之一——强化学习算法进行了简单介绍。随后介绍了使用强化学习算法进行跨领域研究解决金融领域经典的投资组合优化问题的详细流程，并以智能学习方法解决实际问题的方法论为指导，给出了一种基于DDPG算法解决指数增强问题的具体方法示例，以及具体的实验数据、实验设置和实验结果。

第 26 章　基于 GAN 模型的大数据系统参数优化方法

本章将主要研究如何优化大数据系统的配置参数，能够最大化大数据系统的性能。首先根据相关的调研分析，对大数据系统的参数优化进行问题定义，接着介绍大数据系统参数优化的经典方法，最终对比分析以上经典方法的优缺点，详细介绍基于GAN模型的大数据系统参数优化方法。

26.1　大数据系统参数优化的研究背景

随着互联网的飞速发展，各个领域存在着海量且多样的数据。目前，这些数据还在爆炸式地持续增长中。一般来说，这些数据自身不能体现明确信息，若对其进行分析挖掘，则可获得背后所隐含的一些模式、关系等信息，进而利用这些信息推动相关领域的工作，这显然是具有积极意义的。比如对于企业而言，及时地获得这些信息，就可以在市场营销决策、客户关系维持和欺诈信息识别等方面增强自身的市场竞争优势。

为了实现这一目标，诞生了处理海量数据的大数据引擎，就是对大数据进行收集、存储、计算、挖掘和管理，并通过深度学习技术和数据建模技术使数据变得"智能化"的大规模分布式系统。举例来说，最经典的大数据引擎是Hadoop，它是在基于谷歌提出的MapReduce模型和GFS文件系统上实现的开源大数据引擎。

伴随着大数据引擎的出现与发展，大数据系统主要面临四个方面的挑战：作业调度复杂，作业种类多样，数据存储困难，系统参数太多。

本章主要以复杂的系统参数作为研究要点。

目前，对于一般的大数据系统，其在运行之前都需要结合具体应用程序的特点、所处理数据的大小以及可以使用资源的多少来调整自身的系统参数值。所以，不合适的系统参数配置不仅会降低系统的整体性能，严重的话还会导致系统运行错误。相反，对系统设置合适的系统参数值则会显著提高应用程序的性能。

如何找到优秀且正确的大数据系统参数值，这是困扰工业界和学术界的难题，具体原因主要有以下三点：

- 一是因为大数据系统参数不仅数量多，而且其范围很大，所以导致最优系统参数的搜索空间变得很巨大，进而搜索的成本代价会增大。比如，Spark 和 HBase 有大约 200 个用户可以配置的系统参数，而 Hadoop 有 190 多个可以配置的系统参数；同时这些参数对系统的总体性能都有很大的影响，若进行全面搜索，则其参数搜索空间是非常高维的。

- 二是因为不同的大数据系统不仅有不同的性能响应曲面，而且其性能指标也可能不同，有的是最大化指标，有的是最小化指标，甚至其工作负载也不尽相同。比如，消息系统 Kafka 和数据库系统 Redis 的性能指标就分别为吞吐量和每分钟事务数。
- 三是因为评估大数据系统性能的代价非常昂贵。由于不存在现成工具对大数据的系统性能直接进行评估，所以评估往往需要接入真实的大数据系统中，然后对大数据系统进行参数设置，再运行大数据系统，进而得到大数据系统的性能指标值。可以预见的是，这种大数据系统性能评估方式不但非常耗费时间（比如，执行复杂的应用程序需要耗费数小时），而且经济成本高昂。

26.2　大数据系统参数优化问题的定义

本节简要介绍大数据系统参数优化问题所涉及的名词和符号，并给出了该问题的数学定义，以便于读者阅读理解。

大数据系统参数优化问题涉及的名词及符号介绍如下：

- 大数据系统参数优化（BDSCT）：找到一组系统参数，使得大数据系统的性能指标值最优，如图 26.1 所示。
- 待调优大数据系统（S）：优化参数的大数据系统，比如数据分析框架数据库和 Web 服务器等。
- 系统参数（C）：将集合 $C=(c_1,c_2,\ldots,c_n)$ 表示为待调优大数据系统的一组配置参数，其为 n 元组，需要为 C 中的每个元素 c_i 分配一个有效值（在 c_i 所表示的系统参数的限制范围内）。
- 工作负载（W）：运行在待调优大数据系统上的特定任务。比如，W 可以是 Spark 上的应用程序、MySQL 上的一组事务或 Tomcat 上的一组请求。在 BDSCT 问题中，假设给出了工作负载 W。
- 性能（P）：P 是 BDSCT 问题的优化目标，是待调优大数据系统的一个重要非功能属性。将性能 $P(\cdot)$ 看作一个黑盒函数，并使用 $P(S,W,C)$ 表示性能值。比如，对于 MySQL 上的数据访问工作来说，性能指标是提高数据吞吐量；对于 Spark 上的数据分析工作来说，性能指标则是减少程序的执行时间。为了使问题定义变得通用化，假设 BDSCT 问题的优化目标 P 是需要最大化的；对于需要最小化的问题，可以取倒数代入问题。
- 时间约束（TC）：在实际大数据系统参数优化中，优化系统参数是有时间限制的，将这个受限的系统参数优化时间定义为时间约束。解决 BDSCT 问题的任何方案都必须在 TC 内完成。

在此将大数据系统参数优化问题进行数学化阐释，给出如下正式的BDSCT问题定义（见图26.1）：

$$\max_{c\in B}\quad P(S,W,C) \tag{26.1}$$

$$s.t. \quad 调优时间 \leqslant TC \tag{26.2}$$

公式26.1表示在给定待调优大数据系统 S 和 S 的工作负载 W 下，BDSCT的目标是在 S 的系统参数范围内找到一组参数 C，使得系统的性能目标 P 值最大。

公式26.2表示任何大数据系统参数优化的解决方案都必须在TC时间之内完成。

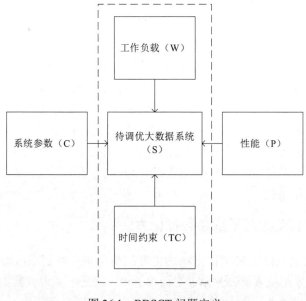

图 26.1　BDSCT 问题定义

26.3　大数据系统参数优化的方法

近年来，大数据系统面临着复杂的系统参数优化问题的挑战。为了应对这一挑战，工业界和学术界进行了广泛的研究。

根据调研，将关于此问题的研究主要划分为四类：基于模型的、基于评估的、基于搜索的和基于学习的大数据系统参数优化方法。其中，基于学习的系统参数优化方法是目前比较流行的方法。

本节将从这四个方面来介绍大数据系统参数优化的发展，并对经典的方法进行一定的阐述，以助于读者理解。

26.3.1　基于模型的大数据系统参数优化方法

基于模型的大数据系统参数优化方法的主要思想是，在大数据系统开发的早期阶段构建关于大数据系统的性能评估模型。这一步需要特定领域的专业知识、数学理论以及抽象的软件体系架构知识。对于缺少这方面相关知识的普通用户来说很不友好，而且在不同领域下关于大数据系统的专业知识不一样，进而导致关于其系统的数学定义会变得不同，所以很难将此方法通用于不同领域下的大数据系统。

基于以上理解，可以发现此方法过于需要某个领域下关于大数据系统的专业知识，这与26.2节的问题定义不太符合，在此就不做过多的深入讨论了。

26.3.2 基于评估的大数据系统参数优化方法

基于评估的大数据系统参数优化方法的主要思想是，通过对大数据系统本身的一些相关数据进行分析，接着基于上述分析来构建关于大数据系统性能的预测模型，从而找到使得性能值最优的大数据系统参数。

一般情况下，此方法往往通过应用程序的配置文件来分析大数据系统的性能瓶颈，这就会导致所构建的预测模型往往很难适应变化的应用程序。所以，这一类方法很难具备通用性。

比如在系统生命周期的早期，通过对大数据系统的UML概要文件来进行分析，接着从指定场景中创建性能预测模型。这样做的问题就是，软件工程师不但需要描述每一个场景，而且需要描述场景被表达的方式。这样持续下去既耗时又耗力。

基于上述理解，可以发现此方法不太满足26.2节定义的大数据系统参数优化问题，所以在此也不做过多深入讨论研究。

26.3.3 基于搜索的大数据系统参数优化方法

基于搜索的大数据系统参数优化方法的主要思想是将大数据系统参数优化问题看作一个黑盒优化问题，然后采用搜索算法来解决。简单地说，就是不考虑大数据系统参数在系统内部以怎样的方式影响系统性能，与大数据系统的唯一交互只是给系统传入一组系统参数，系统返回性能指标值而已。至于如何利用返回的性能指标值，以及如何确定下次给大数据系统传入的系统参数，则是搜索算法的工作。搜索算法通常包括递归随机搜索算法、进化算法、爬山算法等。

根据上述理解，接下来主要介绍较为经典的、基于搜索的大数据系统参数优化方法，有随机搜索（random search，RS）、BestConfig等，通过其来深入理解基于搜索的大数据系统参数优化方法的特点。

1. 随机搜索（random search，RS）

该方法的思想比较简单，基于将待调系统看作黑盒函数出发，随机搜索参数空间内的参数点，然后将其配置在待优化的大数据系统上，接着运行系统，获取响应的性能指标值，最终在获取到的性能指标值集合中选择最优的性能指标值所对应的系统参数进行推荐设置。

根据以上随机搜索的原理，可以发现随机搜索具有明显的缺点。因为其是随机的，所以没有指导搜索的方向，进而就有可能采样到一些不需要采样的"坏点"，或者没有采样到需要采样的"好点"。

此问题在系统参数空间是高维的时候将会有很大的影响，因为与大数据系统交互来获取性能指标值需要一定的时间消耗,所以在一定的系统参数优化时间的约束下会导致随机采样系统参数空间的次数受限。

2. BestConfig

该主要思想是在给定的时间资源限制下，基于其设计的搜索参数空间的策略来自动找到一组系统参数,使得在此系统参数的配置下大数据系统的性能有很好的提升。对比之前的一些方法,BestConfig有一定的改进点值得学习。

首先,根据之前基于搜索的大数据系统参数优化方法,主要步骤可以概括为:

(1) 运行搜索算法来获取系统要配置的系统参数。

(2) 在系统上配置(1)所获得的系统参数,并运行工作负载来测试系统性能。

(3) 迭代第(1)、(2)步多次,直至达到满意的系统性能。可以发现,此过程是非常费时费力的。

对于上述步骤来说,如果第一步的搜索结果是错误的,那么之后所推荐的参数也就变得无效了,这是因为对于一个工作负载适合的搜索算法,并不一定适合于另一个工作负载。

其次,因为大数据系统的性能响应曲面是高度不规则和复杂的,且不同的大数据系统响应着不同的复杂性能曲面,所以系统参数如何影响系统性能是很难被一般用户感知或用简单的模型来表示的。进一步来说,也就是之前一些简单的机器学习模型(比如支持向量机)不再适用于这种复杂的情况。

再者,大数据系统参数优化往往涉及高维的系统参数问题,也就是之前在随机搜索中所说的,在系统参数优化时间的限制下很难在有限数量的样本上建立一个有用的性能模型。

基于上述三点,BestConfig首先提出了一种松散耦合的组件架构。简单而言就是,组件可以与一般的或任何已知的大数据系统连接起来,而且可以很方便地测试评价其他的优化算法。

具体来说就是,在BestConfig的组件架构中,主要组件包括参数采样器、性能优化器、系统连接器和工作负载生成器。它们只通过系统参数的约束、系统参数和性能指标的数据流来互相交互。

一般的组件操作流程是,首先参数采样器根据大数据系统参数的约束条件产生一定数量的系统参数集,并将其传送给系统连接器,接着系统连接器连接到大数据系统,进行系统参数设置并运行系统,进而获取到系统的性能指标值,然后系统连接器将获取到的性能指标值以及对应的系统参数作为样本集输入到性能优化器,最后性能优化器自适应地向参数采样器输入新产生的系统参数的约束条件。

有了这样的组件架构设计与流程,BestConfig就可以将不同的参数采样方法或者性能优化算法插入系统参数优化的流程中,即BestConfig可以在不同的大数据系统和工作负载中使用。BestConfig不仅有以上组件架构方法的创新,还考虑了大数据系统参数优化的两个问题。

- 一是因为大数据系统参数的采样不但要覆盖系统参数的整个空间,而且采样次数要少,甚至在时间资源限制可以扩展的时候采样的结果也是可以扩展的。所以,BestConfig实现了 divide & diverge sampling(DDS)方法。DDS 方法主要内容可以理解如下:假设有 n 个系统参数,每个系统参数设置 k 个间隔区间,相比起对所有的间隔区间进行完全组合,其对每个系统参数的间隔进行排列,然后 DDS 对齐每个系统参数的间隔排列,就可以获得 k 个系统参数样本。例如,当两个系统参数 X 和 Y 被划分为 6 个间隔时,DDS 可以获得到 6 个系统参数样本,如图 26.2 所示。X 的每个间隔被精确地表示了一次,Y 也是。6 个黑圆点为获得的系统参数样本。

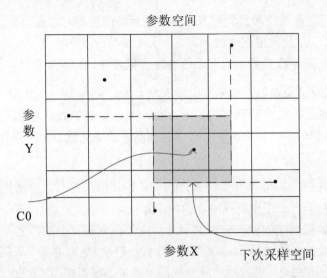

图 26.2　二维系统参数空间下的 DDS

- 二是因为性能优化方法不但能在有限的系统参数样本集下去获取可以提升系统性能的系统参数，而且是要具有扩展性的。简单来说就是，提供了越大的系统参数样本集，性能优化方法就可以找到更好的系统参数。或者理解为，假如没有时间资源的限制问题，性能优化方法就可以达到全局收敛，进而推荐最优的系统参数。基于此，BestConfig 实现了 recursive bound & search（RBS）方法。

RBS方法来源于一个假设，假设给定一个连续的性能曲面，那么在系统参数样本集中具有最佳性能表现的点的周围则会有很高的可能性再次发现具有相似性或更好的性能表现的点。所以，RBS的主要内容是，给定初始采样下的系统参数样本集，RBS先找到当前样本集下具有最佳性能的点 C_0，然后要求下一次在 C_0 周围的有界空间中采样另一组点，则最终很有可能找到另一个具有更好性能的点。BestConfig的算法伪代码如算法26.1所示。

算法 26.1：BestConfig

输入：系统参数空间 CB、待优化大数据系统 S、RBS 次数（RBSbounds）、采样样本大小（sample_set_size）、时间约束 TC、待优化系统参数数目（conf_numbers）

输出：推荐参数

1. C=[　//参数列表
2. P=[　//性能列表
3. //每次采样 sample_set_size 大小的样本集，则在待优化参数数量的限制下，DDS 最多可以采样到 sample_set_sizeconf_numbers 个不同的样本集
4. For _ in pow(sample_set_size, conf_numbers) do
5. 　　Confs=DDS()　　　　//采样一组 sample_set_size 大小的样本集
6. 　　performance=在 S 上配置 Confs 并运行，获取响应性能值
7. 　　C.append(Confs)
8. 　　P.append(performance)
9. 　　Conf_range=RBS()　//确定下次采样范围
10. Endfor

算法 26.1：BestConfig（续）

　　11. Max_index=max(P).index()

　　12. return C[Max_index　　//推荐最优参数

在图26.2中，C_0 为当前系统参数样本集中具有最佳性能表现的点，正方形区域为下次采样的参数空间。具体参数空间大小的设置按照如下方法来确定，对于每一个参数 p_i，在当前的系统参数样本集中找到一个比 C_0 点次小的参数 p_i^f 和一个比 C_0 点次大的参数 p_i^c，则下次此参数采样的范围为（p_i^f, p_i^c）。将所有的参数范围组合起来，即为下次采样的参数空间大小。

综上理解，BestConfig方法整体如算法26.1所示，可以发现BestConfig确实在解决系统、工作负载、采样方法以及性能优化方法的变化性问题上是有很大贡献的。另外，其对于带有时间约束的高维系统参数优化问题实现起来成本代价还是太高，而且其系统参数优化的效果并不总是足够好。

3. 遗传算法（genetic algorithm，GA）

因为遗传算法可以应用于函数优化问题，所以对于BDSCT问题遗传算法也是可以考虑的。

GA是一种借鉴生物界自然遗传机制的高度并行、随机、自适应的全局优化概率搜索算法。其从一个初始化种群开始，对种群进行反复的"复制""交叉""变异"等操作，估计每个个体的适应值，进而根据"适者生存"的进化规则，获取本次进化过程中该种群内最靠近最优解的个体。不断地进行上述操作，最终将末代种群中的最优个体进行解码，来获得满足要求的最优解。具体流程如图26.3所示。

根据GA的原理分析，可以发现其具有快速搜索全局的能力，而且因为其搜索是从群体出发的，所以方法具有潜在的并行性。

同时，GA处理大数据系统参数优化问题存在一些不足之处：一是应用GA求解两种不同类型的函数时所设置的算法的超参数是不一样的。因而对于不同的大数据系统以及不同的工作负载，GA超参数的选择会严重影响最终所获得的最优解。目前这些超参数的选择大部分都是依靠经验来设置的。二是在处理具有多个最优解的多峰问题时，GA容易陷入局部最小值而停止搜索，进而无法达到全局最优。三是GA的成本代价太大。

基于以上原因，在之后的对比方法中对GA不做考虑。

4. AutoConfig

AutoConfig也是一种基于搜索的参数优化方法。不过，对比之前所存在的方法，其提出了一种新的比较模型（comparison-based model，CBM）。此外，AutoConfig 还提出了使用加权的拉丁超立方采样（weighted latin hypercube sampling，WLHS）方法来选择一组系统参数样本，可以更好地覆盖高维参数空间。

首先，在之前的方法中，获得系统参数样本所对应的性能指标值需要运行大数据系统，而此操作是耗时的。因此，一个关键的挑战就是如何用有限的参数样本去构建更好的、更稳健的系统性能预测模型。

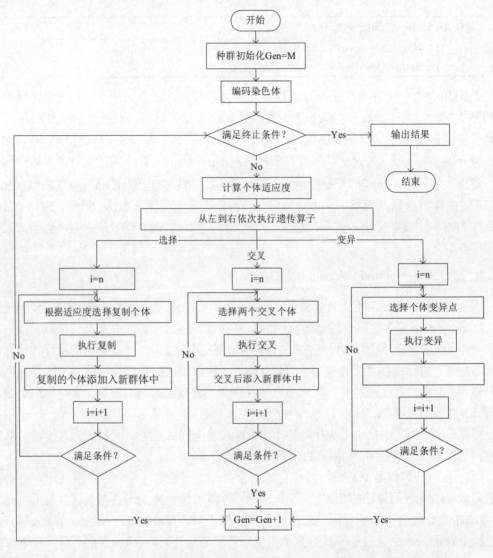

图 26.3　GA

AutoConfig认为相比于去构建精确的性能预测模型，构建CBM更适应BDSCT问题本身。一是因为CBM非常稳健，它只受到异常值的轻微影响；二是比起关注系统的性能预测，用户更想关注哪个系统参数优秀，所以系统的性能比较是大数据系统参数优化问题的最终目标；三是性能比较可以显著增加训练参数样本的数量，使得其从n变为$n(n-1)/2$。

对于CBM（表示为$f: C \times C \rightarrow \{0,1\}$），其主要内容是给定固定的工作负载$W$、大数据系统$S$以及两种不同的系统参数配置$C_1$和$C_2$，CBM可以比较在$C_1$和$C_2$下大数据系统的性能指标值大小。同时，相比起使用最大相对误差来构建CBM的损失，使用基于排序等级的误差来训练CBM更符合问题设计。CBM的具体如公式26.3所示。

$$f(C_1, C_2) = \begin{cases} 1, \text{TP}(A, E, C_1) \leqslant \text{TP}(A, E, C_2) \\ 0, \text{TP}(A, E, C_1) > \text{TP}(A, E, C_2) \end{cases} \qquad (26.3)$$

其次，在之前的方法中还有一个挑战，就是如何在高维下的系统参数空间中寻找更有希望的系统参数。

于是，AutoConfig提出了WLHS。它扩展了标准的拉丁超立方采样方法，目的是考虑系统参数与大数据系统之间的相关性。这种相关性是通过求解关于系统性能的目标函数的线性近似来获取的。具体而言就是通过正则化去求解线性近似，以获得系统参数所对应的加权系数，进而构造截断指数密度函数去采样系统参数。

综上对AutoConfig的理解，可以发现AutoConfig确实对于高维的系统参数优化问题有一定的考量。同时，由于WLHS方法含有超参数，而超参数如何选择的问题难度不次于系统参数优化问题本身，于是解决系统参数优化问题的成本被变大。而且，对于复杂的性能响应曲面，难以找到一个合适的线性近似来拟合系统参数与系统的相关性，进而会对参数所对应的加权系数造成影响。

总而言之，通过对以上所列举的、基于搜索的大数据系统参数优化方法的分析，可以发现基于搜索的大数据系统参数优化方法是将参数优化问题看作一个黑盒问题，进而不再需要去考虑大数据系统内部的交互细节，而且也不需要用户对大数据系统的专业知识有深入了解，所以其往往更简单。同时，也可以发现其具有一定的缺点，就是对于高维参数优化问题的成本过于巨大。

26.3.4　基于学习的大数据系统参数优化方法

基于学习的大数据系统参数优化方法是目前较流行的方法，主要思想是使用大量系统参数的训练样本来学习构建一个性能预测模型，然后通过使用一些搜索算法来探索更好的系统参数。与大部分基于搜索的大数据系统参数优化方法相比，优点是减少了与系统的频繁交互，节约了时间。

上述为基于学习的方法的核心思想，接下来介绍几种经典的基于学习的优化方法，包括RFHOC、BO、SMAC等。

1. RFHOC

RFHOC是结合了随机森林算法与GA自动搜索最优参数的方法：随机森林作为性能预测模型，GA作为搜索算法。相比于之前的一些方法，RFHOC的思想是比较先进的。

先前的一些性能预测模型算法，比如线性回归算法，通常假设系统参数之间的关系是线性的，而这显然是不太现实的，因为一般情况下系统参数是以复杂的非线性方式相互作用的；再比如支持向量机，其假设具有相似资源消耗特性的工作负载在系统中表现出相似的性能行为，所以若为细粒度的对象构造性能预测模型，则此假设可能成立，但是支持向量机选择了一种粗粒度的方法来确定资源消耗特征（比如Hadoop系统的CPU或者网络消耗的数量），这样并不合理。

因此，不同于上面所列举方法的共同点——基于简单的假设来构造性能预测模型，RFHOC采用了随机森林，是一种集成模型，基于一组回归或分类树来进行预测。该方法在训练阶段通常会创建多棵决策树，而在预测阶段通常会通过某种决策方式结合考虑各个决策树输出，进而产生最终结果（比如，分类时采用多数投票法）。随机森林的一个关键特性是，其可以有效避免用单棵决策树的过拟合现象，同时其还具有学习复杂参数行为的能力，这就会使得性能预测模型不仅准确，而且当部署在以前没有过的数据集时这种方法的性能稳定且鲁棒。

其次，目前已经存在许多搜索复杂参数空间的搜索算法，比如递归随机搜索、模式搜索以及GA等。因为随机递归搜索对陷入局部最优很敏感，模式搜索通常具有缓慢的局部收敛速度，GA对局部优化具有鲁棒性，所以RFHOC选择了GA作为搜索算法。

基于上述分析理解，RFHOC的具体流程可以是这样来理解的。以Hadoop系统为例，当最终用户第一次运行Hadoop应用程序时，RFHOC工作负载分析器收集正在使用的Hadoop的系统参数和各种MapReduce阶段的执行时间。随后，将每个阶段的执行时间和相应的Hadoop系统参数作为随机森林算法的输入，以训练每个阶段级别的性能预测模型。一旦有了每个阶段的性能模型，就可以使用GA来自动搜索最优的系统参数。

可以发现，RFHOC通过构建随机森林来加强对不同输入数据拟合的鲁棒性与稳定性，这对于未来数据量不断增加的应用程序来说是一个很好的特性。

因为随机森林的样本来源于随机产生的系统参数以及系统参数对应的性能指标值，所以对于高维的系统参数空间，对其进行随机采样所获得的样本是很难完整覆盖性能曲面的，进而会导致随机森林的拟合能力不强，最终此方法的系统参数优化结果就不太理想。

2. BO

BO是将贝叶斯优化应用于大数据系统参数优化问题的方法。

传统的贝叶斯优化方法首先利用高斯过程通过一组参数样本集对目标性能函数建模，计算其后验概率分布，得到每一个参数在每一个取值点的期望均值和方差。其中，均值代表这个点最终的期望结果，均值越大表示模型最终性能指标值越大；方差表示这个点期望结果的不确定性，方差越大表示这个点不确定是否可能取得最大值。

然后，尝试通过采集函数来权衡开发和探索，以获取下一个采样点。权衡是选择均值比较大的地方进行采样（利用）还是方差比较大的地方进行采样（探索），这样采样就考虑了全局的情况。

接着，将新的采样点加入参数样本集，进而更新目标性能函数的后验概率分布。

此过程一直迭代，直到达到设置的时间，或者找到一组较好的系统参数作为BDSCT问题的解。

贝叶斯方法在此不再具体介绍，具体内容请查找之前的章节，接下来介绍一下基于BO所改进的方法。

3. SMAC

SMAC是基于BO方法的扩展，具体在于构建代理模型时，即模型的后验概率分布时。SMAC是通过随机森林来进行建模的，而不是高斯过程。

这样做的原因有两点：

- 一是因为考虑到虽然 BO 在参数空间维度较小且都是数值变量时表现良好，但是其不能处理离散化的系统参数。
- 二是因为随机森林不但可以处理离散变量，而且对于某个参数点 x，其在每棵树上的性能预测复杂度只有 $O(\log N)$，而在高斯回归过程中则需要进行复杂的矩阵相乘才可以得到相应的均值与方差。

综上考虑，SMAC方法整体如算法26.2所示。根据一些结果可以分析到，SMAC在系统参数空间较大且系统参数空间类型复杂时（比如含有类别参数），也是可以积极发挥作用的。然而，在有限时间资源成本的限制下，其系统参数优化的效果并不总是良好的。

4. Hyperopt

Hyperopt也是一种基于BO方法的扩展，具体在于采集函数的改进。

原始BO采集函数为预期改进（expected improvement，EI），具体计算如公式26.4所示：

$$\text{EI}_{y^*}(x) := \int_{-\infty}^{+\infty} \max(y^*-y,0)p_M(y\mid x)\mathrm{d}y \tag{26.4}$$

对公式的抽象理解就是，接下来找到的 y 需要比已知最小的 y^* 越来越小，然后选出最小的那个 y，将其和 y^* 之间差距的绝对值作为奖励，如果没有更小的，那么奖励为0。

由于 $p(y\mid x)$ 的计算成本较高，因此Hyperopt采用了基于树状结构Parzen估计方法（tree parzen estimator，TPE）。SMAC的算法伪代码如算法26.2所示。

算法 26.2：SMAC

输入：系统参数空间 CB、待优化大数据系统 S、时间约束 TC

输出：推荐参数

  1. D=在参数空间采样 n0 个系统参数，并将其配置在 S 上，运行获取响应的性能值

  2. t=0

  3. N=n0

  4. For t<TC do

  5.   基于 D 训练随机森林

  6.   基于随机森林的均值与方差计算采集函数

  7.   Xn+1=极大化采集函数

  8.   yn+1=在 S 上运行 Xn+1 获取响应性能值

  9.   将(Xn+1,yn+1)加入到 D 中

 10.   N=N+1

 11. Endfor

 12. index= $argmax(y_1,y_2,...,y_N)$

 13. return D[index]

TPE通过 $p(x\mid y)$ 和 $p(y)$ 来为 $p(y\mid x)$ 建模。TPE主要包括以下两个过程：

（1）第一步，拟合两个概率密度函数。

$$p(x\mid y)=\begin{cases} l(x), & y < y^* \\ g(x), & y^* \leqslant y \end{cases} \tag{26.5}$$

其中，$l(x)$ 表示 y 小于阈值 y^* 时，所有 x 构成的概率密度函数；$g(x)$ 表示 y 不小于阈值 y^* 时，所有 x 构成的概率密度函数。

（2）第二步，EI过程。

EI与 $g(x)/l(x)$ 呈负相关的关系，所以最小化 $g(x)/l(x)$ 相当于最大化EI。将最小化得到的 x^* 放回数据中。

重复以上两步，直至达到期望的 y。

综上理解可以发现，TPE设置了阈值 y^*，而这是靠一定的经验积累来设置的，所以对于不同的大数据系统，其阈值 y^* 很可能是不同的。在这种情况下，对于系统没有专业理解的普通用户将会很难设置合适的系统阈值。

总而言之，通过对以上所列举的、基于学习的大数据系统参数优化方法的分析可以发现，基于学习的大数据系统参数优化方法最大的特点就是构建了性能预测模型，使得其与大数据系统的交互变少，节约了时间开销；同时导致其需要大量的参数样本来构建良好的大数据系统的性能预测模型。经验显示，包含10个参数的性能预测模型需要大约2000个样本来训练。

实际情况下，获取大量样本的成本是很昂贵的，所以在少量的参数样本下很难达到希望的性能预测模型的精确度。

26.3.5　大数据系统参数优化问题的流程

一般情况下大数据系统参数优化问题的流程如图26.4所示。根据不同方法的改进，不同的环节会有所变化。

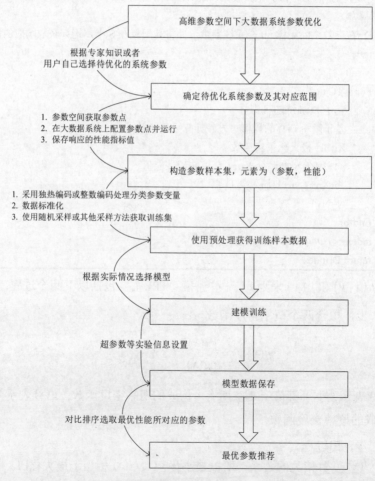

图 26.4　大数据系统参数优化问题的一般流程

26.4　ACTGAN方法

本节将介绍改进的大数据系统参数优化问题的处理方法——ACTGAN（Automatic Configuration Tuning with Generative Adversarial Networks），包括ACTGAN的动机、原理、具体过程和实验结果四个方面。

26.4.1　动机

根据大数据系统参数优化问题的相关工作可以发现，对于给定的待优化系统，由于参数空间的高维性和对性能曲线先验知识的缺乏，在有限的时间约束内找到较好的参数配置具有较大的困难。

目前所流行的方法是很难同时有效地解决高维系统参数的搜索问题，以及拟合复杂性能曲面的问题。ACTGAN方法的工作原理就是，在给定的参数优化时间约束下为不同的大数据系统自动生成优秀的配置参数。

ACTGAN假设对应性能较优的配置参数共享某种隐藏的结构。因而，相比起去提升性能预测模型的精确度或拟合复杂的性能响应曲线，ACTGAN探寻较好配置参数的隐藏结构并使用这些隐藏结构来生成潜在的更好的系统参数。

这个假设具有以下两个优势：

- 一是解决了需要大量的参数样本去拟合性能预测模型的问题，所以 ACTGAN 不需要构建性能预测模型。
- 二是解决了大数据系统参数的高维空间问题。比起花费大量精力去搜索系统参数空间或者制定复杂的搜索机制避免局部收敛，该方法借助神经网络自发去学习好的系统参数的隐藏结构特征，从另一个途径解决了问题——直接寻找最好的系统参数，无须关注坏的系统参数。

ACTGAN与此前方法的对比分析如表26.1所示。

表 26.1　方法对比分析

方　　法	优　　点	不　　足
Random Search	基于黑盒问题，不需构建性能预测模型	没有方向性，在时间资源有限的情况下对于高维参数问题不太友好
Hyperopt	基于 BO，根据 TPE 构建性能概率模型，解决了 $p(y\|x)$ 计算成本较高的问题	时间资源有限的情况下参数优化能力不足
SMAC	基于 BO，使用随机森林构造性能概率模型，计算复杂度变低，解决了分类变量问题	时间资源有限的情况下参数优化能力不足
BestConfig	参数空间搜索具有方向性，本身架构设计具有通用性	高维参数下效果不太好，实现起来成本代价太大

（续表）

方　法	优　点	不　足
RFHOC	基于随机森林与遗传算法，对局部优化具有鲁棒性	有限的时间资源下随机森林对性能响应曲面的拟合能力不太好
AutoConfig	构建的 CBM 更具健壮性，且 WLHS 在高维参数问题上具有较好的空间覆盖能力	对于复杂的性能响应曲面，难以构造合适的线性拟合函数来解释参数与系统性能之间的相关性
ACTGAN	学习优秀的系统参数的隐藏结构特征，不需要构建性能预测模型，解决有限的时间成本问题	

为了实现这一假设，ACTGAN使用了GAN，具体原因有两点：

- 一是 GAN 自身的结构设计可以使得神经网络学习到优秀的系统参数的潜在结构。
- 二是相比于训练参数样本集来说，GAN 学习到的较好的系统参数的隐藏结构有可能生成更好的参数。

26.4.2　原理

ACTGAN方法的框架图如图26.5所示。ACTGAN同时训练两个模型，分别为生成器 G 和判别器 D 。

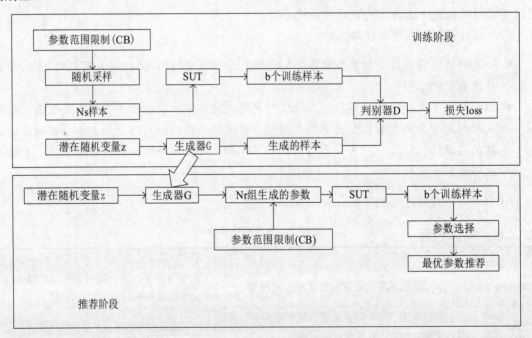

图 26.5　ACTGAN 框架

根据ACTGAN的对抗损失函数公式，如公式26.6所示：

$$\min_G \max_D \mathrm{E}_{x\sim p(x)}[\log D(x^{(i)})] + \mathrm{E}_{z\sim p_g(z)}[\log(1-D(G(z^{(i)})))] \tag{26.6}$$

ACTGAN的本质就是生成器 G 与判别器 D 的对抗博弈，其优化过程是一个"二元极小极大博弈问题"，使用的是交叉熵损失函数。

ACTGAN希望生成器 G 可以从训练样本中捕获优秀的系统参数的隐藏结构，进而可以生成足以迷惑 D 的系统参数；同时希望判别器 D 判断输入的参数来自真实样本，还是生成器 G 生成的系统参数，对真实的参数样本判定为真（概率值为1），对生成器 G 生成的虚假的系统参数判定为假（概率值为0）。

该方法使用的判别器 D 损失函数、生成器G的损失函数，分别如公式26.7、公式26.8所示。

$$\max_D \mathrm{E}_{x \sim p(x)}[\log D(x^{(i)})] + \mathrm{E}_{z \sim p_g(z)}[\log(1 - D(G(z^{(i)})))] \tag{26.7}$$

$$\mathrm{E}_{z \sim p_g(z)} \min_G [\log(1 - D(G(z^{(i)})))] \tag{26.8}$$

训练时，判别器 D 和生成器 G 依次训练，交叉迭代的具体超参数设置可以视实际情况进行更改。

从直观感受上来说，训练判别器 D 时，ACTGAN希望判别器 D 对真实的系统参数样本的判定为真（概率值为1），对生成器 G 生成的虚假的系统参数判定为假（概率值为0）。从数学上而言，在公式26.7中，ACTGAN会最大化第一部分的结果，因为其值表示真实的系统参数样本的概率；同时ACTGAN也希望最大化第二部分的值，因为 $D(G(z^{(i)}))$ 的结果表示判别器 D 对生成器 G 生成的虚假系统参数的概率判断值，ACTGAN希望这个值越小越好，而再用前边的1减去，则整个第二部分也是越大越好。

判别器 D 优化一次完成后，接着优化生成器 G。同理，ACTGAN希望生成器 G 能够生成逼真的系统参数样本来迷惑 D，使得 $D(G(z^{(i)}))$ 的结果越大越好，需要向整个式子的最小值的方向进行优化，如图26.8所示。

以上就是ACTGAN在训练阶段的原理，在推荐阶段，ACTGAN为了利用生成器 G 学习到优秀的系统参数的隐藏结构，其首先初始化潜在随机变量z，并将其传给训练好的生成器 G，进而来生成一组优秀的系统参数，接着在待优化大数据系统上配置系统参数并运行系统来获取性能指标值，最后在包括系统参数样本在内的系统参数结果集合里选择最优秀的系统参数进行推荐。

26.4.3　具体过程

ACTGAN过程如算法26.3所示，目标是输入 S、W、C、CB以及TC，以获得最优参数。

算法 26.3：ACTGAN

输入：参数空间 CB、大数据系统 S、时间约束 TC、工作负载 W、参数 C

输出：最优参数

1. $t(\mathrm{C0})$ =在 S 上运行默认参数 C0 所需的时间

2. $\mathrm{Ns} = \left\lfloor \dfrac{\mathrm{TC}}{t(\mathrm{C0})} \right\rfloor - \mathrm{Nr}$

3. $T = \mathrm{RS}(\mathrm{Ns}, S, W, C, \mathrm{CB})$

算法 26.3：ACTGAN（续）

4. B=从参数样本集 T 中选择 b 个最优的参数样本

5. For 迭代次数 do

6.   For k 步 do

7.   从随机噪声分布 $z \sim p_g(Z)$ 中采样 m 个噪声变量 $z^{(1)}, z^{(2)}, ..., z^{(m)}$,

8.   从 B 中采样 m 个系统参数 $x^{(1)}, x^{(2)}, ..., x^{(m)}$,

9.   通过随机梯度下降来更新 D：

10. $\nabla_{\theta_d} \dfrac{1}{m} \sum_{i=1}^{m} [\log D(x^{(i)}) + \log(1 - D(G(z^{(i)})))]$

11.   Endfor

12.   从随机噪声分布 $z \sim p_g(Z)$ 中采样 m 个噪声变量 $z^{(1)}, z^{(2)}, ..., z^{(m)}$,

13.   通过随机梯度下降来更新 G：

14. $\nabla_{\theta_g} \dfrac{1}{m} \sum_{i=1}^{m} [\log(1 - D(G(z^{(i)})))]$

15. Endfor

16. $R=G$ 生成的参数集

17. 将 R 在 S 上配置，然后运行工作负载获取性能指标值

18. 在 B 和 R 中选择最优的参数来推荐

算法定义了一些超参数，分别是参数样本集 T、G 生成的参数集 R、运行一次 S 的时间 $t(C0)$。T 的大小为 Ns，如公式26.9所示，其中 Nr 为R的大小。

$$Ns = \left\lfloor \frac{TC}{t(C0)} \right\rfloor - Nr \tag{26.9}$$

首先，算法随机采样参数空间得到 T。此步需要注意两个问题。

（1）一是系统参数不仅可以是连续型的数值，还可以是离散型的数值，比如Spark的参数spark.io.compression.codec={snappy, lz4, lzf}。神经网络不能直接对离散型的数据进行操作，它要求所有输入变量和输出变量都是连续型的。

因此，在这一步后需要对数据进行预处理——将离散型的数据连续化。

目前有两种方法可以将离散数据转换为连续数据，分别为整数编码和独热编码。整数编码通常允许模型假设离散变量的类别之间存在排序关系，而BDSCT问题中的离散变量没有排序关系，因此整数编码不适用于BDSCT问题，ACTGAN选择独热编码。

将离散型参数 spark.io.compression.codec 进行独热编码后如表26.2所示。spark.io.compression.codec表示Spark的压缩设置，具体有三种方式，分别为snappy、lz4、lzf，因此需要三个二进制变量来编码。具体操作就是，对于某个所使用的压缩方式，将"1"放置在其表示的二进制变量中，而其他压缩方式所对应的二进制变量则放置"0"。比如，若spark.io.compression.codec= snappy，则其编码之后的值为{1, 0, 0}。

表 26.2　离散变量独热编码

snappy	lz4	lzf
1	0	0
0	1	0
0	0	1

（2）二是不同的参数有不同的范围大小。比如，Tomcat的两个参数# of minimal processors、connection timeout，其范围分别是1~100和0~30000。通常情况下，有较大值的参数会对结果产生更大的影响。对应到上面的例子，也就是说connection timeout对性能预测更重要。实际上，# of minimal processors对性能预测更重要。

为了避免上述问题，ACTGAN采用了数据标准化。具体通过公式26.10来实现，其中x是原始参数值、z是标准化后的值、μ是参数平均值、σ是参数方差。标准化后，所有参数都变成了均值为0、方差为1的数据，参数之间也就不会存在谁大谁强的问题。

$$z = \frac{x - \mu}{\sigma} \tag{26.10}$$

接着，算法从T中选择b个最优的参数作为训练集来训练ACTGAN，目的是让G学习优秀参数的隐藏结构。具体训练方式是采用D更新k次、G更新1次的策略，详见算法中的第6~15行。此步需要注意以下五点：

- 一是G以高斯噪声z作为输入，输出一组系统参数；D以一组真实的参数以及G生成的假参数作为输入，输出参数为真假概率值。G和D都使用端到端的反向传播训练。

- 二是G被建模为三层前馈神经网络；第一层是由非计算单元构成的输入层，第二层是由计算单元构成的隐藏层，第三层是由计算单元构成的输出层。输入层先被传入一个$m \times k_g^i$大小的矩阵I_g，I_g表示m组随机噪声，然后输入矩阵通过隐藏层向前滤波到达输出层，从而产生m组参数。

- 三是D也建模为三层前馈神经网络。输入层被传入一个$m \times k_d^i$大小的矩阵I_d，I_d表示G输出的m组系统参数，然后输入矩阵通过隐藏层向前滤波到达输出层，从而产生一个包含m个标量值的向量。其中，每个标量表示参数为真实参数的概率，即输入参数为优秀参数的可能性。

- 四是为了稳定ACTGAN的训练过程，实验时修改负对数似然目标值，将值剪切到0~1之间。这样做不但可以使得训练过程更稳定，而且可以产生更高质量的结果。

- 五是在具体实验的时候，将G输入层的神经元数量设置为5（k_g^i=5），隐藏层的神经元数量设置为128（k_g^h=128），输出层的神经元数量设置为n（k_g^o=n），其中n表示优化参数的数量；将D的训练样本数量设置为32（b=32），输入层的神经元数量设置为n（k_d^i=n），隐藏层的神经元数量设置为128（k_d^h=128），输出层的神经元数量设置为1（k_d^o=1）；将ACTGAN的迭代次数设置为150000次。同时，ACTGAN使用动量值为0.5、学习率为0.0001的ADAM优化器。当然，对于不同的情况，以上超参数设置也是可酌情改变的，在此只提供一个参考。

然后，算法得到 G 生成的参数集 R，并获取 R 对应的性能指标值。

最后，算法在 B 和 R 中选择最优的参数进行推荐。

26.4.4　实验结果

本节前面通过大量的实验对比分析了ACTGAN和其他算法，接下来将从实验设置以及实验结果来分别说明。

1. 实验设置

首先，实验选择了8个广泛使用的大数据系统来评估ACTGAN，分别为Kafka、Spark、Hive、Redis、MySQL、Cassandra、HBase和Tomcat：Kafka是一个分布式消息系统，用于发布和订阅记录流；Spark是用于大数据分析的集群计算引擎；Hive是一个数据仓库软件；Redis是一个基于内存的键值对存储数据库；MySQL是一个开源关系数据库管理系统；Cassandra是一个面向开源的NoSQL数据库管理系统；HBase是一个分布式、可扩展的大数据存储系统；Tomcat是一个开源Java Web应用服务器。

其次，实验为Kafka设置了6个工作负载；为Spark设置了HiBench工作负载；为Hive、Cassandra和HBase设置了YCSB工作负载；为Redis设置了Redis-Bench工作负载；为MySQL设置了TPCC工作负载；为Tomcat设置了JMeter工作负载。

通过查阅资料，最终选择优化对性能至关重要的10~14个参数，因为减少优化参数的数量可以呈指数级减少搜索空间。表26.3总结了不同系统下所要优化参数的数量和性能指标等。

表 26.3　不同大数据系统的实验设置

大数据系统	类　　别	工作负载	参数优化数目/总参数数目	性能指标	性能优化目标
Kafka	分布式消息系统	Customized	11/169	吞吐量	max
Spark	数据分析引擎	HiBench	13/227	执行时间	min
Hive	数据分析引擎	YCSB	11/432	执行时间	min
Redis	内存数据库	Redis-Bench	10/95	每秒请求	max
MySQL	关系数据库管理系统	TPCC	13/46	每分钟事务数	max
Cassandra	NoSQL 数据库管理系统	YCSB	11/644	每秒操作	max
Tomcat	Web 服务器	JMeter	14/229	每秒请求	max

2. 实验结果

实验结果如图26.6、图26.7、图26.8所示，可以发现：

（1）默认参数的优化结果不是很好。

（2）ACTGAN的优化结果比默认参数平均提高了76.22%，甚至优于其他6种算法。具体来看，其比随机搜索提高了9.28%~53.99%，比Bestconfig提高了7.21%~27.45%，比RFHOC提高了9.52%~38.44%，比SMAC提高了10.41%~49.58%，比Hyperopt提高了9.66%~64.56%，比AutoConfig提高了6.58%~34.59%。

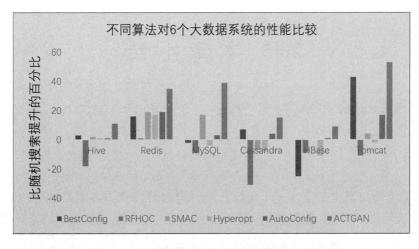

图 26.6　不同算法对 6 个大数据系统的性能比较

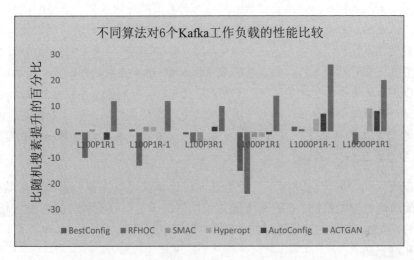

图 26.7　不同算法对 6 个 Kafka 工作负载的性能比较

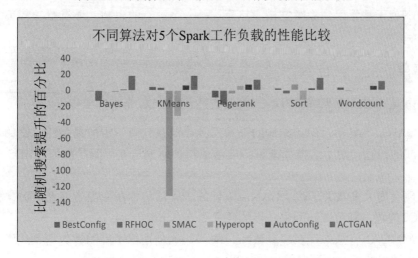

图 26.8　不同算法对 5 个 Spark 工作负载的性能比较

26.5　本　章　小　结

本节将从两方面对ACTGAN方法进行阐述：一是分析总结ACTGAN方法，二是对该方法所存在的问题进行分析与展望。

26.5.1　总结

首先ACTGAN的工作是建立在一个假设上的，即较好的参数共享隐藏结构。虽然ACTGAN没有从数学上证明这一假设，但是根据两点实验结果可以间接地解释此假设是正确的。

- 一是 ACTGAN 生成的参数比参数训练样本表现更好。至于为什么 ACTGAN 可以优化参数，可以如此来理解：假设把"好看"的人的真实照片输入到一个 GAN 中，并训练它生成一个人造的"好看"脸。心理学研究表明，对称的脸是"好看"的，那么这就是 GAN 学习到的隐藏结构。在学习了这个结构之后，GAN 就可以产生完全对称的脸。如果现实中不存在完全对称的人脸，那么从隐藏结构来看 GAN 生成的图片是更好的。以此类推，在 BDSCT 场景中，也就是说 ACTGAN 不仅可以学习到优秀参数的隐藏结构，然后生成继承这种隐藏结构的参数，而且可以同时避免参数样本中的一些"不完美"样本。
- 二是在特定工作负载下的某些离散型参数的设置上，其往往选择一个固定值，此观察结果是与专业知识一致的。

其次，在有限的参数优化时间下，没有任何优化算法可以完整搜索高维参数空间。随机采样是一种简单而稳健的机制，在没有先验知识的情况下可以找到较好的参数，因此选择随机采样是正确的。当然，若存在其他更好的方案，也是可以代替随机采样的。也就是说，ACTGAN是可以补充和增强的。

最后在高维参数空间和参数优化时间的约束下，有可能获得的训练样本不包含最优参数，因此ACTGAN就无法学习到隐藏结构。然而这是一个固有的限制，所有算法都可能在这种情况下受到影响。

26.5.2　展望

ACTGAN是利用GAN来解决BDSCT问题的第一次尝试，未来的工作可以是多方面来进行的。

第一，GAN虽然是学习隐藏结构的强大工具，但是它有一定的局限性，比如存在模式下降和模式崩溃的问题。对于这方面来说，非常值得去研究这些局限是如何在BDSCT问题中起作用的。

第二，现有的大多数关于解决GAN局限性的工作都集中在图像处理上，如何使这些研究适应于BDSCT问题，则可以作为进一步的研究要点。

第三，ACTGAN方法中存在超参数Nr、Ns等，如何根据不同的大数据系统以及工作负载自适应地调整超参数以产生更好的优化结果也是可以研究的一个方面。

附录1　名词及解释

序 号	名 称	解 释	出现章节
1	感知机	感知机（perceptron）模型由 Rosenblatt 于 1957 年提出，是神经网络和支持向量机的基础。感知机是二分类的线性模型，其输入是实例的特征向量，输出的是实例的类别，分别是+1 和-1，属于判别模型	第 1.1.2 节
2	反向传播	反向传播（back-propagation，BP）是一种有效计算梯度的算法，由 Rosenblatt 于 1958 年提出	第 1.1.2 节 第 15.2.5 节
3	梯度弥散	梯度弥散（gradient diffusion）是指靠近输入层的隐藏层（hidden layer）梯度小、参数更新慢，几乎和初始状态一样，随机分布	第 1.1.2 节
4	深度学习	深度学习（deep learning，DL）的概念源于人工神经网络的研究。含多隐藏层的多层感知就是一种深度学习结构。深度学习通过组合底层特征形成更加抽象的高层表示属性类别或特征，以发现数据的分布式特征表示	第 1.1.2 节
5	深度神经网络	深度神经网络（deep neural network，DNN）与经典的浅层神经网络相对。2006 年，Hinton 利用预训练方法缓解了局部最优解问题，将隐藏层推动到了 7 层。神经网络真正意义上有了"深度"，由此揭开了深度学习的热潮。这里的"深度"并没有固定的定义：在语音识别中 4 层网络就能够被认为是"较深的"，而在图像识别中 20 层以上的网络屡见不鲜	第 1.1.2 节
6	遗传算法	遗传算法（genetic algorithms，GA）是通过模拟生物界自然选择和自然遗传机制的随机化搜索算法	第 1.1.2 节 第 24.3.2 节 第 26.3.3 节
7	遗传编程	遗传编程（genetic programming，GP）采用遗传算法的基本思想，但采用更为灵活的分层结构来表示解空间，这些分层结构的叶节点是问题的原始变量，中间节点则是组合这些原始变量的函数	第 1.1.2 节
8	进化策略	进化策略（evolution strategies，ES）直接在解空间上进行操作，强调进化过程中从父体到后代行为的自适应性和多样性，强调进化过程中搜索步长的自适应性调节，主要用于求解数值优化问题	第 1.1.2 节
9	进化编程	进化编程（evolutionary programming，EP）强调智能行为要具有能预测其所处环境的状态，并且具有按照给定的目标做出适当响应的能力	第 1.1.2 节

（续表）

序　号	名　称	解　释	出现章节
10	先验分布	参数空间上的任一概率分布称为参数的一个先验分布（prior distribution）。先验分布反映了人们对参数的经验认识	第 1.1.2 节
11	后验分布	当参数 θ 的先验分布已知时，称在给定样本 x 下 θ 定条件分布为参数 θ 的后验分布（posterior distribution）	第 1.1.2 节
12	最大似然估计	最大似然估计（maximum likelihood estimation，MLE）提供了一种给定观察数据来评估模型参数的方法，即"模型已定，参数未知"	第 1.1.2 节 第 7.3.1 节
13	最大后验估计	最大后验估计（maximum a posteriori，MAP）强调将关于参数的先验知识带入参数预估中，以达到对参数不确定性的建模	第 1.1.2 节
14	有监督学习	有监督学习（supervised learning）是从标签化训练数据集中推断出预测模型的机器学习任务	第 1.1.3 节 第 5.1.1 节 第 13.1 节
15	无监督学习	无监督学习（unsupervised learning）根据类别未知（无标签）的训练样本解决模式识别中的各种问题	第 1.1.3 节 第 5.1.1 节 第 13.1 节
16	强化学习	强化学习（reinforcement learning，RL）是机器学习的范式和方法论之一，用于描述和解决智能体（agent）在与环境的交互过程中通过学习策略以达成回报最大化或实现特定目标的问题	第 1.1.3 节 第 5.1.1 节 第 25 章引言
17	长短期记忆网络	长短期记忆网络（long short-term memory，LSTM）是一种时间循环神经网络，是为了解决一般的循环神经网络（recurrent neural network，RNN）存在的长期依赖问题而专门设计出来的，所有的 RNN 都具有一种重复神经网络模块的链式形式	第 1.1.3 节 第 19.1 节 第 20.2.6 节 第 23.4.2 节
18	卷积神经网络	卷积神经网络（convolutional neural networks，CNN）是一类包含卷积计算且具有深度结构的前馈神经网络（feedforward neural networks），是深度学习的代表算法之一	第 1.1.3 节 第 18 章引言 第 20.2.6 节
19	循环神经网络	循环神经网络（recurrent neural network，RNN）是一类以序列（sequence）数据为输入，在序列的演进方向进行递归（recursion）且所有节点（循环单元）按链式连接的递归神经网络（recursive neural network）	第 1.1.3 节 第 5.3.2 节 第 19 章引言 第 23.3.1 节
20	生成式对抗网络	生成式对抗网络（generative adversarial networks，GAN）是 Ian J. Goodfellow 等人于 2014 年提出的一个通过对抗过程估计生成模型的框架。框架中同时训练两个模型：捕获数据分布的生成模型 G 和估计样本来自训练数据的概率的判别模型 D。G 的训练程序是将 D 错误的概率最大化	第 1.1.3 节 第 26.1 节

序　号	名　　称	解　　释	出现章节
21	k 均值算法	k 均值（k-means）算法是一种经典的、迭代求解的聚类分析算法	第 1.1.3 节 第 13.3.2 节
22	EM 算法	EM（expectation-maximization）算法是常用的估计参数隐变量的方法，基于迭代思想，由 Dempster 于 1977 年提出	第 1.1.3 节 第 13.3.2 节
23	t-SNE 算法	t-SNE（t-distributed stochastic neighbor embedding）算法是一种集降维与可视化于一体的技术。它是基于 SNE 可视化的改进，解决了 SNE 在可视化后样本分布拥挤、边界不明显的特点，是目前较好的降维可视化手段	第 1.1.3 节
24	Q 学习	Q 学习（Q-learning）是强化学习算法中基于值（value-based）的算法，Q 表示在某一时刻状态下采取动作能够获得收益的期望，环境会根据动作反馈相应的回报。算法的主要思想就是将状态与动作构建成一张 Q 表格来存储 Q 值，然后根据 Q 值来选取能够获得最大收益的动作	第 1.1.3 节 第 24.4 节
25	SARSA	SARSA（state-action-reward-state-action）算法是一个学习马尔可夫决策过程策略的算法，通常应用于强化学习领域中。该算法由 Rummery 和 Niranjan 于 1994 年提出	第 1.1.3 节
26	深度强化学习	深度强化学习（deep reinforcement learning，DRL）将深度学习的感知能力和强化学习的决策能力相结合，可以直接根据输入的图像进行控制，是一种更接近人类思维方式的人工智能方法	第 1.1.3 节
27	Double Q 学习	Double Q 学习（double Q-learning）使用两个估计器（double estimator）去计算 Q-learning 的值函数。该方法不会像 Q 学习那样会产生过高估计的问题，本质上是一个 off-policy 算法	第 1.1.3 节
28	DQN 算法	DQN（deep Q-network）算法对经典的 Q 学习模型进行了三处改进：第一是使用卷积神经网络来逼近行为值函数，第二是使用 target Q network 来更新 target，第三是使用经验回放（experience replay）机制	第 1.1.3 节 第 24.3.3 节 第 25.4 节
29	确定性策略梯度算法	确定性策略梯度（deterministic policy gradient，DPG）算法是 Silver 等在 2014 年提出的，DPG 每一步的行为通过函数 μ 直接获得确定的值	第 1.1.3 节 第 25.3.3 节
30	深度确定性策略梯度算法	深度确定性策略梯度（deep deterministic policy gradient，DDPG）是利用 DQN 扩展 Q 学习算法的思路对 DPG 方法进行改造得到的 AC（actor-critic）框架的算法，该算法可用于解决连续动作空间上的 DRL 问题	第 1.1.3 节 第 25.1 节

序　号	名　　称	解　　释	出现章节
31	异步优势动作评价算法	异步优势动作评价算法（asynchronous advantage actor-critic，A3C）采用多线程异步的思路，同时在多个线程里面分别与环境进行交互学习，把学习成果放置在一个共享的环境中，并定期对成果进行分析，指导自身与环境后面的学习交互。通过这种方法，A3C 避免了经验回放相关性过强的问题，同时做到了异步并发的学习模型	第 1.1.3 节
32	AlphaGo 算法	AlphaGo 是谷歌公司旗下的 DeepMind 团队开发的围棋智能算法，在树搜索的框架下使用了深度学习、监督学习和强化学习等方法	第 1.1.3 节
33	均方误差	均方误差（MSE）是反映估计量与被估计量之间差异程度的一种度量，是一种常用于回归问题的评价指标	第 2.1.1 节 第 5.4.2 节 第 19.4 节 第 22.3.3 节 第 23.4.3 节 第 25.4 节
34	七问分析法	七问分析法（5W2H）是二战中美国陆军兵器修理部首创，用五个以 W 开头的英语单词和两个以 H 开头的英语单词进行设问，为第一时间就能够明确问题的所有要素提供了方法	第 2.1.1 节
35	五问法	五问法（5Why）是对一个问题点连续问 5 个"为什么"来挖掘其根本原因的方法	第 2.1.1 节
36	MECE 法则	MECE（mutually exclusive collectively exhaustive）指拆解问题时完全穷尽且相互独立，是一种问题分析方法	第 2.1.2 节
37	AUC	AUC（Area Under Curve）被定义为曲线下与坐标轴围成的面积，是分类问题常用的评价指标之一	第 2.4.2 节 第 5.4.1 节
38	ETL	ETL（Extract-Transform-Load）用来描述将资料从来源端经过抽取（extract）、转置（transform）、加载（load）至目的端的过程。ETL 一词较常用在数据仓库，但其对象并不限于数据仓库	第 3.1.1 节
39	CDC	CDC（changed data capture）主要用于捕获变化的数据	第 3.1.1 节
40	数据虚拟化	数据虚拟化（data virtualization）是用来描述所有数据管理方法的涵盖性术语，这些方法允许应用程序检索并管理数据，且不需要数据相关的技术细节	第 3.1.1 节
41	ELT	提取、加载、转换（ELT）是数据湖实现中使用的提取、转换、加载（ETL）的替代方法。与 ETL 相反，在 ELT 模型中，数据在进入数据湖时不会进行转换，而是以其原始格式存储。这样可以加快加载时间。但是，ELT 需要数据处理引擎中足够的处理能力才能按需执行转换，以便及时返回结果	第 3.1.1 节

序　号	名　　称	解　　释	出现章节
42	CRM	客户关系管理（Customer Relationship Management，CRM）是一种企业与现有客户及潜在客户之间关系互动的管理系统。通过对客户数据的历史积累和分析，CRM可以增进企业与客户之间的关系，从而最大化增加企业销售收入和提高客户留存	第 3.1.2 节
43	ERP	企业资源计划（enterprise resource planning，ERP）是一个由美国著名的高德纳咨询公司于 1990 年提出的企业管理概念。企业资源计划最初被定义为应用软件，迅速为全世界商业企业所接受	第 3.1.2 节
44	数据仓库	数据仓库（data warehouse）是用于报告和数据分析的系统，被认为是商业智能的核心组件。数据仓库是来自一个或多个不同源的集成数据的中央存储库	第 3.1.2 节
45	KSQL	KSQL 于 2017 年推出，是 Apache Kafka 的数据流 SQL 引擎。KSQL 降低了人们进入流处理的门槛。用户不必编写大量的代码，只需使用简单的 SQL 语句就可以开始处理流处理	第 3.1.4 节
46	数据清洗	数据清洗（data cleaning）主要是指对已经获得的数据进行重新审查和校验工作，包括针对数据集中的空值、乱码数据和异常问题等进行处理、对数据进行拆分和采样等步骤	第 3.2 节
47	拒绝采样	拒绝采样（reject sampling）是一种采样方法	第 3.3.1 节
48	重要性采样	重要性采样（importance sampling）是一种采样方法	第 3.3.2 节
49	MCMC	马尔可夫链蒙特卡洛采样（markov chain monte carlo，MCMC）是一种采样方法	第 3.3.3 节
50	马尔可夫链	马尔可夫链（markov chain）是概率论和数理统计中具有马尔可夫性质且存在于离散的指数集和状态空间内的随机过程	第 3.3.3 节
51	蒙特卡洛方法	蒙特卡洛方法（monte carlo method）是指当所求解问题是某种随机事件出现的概率或者是某个随机变量的期望值时，通过某种"实验"的方法以这种事件出现的频率估计这一随机事件的概率，或者得到这个随机变量的某些数字特征，并将其作为问题的解	第 3.3.3 节
52	Metropolis-Hasting 采样法	Metropolis-Hasting 采样法是一种属于马尔可夫链蒙特卡洛中的采样方法	第 3.3.3 节
53	Gibbs 采样法	Gibbs 采样法是一种属于马尔可夫链蒙特卡洛中的采样方法	第 3.3.3 节
54	Relief	Relief（relevant features）算法是著名的过滤式特征选择方法，最初版本主要针对二分类问题，由 Kira 和 Rendell 于 1992 年首次提出	第 4.2.1 节

序　号	名　　称	解　　释	出现章节
55	经典的互信息	经典的互信息（mutual information）是评价两个变量相关性的，其用于特征选择，可以从两个角度进行解释：一是基于 KL 散度，二是基于信息增益	第 4.2.1 节
56	最大信息系数	最大信息系数（maximal information coefficient，MIC）克服了互信息选择法的两个缺点，用于衡量两个变量 X 和 Y 的线性或非线性的强度	第 4.2.1 节
57	最小冗余最大相关性	最小冗余最大相关性（minimum redundancy maximum relevance，mRMR）方法在进行特征选择时考虑了特征之间的冗余性，具体做法是对已选择特征的相关性较高的冗余特征进行惩罚	第 4.2.1 节
58	相关特征选择	相关特征选择（correlation feature selection，CFS）基于以下一个假设来评估特征集合的重要性：好的特征集合包含与目标变量非常相关的特征，但这些特征之间彼此不相关	第 4.2.1 节
59	LVW	LVW（las vegas wrapper）是一种典型的包裹式特征选择方法，它在拉斯维加斯方法框架下使用随机策略来进行子集搜索，并以最终分类器的误差为特征子集评价准则	第 4.2.2 节
60	递归特征消除	递归特征消除（recursive feature elimination，RFE）的主要思想是反复地构建模型，然后选出最好的（或者最差的）特征，把选出来的特征放到一边，然后在剩余特征上重复这个过程，直到所有特征都遍历了	第 4.2.2 节
61	主成分分析	主成分分析（principal component analysis，PCA）作为最经典的降维方法，属于一种线性、非监督、全局的降维算法	第 4.3.1 节 第 20.2.1 节
62	线性判别分析	线性判别分析（linear discriminant analysis，LDA）是一种有监督算法，可用于数据降维。它是 Ronald Fisher 在 1936 年发明的，所以又称为 Fisher LDA	第 4.3.2 节
63	分类	将数据预测分类变量时属于分类（classification）问题	第 5.1.1 节
64	回归	预测连续值时是一个回归（regression）问题	第 5.1.1 节 第 7.1 节
65	聚类	聚类（cluster）对一组数据样本做分组，根据某些标准将相似的样本归入一个类别	第 5.1.1 节 第 13.1 节
66	降维	降维（dimension reduction）减少需要考虑的变量数量，有助于找到数据之间潜在的关系	第 5.1.1 节
67	训练集	训练集（training set）用于模型拟合的数据样本	第 5.2 节
68	测试集	测试集（test set）用来评估最终模型的泛化能力，但不能作为调参、选择特征等算法相关的选择的依据	第 5.2 节
69	验证集	验证集（validation set）是模型训练过程中单独留出的样本集，可以用于调整模型的超参数和用于对模型的能力进行初步评估	第 5.2 节

序　号	名　称	解　释	出现章节
70	训练误差	训练误差（training error）属于训练过程中产生的误差	第 5.2 节
71	验证误差	在验证集上进行交叉验证选择参数（调参），最终模型在验证集上的误差就是验证误差（validation error）	第 5.2 节
72	测试误差	训练完毕、调参完毕的模型，在新的测试集上的误差就是测试误差（testing error）	第 5.2 节
73	泛化误差	我们把模型在真实环境中的误差叫作泛化误差（generalization error）。训练好的模型泛化误差越低越好	第 5.2 节 第 17.1 节
74	留出法	留出法（hold-out）指的是将数据集 D 具体划分为训练集和验证集：训练集用于构建模型；验证集用于对模型进行参数调优，保留最优模型	第 5.2.1 节
75	交叉验证法	交叉验证法（cross validation）会将数据集 D 随机划分成大小相近的 k 个互斥的子集。模型会训练和测试 k 次，每次使用 k-1 个子集作为训练集，余下的 1 个子集作为测试集，最后用 k 次得到的测试结果取平均值作为最终结果	第 5.2.2 节
76	留一法	留一法（leave-one-out）会将数据集划分成 n 个子集，每个子集只包含一个样本，所以每次模型会使用 n-1 个样本作为训练集，剩下的一个样本作为测试集	第 5.2.2 节
77	自助法	自助法（bootstraping）假定一个数据集里有 n 个样本，每次随机挑选一个样本作为训练样本，再将该样本放回数据集中，这样有放回地抽样 n 次，生成一个与数据集样本个数相同的训练数据集	第 5.2.3 节
78	超参数调优	超参数调优（hyper-parameter optimization, HPO）指的是对模型的超参数进行调优，从而达到最小化泛化误差等目的	第 5.3 节
79	神经架构搜索	神经架构搜索（neural architecture search，NAS）的核心思想是使用搜索算法来发现用于解决问题所需要的神经网络结构	第 5.3 节
80	元学习	元学习（meta-learning）利用以往的知识经验来指导新任务的学习，使模型具有学会学习的能力	第 5.3 节
81	模型参数	模型参数（model parameter）是模型内部的配置变量，其值可以根据数据进行估计	第 5.3.1 节
82	模型超参数	模型超参数（model hyper-parameter）是在开始学习过程之前设置值的参数，而不是通过训练得到的参数数据	第 5.3.1 节
83	网格搜索方法	网格搜索方法（grid search，GS）是一种穷举的参数优化方法，主要思想是将每个待优化的超参数在其取值范围内进行网格等分，然后为网格中所有的超参数组合构建模型，并对不同模型性能进行评估，最后选择产生最优性能结果的超参数组合作为模型最终的超参数设置	第 5.3.1 节

序　号	名　　称	解　释	出现章节
84	随机搜索	随机搜索（random search，RS）是在超参数网格的基础上随机选择固定数量的超参数组合来进行模型构建	第 5.3.1 节
85	贝叶斯优化	贝叶斯优化（bayesian optimization，BO）方法可以通过已有的模型评估结果来指导后续的超参数选择，从而加速最优超参数组合的搜索	第 5.3.1 节 第 12.1 节
86	链式搜索空间	链式搜索空间（chain-structured search space）的主要思想是将不同的操作单元组合在一起，这样的搜索空间也被称为全局搜索空间（global search space）	第 5.3.2 节
87	有向无环图	有向无环图（directed acyclic graph，DAG）指的是一个无回路的有向图	第 5.3.2 节 第 12.4.1 节
88	进化算法	进化算法（evolutionary algorithms）的每一次迭代需要产生一定数量的子代个体，然后从这些个体中选出好的个体来产生一次迭代的个体	第 5.3.2 节
89	元特征	元特征（meta-features）是由用于训练模型的精确算法配置构成的元数据，包括超参数设置、pipelines 组成和/或网络架构，以及由此产生的模型评估数据	第 5.3.3 节
90	精确率	精确率（accuracy）是指被判断为正的样本中有多少实际为正的样本	第 5.4.1 节
91	召回率	召回率（recall）指实际的正样本中有多少被判断为正样本	第 5.4.1 节
92	受试者工作特征曲线	受试者工作特征曲线（receiver operating characteristic curve，ROC）是一个适用于二分类问题的评价指标，是以假正率为横坐标、真正率为纵坐标的曲线图	第 5.4.1 节
93	混淆矩阵	混淆矩阵（confusion matrix）的列和行分别代表样本的预测分类和真实分类	第 5.4.1 节
94	对数损失	对数损失（logistic loss）属于二分类衡量指标	第 5.4.1 节
95	Kappa 系数	衡量两种标注结果的吻合程度	第 5.4.1 节
96	准确率	准确率（precision）衡量分类正确的比例	第 5.4.1 节
97	杰卡德相似系数	杰卡德相似系数（Jaccard Similarity Coefficient）用于需要对样本多个标签进行分类的场景	第 5.4.1 节 第 13.1 节
98	海明距离	海明距离（hamming distance）用于样本的多个标签都需要进行分类的场景	第 5.4.1 节 第 11.2 节
99	平均绝对误差	平均绝对误差（mean absolute deviation）是所有单个观测值与算术平均值的偏差的绝对值的平均	第 5.4.2 节
100	解释变异	解释变异（explained variation）是一个根据误差计算得到的回归问题衡量指标	第 5.4.2 节
101	决定系数	决定系数（coefficient of determination）是一个回归问题衡量指标，又被称为 R2 分数	第 5.4.2 节
102	互信息	互信息（mutual information）用来衡量两个数据分布的吻合程度	第 5.4.3 节

序　号	名　称	解　释	出现章节
103	轮廓指数	轮廓指数（silhouette coefficient）针对实际类别信息未知的情况衡量聚类结果	第 5.4.3 节
104	RI	兰德指数（rand index）用来衡量聚类结果的评价指标	第 5.4.3 节 第 13.1 节
105	ARI	调整兰德系数（adjusted rand index，ARI）针对 RI 进行的改进具有更高的区分度，也是用来衡量聚类结果的评价指标	第 5.4.3 节
106	Docker	Docker 是一种开源的容器化技术，允许开发人员将应用程序和相关依赖一块打包在一个文件里面。运行这个文件，就会生成一个虚拟容器。程序在这个虚拟容器里运行，就好像在真实的物理机上运行一样	第 6.2.3 节
107	Kubernetes	Kubernetes 简称 k8s，是一个开源的集群管理平台，可以实现容器集群的动态部署、扩缩容、编排等。使用 k8s 能够实现应用的快速部署、快速扩展、毁坏重建，极大地节省服务器资源，并且 k8s 能够支持各种云平台的移植，无论是公有云、私有云还是混合云。因为其强大的功能，k8s 被称为云原生时代的操作系统	第 6.2.3 节
108	DevOps	DevOps 是 Development 和 Operations 的组合词，正如其英文名所示，它是开发和运维的合称，是一种重视"软件开发人员（Dev）"和"IT 运维技术人员（Ops）"之间沟通合作的文化、运动或惯例，通过自动化"软件交付"和"架构变更"的流程来使得构建、测试、发布软件能够更加快捷、频繁和可靠	第 6.4.2 节
109	线性回归	线性回归（linear regression）指研究两组变量之间线性关系的回归分析方法	第 7.1.1 节
110	多项式回归	多项式回归（polynomial regression）指研究一个因变量与一个或多个自变量间多项式的回归分析方法	第 7.1.2 节
111	套索回归	套索回归（lasso regression）俗称 L1 正则化，是正则化方式的一种，常用于产生稀疏解	第 7.2 节
112	岭回归	岭回归（ridge regression）俗称 L2 正则化，是正则化方式的一种，常用于产生小值的参数	第 7.2 节
113	弹性网络	弹性网络（elastic net）也是正则化方式的一种，是 L1 与 L2 正则化的混合方法	第 7.2 节
114	伯努利分布	伯努利分布（bernouli distribution）又叫作 0-1 分布，是一个离散型概率分布	第 7.3.1 节
115	逻辑回归	逻辑回归（logistic regressive，LR）是一种广义的线性模型，虽名为回归，但用于解决分类问题而并非回归问题	第 7.3.1 节
116	SVM	支持向量机（support vector machine）的方法	第 8.1 节 第 26.3.3 节
117	SMO	序列最小优化关系数据库事务的准则	第 8.1 节

（续表）

序　号	名　　称	解　　释	出现章节
118	SVC	使用支持向量机进行分类	第 8.3 节
119	SVR	使用支持向量机进行回归	第 8.3 节
120	KKT 条件	KKT（karush-kuhn-tucker）条件是非线性规划最佳解的必要条件，将拉格朗日乘数法所处理涉及等式的约束优化问题推广至不等式	第 8.2.4 节
121	决策树	决策树（decision tree）包含了一个根节点、若干内部节点和若干叶节点，其中每一个叶节点对应一个决策结果；其他的节点（包括根节点和内部节点）对应了一个属性选择，经过该节点的数据集合根据属性选择的结果被划分到子节点中	第 9.1 节
122	根节点	根节点（root node）表示整个样本集合，并且该节点可以进一步划分成两个或多个子集	第 9.2 节
123	决策节点	决策节点（decision node）指的是一个子节点进一步被拆分得到的多个子节点	第 9.2 节
124	叶节点	叶节点（leaf/terminal node）指的是决策树中无法再拆分的节点	第 9.2 节
125	信息增益	信息增益（information gain）指的是熵与条件熵之间的差值，表示在一个条件下信息不确定性减少的程度	第 9.2.2 节
126	信息增益率	信息增益率（information gain ratio）指的是信息增益与数据集以某特征作为随机变量的熵的比值	第 9.2.3 节
127	基尼系数	基尼系数（gini coefficient）表示在样本集合中一个随机选中的样本被分错的概率	第 9.2.4 节
128	ID3 算法	在决策树由上而下构造时使用信息增益作为选择特征的标准，递归地构建决策树	第 9.3 节
128	C4.5 算法	C4.5 算法在生成决策树上的核心思想与 ID3 算法类似，但是在节点的特征选择上进行了改进	第 9.4 节
130	剪枝	剪枝（pruning）是从决策树上裁掉一些子树或叶节点，从而简化决策树	第 9.4.2 节
131	预剪枝	预剪枝（pre-pruning）是在构造决策树的过程中，先对每个节点在划分前进行估计，若当前节点的划分不能带来决策树模型泛化性能的提升，则不对当前节点进行划分并且将当前节点标记为叶节点	第 9.4.2 节
132	后剪枝	后剪枝（post-pruning）是先把整棵决策树构造完毕，然后自底向上地对非叶节点进行考察，若将该节点对应的子树换为叶节点能够带来泛化性能的提升，则把该子树替换为叶节点	第 9.4.2 节
133	分类回归树	分类回归树（classification and regression tree，CART）是一种既可以用于分类的决策树，又可以用于回归的决策树	第 9.5 节

（续表）

序　号	名　　称	解　释	出现章节
134	Random Forest	随机森林，将 bagging 思想与决策树进行结合得到随机森林	第 10.1.2 节 第 26.3.4 节
135	Extra trees	极端随机树，类似于随机森林，但比随机森林引入了更大的随机性	第 10.1.4 节
136	Totally Random Trees Embedding	完全随机树嵌入，使用随机森林的思想进行 embedding	第 10.1.4 节
137	Isolation Forest	孤立森林，类似于随机森林的异常点检测方法	第 10.1.4 节
138	Adaboost	该算法是 Freund 和 Schapire 于 1995 年对 Boosting 算法进行改进得到的，原理是通过不断调整样本权重和弱分类器权值，将所有弱分类器的结果进行加权求和得到最终结果	第 10.2.1 节
139	lr	Learning rate，正则化项，也可以称为学习率或者步长	第 10.2.1 节
140	GBDT	Gradient Boosting Decision Tree，将决策树与梯度提升算法进行结合得到 GBDT	第 10.2.2 节
141	XGBoost	Extreme Gradient Boosting，极限梯度提升，是陈天奇等人在 2016 年提出的框架	第 10.2.3 节
142	LightGBM	Light Gradient Boosting Machine，是2017年提出的基于GBDT的框架，在一定程度上克服了XGBoost的某些缺陷	第 10.2.3 节
143	CatBoost	2017 年发布的框架，致力于更好地处理 GBDT 中的类别特征	第 10.2.3 节
144	k 近邻算法	k 近邻算法（k-nearest neighbor algorithm，KNN 算法）给定一个训练数据集，对于新的输入样本实例，在训练数据集中找到与该实例最邻近的 k 个实例，这 k 个实例的多数属于某个类，就把该输入实例分类到这个类中	第 11 章引言
145	欧氏距离	欧氏距离（euclidean distance）是一种距离表示方式	第 11.2 节
146	曼哈顿距离	曼哈顿距离（manhattan distance）是一种距离表示方式	第 11.2 节
147	马氏距离	马氏距离（mahalanobis distance）是一种距离表示方式	第 11.2 节 第 13.2 节
148	KD 树	KD 树是一种树形数据结构，可以对 k 维空间中的实例点进行存储，同时可以对存储数据进行快速检索	第 11.3 节
149	贝叶斯定理	贝叶斯定理（Bayesian theorem）也称贝叶斯公式，由英国数学家贝叶斯提出，用来描述两个条件概率之间的关系	第 12 章引言
150	贝叶斯统计	贝叶斯统计（Bayes statistics）是采用贝叶斯方法进行统计推断所得的全部结果	第 12.1 节
151	贝叶斯学习	贝叶斯学习（Bayesian learning）是一种基于概率的学习方法，是指在机器学习中利用贝叶斯决策来对未知信息进行学习的过程	第 12.1 节

序　号	名　　称	解　释	出现章节
152	贝叶斯决策论	贝叶斯决策论（Bayesian decision theory）是在信息不完全的情况下，首先对未知的状态进行主观概率估计，然后通过贝叶斯公式对发生概率进行修正，最后利用期望值和修正后的概率做出最优决策	第 12.1 节
153	贝叶斯分类器	贝叶斯分类器（Bayesian classifier）是贝叶斯学习的一种具体应用形式	第 12.1 节
154	贝叶斯网络	贝叶斯网络（Bayesian network）又称信念网络（belief network），是一种概率图模型，是贝叶斯方法的扩展，是目前不确定知识表达和推理领域最有效的理论模型之一	第 12.1 节
155	概率代理模型	贝叶斯优化框架将目标函数视为黑盒，使用概率代理模型（probabilistic surrogate model）对该目标函数进行拟合，并根据观测结果更新代理模型	第 12.5.1 节
156	采集函数	贝叶斯优化框架中采集函数（acquisition function）是根据后验概率分布构造的，通过最大化采集函数来选择下一个评估点的位置	第 12.5.1 节
157	高斯过程	高斯过程（Gaussian processes）是一种常用的非参数模型，由于其灵活的特性，现已经被大量应用于回归、分类以及许多需要推断黑箱函数的领域中	第 12.5.2 节
158	PI	PI（probability of improvement）采集函数提供了一种方法，用于量化观测值可能提升当前最优目标函数值的概率	第 12.5.3 节
159	EI	EI（expected improvement）采集函数提供了一种选择的采样点的方法，能够在考虑提升概率的同时体现出不同的提升量	第 12.5.3 节
160	UCB	UCB（upper confidence bound）采集函数代表置信上界策略	第 12.5.3 节
161	LCB	LCB（lower confidence bound）采集函数代表置信下届策略	第 12.5.3 节
162	内部指标	内部指标直接考察聚类结果而不是用参考模型	第 13.1 节
163	外部指标	外部指标将聚类结果与某个参考模型进行比较	第 13.1 节
164	FM 系数	$\mathrm{FM} = \sqrt{\dfrac{a}{a+b} \cdot \dfrac{a}{a+c}}$	第 13.1 节
165	DB 指数	Davis-Bouldin Index，简称 DBI。$$\mathrm{DBI} = \frac{1}{k} \sum_{i=1}^{k} \max_{j \neq i} \left(\frac{\mathrm{avg}(C_i) + \mathrm{avg}(C_j)}{D_{\mathrm{cen}}(C_i, C_j)} \right)$$	第 13.1 节
166	Dunn 指数	Dunn Index，简称 DI。$$\mathrm{DI} = \min_{1 \leq i \leq k} \left\{ \min_{j \neq i} \left(\frac{d_{\min}(C_i, C_j)}{\max_{1 \leq l \leq k} \mathrm{diam}(C_l)} \right) \right\}$$	第 13.1 节
167	相关距离	两个样本之间的相关系数	第 13.2 节

序　号	名　称	解　释	出现章节
168	KL 距离	也叫相对熵，用于衡量两个分布之间的差异，不满足对称性和三角不等式	第 13.2 节 第 20.2.3 节
169	BIRCH 算法	BIRCH（Balanced Iterative Reducing and Clustering using Hierarchies）算法使用了一种叫作 CF-树（clustering feature tree，聚类特征树）的分层数据结构来对数据点进行动态、增量式聚类	第 13.3.1 节
170	CF-树	CF-树是存储了层次聚类过程中的聚类特征信息的一个加权平衡树，树中每个节点代表一个子聚类，并保持有一个聚类特征向量 CF	第 13.3.1 节
171	Jensen 不等式	如果 f 是凸函数，X 是随机变量，那么 $E[f(x)] \geqslant f(E[x])$，当且仅当 X 是常量时，该式取等号。其中，$E(X)$ 表示 X 的数学期望	第 13.3.2 节
172	DBSCAN 算法	DBSCAN 是一种著名的密度聚类算法，使用一组关于"邻域"的参数来描述样本分布的紧密程度	第 13.3.3 节
173	Mean Shift 算法	Mean Shift（均值漂移）是基于密度的非参数聚类算法	第 13.3.3 节
174	关联规则学习	关联规则学习（association rule learning）是一种在大量数据集中发现变量之间的某些潜在关系的方法，通过一件或多件事物来预测其他事物，可以从大量数据中获取有价值数据之间的联系	第 14 章引言
175	频繁项集	频繁项集指的是在数据集中经常出现在一起的关键词集合	第 14.2 节
176	支持度	一个项集的支持度（support）是几个关联的数据在数据集中出现的次数占总数据集的比重，或者说几个数据关联出现的概率	第 14.2 节
177	支持度计数	支持度计数（support count）是几个关联的数据在数据集中出现的次数	第 14.2 节
178	置信度	置信度（confidence）是针对已经出现的一条关联规则付现的，即一个数据出现后另一个数据出现的概率	第 14.2 节
179	Apriori 算法	Apriori 算法是一种关联规则学习算法	第 14.3 节
180	FP-growth 算法	FP-growth 算法是一种关联规则学习算法	第 14.4 节
181	条件模式基	条件模式基（conditional pattern base）是以所查找元素项为结尾的路径集合。简而言之，一条前缀路径就是介于所查找元素与树根节点之间的所有内容	第 14.4 节
182	ANN	人工神经网络指的是收到人脑的神经网络启发，使用大量的节点代表神经元进行互联来形成一个神经网络	第 15.1 节
183	神经元	神经元指的是一个输入、计算和输出能力的模型，类似于生物学中的神经元	第 15.2 节
184	损失函数	损失函数指样本输出值与实际值之间的误差	第 15.2.2 节
185	激活函数	赋予神经网络解决非线性问题的函数，通常作用在神经元输出过程，一般具有非线性、可微性、单调性	第 15.2.3 节

序　号	名　　称	解　　释	出现章节
186	前馈神经网络	最基础的一种神经网络结构，每层神经元接受前一层的神经元信号，产生信号输出到下一层，信号单项传播	第 15.3.1 节 第 26.4.3 节
187	过拟合	过拟合指选择的模型包含了过多的参数，以至于模型在训练数据上的表现很好，但在测试数据上的表现却很差的现象	第 16.1 节
188	正则化	正则化指能够显著减少泛化误差，而不过度增加训练误差的策略	第 16.1 节 第 26.3.3 节
189	Dropout	Dropout 是 Google 提出的一种正则化技术，其以一定的概率随机丢弃网络的神经元，增强神经网络的泛化能力	第 16.4 节
190	BN	批标准化（batch normalization，BN）是一个深度神经网络训练的技巧，其通过对神经网络隐藏层的输出进行标准化处理，使得中间层的输出更加稳定	第 16.5 节 第 17.1 节 第 20.2.5 节
191	优化	深度学习中的优化问题通常指的是寻找神经网络上的一组参数，它能显著降低代价函数	第 17 章
192	代价函数	代价函数一般指损失函数。损失函数（loss function）或代价函数（cost function）是将随机事件或其有关随机变量的取值映射为非负实数以表示该随机事件的"风险"或"损失"的函数	第 17 章
193	经验风险最小化	经验风险最小化（empirical risk minimization）是指选择分类器函数的参数，使得分类器的训练误差（training error）最小	第 17.1 节
194	梯度裁剪	梯度裁剪技术（gradient clipping）可以将梯度进行裁剪，限制其值在某个区间内	第 17.1 节
195	提前终止	提前终止技术（early stopping）是一种在使用诸如梯度下降之类的迭代优化方法时可对抗拟合的正则化方法。当监视的性能指标停止改进时停止训练	第 17.1 节
196	随机梯度下降	随机梯度下降（stochastic gradient descent，SGD）通过一个随机选取的批次数据来获取梯度，进行更新。	第 17.1 节
197	动量	动量（momentum）是用之前积累动量来代替真正的梯度，这样每个参数实际更新差值取决于最近一段时间内梯度的加权平均值。当某个参数在最近一段时间内的梯度方向不一致时，参数更新幅度变小；梯度方向一致时，更新幅度变大，起到加速作用	第 17.1 节
198	指数加权移动平均	指数加权移动平均（exponential moving average，EMA）是一种趋向性表示技术，是以指数式递减加权的移动平均	第 17.1 节
199	特征归一化	特征归一化（feature scaling）是一种数据预处理操作。不同评价指标往往具有不同的量纲和量纲单位，这样的情况会影响到数据分析的结果，需要消除指标之间的量纲影响	第 17.2.1 节

（续表）

序　号	名　称	解　释	出现章节
200	层归一化	层归一化（layer normalization，LN）和批归一化不同的是，层归一化是对一个中间层的所有神经元进行归一化	第 17.2.1 节 第 20.2.5 节
201	实例归一化	实例归一化（instance normalization，IN）是对每个特征图维度单独归一化处理，不受通道和批量大小的影响	第 17.2.1 节
202	集合归一化	集合归一化（group normalization，GN）是把多个通道分成多个组，对每个组内的数据进行归一化处理	第 17.2.1 节
203	AdaGrad 算法	AdaGrad 算法根据自变量在每个维度的梯度值调整各个维度的学习率，从而避免统一的维度难以适应所有维度的问题	第 17.2.2 节
204	RMSProp 算法	RMSProp 算法使用的是指数加权平均，旨在消除梯度下降中的摆动，与 Momentum 的效果一样，某一维度的导数比较大，则指数加权平均就大，某一维度的导数比较小，则其指数加权平均就小，这样就保证了各维度导数都在一个量级，进而减少了摆动。允许使用一个更大的学习率	第 17.2.2 节
205	Adam 算法	Adam 算法相当于 RMSprop + Momentum，除了像 Adadelta 和 RMSprop 一样存储了过去梯度的平方的指数衰减平均值，也像 momentum 一样保持了过去梯度的指数衰减平均值	第 17.2.2 节
206	全零初始化	将网络权重初始化为 0，会导致神经网络无法收敛	第 17.2.3 节
207	随机初始化	为了解决全零初始化带来的对称问题（symmetry breaking problem），可以加入随机初始化	第 17.2.3 节
208	Xavier 初始化	Xavier 初始化使得网络中的信息更好地流动，每一层输出的方差尽量相等	第 17.2.3 节
209	He 初始化	He 初始化使得对于 ReLU 激活函数也能保持性质	第 17.2.3 节
210	局部连接	局部连接（sparse connectivity）操作使当前隐藏层的神经元只与前一层的部分神经元连接，从而大幅减少网络中需要学习的参数量	第 18.2.1 节
211	权值共享	权值共享（parameter sharing）指在对输入图像数据的一次遍历中，卷积核使用的权重和偏置是固定不变的，而不会针对图像内的不同位置改变卷积核内的参数	第 18.2.2 节
212	一维卷积	一维卷积（1DConv）的输入数据和输出数据均是二维的，进行卷积操作时卷积核沿一个方向移动	第 18.3.1 节
213	二维卷积	二维卷积（2DConv）的输入数据和输出数据均是三维的，进行卷积操作时卷积核沿两个方向移动	第 18.3.1 节
214	三维卷积	三维卷积（3DConv）的输入数据和输出数据均是四维的，进行卷积操作时卷积核沿三个方向移动	第 18.3.1 节
215	1×1 卷积	1×1 卷积指的是宽和高均为 1 的卷积核	第 18.3.2 节

序　号	名　称	解　释	出现章节
216	空洞卷积	空洞卷积（dilated convolutions）又被称为扩张卷积，是一种在特征图上进行数据采样的方式	第 18.3.3 节
217	全卷积神经网络	全卷积神经网络（fully convolutional networks，FCN）将传统卷积神经网络末尾的全连接层替换为卷积层	第 18.3.4 节
218	转置卷积	转置卷积（transposed convolution）用于对特征图进行上采样映射，其并不是卷积的逆操作	第 18.3.4 节
219	门控循环单元	门控循环单元（gated recurrent unit，GRU）是循环神经网络的一种循环结构，是为了解决一般的循环神经网络存在的长期依赖问题设计出来的结构，所有的 RNN 都具有一种重复神经网络模块的链式形式	第 19.1 节 第 23.3.2 节
220	双向 RNN	双向 RNN（BRNN）是一类能够获取整个输入序列信息的循环神经网络，通过对标准 RNN 在隐藏单元加入时间上从前向后（从右向左）的信息传播进行序列整体信息的汇总和学习	第 19.1 节
221	计算图	计算图（computational graph）是一种有向图结构，用于形式化地表示计算结构	第 19.2.1 节
222	通过时间反向传播	通过时间反向传播（back-propagation through time，BPTT）是一种应用于展开图且复杂度为 $O(\tau)$ 的反向传播算法	第 19.2.2 节
223	梯度爆炸	梯度爆炸（exploding gradient）是指深度神经网络中前面层的梯度比后面层的梯度快所引起的问题	第 19.2.3 节
224	梯度消失	梯度消失（vanishing gradient）是指深度神经网络中前面层的梯度比后面层的梯度变化慢所引起的问题	第 19.2.3 节
225	深度循环网络	深度循环网络（deep recurrent neural network）是对标准循环神经网络进行堆叠构建而成的更深的神经网络，主要是为了提高网络的学习能力	第 19.1 节
226	基于编码-解码的序列到序列架构	基于编码-解码的序列到序列架构（又称 seq2seq 架构）是一种由编码器和解码器两个部分组成的、可以实现将输入序列映射到不等长的输出序列功能的一种架构	第 19.2.8 节
227	编码器	编码器（encoder）是对输入数据进行编码的神经网络，常见于自编码器及深度自然语言处理模型中	第 19.2.8 节 第 20 章引言
228	解码器	解码器（decoder）是将编码解码为输出信息的神经网络，常见于自编码器及深度自然语言处理模型中	第 19.2.8 节 第 20 章引言
229	注意力机制	注意力机制（attention mechanism）是一种将输入序列的元素与输出序列的元素进行关联的类型的机制	第 19.2.8 节
230	自编码器	自编码器（autoencoder）是一种常用的无监督学习模型，能够学到输入数据的更高效表示	第 20 章引言
231	潜在表示	潜在表示（latent representation）一般代表自编码器学到的输入数据的高效表示向量	第 20.2.1 节
232	交叉熵	交叉熵（cross-entropy）用于度量两个值的差异性信息	第 20.2.1 节

（续表）

序　号	名　称	解　释	出现章节
233	欠完备自编码器	产生编码维度小于原始数据维度的自编码器被称为欠完备（undercomplete）自编码器	第 20.2.1 节
234	过完备自编码器	产生编码维度大于等于原始数据维度的自编码器被称为过完备（overcomplete）自编码器	第 20.2.1 节
235	去噪自编码器	去噪自编码器（denoising autoencoder，DAE）是一种接收带噪声的数据，它试图恢复原始不带噪声的数据的编码器	第 20.2.2 节
236	加性高斯噪声	加性高斯噪声（additive gaussian noise，AGN）是最基本的噪声与干扰模型，噪声是叠加在信号上的且取值服从高斯分布	第 20.2.2 节
237	稀疏自编码器	稀疏编码器（sparse autoencoder）一般是过完备编码器，通过施加稀疏性约束，使得只有部分隐层节点"活跃"，从而得到输入数据内的潜在结构和规律	第 20.2.3 节
238	变分自编码器	变分自编码器（variational auto-encoder，VAE）是一类重要的生成模型，试图学习数据的生成分布，使得后续可以根据此分布从潜在空间中随机抽取样本，然后使用解码器网络生成具有与原始输入数据相似的新数据	第 20.2.4 节
239	重参数技巧	变分自编码器中，针对学得的数据的生成分布直接进行采样是不可导的，导致后续无法使用梯度下降对模型进行优化。重参数技巧（reparameterization trick）是解决此问题的一种有效方式	第 20.2.4 节
240	堆栈自编码器	堆栈自编码器（stacking autoencoder，SAE）是在简单自编码器的基础上，通过增加隐藏层的深度，以获得原始数据的高度非线性表达的模型，具有更好的特征提取能力	第 20.2.5 节
241	逐层预训练	逐层预训练（layer-wise unsupervised pretraining）是为了简化堆叠自编码器及深度神经网络训练难度的技巧，通过无监督学习一层一层地构建深度神经网络	第 20.2.5 节
242	微调	微调（fine-tuning）是深度学习中常用的训练技巧，一般是对训练好的神经网络模型进行进一步的训练，使部分参数发生略微的变化，从而使模型效果提升或适用于新的类似任务	第 20.2.5 节
243	BERT	BERT（bidirectional encoder representation from transformers）是 NLP 领域中流行的算法，基于预训练加微调思想	第 20.2.5 节
244	线性整流函数	rectified linear unit，简称 ReLU	第 20.2.5 节
245	卷积自编码器	卷积自编码器（convolutional autoencoder）是将卷积神经网络融入自编码器框架的模型	第 20.2.6 节 第 22.4.1 节
256	LSTM 自编码器	LSTM 自编码器（LSTM autoencoder）是将长短期记忆网络融入自编码器框架的模型	第 20.2.6 节

（续表）

序　号	名　称	解　释	出现章节
247	鸡尾酒会问题	1953 年英国科学家 Cherry 提出的语音分离领域的经典问题	第 21 章引言
248	语音增强	语音增强（speech enhancement）指从噪声信号干扰中提取出目标说话人语音	第 21.2 节
249	多说话人分离	多说话人分离（speaker separation）指从其他干扰说话人语音中分离出目标说话人语音	第 21.2 节
250	去混响	去混响（de-reverberation）指从说话人语音形成的反射波干扰中提取目标说话人语音	第 21.2 节
251	独立成分分析方法	独立成分分析方法（independent component analysis）用于解决盲源情况下的语音分离问题，在不知道信号与传输通道参数的情况下，根据统计特征分离混合语音中各个人的说话声音	第 21.1 节
252	计算机听觉场景分析	计算机听觉场景分析（computational auditory scene analysis，CASA）利用计算机对人类听觉生理机能和心理活动过程进行模拟，使计算机能够从嘈杂语音中分离出目标语音并做出合理解释	第 21.3 节
253	非负矩阵分解	非负矩阵分解（non-negative matrix factorization，NMF）算法通过学习一组非负基来预测评估期间的混合因子估值，常用于处理单通道语音分离问题	第 21.3 节
254	傅里叶变换	傅里叶变换（Fourier transform）是对信号进行分析的一种方法，其用正弦波作为信号的成分，将时域中的连续信号转换成频域中的连续信号，即将信号分解成频率谱，显示与频率对应的幅度大小	第 21.4.2 节
255	短时傅里叶变换	短时傅里叶变换（short-time Fourier transform，STFT）是为了解决傅里叶变换在处理非平稳信号上存在缺陷的问题，其通过在时间上加窗口函数截取一部分源数据，随后使窗函数在整个时间轴上不断地平移将源数据分为很多个时间段，在每个时间段上进行傅里叶变换得到其局部频谱的集合	第 21.4.2 节
256	目标检测	目标检测是在图片中对可变数量的目标进行查找和分类。目标检测相对于目标分割更关注于语义层面上的分割，而目标分割更关注于像素级别的分割	第 22.1 节
257	YOLO	"You Only Look Once"或"YOLO"是一个对象检测算法的名字，是 Redmon 等人在 2016 年的一篇研究论文中命名的	第 22.1 节
258	SSD	SSD（single shot multibox detector）算法属于 one-stage 方法，multibox 指明了 SSD 是多框预测。对于 Faster R-CNN，先通过 CNN 得到候选框，然后进行分类和回归，而 YOLO 和 SSD 可以一步完成检测。相比 YOLO，SSD 采用 CNN 来直接进行检测，而不是像 YOLO 那样采用全连接层后做检测	第 22.1 节

序　号	名　称	解　释	出现章节
259	图像去噪	图像去噪是指减少数字图像中噪声的过程	第 22.1 节
260	图像修复	图像修复指重建的图像和视频中丢失或损坏的部分的过程	第 22.1 节
261	峰值信噪比	峰值信噪比（peak signal to noise ratio，PSNR）是一个表示信号最大可能功率和影响它的表示精度的破坏性噪声功率的比值的工程术语	第 22.3.3 节
262	结构相似性	结构相似性（structural similarity，SSIM）是一种衡量两幅图像相似度的指标	第 22.3.3 节
263	深度自编码器	2006 年，Hinton 对原型自动编码器结构进行改进，进而产生了深度自编码器（deep auto-encoder，DAE），先用无监督逐层贪心训练算法完成对隐藏层的预训练，然后用 BP 算法对整个神经网络进行系统性参数优化调整，显著降低了神经网络的性能指数，有效改善了 BP 算法易陷入局部最小的不良状况	第 22.4.1 节
264	客户端 / 服务器模式	客户端/服务器（client-server，C/S）模式是计算机软件协同工作的一种模式	第 23.1.1 节
265	云服务提供商	云服务提供商（cloud service provider，CSP）是为用户提供基于云的平台、基础结构、应用程序或存储服务的第三方公司	第 23.1.1 节
266	服务级别协议	服务级别协议（service level agreement，SLA）是指提供服务的企业与客户之间就服务的品质、水准、性能等方面所达成的双方共同认可的协议或契约	第 23.1.1 节
267	平均训练时间	平均训练时间（average training time，ATT）是用于评价模型的训练效率的指标	第 23.4.3 节
268	服务质量	服务质量（quality of service，QoS）是对服务满足用户需求的程度的定性或定量度量	第 24 章引言
269	任务	任务（task）是第 24 章中使用的名词，表示用户所需的组合服务工作流中的每个子功能	第 24.2 节
270	组合服务	组合服务（composite service）是第 24 章中使用的名词，表示由多个任务组成的增量服务，能够提供更加复杂的功能	第 24.2 节
271	服务	服务（service）是第 24 章中使用的名词，表示任务的特定实例，即具体的功能提供者	第 24.2 节
272	候选服务集	候选服务集（candidate service set）是第 24 章中使用的名词，表示提供相同功能（能够完成同一任务）的服务的集合	第 24.2 节
273	简单加权法	简单加权法（simple additive weight，SAW）是对多目标决策问题的一种简化方法，将多个目标通过权重进行加和，从而将多目标决策问题变为单目标决策问题	第 24.2 节

序　号	名　称	解　释	出现章节
274	约束最佳化问题	约束最佳化问题（constrained optimization problem，COP）是指具有约束条件的非线性规划问题	第 24.3.1 节
275	整数规划问题	整数规划问题（integer programming，IP）是指规划中的全部或部分变量为整数，若同时为线性模型，则称为整数线性规划	第 24.3.1 节
276	粒子群优化算法	粒子群优化（particle swarm optimization，PSO）算法是一种进化算法，源于对鸟群捕食的行为研究，通过群体中个体之间的协作和信息共享来寻找最优解	第 24.3.2 节
277	投资组合	投资组合（portfolio）就是由不同种或同种的投资标的物，如股票、债券、金融衍生品等按照一定的比例组成的集合	第 25 章引言
278	指数跟踪	指数跟踪（index tracking，IT）是指通过使用跟踪或复制股票指数的方式，借助投资组合分散投资风险、获取较高投资收益的投资方法	第 25.1 节
279	指数增强	指数增强（enhanced index tracking，EIT）是指除了单纯的跟踪指数，投资者还可以在跟踪指数的基础上寻求超过指数的收益	第 25.1 节
280	跟踪误差	跟踪误差（tracking error，TE）为投资组合与基准投资组合收益率之间的差异。该指标衡量了投资组合相对于基准指数的跟踪准确性	第 25.2.5 节
281	超额收益	超额收益（excess return，ER）为投资组合能够战胜指数获得的收益	第 25.2.5 节
282	策略梯度算法	策略梯度（policy gradient，PG）算法是用于学习连续性策略的经典方法，该方法通过一个概率分布函数来表示每一个时间步的最优策略，在每一个时间步根据这一概率分布进行动作采样，从而获得当前动作的最佳取值	第 25.3.3 节
283	Actor-Critic 架构	Actor-Critic（又称演员-评论家）架构是一种将策略和价值相结合的方法。在 Actor-Critic 中，Actor 为策略函数，常用神经网络进行表示，所以也被称为策略网络，用于生成动作和与环境交互；Critic 为评价网络，常用神经网络进行逼近，用于评价 Actor 的表现和指导其下一阶段的动作	第 25.4 节
284	上证 180 指数	上证 180 指数（SSE constituent index，SSE180）是由从中国上海证券交易所注册的 1000 多只 A 股股票中选择出的 180 只股票构成的股票指数。它反映了上海股票市场乃至中国大陆股票市场的概况和运作	第 25.5.1 节
285	恒生指数	恒生指数（Hang Seng Index，HSI）是中国香港股票市场价格的重要指标，其中包含 50 只代表性股票	第 25.5.1 节

（续表）

序　号	名　　称	解　　释	出现章节
286	日经 225 指数	日经 225 指数（Nikkei stock average，Nikkei225）包含 225 种具有良好连续性和可比性的股票。它是检查和分析日本股市长期演变和动态的最常见、最可靠的指标	第 25.5.1 节
287	道琼斯工业平均指数	道琼斯工业平均指数（Dow Jones Industrial Average，DJIA）也被称为道琼斯指数，由 30 家具有代表性的大型工业和商业公司的股票组成。这一指数可以大致反映美国整个工业和商业股票的价格水平	第 25.5.1 节
288	富时 100 指数	富时 100 指数（Financial Time Stock Exchange 100 Index，FTSE100）包含 100 只欧洲有影响力公司的代表性股票，是全球投资者观察欧洲股市走势的最重要指标之一	第 25.5.1 节
289	SQLite	SQLite 是一个轻型的关系型数据库，具有占用资源较少、处理速度较快的优点	第 25.5.2 节
290	夏普比率	夏普比率（Sharpe ratio，SR）是金融领域内一种经典的投资组合衡量标准。它在调整了风险之后，与无风险资产相比，代表了一项投资的绩效。夏普比率的值等于收益的均值与方差之比	第 25.5.2 节
291	信息比率	信息比率（information ratio，IR）是一种指数增强投资组合的衡量指标，其值为投资组合的超额收益与跟踪误差之比	第 25.5.2 节
292	大数据系统	使用多台机器并行工作，对海量数据进行存储、处理、分析，进而帮助用户从中提取对优化流程、实现高增长率的有用信息，以更为精准有效地支持决策	第 26 章引言
293	GFS 文件系统	一个可扩展的分布式文件系统，用于大型的、分布式的、对大量数据进行访问的应用	第 26.1 节
294	大数据引擎	也称百度大数据引擎，指的是对大数据进行收集、存储、计算、挖掘和管理，并通过深度学习技术和数据建模技术使数据具有"智能"	第 26.1 节
295	Spark	专为大规模数据处理而设计的快速通用的计算引擎	第 26.1 节
296	HBase	一个分布式的面向列的开源数据库	第 26.1 节
297	Hadoop	由 Apache 基金会开发一个分布式系统基础架构，用户可以在不了解其底层细节的情况下开发分布式程序，充分利用集群的威力高速运算和存储	第 26.1 节
298	MapReduce 模型	MapReduce 是一个编程模型，是 Google 提出的一个使用简易的软件框架，也是一个处理和生成超大数据集的算法模型的相关实现。基于它写出的应用程序能够运行在由上千台商用机器组成的大型集群上，并以一种可靠容错的方式并行处理太字节级别的数据集	第 26.1 节
299	Kafka	一种高吞吐量的分布式发布订阅消息系统，可以处理消费者在网站中的所有动作流数据	第 26.1 节

（续表）

序　号	名　称	解　释	出现章节
300	Redis	远程字典服务，是一个开源的使用 ANSI C 语言编写、支持网络、可基于内存亦可持久化的日志型、Key-Value 数据库，并提供多种语言的 API	第 26.1 节
301	MySQL	一个关系型数据库管理系统	第 26.2 节
302	Tomcat	一个免费的开放源代码的 Web 应用服务器	第 26.2 节
302	工作负载	在 Kubernetes 上运行的应用程序	第 26.2 节
304	UML 概要文件	在 UML 中，概要文件是一个包，用于标识基本元模型的特定子集和定义可以应用于该模型的构造型和约束	第 26.3.2 节
305	黑盒优化	在没办法求解梯度的情况下，通过观察输入和输出去猜测优化变量的最优解	第 26.3.3 节
306	拉丁超立方采样	一种从多元参数分布中近似随机抽样的方法	第 26.3.3 节
307	CPU	作为计算机系统的运算和控制核心，是信息处理、程序运行的最终执行单元	第 26.3.4 节
308	独热编码	One-Hot 编码，又称一位有效编码，其方法是使用 N 位状态寄存器来对 N 个状态进行编码，每个状态都有它独立的寄存器位，并且在任意时候只有一位有效	第 26.4.3 节
309	Hive	基于 Hadoop 的一个数据仓库工具，用来进行数据提取、转化、加载，这是一种可以存储、查询和分析存储在 Hadoop 中的大规模数据的机制	第 26.4.4 节
310	HiBench	一个大数据基准套件，可以评测不同大数据平台的性能、吞吐量和系统资源利用率	第 26.4.4 节
311	Cassandra	一套开源分布式 NoSQL 数据库系统	第 26.4.4 节
312	YCSB	Yahoo 公司的一个用来对云服务进行基础测试的工具	第 26.4.4 节
313	Redis-Bench	官方自带的 Redis 性能测试工具	第 26.4.4 节
314	JMeter	Apache 组织开发的基于 Java 的压力测试工具，用于对软件做压力测试，最初被设计用于 Web 应用测试，后来扩展到其他测试领域	第 26.4.4 节
315	TPCC	业界通用的压测工具，主要是压测数据库性能	第 26.4.4 节

附录 2 数 据 集

序 号	数据集名称	数据集介绍	出现章节
1	心脏病数据集	心脏病数据集来自 Kaggle 平台的心脏病 UCI 数据集，选用的是克利夫兰数据库包含 14 个属性的子集。样本总数为 303，心脏病患者以整数形式表示，0 是未患病，1 是患病	第 2.4 节 第 7.3 节 第 8.4 节 第 9.6 节 第 10.1.3 节 第 11.4 节
2	Adult Data set	Adult Data set 是由 Barry Becker 根据 1994 年的人口调查资料提取而成的，主要用于数据集中人物的属性判断一个人的年工资是否超过 5 万美元	第 4.1 节
3	二手车数据集	二手车数据集是天池网站上的一个学习赛——零基础入门数据挖掘之二手车交易价格预测大赛的官方数据集。赛题以二手车市场的历史交易数据为背景，要求选手预测二手车的交易价格，是一个典型的回归问题。数据来自某交易平台的二手车交易记录，总数据量超过 40 万，包含 31 个特征信息，其中 15 个特征为匿名特征，非匿名特征主要包含交易 ID、汽车交易名称、汽车注册日期、车型编码、汽车品牌、车身类型、燃油类型、变速箱、发动机功率、汽车已行驶公里、汽车是否有尚未修复的损坏、地区编码、销售方、报价类型、汽车上线时间等 15 个非匿名特征，并对其中较为敏感的特征进行脱敏处理，另外还包含 15 个匿名特征，标签是二手车的交易价格，即预测目标	第 10.1.3 节
4	Iris	Iris 数据集包含三种不同种类鸢尾花的花萼长度和宽度、花瓣长度和宽度四种特征，共计 150 个样本。每一种鸢尾花包括 50 个样本，且存在一个种类的鸢尾花和另外两个种类是线性可分的	第 13.3 节
5	MNIST	MNIST 数据集是机器学习常用的数据集，由美国国家标准与技术研究所提供。MNIST 数据集由来自 250 个不同人的手写数字组成，其中一半是高中生，一半是政府工作人员。MNIST 数据集由四个部分组成，分别是包含 60000 个手写数字样本的训练图片和其对应的包含 60000 个标签的标签数据集，以及包含 10000 个样本的测试数据集和其对应标签的标签数据集，每幅图片由 28×28 个像素点组成，表示 0 到 9 数字中的一个	第 15.3.2 节 第 18.4.2 节 第 20.4 节

（续表）

序 号	数据集名称	数据集介绍	出现章节
6	Exchange Rate	Exchange Rate 数据集为时间序列相关研究论文中常用的时间序列数据集，其收集了 1990 年至 2016 年澳大利亚、英国、加拿大、瑞士、中国、日本、新西兰和新加坡的每日汇率	第 19.4 节
7	THCHS-30	THCHS-30 是由清华大学语音与语言技术中心发布的中文语音数据集，包含大约 40 小时的中文语音数据，所有数据都为 16 kHz 采样率的 wav 音频文件	第 21.4.2 节
8	ST-CMDS	ST-CMDS 包含 855 个说话人，其中每个说话人约 120 条语音，使用手机在室内静音环境下录制	第 21.4.2 节
9	CHiME2 WSJ0	CHiME2 WSJ0 含嘈杂的客厅环境中约 166 小时的英语语音，其中大部分语音内容摘自《华尔街日报》，所有数据都为 16 kHz 采样率的 wav 音频文件	第 21.4.2 节
10	TIMIT	TIMIT 包括 630 个以英语为母语的美国说话人，其中每人朗读 10 个不同内容的句子，所有数据都为 16 kHz 采样率的 wav 音频文件	第 21.4.2 节
11	LibriSpeech	LibriSpeech 包含了约 1000 小时的阅读英语的音频文件，所有数据都为 16 kHz 采样率的 wav 音频文件	第 21.4.2 节
12	VCTK	VCTK 包含 109 个各种英语口音的说话人，每个说话人约 400 个句子，语音内容选自报纸。所有数据都为 48kHz 采样率的 wav 音频文件	第 21.4.2 节
13	Paris Street View	Paris Street View 是从 Google 街景中收集的，代表了包含世界各地多个城市的街道图像的大规模数据集。Paris Street View 包含 15000 幅图像，图像的分辨率为 936×537 像素	第 22.3 节
14	Places	Places 是用于人类视觉认知和视觉理解的数据集。数据集包含许多场景类别，例如卧室、街道、犹太教堂、峡谷等。数据集由 1000 万幅图像组成，其中每个场景类别包含 400 幅图像，允许深度学习方法使用大规模数据来训练其架构	第 22.3 节
15	Depth image dataset	Depth image dataset 由两种类型的 RGB-D 图像和灰度深度图像组成。此外，还包括 14 个场景类别，例如阿迪朗达克、玉器厂、摩托车、钢琴、可玩游戏等，创建用于损坏图像的掩码，包括文本标记（图像中的文本）和随机丢失的掩码	第 22.3 节
16	Foreground-aware	Foreground-aware 包含 100 000 个带有不规则孔的 masks 用于训练，以及 10 000 个用于测试的 masks。每个掩模是 256×256 灰度图像，其中 255 表示空像素，0 表示有效像素。可以将 masks 添加到可用于创建损坏图像的大型数据集的任何图像	第 22.3 节

序 号	数据集名称	数据集介绍	出现章节
17	Berkeley segmentation	Berkeley segmentation 由手动分割的 12000 幅图像组成，是 RGB 图像和灰度图像的组合。从其他数据集中收集的图像包含 30 个人类对象	第 22.3 节
18	Image Net	Image Net 是一个大型数据集，每个子网都有数千幅图像。每个子网显示 1 000 幅图像。该数据集的当前版本包含超过 14 197 122 幅图像，其中有 1 034 908 条带边界框的人体被标注	第 22.3 节
19	USC-SIPI image database	USC-SIPI image database 包含代表多种图像类型的多个 volumes。每个 volumes 中的分辨率可以在 256×256、512×512 和 1024×1024 像素之间变化。通常，数据集包含 300 幅图像，代表四个维度，包括纹理、天线、杂项和序列	第 22.3 节
20	CelebFaces Attributes Dataset （Celeb A）	CelebFaces Attributes Dataset（Celeb A）是一种公认的公开数据集，用于面部识别，包含超过 200KB 的名人图像，姿势变化很大	第 22.3 节
21	Indian Pines	Indian Pines 由三个场景的图像组成，包括农业、森林和自然多年生植物，分辨率为 145×145 像素	第 22.3 节
22	阿里巴巴云服务器数据集	阿里巴巴云服务器数据集包括 4 034 台机器 8 天内的资源使用情况	第 23.5 节
23	谷歌云服务器数据集	谷歌云服务器数据集包含 125 000 台机器 29 天内的资源使用情况	第 23.5 节
24	上证 180 指数及成分股数据集	上证 180 指数及成分股数据集中包含了上证 180 指数及其成分股 2009 年 1 月 1 日至 2018 年 12 月 31 日的日度数据，其中每个成分股包含 18 个特征。上证 180 指数是由从中国上海证券交易所注册的 1 000 多只 A 股票中选择出的 180 只股票构成的股票指数。它反映了上海股票市场乃至中国大陆股票市场的概况和运作	第 25.5.1 节
25	恒生指数及成分股数据集	恒生指数及成分股数据集中包含了恒生指数及其成分股 2009 年 1 月 1 日至 2018 年 12 月 31 日的日度数据，其中每个成分股包含 6 个特征。恒生指数是中国香港股票市场价格的重要指标，其中包含 50 只代表性股票	第 25.5.1 节
26	日经 225 指数及成分股数据集	日经 225 指数及成分股数据集中包含了日经 225 指数及其成分股 2009 年 1 月 1 日至 2018 年 12 月 31 日的日度数据，其中每个成分股包含 6 个特征。日经 225 指数包含 225 种具有良好连续性和可比性的股票。它是检查和分析日本股市长期演变和动态的最常见、最可靠的指标	第 25.5.1 节

（续表）

序　号	数据集名称	数据集介绍	出现章节
27	道琼斯工业平均指数及成分股数据集	道琼斯工业平均指数及成分股数据集中包含了道琼斯工业平均指数及其成分股 2009 年 1 月 1 日至 2018 年 12 月 31 日的日度数据，其中每个成分股包含 6 个特征。道琼斯工业平均指数由 30 家具有代表性的大型工业和商业公司的股票组成。这一指数可以大致反映美国整个工业和商业股票的价格水平	第 25.5.1 节
28	富时 100 指数及成分股数据集	富时 100 指数及成分股数据集中包含了富时 100 指数及其成分股 2009 年 1 月 1 日至 2018 年 12 月 31 日的日度数据，其中每个成分股包含 6 个特征。富时 100 指数包含 100 只欧洲有影响力公司的代表性股票。这是全球投资者观察欧洲股市走势的最重要指标之一	第 25.5.1 节

参 考 文 献

[1] 李航. 统计学习方法[M]. 北京: 清华大学出版社, 2012.

[2] 周志华. 机器学习[M]. 北京: 清华大学出版社, 2016.

[3] 苏杰. 人人都是产品经理[E]. 北京: 电子工业出版社, 2010

[4] 吴哲. 基于漏斗模型的原生广告效果评估探究[J]. 视听, 2016, (3):139-140

[5] 弗朗索瓦·肖莱. Python深度学习[M]. 北京: 人民邮电出版社, 2017.

[6] 李甜甜. 基于改进粒子群算法的超参数优化问题的研究[D]. 西安: 西安电子科技大学, 2019.

[7] 美团算法团队. 美团机器学习实战[M]. 北京: 人民邮电出版社, 2018

[8] 邓乃扬, 田英杰. 数据挖掘中的新方法: 支持向量机[M]. 北京: 科学出版社, 2004.

[9] 张连文, 郭海鹏. 贝叶斯网引论[M]. 北京: 科学出版社, 2006.

[10] 马少平, 朱小燕. 人工智能[M]. 北京: 清华大学出版社, 2005.

[11] 马冯. 数据密集型计算环境下贝叶斯网的学习、推理及应用[D]. 昆明: 云南大学, 2013.

[12] 茆诗松, 王静龙. 等. 高等数理统计[M]. 北京: 高等教育出版社, 1998.

[13] JiaweiHan, MichelineKamber, JianPei, 等. 数据挖掘概念与技术[M]. 机械工业出版社, 2012.

[14] 邵峰晶. 数据挖掘原理与算法[M]. 北京: 水利水电出版社, 2003.

[15] Minsky M, Papert S A. Perceptrons: An introduction to computational geometry[M]. Cambridge: MIT press, 2017.

[16] Goodfellow I, Bengio Y, Courville A, et al. Deep learning[M]. Cambridge: MIT press, 2016.

[17] Liu W, Anguelov D, Erhan D, et al. Ssd: Single shot multibox detector[A]. European conference on computer vision[C]. Berlin: Springer, 2016. 21-37.

[18] Johnson J, Alahi A, Fei-Fei L. Perceptual losses for real-time style transfer and super-resolution[A]. European conference on computer vision[C]. Berlin: Springer, 2016. 694-711.

[19] 许子明, 田杨锋. 云计算的发展历史及其应用[J].信息记录材料, 2018,19(8):66-67.

[20] da Silva A S, Ma H, Mei Y, et al. A Survey of Evolutionary Computation for Web Service Composition: A Technical Perspective[J]. IEEE Transactions on Emerging Topics in Computational Intelligence, 2020.

[21] Jatoth C, Gangadharan G R, Buyya R. Computational intelligence based QoS-aware web service composition: a systematic literature review[J]. IEEE Transactions on Services Computing, 2015, 10(3): 475-492.

[22] 伏睿. 卖空限制对股票市场影响研究综述[J]. 财经科学, 2008, 2008(4):37-44.

[23] 齐岳, 黄硕华. 基于深度强化学习 DDPG 算法的投资组合管理[J]. 计算机与现代化, 2018, 5: 93-99.

[24] 贝振东. 大数据分析引擎性能自动优化关键技术研究[D]. 深圳: 中国科学院大学（中国科学院深圳先进技术研究院）, 2017.

[25] Bao L, Liu X, Wang F, et al. ACTGAN: Automatic configuration tuning for software systems with generative adversarial networks[C]. Piscataway, NJ : IEEE Press, 2019. 465-476.

[26] Bao L, Liu X, Xu Z, et al. Autoconfig: Automatic configuration tuning for distributed message systems[C]. New York, NY : ACM, 2018. 29-40.

[27] Zhu Y, Liu J, Guo M, et al. Bestconfig: tapping the performance potential of systems via automatic configuration tuning[C]. New York, NY : ACM, 2017. 338 -350.